# Rancherによる Kubernetes 活用完全ガイド

市川 豊、藤原 涼馬、西脇 雄基＝著

マルチクラウド時代の最強コンビ
K8sクラスタを管理するプラットフォーム
Rancherの全貌に迫る

インプレス

# What's Rancher ?

Rancherとは、コンテナ管理のプラットフォームを提供するアプリケーションで、アメリカ合衆国カリフォルニア州のクパチーノに本社を持つRancher Labsが開発しています。Rancherは、オープンソース・ソフトウェア（以下、OSS）であるため、ソースコードはすべてGitHub*1で公開されています。また、無償で利用できます。一方Rancher Labs社にライセンス料を支払うことで、オフィシャルサポートを受けられるエンタープライズ向けの利用形態もあります。

Rancherの主な特徴としては、以下の三つが挙げられます。

一つ目は、マルチクラウドをベースとしたKubernetesクラスタを一元管理できる点です。「Kubernetes is Everywhere」をコンセプトに、オンプレミスやあらゆるクラウドサービス上にKubernetesクラスタを構築および管理、また既存のKubernetesクラスタをインポートしてRancherで管理できます。

二つ目は、Helmをベースとしたカタログという機能を備える点です。Rancherはデフォルトの状態で数多くのOSSをカタログ化しており、Rancherをインストールした直後からそれらを利用できます。また、ユーザが独自で開発したソフトウェアをカタログ化して、利用および管理することもできます。

そして三つ目が、他のOSSとの連携が可能な点です。GitLab（CI/CD）、Prometheus（モニタリング）、Fluentd（ログの取得）等を始めとする他のOSSと連携して、利用および管理できます。

またRancherではこうした利用および管理のすべてを、洗練されたWebブラウザベースのRancher UI（ブラウザベースのRancher管理画面）で行えるため、Kubernetes初心者を始め、幅広い層からの人気を集めています。

これらの特徴を備えていることの結果の一つとして、米調査会社Forrester Researchの「The

Forrester New Wave? Enterprise Container Platform Software Suites, Q4 2018」[*2]において、Rancher LabsはDockerやRed Hatと並んで、Enterprise Container Platform Leaderに選ばれました。

本書では、Rancherの機能・操作、アーキテクチャ、そして実用の観点から全貌を紐解いていきます。

---

＊1　Rancher GitHub https://github.com/rancher/rancher

＊2　出典「The Forrester New Wave™: Enterprise Container Platform Software Suites, Q4 2018　The Eight Providers That Matter Most And How They Stack Up」(https://bit.ly/theforresternewwave) ※閲覧するには会員登録（無料）が必要となります。

# 目　次

# 第I部

# Rancher機能／操作編

# 第1章　Rancherインストール

## 1.1　インストール環境について

Rancherをインストールする上で必要となるものは、オンプレミス、VMWare社やクラウドプロバイダーが提供する仮想マシンとオペレーティングシステム、そしてDockerとなります。

### ハードウェア

ハードウェア要件は、Rancherを稼働させるシステムの規模により変化しますが、Rancher Labsが公表している要件はHA Nodeが表1.1、Single Nodeが表1.2となります（2019年6月現在）。

#### HA Node

Node数が1000台以上の場合は、RancherLabsにご相談[*1]となっています。

表1.1　Rancherのハードウェア要件（HA Node）

| DEPLOYMENT SIZE | CLUSTERS | NODES | VCPUS | RAM |
|---|---|---|---|---|
| Small | Up to 5 | Up to 50 | 2 | 8 GB |
| Medium | Up to 15 | Up to 200 | 4 | 16 GB |
| Large | Up to 50 | Up to 500 | 8 | 32 GB |
| X-Large | Up to 100 | Up to 1000 | 32 | 128 GB |
| XX-Large | 100+ | 1000+ | Contact Rancher | Contact Rancher |

*1　ご相談窓口 https://rancher.com/contact/

### Single Node

表 1.2　Rancher のハードウェア要件（Single Node）

| DEPLOYMENT SIZE | CLUSTERS | NODES | VCPUS | RAM |
|---|---|---|---|---|
| Small | Up to 5 | Up to 50 | 1 | 4 GB |
| Medium | Up to 15 | Up to 200 | 2 | 8 GB |

## オペレーティングシステムと Docker

オペレーティングシステムと Docker について、Rancher Labs が公表している要件は表 1.3 となります（2019 年 6 月現在）。

表 1.3　対応するオペレーティングシステムと Docker

| OS | Version | Docker Version |
|---|---|---|
| Ubuntu | 16.04（64 ビット x86） | Docker 17.03.x, 18.06.x, 18.09.x |
| Ubuntu | 18.04（64 ビット x86） | Docker 18.06.x, 18.09.x |
| Red Hat Enterprise Linux（RHEL）/CentOS | 7.6（64 ビット x86） | RHEL Docker 1.13 Docker 17.03.x, 18.06.x, 18.09.x |
| RancherOS *2 | 1.5.1（64 ビット x86） | Docker 17.03.x, 18.06.x, 18.09.x |
| Windows Server *3 | 2019（64 ビット x86） | Docker 18.09 |

※RancherOS を使用している場合は、必ず Docker エンジンをサポートされているバージョンに切り替えてください。

## ネットワーク関連の要件

### Node IP アドレス

使用される各ノード（単一ノードインストール、高可用性（HA）インストール、またはクラスタで使用されるノードのいずれか）には、静的 IP が必要となります。 DHCP の場合、各ノードに同じ IP が割り当てられるように予め設定が必要となります。

*2　RancherOS は、RancherLabs が開発するコンテナ稼働に特化したオペレーティングシステム。https://github.com/rancher/os

*3　Windows ノードのサポートは現在実験的な機能であり、Rancher ではまだ正式にはサポートされていないので、本番環境で Windows ノードを使用することはお薦めしません（2019 年 6 月現在）。Rancher 2.1 系および 2.2 系における Windows ノードの詳細については、https://rancher.com/docs/rancher/v2.x/en/cluster-provisioning/rke-clusters/windows-clusters/docs-for-2.1-and-2.2/ の公式ドキュメントをご確認ください。Rancher 2.3 系における Windows ノードの詳細については、https://rancher.com/docs/rancher/v2.x/en/cluster-provisioning/rke-clusters/windows-clusters/ の公式ドキュメントをご確認ください。

## ポート

高可用性（HA）クラスタ上にRanherを稼働させる場合、Rancherと通信できるようにノード上に特定のポートを開放します。開放するポートは、クラスタノードをホストしているマシンの種類によって異なります。図1.1は、各クラスタタイプに対して開放しているポートです。

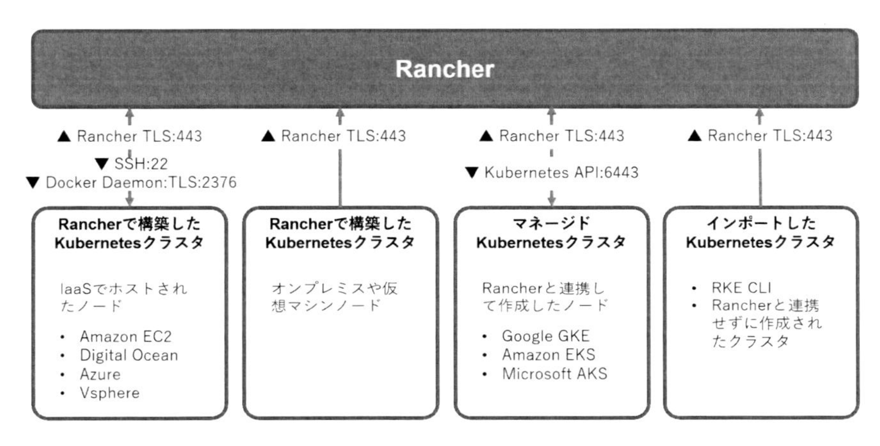


図1.1　クラスタタイプのポート要件

**Rancherノード**　Rancher（サーバ）が存在するノード

Rancherノード - インバウンドルール

表1.4　Rancherノードで使用するポート（インバウンド）

| プロトコル | ポート | ソース | 説明 |
|---|---|---|---|
| TCP | 80 | Load balancer/proxy that does external SSL termination | Rancher UI/API when external SSL termination is used |
| TCP | 443 | etcd nodes<br>controlplane nodes<br>worker nodes<br>Hosted/Imported Kubernetes<br>any that needs to be able to use UI/API | Rancher agent, Rancher UI/API, kubectl |

### Rancher ノード - アウトバウンドルール

表 1.5　Rancher ノードで使用するポート（アウトバウンド）

| プロトコル | ポート | ソース | 説明 |
|---|---|---|---|
| TCP | 22 | Any node IP from a node created using Node Driver | SSH provisioning of nodes using Node Driver |
| TCP | 443 | 35.160.43.145/32 35.167.242.46/32 @<br> 52.33.59.17/32 | git.rancher.io（catalogs） |
| TCP | 2376 | Any node IP from a node created using Node Driver | Docker daemon TLS port used by Docker Machine |
| TCP | 6443 | Hosted/Imported Kubernetes API | Kubernetes apiserver |

## etcd ノード　etcd が存在するノード

### etcd ノード - インバウンドルール

表 1.6　etcd ノードで使用するポート（インバウンド）

| PROTOCOL | PORT | SOURCE | DESCRIPTION |
|---|---|---|---|
| TCP | 2376 | Rancher nodes | Docker daemon TLS port used by Docker Machine（only needed when using Node Driver/Templates） |
| TCP | 2379 | etcd nodes controlplane nodes | etcd client requests |
| TCP | 2380 | etcd nodes controlplane nodes | etcd peer communication |
| UDP | 8472 | etcd nodes controlplane nodes worker nodes | Canal/Flannel VXLAN overlay networking |
| | | | |
| | | | |
| TCP | 9099 | etcd node itself（local traffic, not across nodes） | Canal/Flannel livenessProbe/ readinessProbe |
| TCP | 10250 | controlplane nodes | kubelet |

etcd ノード - アウトバウンドルール

表 1.7 etcd ノードで使用するポート（アウトバウンド）

| PROTOCOL | PORT | DESTINATION | DESCRIPTION |
|---|---|---|---|
| TCP | 443 | Rancher nodes | Rancher agent |
| TCP | 2379 | etcd nodes | etcd client requests |
| TCP | 2380 | etcd nodes | etcd peer communication |
| TCP | 6443 | controlplane nodes | Kubernetes apiserver |
| UDP | 8472 | etcd nodes<br>controlplane nodes<br>worker nodes | Canal/Flannel VXLAN overlay networking |
| TCP | 9099 | etcd node itself (local traffic, not across nodes) | Canal/Flannel livenessP |

**controlplane ノード** controlplane が存在するノード

controlplane ノード - インバウンドルール

表 1.8 conrtolplane ノードで使用するポート（インバウンド）

| PROTOCOL | PORT | SOURCE | DESCRIPTION |
|---|---|---|---|
| TCP | 80 | Any that consumes Ingress services | Ingress controller (HTTP) |
| TCP | 443 | Any that consumes Ingress services | Ingress controller (HTTPS) |
| TCP | 2376 | Rancher nodes | Docker daemon TLS port used by Docker Machine (only needed when using Node Driver/Templates) |
| TCP | 6443 | etcd nodes<br>controlplane nodes<br>worker nodes | Kubernetes apiserver |
| UDP | 8472 | etcd nodes<br>controlplane nodes<br>worker nodes | Canal/Flannel VXLAN overlay networking |
| TCP | 9099 | controlplane node itself (local traffic, not across nodes) | Canal/Flannel livenessProbe/ readinessProbe |
| TCP | 10250 | controlplane nodes | kubelet |
| TCP | 10254 | controlplane node itself (local traffic, not across nodes) | Ingress controller livenessProbe/ readinessProbe |
| TCP/UDP | 30000-32767 | Any source that consumes NodePort services | NodePort port range |

controlplane ノード - アウトバウンドルール

表 1.9　conrtolplane ノードで使用するポート（アウトバウンド）

| PROTOCOL | PORT | DESTINATION | DESCRIPTION |
|---|---|---|---|
| TCP | 443 | Rancher nodes | Rancher agent |
| TCP | 2379 | etcd nodes | etcd client requests |
| TCP | 2380 | etcd nodes | etcd peer communication |
| UDP | 8472 | etcd nodes<br>controlplane nodes<br>worker nodes | Canal/Flannel VXLAN overlay networking |
| TCP | 9099 | controlplane node itself (local traffic, not across nodes) | Canal/Flannel livenessProbe/ readinessProbe |
| TCP | 10250 | etcd nodes<br>controlplane nodes<br>worker nodes | kubelet |
| TCP | 10254 | controlplane node itself (local traffic, not across nodes) | Ingress controller livenessProbe/ readinessProbe |

**worker ノード**　worker が存在するノード

worker ノード - インバウンドルール

表 1.10　worker ノードで使用するポート（インバウンド）

| PROTOCOL | PORT | SOURCE | DESCRIPTION |
|---|---|---|---|
| TCP | 22 | Linux worker nodes only<br>Any network that you want to be able to remotely access this node from. | Remote access over SSH |
| TCP | 3389 | Windows worker nodes only<br>Any network that you want to be able to remotely access this node from. | Remote access over RDP |
| TCP | 80 | Any that consumes Ingress services | Ingress controller (HTTP) |
| TCP | 443 | Any that consumes Ingress services | Ingress controller (HTTPS) |
| TCP | 2376 | Rancher nodes | Docker daemon TLS port used by Docker Machine (only needed when using Node Driver/Templates) |
| UDP | 8472 | etcd nodes<br>controlplane nodes<br>worker nodes | Canal/Flannel VXLAN overlay networking |
| TCP | 9099 | worker node itself (local traffic, not across nodes) | Canal/Flannel livenessProbe/ readinessProbe |
| TCP | 10250 | controlplane nodes | kubelet |
| TCP | 10254 | worker node itself (local traffic, not across nodes) | Ingress controller livenessProbe/ readinessProbe |
| TCP/UDP | 30000-32767 | Any source that consumes NodePort services | NodePort port range |

worker ノード - アウトバウンドルール

表 1.11　worker ノードで使用するポート（アウトバウンド）

| PROTOCOL | PORT | DESTINATION | DESCRIPTION |
|---|---|---|---|
| TCP | 443 | Rancher nodes | Rancher agent |
| TCP | 6443 | controlplane nodes | Kubernetes apiserver |
| UDP | 8472 | etcd nodes<br>controlplane nodes<br>worker nodes | Canal/Flannel VXLAN overlay networking |
| TCP | 9099 | worker node itself (local traffic, not across nodes) | Canal/Flannel livenessProbe/ readinessProbe |
| TCP | 10254 | worker node itself (local traffic, not across nodes) | Ingress controller live |

# 1.2　インストール種別

Rancher には、インストール方法が 2 つあります。

- Single Node Installation（単一ノードインストール）
- High Availability Installation（高可用性インストール）

## Single Node Installation（単一ノードインストール）

Single Node Installation（単一ノードインストール）は、単一の Linux ホストに Rancher をインストールします。セットアップが非常に簡単なので、開発環境、テスト環境に推奨されています。

## High Availability Installation（高可用性インストール）

High Availability Installation（高可用性インストール）は、Kubernetes クラスタ上に Rancher をインストールします。Kubernetes の機能で高可用性を確立します。24 時間 365 日稼働する実稼働環境に推奨されています。

# 1.3　Single Node Installation（単一ノードインストール）

前節の「インストール種別」で説明した通り、Single Node Installation（単一ノードインストール）は簡単に始めることができます。実際に Google Cloud Platform（GCP）*4を利用してインストールを実施してみましょう。

本書では、2019 年 2 月現在で最新版である Rancher 2.1 系の「v2.1.5」を軸に説明していきます。

## Linux ホストの準備

「インストール環境について」の節の表 1.1 を参照して、オンプミレスまたは仮想マシンを準備します。

例として、以下の表 1.12 のような Google Compute Engine（GCE）のインスタンスを準備します。

※ 他のクラウドベンダーにおいても、同程度のインスタンスを準備することで対応可能です。

表 1.12　単一ノードインストール用のインスタンス

| 項目 | 入力概要 |
|---|---|
| 名前 | rancher-server |
| リージョン | asia-northeast1（東京） |
| ゾーン | asia-northeast1-b |
| マシンタイプ | vCPUx1 |
| ブートディスク | Ubuntu 18.04 LTS ディスクサイズ 10GB |
| ファイアウォール | 「HTTP トラフィックを許可する」「HTTPS トラフィックを許可する」の両方にチェックを入れます |

## Docker インストール

準備した Linux ホストに SSH クライアントからログインして、Docker をインストールします。※Docker のバージョンについては「インストール環境について」節の表 1.2 を参照してください。

```
$ curl https://releases.rancher.com/install-docker/18.09.sh | sh
  % Total    % Received % Xferd  Average Speed   Time    Time     Time  Current
                                 Dload  Upload   Total   Spent    Left  Speed
100 15225  100 15225    0     0  21881      0 --:--:-- --:--:-- --:--:-- 21875
+ sudo -E sh -c apt-get update
.
.
・途中省略
```

*4　Google Cloud Platform は、Google が提供するパブリッククラウドサービスです。無料トライアルとして 1 年間で 300 ドル分試すことができます。https://cloud.google.com/

```
.
.
Client:
 Version:           18.09.6
 API version:       1.39
 Go version:        go1.10.8
 Git commit:        481bc77
 Built:             Sat May  4 02:35:57 2019
 OS/Arch:           linux/amd64
 Experimental:      false

Server: Docker Engine - Community
 Engine:
  Version:          18.09.6
  API version:      1.39 (minimum version 1.12)
  Go version:       go1.10.8
  Git commit:       481bc77
  Built:            Sat May  4 01:59:36 2019
  OS/Arch:          linux/amd64
  Experimental:     false

If you would like to use Docker as a non-root user, you should now consider
adding your user to the "docker" group with something like:

  sudo usermod -aG docker username

Remember that you will have to log out and back in for this to take effect!

WARNING: Adding a user to the "docker" group will grant the ability to run
         containers which can be used to obtain root privileges on the
         docker host.
         Refer to
https://docs.docker.com/engine/security/security/#docker-daemon-attack-surface
         for more information.
```

## SSL/TLS オプション

セキュリティ上の理由から、Rancher は SSL（Secure Sokets Layer）/TLS（Transport Layer Security）が必要となります。インストールの際に使用する証明書には、以下の 4 つのオプションがあります。

- a.Rancher デフォルトの自己署名証明書利用
- b. 自己署名証明書利用
- c. 認証局に認定された証明書利用
- d.Let's Encypt[*5]証明書利用

### デフォルトの自己署名証明書利用

Rancher のインストール時に生成される自己署名証明書を利用するので、証明書を別途準備する必要はありません。個人の開発環境やテスト環境での利用に適しています。

```
# docker run -d --restart=unless-stopped -p 80:80 -p 443:443 rancher/rancher:latest
```

### 自己署名証明書利用

OpenSSH を利用して自己署名証明書を作成して、Rancher のインストール時に指定することで反映されます。

証明書作成後に、以下のコマンドを実行します。-v オプションを使用して、証明書を自分のコンテナにマウントするためのパスを指定します。

- <CERT_DIRECTORY>を証明書ファイルへのディレクトリパスに置き換えます。
- <FULL_CHAIN.pem>、<PRIVATE_KEY.pem>、および<CA_CERTS>を自分の証明書名に置き換えます。

```
# docker run -d --restart=unless-stopped \
    -p 80:80 -p 443:443 \
    -v /<CERT_DIRECTORY>/<FULL_CHAIN.pem>:/etc/rancher/ssl/cert.pem \
    -v /<CERT_DIRECTORY>/<PRIVATE_KEY.pem>:/etc/rancher/ssl/key.pem \
    -v /<CERT_DIRECTORY>/<CA_CERTS.pem>:/etc/rancher/ssl/cacerts.pem \
    rancher/rancher:latest
```

### 認証局に認定された証明書利用

正式な認証局に認定された証明書を Rancher のインストール時に指定することで反映されます。

証明書取得後、以下のコマンドを実行します。-v オプションを使用して、証明書を自分のコンテナにマウントするためのパスを指定します。証明書は認定された認証局によって署名されているため、追加の CA 証明書ファイルをマウントする必要はありません。

- <CERT_DIRECTORY>を証明書ファイルへのディレクトリパスに置き換えます。
- <FULL_CHAIN.pem>と<PRIVATE_KEY.pem>を自分の証明書名に置き換えます。

---

*5 Let's Encrypt（レッツ・エンクリプト）は、SSL/TLS の暗号化通信に用いる証明書の認証局（CA; Certificate Authority）。安全ではない平文の HTTP 通信を、全て暗号化した HTTPS に変えようという試みで、自由かつオープンに利用できる自動証明発行機関。

Rancher によって生成されたデフォルトの CA 証明書を無効にするには、コンテナーへの引数として--no-cacerts を使用します。

```
# docker run -d --restart=unless-stopped \
    -p 80:80 -p 443:443 \
    -v /<CERT_DIRECTORY>/<FULL_CHAIN.pem>:/etc/rancher/ssl/cert.pem \
    -v /<CERT_DIRECTORY>/<PRIVATE_KEY.pem>:/etc/rancher/ssl/key.pem \
    rancher/rancher:latest --no-cacerts
```

### Let's Encypt 証明書利用

以下の前提条件を満たし、取得した Let's Encrypt 証明書を利用して Rancher をインストールできます。

- Let's Encrypt は、インターネットサービスです。したがって、このオプションはインターナル/エアギャップネットワークでは使用不可。
- DNS に、Linux ホストの IP アドレスを Rancher へのアクセスに使用するホスト名（例えば、rancher.mydomain.com）に紐づけるレコードを登録。
- Linux ホストで TCP/80 ポートを開放。 Let's Encrypt http-01 チャレンジタイプはどの送信元 IP アドレスからでもアクセスする可能性があるので、ポート TCP/80 はすべての IP アドレスに対して開放。

```
docker run -d --restart=unless-stopped \
  -p 80:80 -p 443:443 \
  rancher/rancher:latest \
  --acme-domain <YOUR.DNS.NAME>
```

※<YOUR.DNS.NAME>は、登録したドメインに置き換えます。

## Rancher インストール

本書では、Rancher デフォルトの自己署名証明書を利用したインストールを実行します。

```
$ sudo docker run -d --restart=unless-stopped -p 80:80 -p 443:443
rancher/rancher:v2.1.5
Unable to find image 'rancher/rancher:v2.1.5' locally
v2.1.5: Pulling from rancher/rancher
84ed7d2f608f: Pull complete
be2bf1c4a48d: Pull complete
a5bdc6303093: Pull complete
e9055237d68d: Pull complete
eaddf133ba2d: Pull complete
1aa56187fc29: Pull complete
```

```
1253c9d24915: Pull complete
bf77b269856e: Pull complete
a8fea8f1f733: Pull complete
400d7955b7f5: Pull complete
f0f204912ecb: Pull complete
01c9232cc45b: Pull complete
Digest: sha256:71980cad338aa1630f7401cda3298dc7f579ade71a22b99dff5800291282e669
Status: Downloaded newer image for rancher/rancher:v2.1.5
bd829ac6219cd2cd5edf984af39bc69d5d46cf85ac937bc4eea2c0e2891ee2fd
```

ブラウザを起動して、https://Linux ホストの IP アドレス/ にアクセスして、「詳細設定」ボタンをクリックします（図 1.2）。

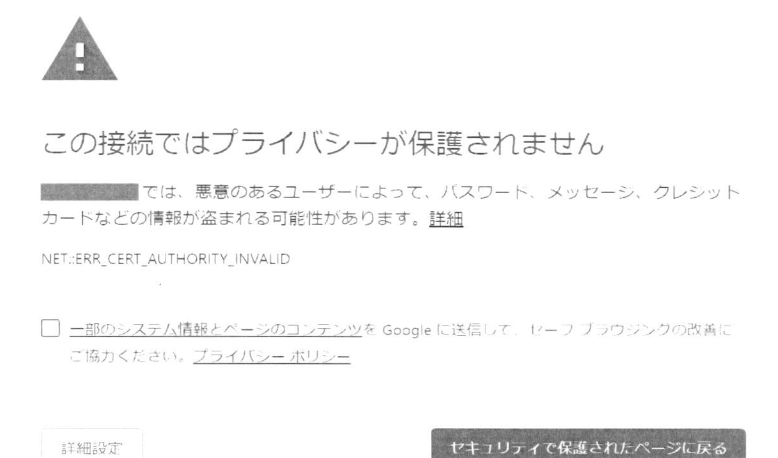


図 1.2　ここでは「詳細設定」をクリック

下部に表示される「＜ Linux ホストの IP アドレス＞にアクセスする（安全ではありません）」を選択します（図 1.3）。

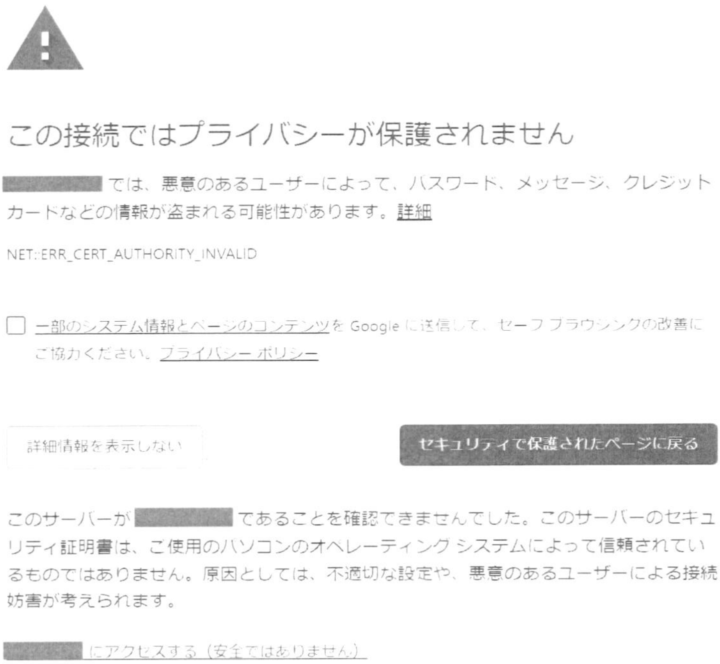

この接続ではプライバシーが保護されません

では、悪意のあるユーザーによって、パスワード、メッセージ、クレジットカードなどの情報が盗まれる可能性があります。詳細

NET::ERR_CERT_AUTHORITY_INVALID

一部のシステム情報とページのコンテンツを Google に送信して、セーフ ブラウジングの改善にご協力ください。プライバシー ポリシー

詳細情報を表示しない　　セキュリティで保護されたページに戻る

このサーバーが であることを確認できませんでした。このサーバーのセキュリティ証明書は、ご使用のパソコンのオペレーティング システムによって信頼されているものではありません。原因としては、不適切な設定や、悪意のあるユーザーによる接続妨害が考えられます。

にアクセスする（安全ではありません）

図 1.3　下部のリンクをクリック

図 1.4 のように Rancher のログイン画面が表示されたら、インストールは完了です。

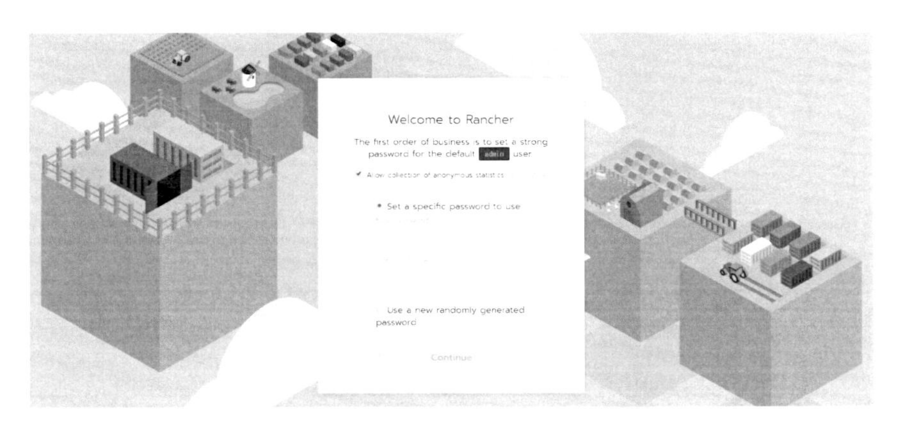


図 1.4　この画面が表示されればインストール完了

## Rancher 初期セットアップ

初回インストール直後は、「Welcome to Rancher」画面が表示されます。最初に、初期 admin ユーザのパスワードを設定します。ここでは、adminpassword とします。

「New Password」と「Confirm Password」に adminpassword と入力して、「Continue」ボタンをクリックします（図 1.5）。

図 1.5　初期設定開始

Rancher Server URL 画面では、インスタンスの外部 IP が表示されます。そのまま「Save

URL」ボタンをクリックします。(図 1.6)

図 1.6　Save URL をクリック

図 1.7 のように「Clusters」画面が表示されます。これで Rancher 初期セットアップは完了となります。

図 1.7　この画面が表示されれば初期セットアップ完了

以上で Rancher が利用できる状態となりました。この Rancher UI から Kubernetes クラスタの構築、インポート、管理を行います。

## Single Node Installation（単一ノードインストール）の仕組み

Rancher はバージョン 1.0 の Docker ベースから、バージョン 2.0 では Kubernetes ベースの仕組みに変わりました。High Availability Installation の場合は、Kubernetes クラスタ上での稼働となるので理解できますが、Single Node Installation の場合は、Docker コマンドでイメージが展開されるため、どこがKubernetesベースとなるのか疑問が生じます。その仕組みについて説明します。

Rancherは自身のKubeconfigファイルを生成する際に、外部からKubeconfigファイルが渡されていれば外部Kubernetesを、すでに内部のKubeconfigファイルがあれば内部Kubernetesを、そのどちらでもない場合は、新たに内部Kubernetesを構築するという仕組みになっています。

外部Kubernetesというのは、高可用性インストールでRancherが稼働する外部のKubernetesクラスタのパターンとなります。一方内部Kubernetesとは、Embedded Kubernetes*6と呼ばれるもので、インストール時の「docker run」コマンド実行後、Rancherが稼働するためのKubernetesがないと判断された場合に、Rancher自身がKubernetesとしてふるまう組込Kubernetesのことになります。

この仕組みの詳細については、本書「Rancher DeepDive」の章で詳しく解説します。

## 1.4 High Availability Installation（高可用性インストール）

24時間365日稼働する本番環境でRancherを使用する場合、推奨されている環境はRancherをKubernetesクラスタ上で稼働させることです。Kubernetesのデータストア（etcd）、スケジューリング、セルフヒーリング機能等を利用した高可用な環境を実現できます。

Rancher公式ドキュメントでは、以下を推奨アーキテクチャとしています。

- Rancherの名前解決はロードバランサ（レイヤ4/TCP）で実施する
- ロードバランサは、TCPポート80および443をKubernetesクラスタ内すべてのノードに転送する
- IngressコントローラはHTTPをHTTPSにリダイレクトして、TCPポート443（SSL/TLS）を終端とする
- Ingressコントローラは、RancherをデプロイするPod上のTCPポート80にトラフィックを転送する

参考構成図は、図1.8となります。

*6 Embedded Kubernetesの構築ロジック詳細は、こちらを参照してください。https://github.com/rancher/rancher/blob/v2.1.5/pkg/embedded/embedded.go#L36

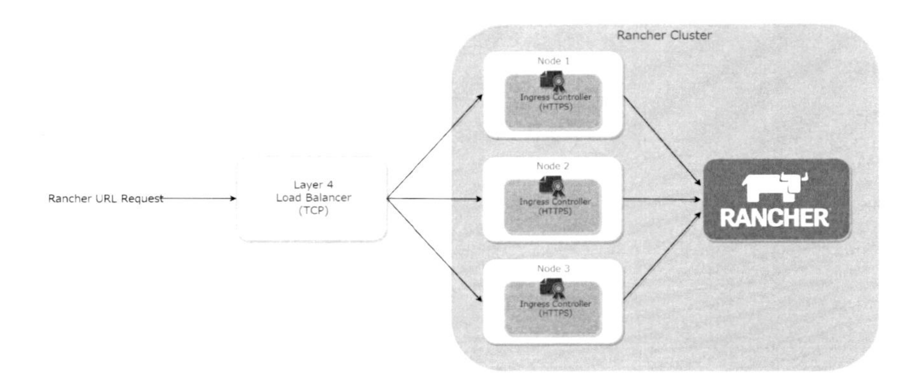


図 1.8　高可用性インストールの構成図

公式ドキュメントの内容を元に整理すると、Kubernetes 上で Rancher を稼働させるには以下 4 つの環境が必要となります。

- Loadbalancer
- Kubernetes
- DNS
- Rancher

本書では、Loadbalancer に Amazon Web Service（以下、AWS）の Elastic Load Balancing（以下、ELB）、Kubernetes クラスタに AWS EC2 3 ノード、クラスタ構築を Rancher Kubernetes Engine（以下、RKE）、DNS に ELB の機能を利用して High Availability Installation（高可用性インストール）を実施します。Rancher は、Helm を利用して最新版をインストールします。また、インストール作業専用の「manager-server」も構築します。

構成図は、図 1.9 となります。

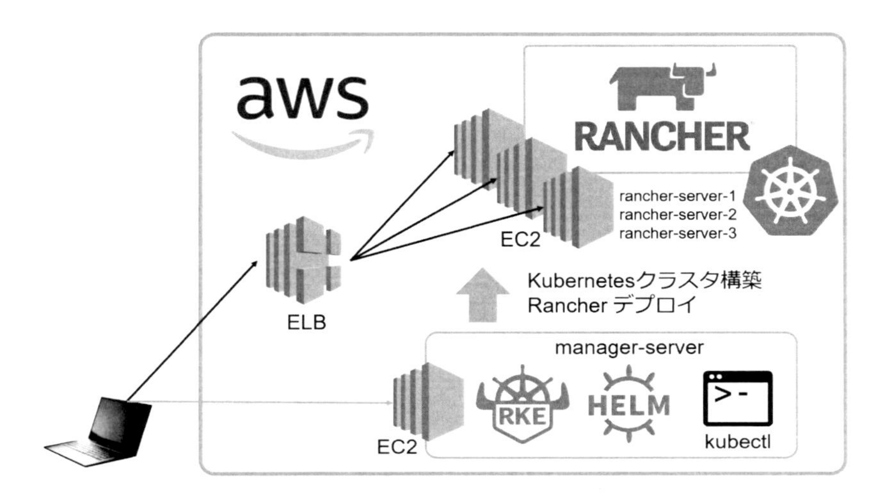


図 1.9　本書で使用する高可用性インストールの構成図

## EC2 インスタンスの準備

準備する EC2 インスタンスの内容は、表 1.13 となります。

表 1.13　準備する EC2 インスタンス一覧

| Host Name | Type | OS | Remarks |
|---|---|---|---|
| manager-server | t2.medium | Ubuntu Server 18.04 LTS (HVM), SSD Volume Type | RKE、Helm、Kubectl をインストール |
| rancher-server-1 | t2.medium | Ubuntu Server 18.04 LTS (HVM), SSD Volume Type | Docker をインストール |
| rancher-server-2 | t2.medium | Ubuntu Server 18.04 LTS (HVM), SSD Volume Type | Docker をインストール |
| rancher-server-3 | t2.medium | Ubuntu Server 18.04 LTS (HVM), SSD Volume Type | Docker をインストール |

※AWS でのインスタンス作成手順は割愛します。

## manager-server での作業（1）

manager-server のインスタンスに SSH ログインして作業を行います。

### アップデートと vim のインストール

root にスイッチして、OS アップデートおよび vim をインストールします。

```
$ sudo -i
# apt-get update && apt-get upgrade -y
# apt-get install vim -y
```

### /etc/hosts の設定

各インスタンスのプライベート IP を、/etc/hosts/ファイルの「127.0.0.1 localhost」の下に追記します。

```
# vim /etc/hosts
# cat /etc/hosts
127.0.0.1 localhost
rancher-server-1 のプライベート IP rancher-server-1
rancher-server-2 のプライベート IP rancher-server-2
rancher-server-3 のプライベート IP rancher-server-3
manager-server のプライベート IP manager-server
～省略～
```

### ホスト名設定

ホスト名を設定するために以下のコマンドを実行します。

```
# hostnamectl set-hostname --static manager-server
```

### SSH 鍵作成

manager-server から rancher-server-1、rancher-server-2、rancher-server-3 にログインするために SSH 鍵を作成します。

以下のコマンドを実行します。

```
# exit #root から exit します。
$ ssh-keygen
Generating public/private rsa key pair.
Enter file in which to save the key (/home/ubuntu/.ssh/id_rsa):
Enter passphrase (empty for no passphrase):
Enter same passphrase again:
Your identification has been saved in /home/ubuntu/.ssh/id_rsa.
```

```
Your public key has been saved in /home/ubuntu/.ssh/id_rsa.pub.
The key fingerprint is:
SHA256:Flr/CtK6//G4jLI9k2EG51xOgADZuREzHNUAnuMVGpU ubuntu@manager-server
The key's randomart image is:
+---[RSA 2048]----+
|  .=OO==         |
|  ..=*E.o        |
|    =o. o.       |
|   ..o.o.oo      |
|     . .=S+.     |
|        o* ..    |
|       .ooo. .   |
|       .+++ =    |
|       +=++*..   |
+----[SHA256]-----+
```

公開鍵の内容（ssh-rsa ～省略～ ubuntu@manager-server までの箇所）をコピーして、別途テキストエディタにペーストしておきます。

```
$ cat .ssh/id_rsa.pub >> .ssh/authorized_keys
$ cat .ssh/authorized_keys
ssh-rsa
～省略～
ubuntu@manager-server
```

## kubectl コマンドのインストール

manager-server から kubectl コマンド利用するために以下のコマンドを実行します。

```
$ curl -LO https://storage.googleapis.com/kubernetes-release/release/$(curl -s
https://storage.googleapis.com/kubernetes-release/release/stable.txt)/bin/linux
/amd64/kubectl
$ chmod +x ./kubectl
$ sudo mv ./kubectl /usr/local/bin/kubectl
```

## RKE コマンドのインストール

manager-server から Kubernetes クラスタを構築するために、RKE コマンドをインストールします。

RKE コマンドのダウンロードおよび最新バージョンについては以下 URL 先で確認できます。

https://github.com/rancher/rke/releases/

以下のコマンドを実行します。

```
$ wget https://github.com/rancher/rke/releases/download/v0.2.4/rke_linux-amd64
$ mv rke_linux-amd64 rke
$ chmod +x rke
$ sudo mv ./rke /usr/local/bin/
$ rke --version
rke version v0.2.4
```

### Helm のインストールと設定

manager-server から Helm コマンドを利用するために、以下のコマンドを実行します。

Helm のダウンロードおよび最新バージョンについては以下 URL 先で確認できます。

https://github.com/helm/helm/releases

以下のコマンドを実行します。

```
$ wget
https://storage.googleapis.com/kubernetes-helm/helm-v2.13.1-linux-amd64.tar.gz
$ tar -zxvf helm-v2.13.1-linux-amd64.tar.gz
$ sudo mv linux-amd64/helm /usr/local/bin/
```

## rancher-server3 台での作業（1）

本作業は、rancher-server-1、rancher-server-2、rancher-server-3 のインスタンスに SSH ログインして、各サーバ上で実行します。

各インスタンスで実行する手順は以下となります。1〜3 の作業手順は manager-server で行ったものと同じなので、適宜対象のホスト名等を変更して実行してください。

- 1. アップデート
- 2./etc/hosts の設定
- 3. ホスト名設定
- 4. 公開鍵設定
- 5.Docker インストール
- 6. カーネルモジュール設定

### 公開鍵設定

manager-server の公開鍵を設定します。

```
# exit #root から exit します。
$ vim .ssh/authorized_keys #テキストに保存した公開鍵を追記ペーストします。
$ sudo systemctl restart sshd
```

### Docker インストール

Docker をインストールします。

```
$ curl https://releases.rancher.com/install-docker/18.09.sh | sh
$ sudo usermod -aG docker ubuntu
```

### カーネルモジュール設定

カーネルモジュール「net.bridge.bridge-nf-call-iptables=1」を最終行に追記します。swap がオフであることを確認します。

```
$ sudo vim /etc/sysctl.conf
net.bridge.bridge-nf-call-iptables=1 #最終行に追記してファイル保存
$ sudo sysctl -p
net.bridge.bridge-nf-call-iptables = 1
$ swapon -s
$ exit
```

### ログイン確認

manager-server から rancher-server-1、rancher-server-2、rancher-server-3 のインスタンスに SSH ログインできるか確認します。

```
$ ssh ubuntu@rancher-server-1
$ exit #rancher-server-1 からログアウト
$ ssh ubuntu@rancher-server-2
$ exit #rancher-server-2 からログアウト
$ ssh ubuntu@rancher-server-3
$ exit #rancher-server-3 からログアウト
```

## ロードバランサの構築

事前にセキュリティグループで「すべてのトラフィック」を開放しておきます。

AWS 管理画面の EC2 ダッシュボード左メニューから「ターゲットグループ」を選択します（図 1.10）。

「ターゲットグループの作成」ボタンをクリックします（図 1.11）。

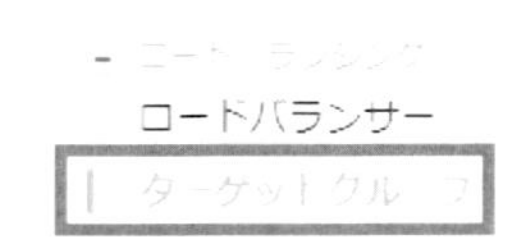


図 1.10 「ターゲットグループ」を選択

図 1.11 「ターゲットグループの作成」をクリック

設定項目と設定値は、表 1.14 の通りです。

表 1.14　必要な設定項目と値

| **設定項目** | **設定値** |
|---|---|
| ターゲットグループ名 | rancher-tcp-443 |
| ターゲットの種類 | インスタンス |
| プロトコル | TCP |
| ポート | 443 |
| VPC | 使用する VPC を選択 |
| プロトコル（ヘルスチェック） | HTTP |
| パス（ヘルスチェック） | /healthz |
| ポート（ヘルスチェック詳細） | 上書き、80 |
| 正常のしきい値（ヘルスチェック詳細） | 3 |
| 非正常のしきい値（ヘルスチェック詳細） | 3 |
| タイムアウト（ヘルスチェック詳細） | 6 |
| 間隔（ヘルスチェック詳細） | 10 秒 |
| 成功コード（ヘルスチェック詳細） | 200-399 |

設定後に「作成」ボタンをクリックします。

「ターゲットグループが正常に作成されました」と表示されますので、「閉じる」ボタンをクリックします。

もう一度「ターゲットグループの作成」ボタンをクリックします（図 1.12）。

図 1.12　再び「ターゲットグループの作成」をクリック

設定項目と設定値は、表 1.15 の通りです。

表 1.15　必要な設定項目と値

| 設定項目 | 設定値 |
|---|---|
| ターゲットグループ名 | rancher-tcp-80 |
| ターゲットの種類 | インスタンス |
| プロトコル | TCP |
| ポート | 80 |
| VPC | 使用する VPC を選択 |
| プロトコル（ヘルスチェック） | HTTP |
| パス（ヘルスチェック） | /healthz |
| ポート（ヘルスチェック詳細） | トラフィックポート |
| 正常のしきい値（ヘルスチェック詳細） | 3 |
| 非正常のしきい値（ヘルスチェック詳細） | 3 |
| タイムアウト（ヘルスチェック詳細） | 6 |
| 間隔（ヘルスチェック詳細） | 10 秒 |
| 成功コード（ヘルスチェック詳細） | 200-399 |

設定後に「作成」ボタンをクリックします。

「ターゲットグループが正常に作成されました」と表示されますので、「閉じる」ボタンをクリックします。

ターゲットグループリストの「rancher-tcp-443」を選択して、「編集」ボタンをクリックします（図 1.13）。

図 1.13　rancher-tcp-443 を選択

rancher-server-1、rancher-server-2、rancher-server-3 を選択して、「登録済みに追加」ボタンをクリックします（図 1.14）。

「保存」ボタンをクリックします。

図 1.14 「登録済みに追加」ボタンをクリック

ターゲットグループリストの「rancher-tcp-80」でも同様の手順を行います。

AWS 管理画面の EC2 ダッシュボード左メニューから「ロードバランサー」を選択します（図 1.15）。

図 1.15 EC2 のダッシュボードから「ロードバランサー」を選択

「ロードバランサーの作成」ボタンをクリックします（図 1.16）。

図 1.16 「ロードバランサーの作成」をクリック

ロードバランサの種類の選択で「TCP TLS」の「作成」ボタンをクリックします（図 1.17）。

図 1.17 種類は「TCP TLS」を選択

「手順 1: ロードバランサーの設定」で設定する内容は、表 1.16 の通りです。

表 1.16　設定する項目と値（手順 1）

| 設定項目 | 設定値 |
|---|---|
| 名前 | rancher |
| スキーム | インターネット向け |
| ロードバランサのプロトコル（リスナー） | TCP |
| ロードバランサのポート（リスナー） | 443 |
| VPC（アベイラビリティゾーン） | デフォルト |
| アベイラビリティゾーン（アベイラビリティゾーン） | ap-notheast-1a |
| IPv4 アドレス（アベイラビリティゾーン） | AWS によって割り当て済み |

設定完了後、「次の手順：セキュリティ設定の構成」ボタンをクリックします。

「手順 2: セキュリティ設定の構成」で、「ロードバランサーのセキュリティを向上させましょう。ロードバランサーは、いずれのセキュアリスナーも使用していません。」と表示されますが、「次の手順：ルーティングの設定」ボタンをクリックします。

「手順 3: ルーティングの設定」で設定する内容は、表 1.17 の通りです。

表 1.17　設定する項目と値（手順 3）

| 設定項目 | 設定値 |
|---|---|
| ターゲットグループ | 既存のターゲットグループ |
| 名前 | rancher-tcp-443 |

設定完了後、「次の手順：ターゲットの登録」ボタンをクリックします。

「手順 4: ターゲットの登録」では、登録済みターゲットが表示されます。

「次の手順：確認」ボタンをクリックします。

「手順 5: 確認」では、内容を確認後、「作成」ボタンをクリックします。

「ロードバランサーを正常に作成しました」と表示されたら、その後「閉じる」ボタンをクリックします。

作成した「rancher」ロードバランサを選択して、「リスナー」タブをクリックして、「リスナーの追加」ボタンをクリックします（図 1.18）。

設定する内容は、表 1.18 の通りです。

表 1.18　設定する項目と値（リスナーの追加）

| 設定項目 | 設定値 |
|---|---|
| プロトコル：ポート | TCP：80 |
| 転送先 | rancher-tcp-80 |

設定完了後、「保存」ボタンをクリックします（図 1.19）。

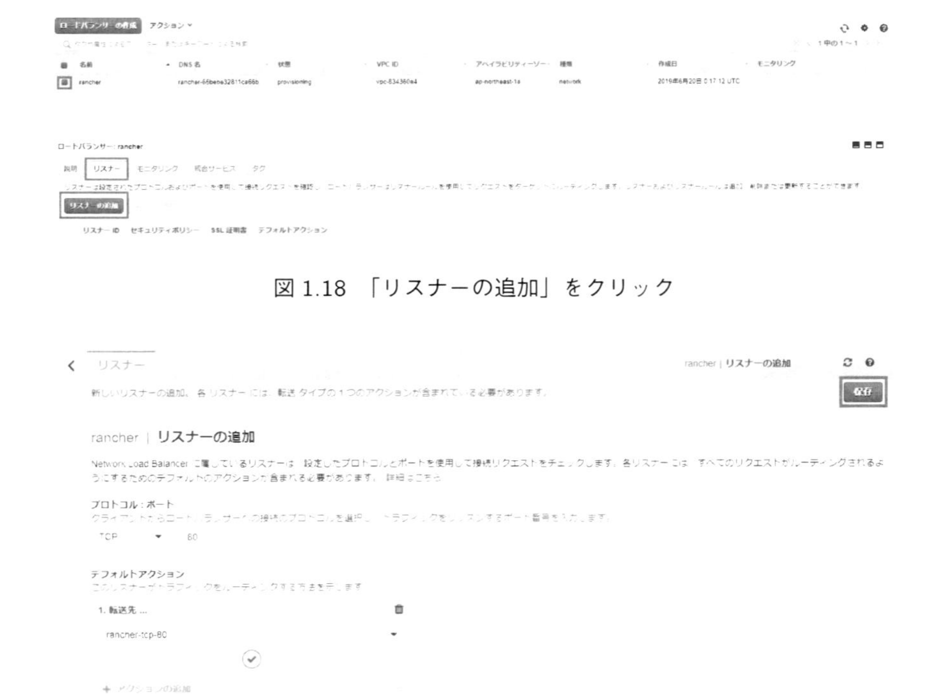


図 1.18　「リスナーの追加」をクリック

図 1.19　設定が完了したら「保存」をクリック

以上でロードバランサの構築は完了となります。

# manager-server での作業（2）

## Kubernetes クラスタ構築

RKE を利用して、Kubernetes クラスタを構築します。manager-server インスタンスにログインして作業を行います。

cluster.yml ファイルを作成します。設定内容は、表 1.19 の通りです。

表 1.19　cluser.yml で設定する項目と値

| 設定項目 | 設定値 |
|---|---|
| address | パブリック DNS/IP アドレス |
| internal_address | プライベート DNS/IP アドレス |
| user | ubuntu |
| role | controlplane/worker/etcd の 3 種類があります。controlplane は master コンポーネント、worker は node コンポーネント、etcd はデータストアとなります |

vimでcluster.ymlを作成します。

```
$ vim cluster.yml
nodes:
  - address: rancher-server-1 パブリックDNS/IPアドレス
    internal_address: rancher-server-1 プライベートDNS/IPアドレス
    user: ubuntu
    role: [controlplane,worker,etcd]
  - address: rancher-server-2 パブリックDNS/IPアドレス
    internal_address: rancher-server-2 プライベートDNS/IPアドレス
    user: ubuntu
    role: [controlplane,worker,etcd]
  - address: rancher-server-1 パブリックDNS/IPアドレス
    internal_address: rancher-server-3 プライベートDNS/IPアドレス
    user: ubuntu
    role: [controlplane,worker,etcd]
```

rke upコマンドを実行してKubernetesクラスタを構築します。

「Finished building Kubernetes cluster successfully」と表示された後、クラスタ構築時に生成される「kube_config_cluster.yml」をリネームして「.kube/config」とします。

kubectlコマンドでノードを確認します。

```
$ rke up
INFO[0000] Initiating Kubernetes cluster
〜省略〜
INFO[0151] Finished building Kubernetes cluster successfully
$ mv kube_config_cluster.yml .kube/config
$ kubectl get nodes
NAME            STATUS   ROLES                       AGE     VERSION
18.179.6.67     Ready    controlplane,etcd,worker   3m46s   v1.13.5
52.196.5.71     Ready    controlplane,etcd,worker   3m46s   v1.13.5
52.69.233.224   Ready    controlplane,etcd,worker   3m46s   v1.13.5
```

## Helmの事前準備

Helmを利用してRancherをインストールする事前準備を行います。

まず、HelmでChartを管理するために必要となるtillerコンポーネントを利用するために、ServiceAccountとClusterRoleBindingを作成して、helm initコマンドでtillerをインストールします。

```
$ kubectl -n kube-system create serviceaccount tiller
serviceaccount/tiller created
$ kubectl create clusterrolebinding tiller --clusterrole=cluster-admin
--serviceaccount=kube-system:tiller
clusterrolebinding.rbac.authorization.k8s.io/tiller created
$ helm init --service-account tiller
Creating /home/ubuntu/.helm
```

```
～省略～
Happy Helming!
```

## cert-manager インストール

Rancher では SSL/TLS が必要となるため、cert-manager という TLS 証明書を発行する Kubernetes の addon を利用します。

Helm リポジトリを追加後、cert-manager をインストールします。

```
$ helm repo list
NAME    URL
stable  https://kubernetes-charts.storage.googleapis.com
local   http://127.0.0.1:8879/charts
$ helm repo add rancher-latest https://releases.rancher.com/server-charts/latest
"rancher-latest" has been added to your repositories
$ helm install stable/cert-manager --name cert-manager --namespace kube-system
--version v0.5.2
NAME:   cert-manager
～省略～
https://cert-manager.readthedocs.io/en/latest/reference/ingress-shim.html
```

## Rancher インストール

Helm から Rancher をインストールします。hostname には「NLB の DNS 名」を入力します。

「NLB の DNS 名」は、AWS ダッシュボードの「ロードバランサ: rancher」の「説明」タブで確認します（図 1.20）。

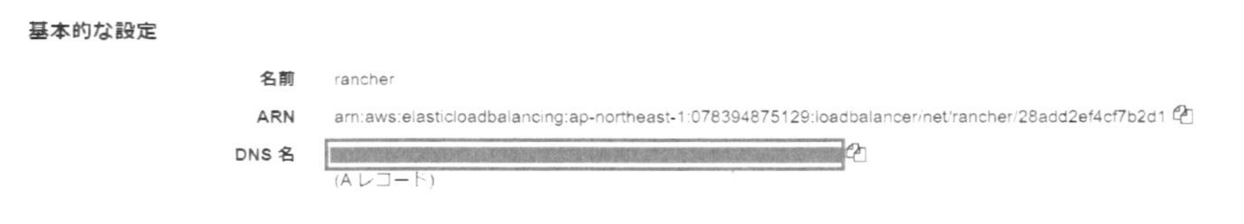


図 1.20　NLB の DNS 名を入力

以下のコマンドを実行します。

```
$ helm install rancher-latest/rancher --name rancher --namespace cattle-system --set
hostname=<NLB DNS 名>
～省略～
Happy Containering!
$ kubectl get pods --all-namespaces
NAMESPACE       NAME                                          READY     STATUS
RESTARTS    AGE
```

```
cattle-system   rancher-6fd48d6f59-87vg4                     1/1     Running    1
2m44s
cattle-system   rancher-6fd48d6f59-rwv9s                     1/1     Running    1
2m44s
cattle-system   rancher-6fd48d6f59-zp4fb                     1/1     Running    1
2m44s
～省略～
```

## Rancher UI アクセス

ブラウザを起動して、「NLB の DNS 名」でアクセスします。

「詳細設定」をクリックします（図 1.21）。

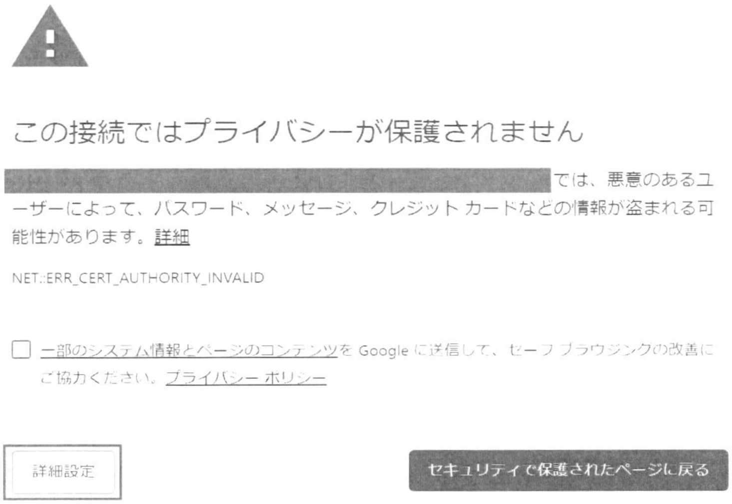

図 1.21　「詳細設定」をクリック

「NLB の DNS 名にアクセスする（安全ではありません）」をクリックします（図 1.22）。

図 1.23 のように Rancher Server へのログイン画面が表示されます。

以降は、「Single Node Installation（単一ノードインストール）」の「Rancher 初期セットアップ」と同じになります。

以上で High Availability Installation（高可用性インストール）は完了となります。

Rancher の公式ドキュメントでは、さらに Nginx をロードバランサとして利用する方法が紹介されています。

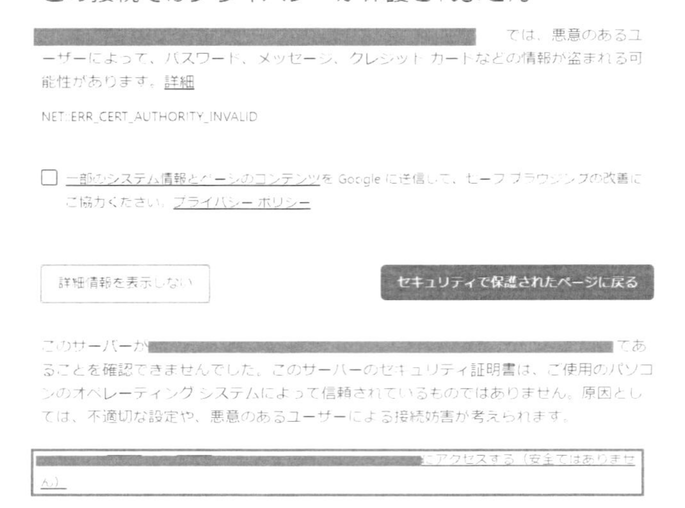


図 1.22 「NLB の DNS 名にアクセスする（安全ではありません）」をクリック

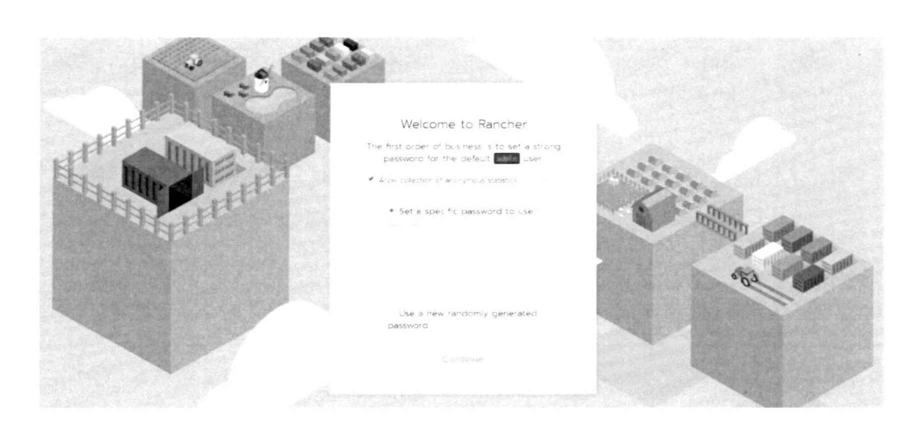


図 1.23　Rancher Server のログイン画面が表示される

Rancher の Loadbalancer、DNS、Kubernetes の構成については、数多くのパターンが考えられます。実際に稼働させるシステム要件や運用要件に合わせて、設計する必要があります。

# 第2章　Rancherユーザインターフェース

この章ではRancherユーザインターフェースである「Global Navigation」「Cluster Navigation」「Project Navigation」そして「Footer Navigation」それぞれの内容を見ていきます。

Rancherの全体像として、Globalは、Rancher配下のKubernetesクラスタ全体レベル、Clusterは、Rancher配下の各Kubernetesクラスタレベル、Projectは、Rancher配下の各KubernetesクラスタのNamespaceレベルを管理する構成となります。そして各レベルを、上部にある「Global Navigation」、「Cluster Navigation」、「Project Navigation」で管理する仕組みとなっています。「Footer Navigation」については、Rancher配下のKubernetesクラスタ管理とは別のナビゲーションになります。

## 2.1　Global Navigation

Ranche r2.1系のGlobal Navigationの構成は表2.1となっています。

「Cluster:クラスタ名」と「プロジェクト名」は、管理するKubernetesクラスタが存在する場合に表示されます。

表 2.1　Global Navigation の構成

| Global | Clusters | Node Drivers | Catalogs | Users | Settings | Security |
|---|---|---|---|---|---|---|
| Global | - | - | - | - | - | Roles |
| Cluster:クラスタ名 | | | | | | Pod Security Policies |
| プロジェクト名 | | | | | | Authentication |

以下、各項目の内容を紹介します。

## Clusters

「Clusters」を選択するとKubernetesクラスタの管理画面に遷移します。

管理するKubernetesクラスタがない場合は、「Add Cluster」ボタンが中央に表示されます（図 2.1）。

図 2.1　管理するクラスタがない場合

「Add Cluster」ボタンをクリックするとKubernetesクラスタ構築画面に遷移します（図 2.2）。Kubernetesクラスタの構築については5章で詳しく説明します。

管理するKubernetesクラスタがある場合は、クラスタのリストが表示されます（図 2.3）。

クラスタ名をクリックすると、「Cluster Navigation」-「Cluster」に遷移します。

## Node Drivers

Node Driverは、各クラウドプロバイダーと連携してホストのプロビジョニングを実現するためのものです。仕組みとしては、Docker Machineドライバを利用しています。

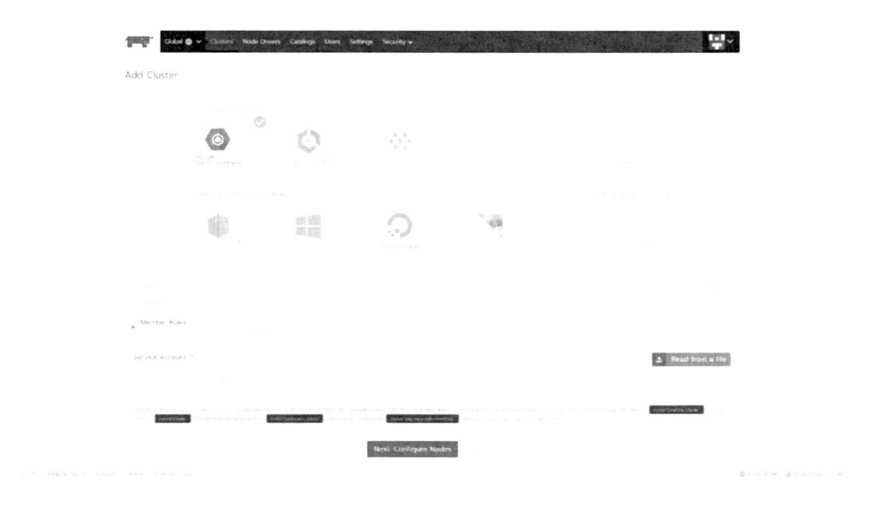


図 2.2 Kubernetes クラスタの構築画面

図 2.3 管理しているクラスタのリスト

デフォルトで有効化されている Driver を、表 2.2 に示します。※Rancher 2.1 系、2.2 系で共通です。

表 2.2 デフォルトで有効化されている Driver

| **Node Drivers** |
|---|
| Amazon EC2 |
| Azure |
| DigitalOcean |
| vSphere |

Rancher 2.1 系で最初から実装されている（有効化されていないものも含む）Node Driver の一覧を、表 2.3 に示します。

表 2.3　Node Driver 一覧

| **Node Drivers** | **Summary** |
|---|---|
| Aliyun ECS | Alibaba Cloud Elastic Compute Service は、Alibaba Cloud のコンピューティングリソース |
| Amazon EC2 | Amazon Elastic Compute Cloud は、AWS のコンピューティングリソース |
| Azure | Azure は、Azure のコンピューティングリソース |
| DigitalOcean | DigitalOcean は、DigitalOcean のコンピューティングリソース |
| Exoscale | Exoscale は、Exoscale のコンピューティングリソース |
| OpenStack | OpenStack は、OpenStack のコンピューティングリソース |
| Open Telekom Cloud | Open Telekom Cloud は、Open Telekom Cloud のコンピューティングリソース |
| Packet | Packet は、Packet クラウドサービスのコンピューティングリソース |
| RackSpace | RackSpace は、RackSpace クラウドサービスのコンピューティングリソース |
| SoftLayer | SoftLayer は、SoftLayer（現 IBM クラウド）のコンピューティングリソース |
| vSphere | vSphere は、vSphere のコンピューティングリソース |

各リストの右端にあるメニューボタンをクリックすると、さらにメニューが展開されます（図 2.4）。

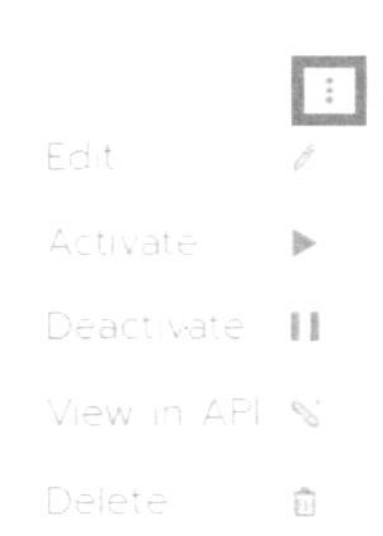


図 2.4　Driver に対する操作のメニュー

「Edit」は Machine Driver 登録時の内容を編集できます（図 2.5）。

「Activate」は、無効なドライバを有効化し、「Deactivate」は有効なドライバを無効化します。「View in API」は API の内容を表示します。「Delete」はドライバを削除します。

右上にある「Add Node Driver」ボタンをクリックすると、ドライバをリストに追加できます（図 2.6）。

Edit Node Driver

http://machine-driver.oss-cn-shanghai.aliyuncs.com/aliyun/1.0.2/linux/amd64/docker-machine-driver-aliyunecs.tgz

c31b9da2c977e70c2eeee5279123a95d

ecs.aliyuncs.com

Add Domain

Save Cancel

図 2.5 「Edit」メニュー

Add Node Driver

図 2.6 ドライバの追加

「Download URL」は、64 ビット Linux 用のマシンドライババイナリをダウンロードするための URL を入力します。「Custom UI URL」は、オプションとしてこのドライバ用にカスタマイズされた「ノードの追加」画面にロードする URL を入力します。詳細については、ui-driver-skel[*1]を参照してください。「Checksum」は、オプションとしてダウンロードしたドライバが予想されるチェックサムと一致することを確認します。「Add Domain」ボタンをクリックするごとに Whitelist Domain を追加できます（図 2.7）。

*1 https://github.com/rancher/ui-driver-skel

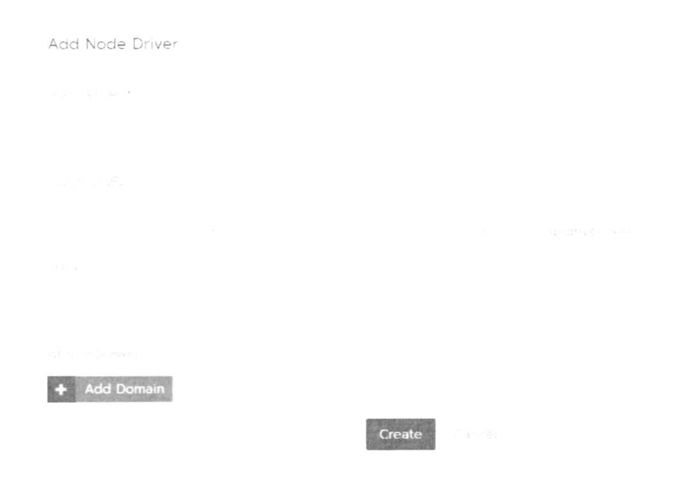


図 2.7　Whitelist Domain の追加

## Catalogs

Catalogs では、カタログ機能の有効化やカタログ追加の設定を行うことができます。

カタログの種別としては、Rancher Labs がカスタマイズした Chart を使用する Library と、Helm 公式の Chart を使用する Helm Stable、Helm Incubator があります。このうち Helm Incubator は、Stable（安定版）としての要件を満たしていない開発過程にある Chart のリポジトリになります。デフォルトでは、Library が有効化されています（図 2.8）。

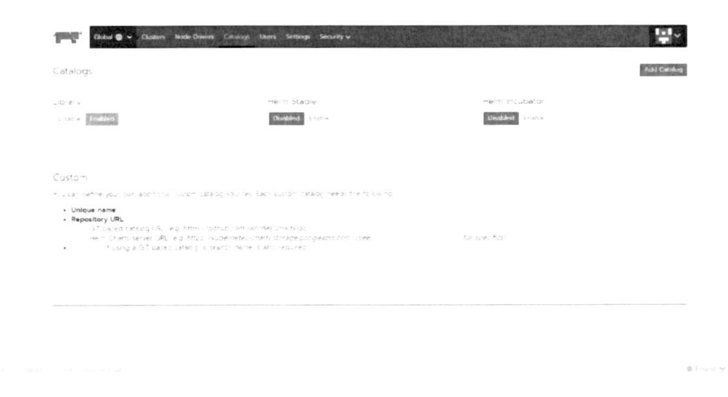

図 2.8　カタログ

「Add Catalog」ボタンをクリックすると、オリジナルの Helm 化したアプリケーションを

Rancher カタログとして登録できます（図 2.9）。

図 2.9　カタログの追加

「Name」は、任意の名前を入力します。「Catalog URL」登録する Helm リポジトリの URL を入力します。「Branch」は登録する Helm リポジトリのブランチを指定します。デフォルトでは master ブランチが設定されています。「Kind」は、本書の執筆時点（2019 年 6 月）では Helm のみとなっています（図 2.10）。

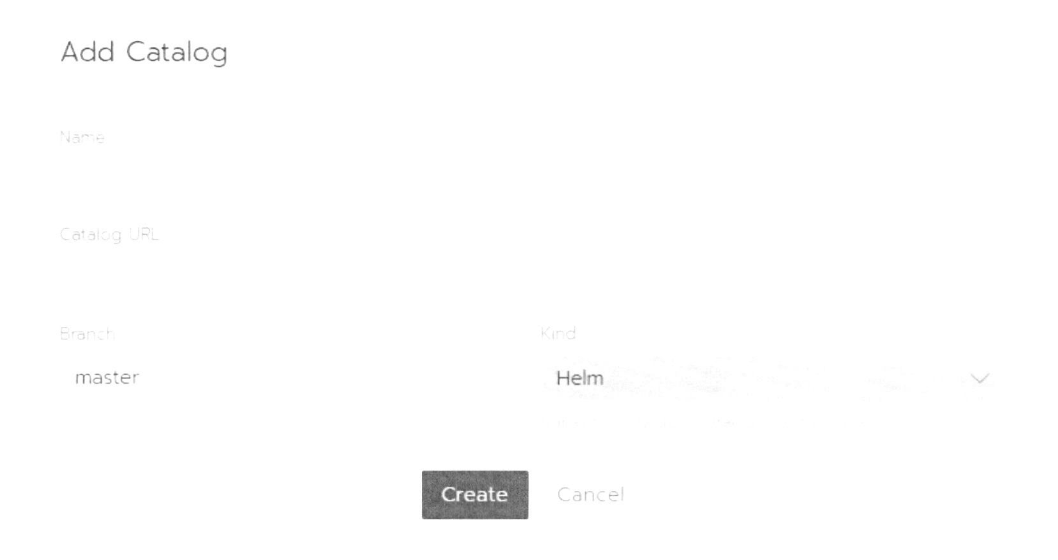


図 2.10　カタログの種類は今のところ Helm のみ

## Users

Users では、Rancher のアカウントを管理することができます（図 2.11）。

「Add User」ボタンをクリックすると User を追加できます（図 2.12）。

「Username」は、登録するユーザの任意の名前を入力します。「Password」は、登録するユー

図 2.11　ユーザの管理

Add User

図 2.12　ユーザの追加

ザのログインパスワードを入力します。「Generate」ボタンをクリックするとパスワードを自動生成されます。「Ask user to change their password on first login」にチェックを入れると、初回ログイン時にパスワード変更を促すことができます。「Display Name」は、上部メニューのアカウント名で表示される名前となります（図 2.13）。

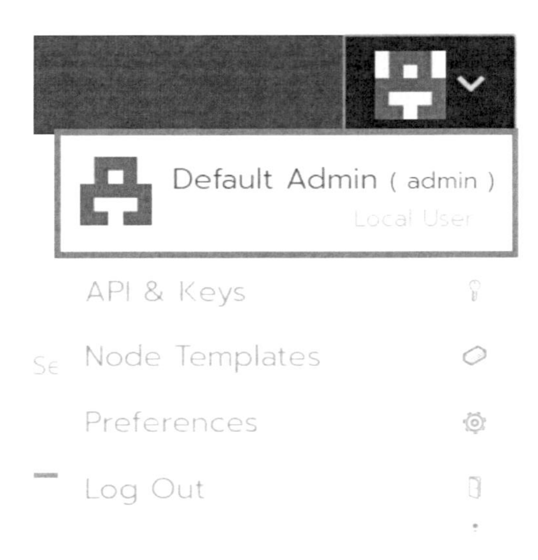


図 2.13　Display Name はメニューの表示に用いられる

「Global Permissions」は、作成するアカウントの権限を設定できます（図 2.14、表 2.4）。

表 2.4　アカウントの権限

| Permissions | Summary |
|---|---|
| Standard User | Standard User は、新しいクラスタを作成し、アクセス権を与えられているクラスタとプロジェクトを管理できます |
| Administrator | Administrator は、インストール全体と全クラスタ内の全リソースを管理できます |
| Custom | 個別の権限を選択できます。<br>Create Clusters：クラスタ作成<br>Manage Authentication：認証管理<br>Manage Catalogs：カタログ管理<br>Manage Node Drivers：ノードドライバ管理<br>Manage PodSecurityPolicy Templates：ポッドセキュリティポリシーテンプレート管理<br>Manage Roles：ロール管理<br>Manage Settings：設定管理<br>Manage Users：ユーザー管理<br>Use Catalog Templates：カタログテンプレート管理<br>Login Access：ログインアクセス管理（デフォルト装備で変更不可） |

図 2.14　アカウントの権限

ユーザリストのID名をクリックするとGlobal Permissions、Cluster Roles、Project Rolesを確認できます（図2.15、図2.16）。

図2.15　ID名をクリックして設定を確認

図2.16　設定内容の確認

※Administratorの場合、Global Permissionsについてはフルアクセスとなります。

Global Permissionsは、特定のクラスタ範囲外でのユーザ認証を定義します。

AdministratorとStandard Userの権限の違いは、図2.17のようになります。

各リストの右端にあるメニューボタンをクリックすると、さらにメニューが展開されます(図2.18)。

「Edit」は、編集画面が表示されて内容を編集できます。「Deactivate」は、対象ユーザを無効化します。「View in API」は、APIの内容が表示されます。「Delete」は、対象ユーザを削除します。

| CUSTOM GLOBAL PERMISSION | ADMINISTRATOR | STANDARD USER |
|---|---|---|
| Manage Authentication | ✓ | |
| Manage Catalogs | ✓ | |
| Manage Cluster Drivers | ✓ | |
| Manage Node Drivers | ✓ | |
| Manage PodSecurityPolicy Templates | ✓ | |
| Manage Roles | ✓ | |
| Manage Users | ✓ | |
| Create Clusters | ✓ | ✓ |
| Use Catalog Templates | ✓ | ✓ |
| Login Access | ✓ | ✓ |

図 2.17　Administrator と Standard User の権限

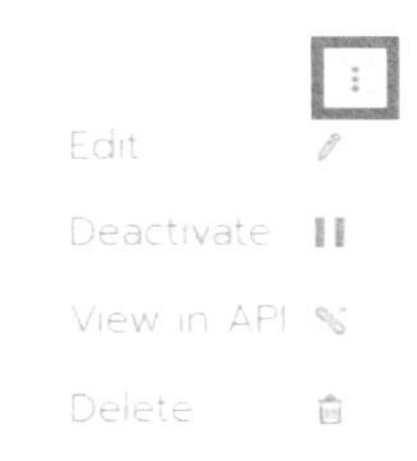


図 2.18　ユーザに対する操作のメニュー

## Settings

Settings では、Rancher の設定を確認できます。

なお冒頭にある以下説明書きからわかるように、こちらの項目は特別な理由がない限りは設定を変更する必要はありません。

「Typical users will not need to change these. Proceed with caution, incorrect values can break your Rancher installation. Settings which have been customized from default settings are shown in bold.」(一般的なユーザはこれらを変更する必要はありません。誤った値を設定すると、Rancher のインストールが中断される可能性があります。デフォルト設定からカスタマイズされた設定は太字で表示されます)。

各項目の右端にあるメニューボタンをクリックすると、さらにメニューリストが表示されます

（図 2.19、図 2.20）。

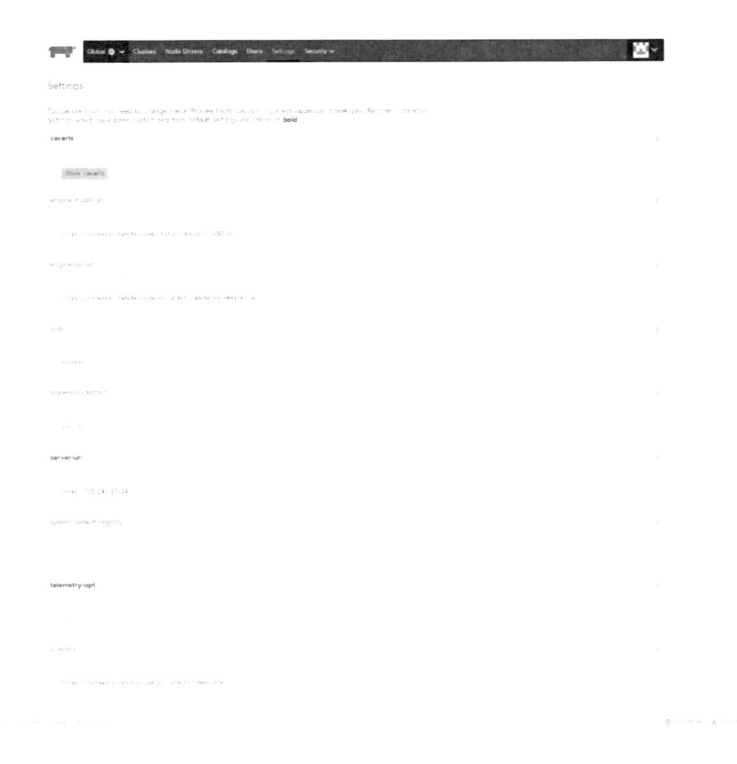


図 2.19　ユーザに関する設定

「Edit」は、編集画面が表示されて内容を編集できます。「View in API」は、API の内容が表示されます。

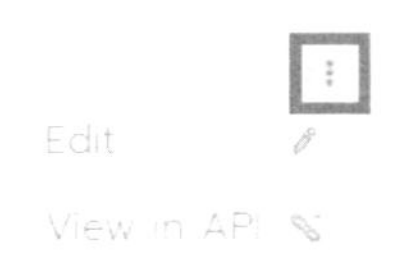


図 2.20　より詳細なメニュー

「telemetry-opt」だけ、「Revert to Default」というデフォルトに戻す項目があります（図 2.21）。

「cacerts」の「Show cacerts」ボタンをクリックすると、CA 証明書の内容が表示されます（図 2.22）。

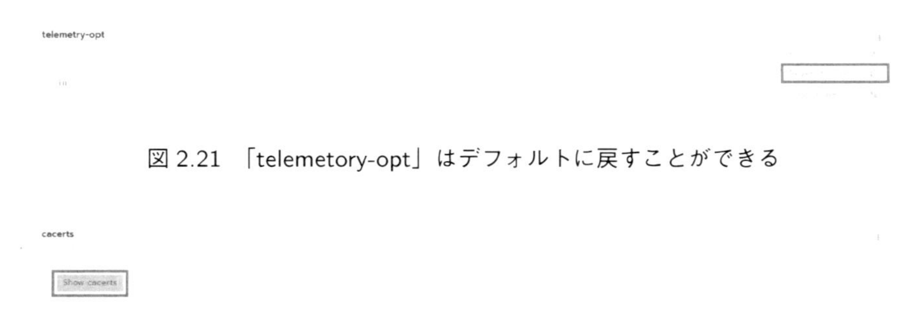


図 2.21 「telemetory-opt」はデフォルトに戻すことができる

図 2.22 CA 証明書の内容を表示

# Security

## Roles

「Security」の「Role」では、Roles Based Access Control（RBAC）をベースに Global 権限、Cluster、Project それぞれのロールにおいて、デフォルト時に付与される権限の管理を行えます。「Users」で作成したユーザと密接に関係します。

Administorator で作成したユーザと Standard User で作成したユーザでは、Global の権限においては、表示される権限内容は異なります。Cusutom で個別に権限を設定したユーザの場合も同様です。

Cluster Role（図 2.23）と Project Role（図 2.24）は、権限を追加できます。

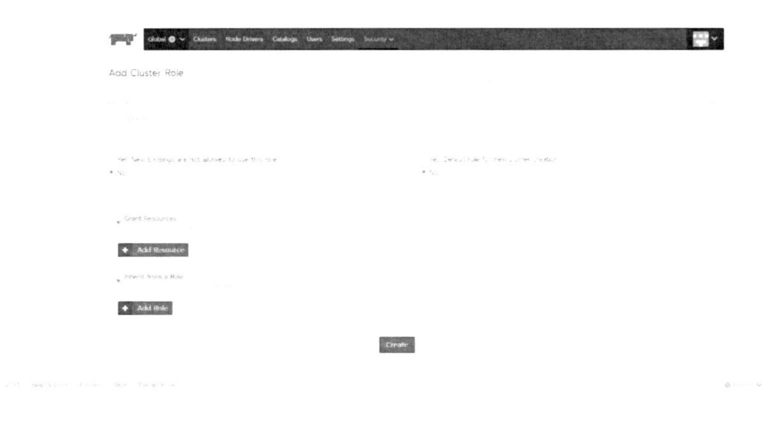


図 2.23 Cluster Role に権限を追加

Cluster Role と Project Role の権限追加内容は、同じ設定項目となります。

「Name」は、任意の名前を入力します。「Add a Description」では、任意の Description を入

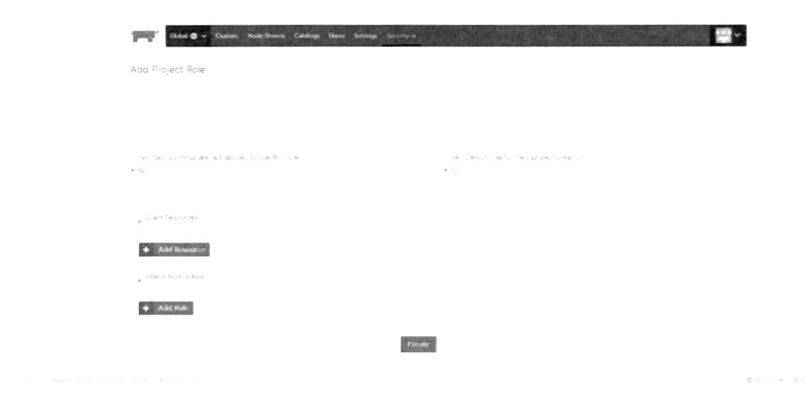


図 2.24　Project Role に権限を追加

力できます。「Locked」は、ロールが割り当てられないようにロックする設定です。ロックする場合は Yes を選択します。「Cluster Creator Default」は、デフォルトのロールとして設定する場合は Yes を選択します。

「Grant Resources」では、「Add Resource」ボタンをクリックすることで、「Create、Delete、Get、List、Patch、Update、Watch」それぞれの権限をチェックボックスで有効／無効を設定できます。

「Inherit from a Role」では、Role プルダウンメニューから 33 種類のロールを選択できます。

## Pod Security Policies

Pod Security Policy は（ルート権限などの）Pod 仕様のセキュリティ上重要な側面を制御するオブジェクトです。Pod が Pod Security Policy で指定された条件を満たさない場合、Kubernetes はその実行を許可せず、Rancher は Pod 名を含んだエラーメッセージを表示します。

Rancher には、restricted と unrestricted という二つのデフォルトの Pod Security Policy が実装されています。

restricted ポリシーは、Kubernetes のサンプル制限ポリシーに基づいています。クラスタまたはプロジェクトに展開できる Pod の種類が大幅に制限されます。Pod が特権ユーザとして実行されるのを防ぎ、特権の昇格を防ぎます。またサーバーに必要なセキュリティー機構が設定されていることを検証します（マウントできるボリュームをコア・ボリューム・タイプのみに制限し、ルート補足グループが追加されるのを防ぎます）（図 2.25）。

一方 unrestricted ポリシーは、Pod Security Policy コントローラを無効にして Kubernetes

図 2.25　restricted ポリシー

を実行するのと同じです。どの Pod をクラスタまたはプロジェクトにデプロイできるかについては、制限はありません。(図 2.26)

右上の「Add Policy」ボタンをクリックすると、Policy を追加できます（図 2.27)。

「Name」は、任意の名前を入力します。「Add a Description」では、任意の Description を入力できます。「Basic Policies」では、表 2.5 の設定項目があります。デフォルトではすべて No として設定されています。

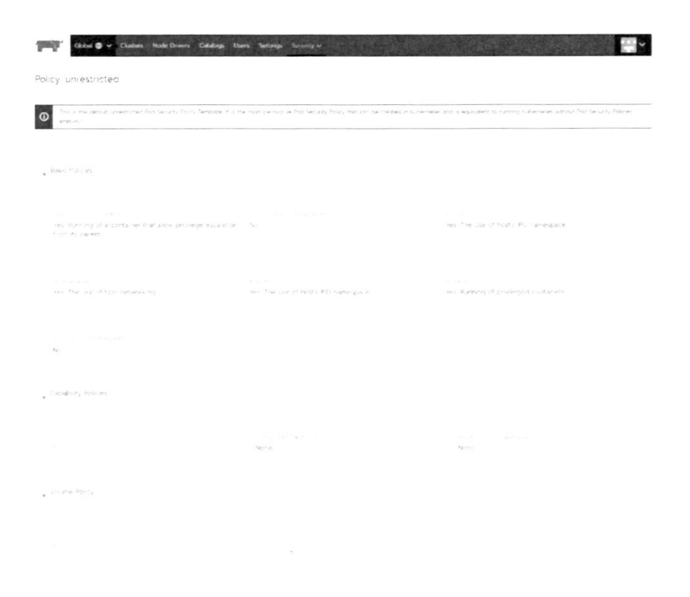

図 2.26　unrestricted ポリシー

Pod Security Policies　　Add Policy

図 2.27　Policy の追加

表 2.5　Basic Policy 一覧

| **Allow Privilege Escalation** | Yes: Running of a container that allow privilege escalation from its parent | No |
|---|---|---|
| **Default Allow Privilege Escalation** | Yes: Control whether a process can gain more privileges than its parent process | No |
| **Host IPC** | Yes: The use of host's IPC namespace | No |
| **Host Network** | Yes: The use of host networking | No |
| **Host PID** | Yes: The use of host's PID namespace | No |
| **Privileged** | Yes: Running of privileged containers | No |
| **Read Only Root Filesystem** | Yes: Requiring the use of a read only root file system | No |

「Capability Policies」では、Allowed Capabilities、Default Add Capabilities、Required Drop Capabilities の設定項目があり、プルダウンメニューで表 2.6 の内容を設定できます。

表 2.6　Capability Policy の設定項目

| **Allowed Capabilities/Default Add Capabilities/Required Drop Capabilities** |
|---|
| AUDIT_CONTROL |
| AUDIT_WRITE |
| BLOCK_SUSPEND |
| CHOWN |
| DAC_OVERRIDE |
| DAC_READ_SEARCH |
| FOWNER |
| FSETID |
| IPC_LOCK |
| IPC_OWNER |
| KILL |
| LEASE |
| LINUX_IMMUTABLE |
| MAC_ADMIN |
| MAC_OVERRIDE |
| MKNOD |
| NET_ADMIN |
| NET_BIND_SERVICE |
| NET_BROADCAST |
| NET_RAW |
| SETFCAP |
| SETGID |
| SERPCAP |
| SETUID |
| SYSLOG |
| SYS_ADMIN |
| SYS_BOOT |
| SYS_CHROOT |
| SYS_MODULE |
| SYS_NICE |
| SYS_PACCT |
| SYS_PTRACE |
| SYS_RAWIO |
| SYS_RESOURCE |
| SYS_TIME |
| SYS_TTY_CONFIG |
| WAKE_ALARM |

「Volume Policy」では、Volumes として表 2.7 のプルダウンメニューの内容を設定できます。

表 2.7　Volume Policy の設定項目

| **Volume Policy** |
| --- |
| azureFile |
| azureDisk |
| flocker |
| flexVolume |
| hostPath |
| emptyDir |
| gcePersistentDisk |
| awsElasticBlockStore |
| gitRepo |
| secret |
| nfs |
| iscsi |
| glusterfs |
| persistentVolumeClaim |
| rbd |
| cinder |
| cephFS |
| downwardAPI |
| fc |
| configMap |
| vsphereVolume |
| quobyte |
| photonPersistentDisk |
| projected |
| portworxVolume |
| scaleIO |
| storageos |
| * |

「Allowed Host Paths Policy」では、許可するホストのパスを設定できます。

「FS Group Policy」では、Pod の Volume を持つ FSGroup を割り当てる設定を行えます。以下の二つの設定項目があります。デフォルトでは RunAsAny が設定されています。

- MustRunAs - Requires at least one range to be specified. Uses the minimum value of the first range as the default. Validates against the first ID in the first range.
- RunAsAny - No default provided. Allows any fsGroup ID to be specified.

「Host Ports Policy」では、ポートの範囲を最小値と最大値を指定して設定します。

「Run As User Policy」では、RunAsUser のポリシーを設定できます。デフォルトでは、RunAsAny が設定されています。

- MustRunAs - Requires a range to be configured. Uses the first value of the range as the default. Validates against the configured range.
- MustRunAsNonRoot - Requires that the pod be submitted with a non-zero runAsUser or have the USER directive defined in the image. No default provided.
- RunAsAny - No default provided. Allows any runAsUser to be specified.

「SELinux Policy」では、コンテナにおける SELinux の Policy を設定できます。デフォルトでは、RunAsAny が設定されています。

- MustRunAs - Uses seLinuxOptions as the default. Validates against seLinuxOptions.
- RunAsAny - Allows any seLinuxOptions to be specified

「Supplemental Groups Policy」では、Supplemental Groups の設定を行うことができます。デフォルトでは、RunAsAny が設定されています。

- MustRunAs - Requires at least one range to be specified. Uses the minimum value of the first range as the default. Validates against all ranges.
- RunAsAny - No default provided. Allows any supplementalGroups to be specified.

## Authentication

Rancher は、認証サービスと連携してアカウントを管理することもできます（図 2.28）。

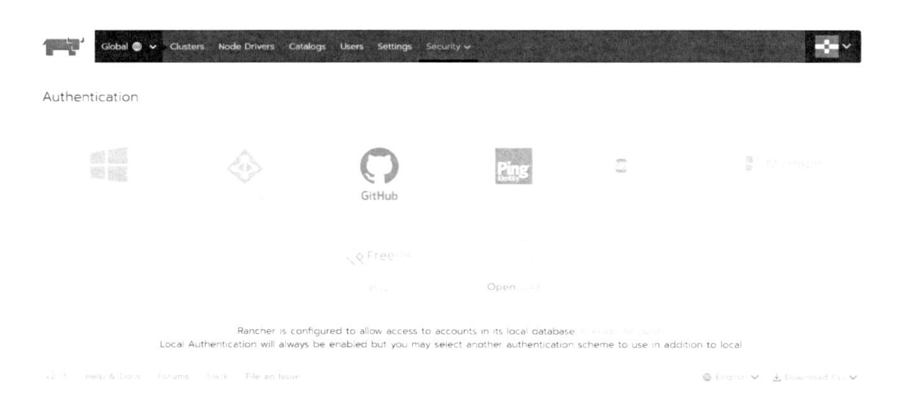


図 2.28　外部の認証サービスと連携してのアカウント管理

デフォルトで実装されている認証サービスは表 2.8 の通りです。

表 2.8　デフォルトで使用できる認証サービス

| **Authentication Service** |
| --- |
| FreeIPA |
| GitHub |
| Keycloak |
| Microsoft Active Directory |
| Microsoft Azure AD |
| Microsoft Active Directory Federation Service |
| OpenLDAP |
| Ping Identitty |

例として、GitHub との連携を見ていきます。※ 事前に GitHub でアカウントを作成する必要があります。

「GitHub」を選択して、「click here」を選択します（図 2.29）。

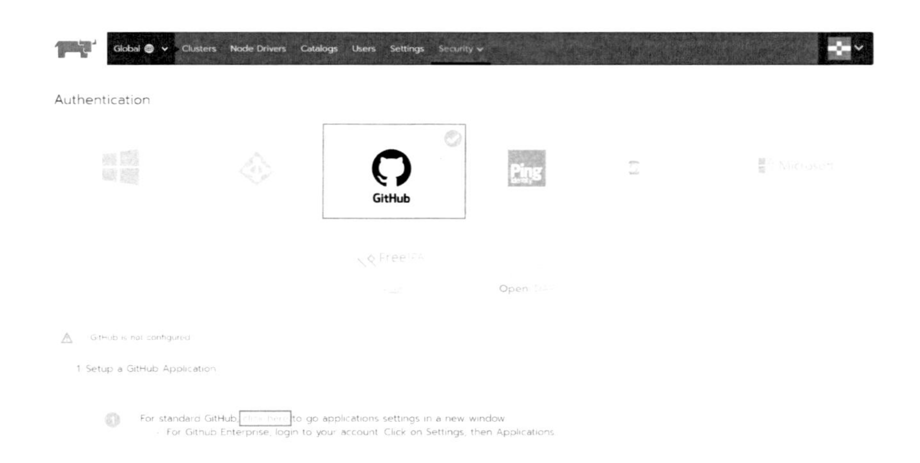


図 2.29　GitHub を選択

「Username or email address」と「Password」を入力して、「Sign in」ボタンをクリックします（図 2.30）。

「Register a new application」ボタンをクリックします（図 2.31）。

「Application name」に、任意の名前を入力します。「Homepage URL」と「Authorization callback URL」に Rancher Server のグローバル IP アドレスを入力します。「Register application」ボタンをクリックします（図 2.32）。

図 2.30　GitHub にサインイン

図 2.31 「Register a new application」をクリック

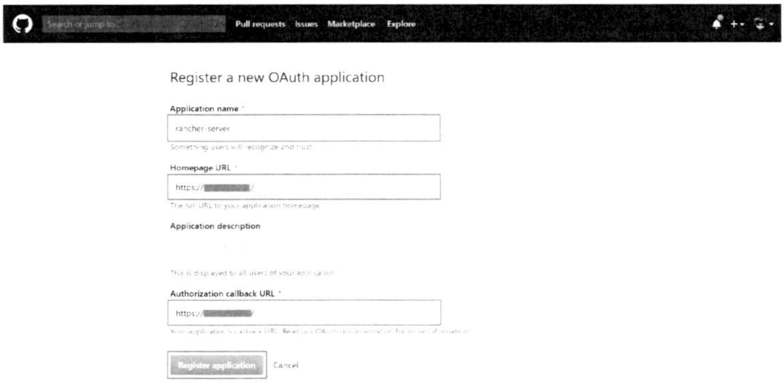

図 2.32　名前と URL を入力

「Client ID」と「Client Secret」の値を確認しておきます（図 2.33)。

先ほど確認した「Client ID」と「Client Secret」を入力して、「Authenticate with GitHub」ボタンをクリックします（図 2.34)。

「Authorize GitHubAccountName」ボタンをクリックします（図 2.35)。

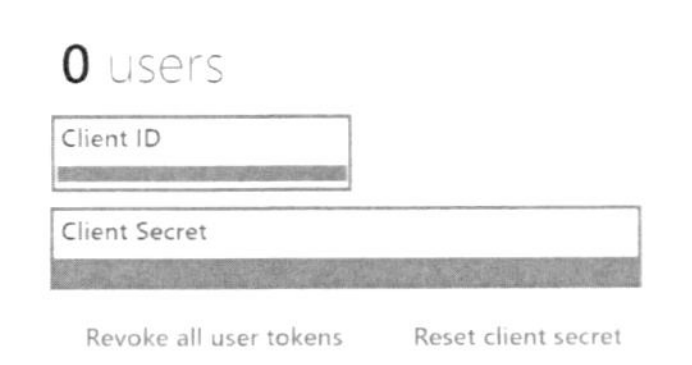


図 2.33　ID とシークレットキーを確認

図 2.34　ID とシークレットキーを入力

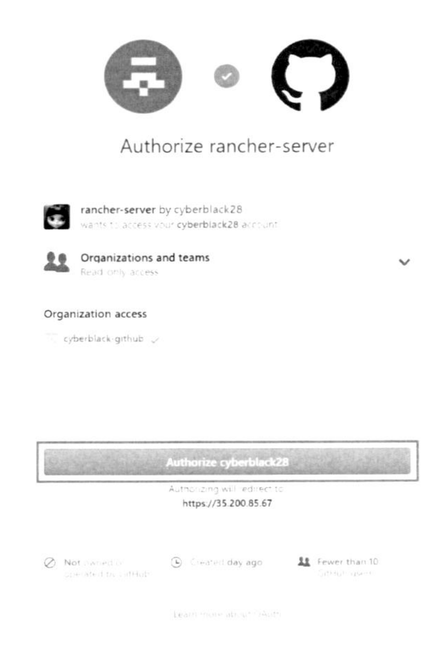


図 2.35　Authorize をクリック

ここれで GitHub との連携が完了しました（図 2.36）。

右上のアカウントメニューから「Log Out」を選択します（図 2.37）。

「Log in with GitHub」ボタンをクリックして、再度ログインできることを確認します（図 2.38）。

図 2.36　GitHub の連携ができた

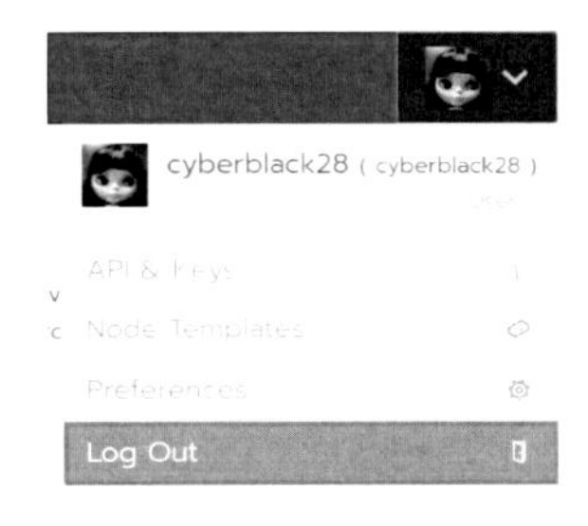


図 2.37　一旦ログアウト

図 2.38　再度ログインできることを確認

ログイン完了となります。(図 2.39)

以上が「Global Navigation」の説明となります。

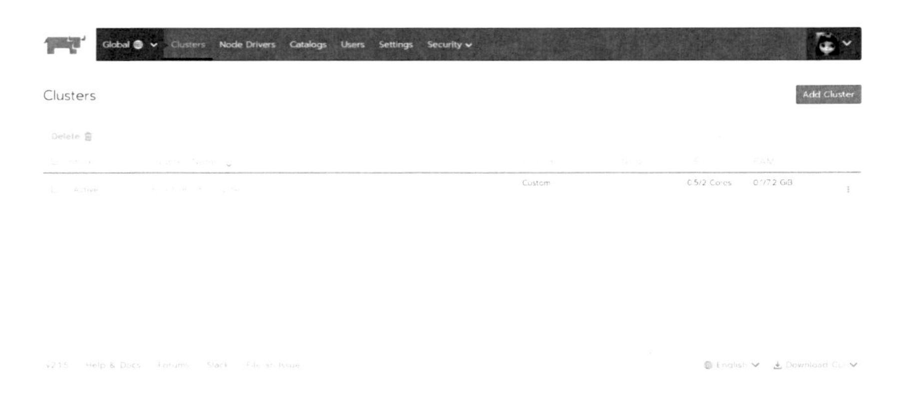


図 2.39　GitHub と連携した状態でログインできている

# 2.2　Cluster Navigation

Rancher の配下で管理する Kubernetes クラスタがある場合、Cluster ごとにナビゲーションが展開されます。

Rancher 2.1 系の Cluster Navigation の構成は表 2.9 のようになっています。

表 2.9　Cluster Navigation の構成

| Cluster:クラスタ名 | Cluster | Nodes | Storage | Projects/Na | Members | Tools |
|---|---|---|---|---|---|---|
| プロジェクト名 | | | Persistent Volumes | | | Alerts |
| | | | Storage Classes | | | Notifiers |
| | | | | | | Logging |

Rancher で構築したサンプル用 kubernetes クラスタの「rancher-k8s-cluster」を例に見ていきます。

## Cluster

Cluster では、Rancher の配下にある各 Kubernetes クラスタのリソース管理、クラスタアップデート、Kubectl コマンドの実行などクラスタ管理を行うことができます。

Global Navigation から「Cluster:rancher-k8s-cluster」を選択します（図 2.40）。

すると、対象の Kubernetes クラスタのリソースグラフ画面に遷移します（図 2.41）。

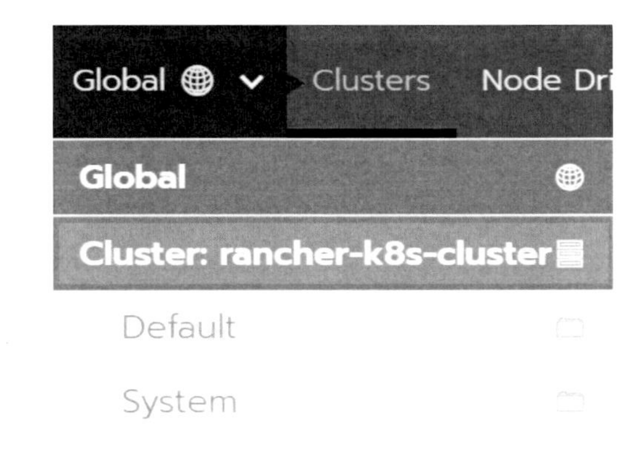


図 2.40　Global Navigation から Cluster Navigation へ

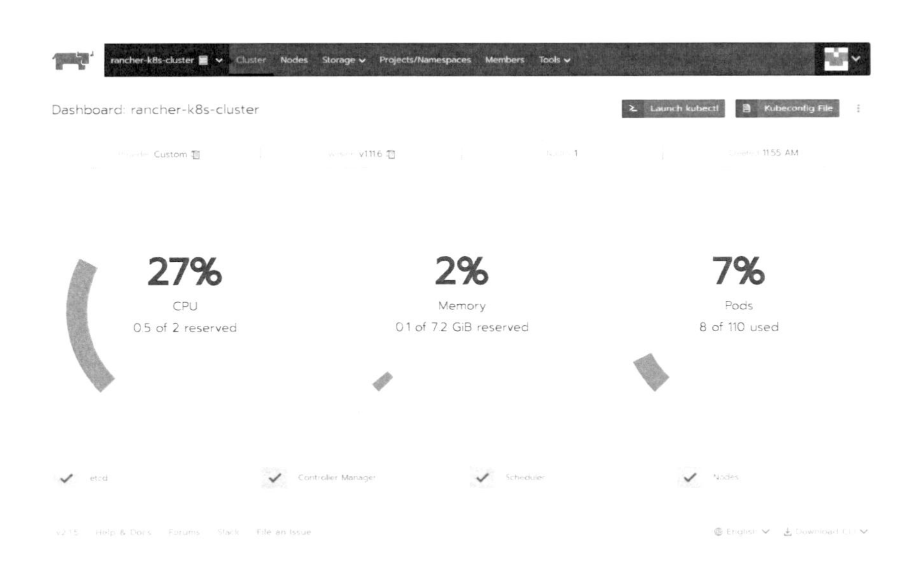


図 2.41　クラスタのリソースグラフ画面

リソースグラフ画面にある「Launch kubectl」と「Kubeconfig File」の二つのボタンについて説明します（図 2.42）。

「Launch kubectl」ボタンをクリックすると、対象のクラスタで kubectl コマンドを実行できるコンソール画面が起動します（図 2.43）。対象の Kubernetes クラスタに向けて kubectl コマンドを実行できるコンソールとなります。

図 2.42　Launch kubectl と Kubeconfig File

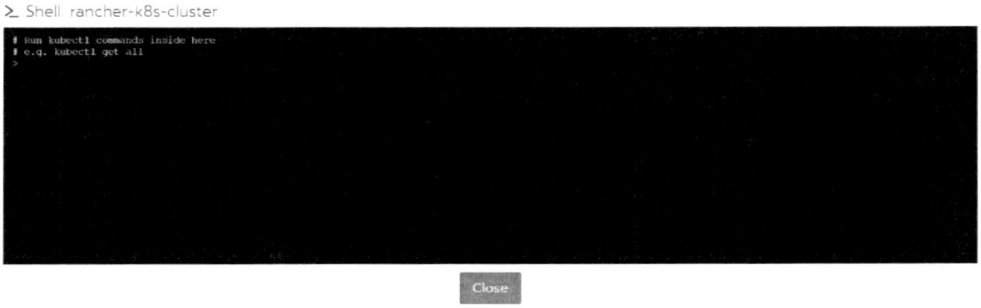

図 2.43　kubectl コマンドを実行するコンソールを起動

「Kubeconfig File」ボタンをクリックすると、対象のクラスタ Config ファイル内容が表示されます（図 2.44）。

図 2.44　Config ファイルが表示される

別途 kubectl コマンドを実行できる環境で「.kube/config」として保存することで、対象のクラスタに対して kubectl コマンドを実行できるようになります。

メニューリストボタンから「Edit」を選択すると、クラスタ編集画面に遷移します（図 2.45）。

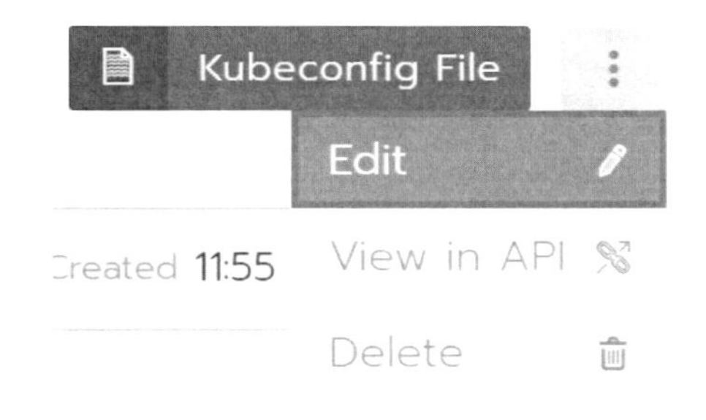


図 2.45 「Edit」メニュー

「Edit」を選択すると、対象クラスタの編集を行うことができます。編集画面は「Add Cluster」の各パターン（Managed Kubernetes、Infrastructure Provider、IMPORT、CUSTOM）によって異なります。

画像例は、Rancher の「CUSTOM」機能で構築した Kubernetes クラスタのクラスタ編集画面となります（図 2.46）。

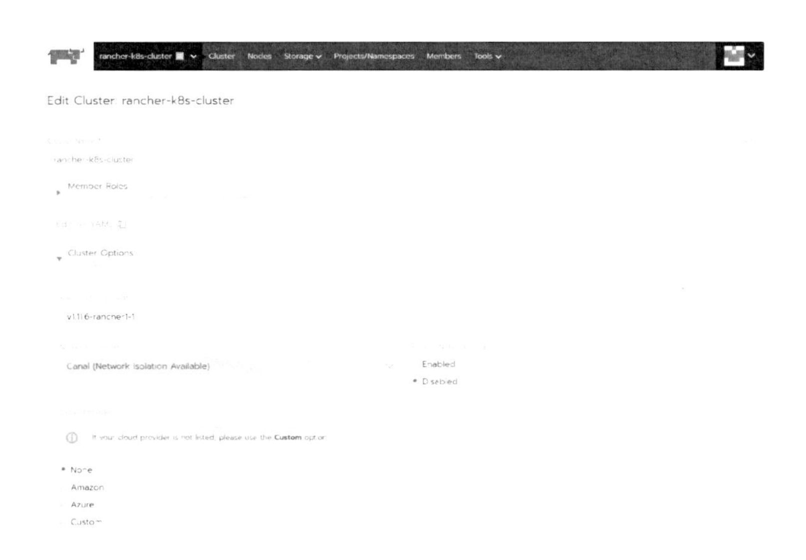


図 2.46 Kubernetes クラスタの編集画面

「View in API」を選択すると API の内容が表示されます。

「Delete」を選択すると、対象クラスタはリストから削除されます。クラスタの実体については、「Add Cluster」の各パターン（Managed Kubernetes、Infrastructure Provider、IMPORT、CUSTOM）によって異なります。Managed Kubernetes、Infrastructure Provider で構築されたクラスタは実体も削除されます。一方 IMPORT でインポートされたクラスタと CUSTOM で構築されたクラスタは、リストからは削除されますが、クラスタの実体は削除されません。

## Nodes

Nodes では、対象となる Kubernetes クラスタの各ノードを管理できます。

Cluster Navigation から「Nodes」を選択します。リストにあるノード名をクリックすると、ノードのリソースグラフ画面に遷移します（図 2.47、図 2.48）。

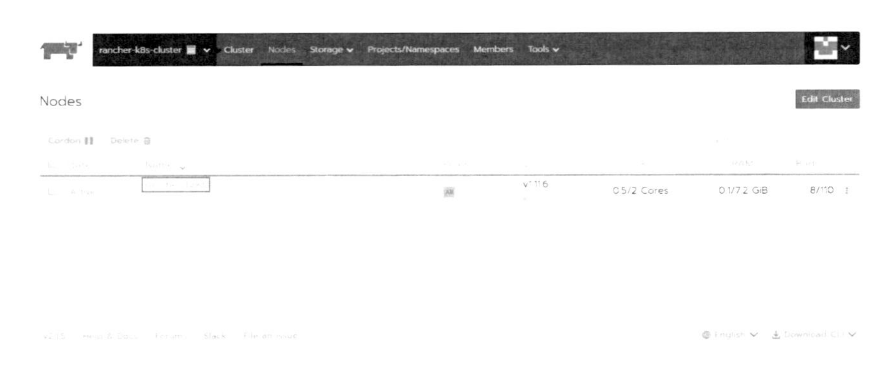


図 2.47　ノードの選択

リソースグラフは、ノード個別の状況を確認できます。グラフ以外で確認できる内容は、表 2.10 となります。

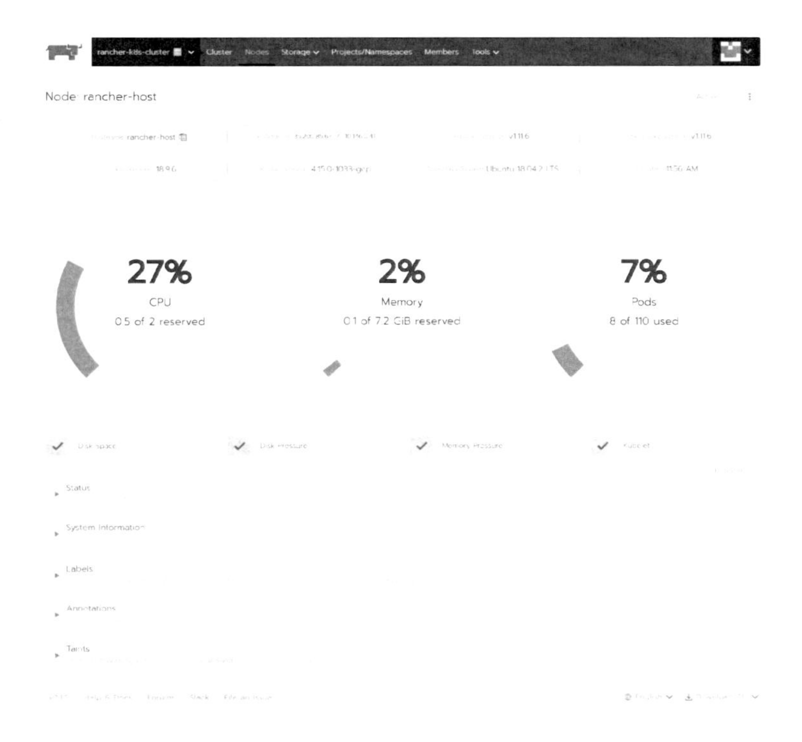


図 2.48　ノードのリソースグラフ画面

表 2.10　確認できるノードの状況

| Type | Summary |
| --- | --- |
| Status | ノードの現在の状態を確認できます。「DiskPressure」「Initialized」「MemoryPressure」「OutOfDisk」「PIDPressure」「Provisioned」「Ready」「Registered」の内容が表示されます |
| System Information | システムと Kubernetes の情報を確認できます。「Architecture」、「Docker Version」、「Kernel Version」、「Kubelet Version」、「Kube Proxy Version」、「Operating System Image」、「Operating System」の内容が表示されます |
| Labels | ノードスケジューリングルールや他のアドバンスオプションの設定の一部として使用できる Key/Value データの内容を確認できます |
| Annotations | Key/Value メタデータを確認できます |
| Taints | Taint の状況を確認できます |

リストページにある「Edit Cluster」ボタンをクリックすると、「Cluster」メニュー選択後のクラスタリストのメニューボタンにある「Edit」と同じで、対象のノードが所属するクラスタの

管理画面に遷移します。

リストページにある各ノードのメニューリストボタンに「Cordon」「Drain」を選択できます(図 2.49)。

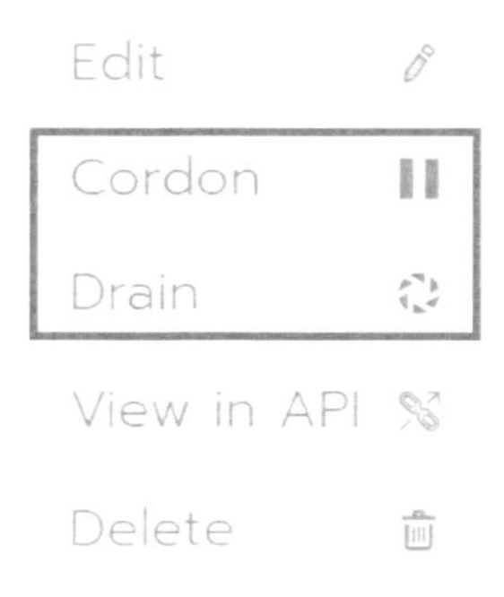


図 2.49　Cordon、Drain を選択

対象ノードメンテンナンスなどの際に、ノード上の Pod を排出することが可能です。

## Storage

Storage では、PersistentVolume,StorageClass の作成、削除などの管理を行います。

### Persistent Volumes

Cluster Navigation から「Storage」-「Persistent Volumes」を選択すると、リスト画面に遷移します。「Add Volume」ボタンをクリックすると「Add Persistent Volume」画面に遷移して、Persistent Volume を作成できます（図 2.50)。

図 2.50　Persistent Volume の作成

「Name」は、作成する Persistent Volume の名前を入力します。作成する Persistent Volume の説明を追加したい場合は、「Add a Description」をクリックすると入力フィールドが表示されるので入力します（図 2.51）。

Add Persistent Volume

図 2.51　必要に応じて説明のテキストを追加

「Volume Plugin」で選択できるプラグインは、表 2.11 の通りです。

表 2.11　選択できるプラグインの一覧

| **Volume Plugin** |
|---|
| Amazon EBS Disk |
| Azure Disk |
| Azure Filesystem |
| Ceph Filesystem |
| Ceph RBD |
| Fiber Channel |
| Flex Volume |
| Flocker |
| Gluster Volume |
| Goolge Persistent Disk |
| iSCSI Target |
| Local Node Disk |
| Local Node Path |
| Longhorn |
| NFS Share |
| Openstack Cinder Volume |
| Photon Volume |
| Portworx Volume |
| Quobyte Volume |
| ScaleIO Volume |
| StrageOS |
| VMWare vSphere Volume |

「Capacity」は、Persistent Volume の容量を指定します。デフォルト値は 10 となっています。「Plugin Configuration」は、設定フィールドが表示されますが、内容は選択したプラグインにより異なります。「Cusomize」は、より詳細な設定が行なえます。「Access Modes」はアクセスするノード（単一か複数か）や Read/Write を指定します。表 2.12 のタイプを指定できます。

表 2.12　Customize で指定できる項目

| Type | Summary |
| --- | --- |
| Single Node Read-Write | ReadWriteOnce、単一ノードから Read/Write 可能 |
| Many Nodes Read-Only | ReadOnlyMany、複数ノードから Read 可能 |
| Many Nodes Read-Write | ReadWriteMany、複数ノードから Read/Write 可能 |

「Mount Options」は、各プラグインの追加のコマンドラインオプションを指定できます。利用可能なマウントオプションについては、各プラグインのベンダーのドキュメントを参照します。

「Assign to Storage Class」は、後でここで指定したボリュームと同一の永続ボリュームを自動的にプロビジョニングする場合は、それにストレージクラスを割り当てることが可能です。また、後でワークロードを作成する際に、ストレージクラスを参照する永続的なボリュームの要求を割り当てることが可能です。これにより、ここで指定したボリュームと同じ永続的なボリュームがプロビジョニングされます。

「Node Affinity」は、Node Selector 単位に「Key」「Operator」「Values」を設定できます（図 2.52）。

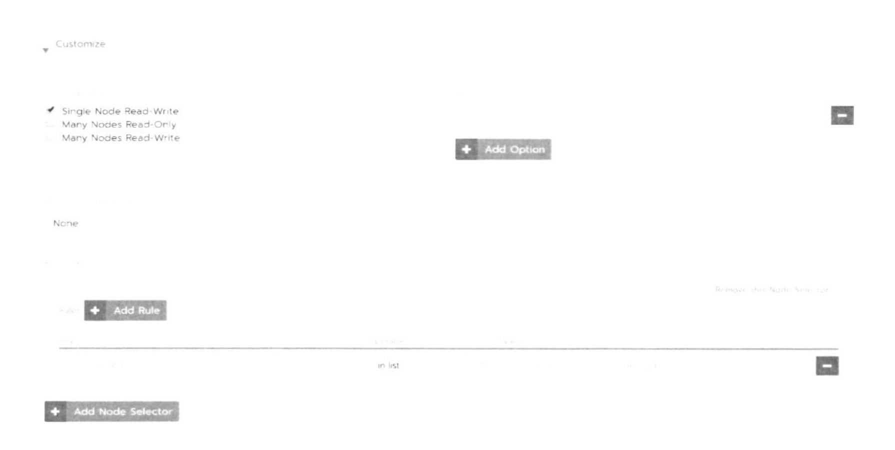


図 2.52　Node Affinity の設定

すべての設定が完了した段階で、最下部にある「Save」ボタンをクリックすると処理が実行されます。

## Storage Class

Cluster Navigation から「Storage」-「Storage Classes」を選択すると、リスト画面に遷移し

ます。ここで「Add Class」ボタンをクリックすると「Add Class」画面に遷移して、Storage Class を作成できます（図 2.53）。

図 2.53　Storage Class の追加

「Name」は、作成する Storage Class の名前を入力します。作成する Storage Class の説明を追加したい場合は、「Add a Description」をクリックすると入力フィールドが表示されるので入力します（図 2.54）。

図 2.54　必要に応じて説明のテキストを追加

「Provisioner」で選択できるプラグインは、表 2.13 の通りです。

表 2.13　Provisioner で選択できるプラグインの一覧

| **Provisioner** |
|---|
| Amazon EBS Disk |
| Azure Disk |
| Azure Filesystem |
| Ceph RBD |
| Gluster Volume |
| Goolge Persistent Disk |
| Longhorn |
| Openstack Cinder Volume |
| Portworx Volume |
| Quobyte Volume |
| ScaleIO Volume |
| StrageOS |
| VMWare vSphere Volume |
| (Custom) |

「Parameters」は、選択した Provisioner により異なる設定フィールドが表示されます。

「Customize」は、「Reclaim Policy」として以下の二つのいずれかを選択します。

- Delete volumes and underlying device when released by workloads
- Retain the volume for manual cleanup

「Mount Options」は、各プラグインを使用すると、マウントプロセス中に追加のコマンドラインオプションを指定できます。利用可能なマウントオプションについては、各プラグインのベンダーのドキュメントを参照します。

すべての設定が完了した段階で、最下部にある「Save」ボタンをクリックすると処理が実行されます。

## Projects/Namespace

Projects/Namespace では、Project と Namespace の作成、削除などの管理を行えます。

### Project と Namespace の関係について

始めに、Rancher における Project と Namespace の関係を説明します。

Project は、Rancher で導入されたクラスタの管理上の負担軽減を目的とした組織的なオブジェクトです。Project を使用して Namespace の管理、multi-tenancy をサポートします。Cluster は Project を含み、Project は Namespace を含む構造となります。本書のクラスタ例では、Cluster（rancher-k8s-cluster）の中に、Project として Default と System が存在する構成となります。さらに、Project Defaultの中にdefaultというNamespace、Project Systemの中にcattle-system、ingress-nginx、kube-public、kube-systemというNamespaceが存在する構成となります。

一般的に複数のNamespaceに同じアクセス権が必要なクラスタでは、これらの権利を各Namespaceに割り当てるのが面倒になることがあります。すべてのNamespaceに同じ権限が必要な場合でも、1回の操作でそれらの権限をすべてのNamespaceに適用することはできません。これらの権限を各Namespaceに一つずつ割り当てることになります。

RancherにおけるProjectとNamespaceの関係により、NamespaceをProject単位で管理できるため、複数のNamespaceに一括で権限を割り当てることができます。

プロジェクトを使用して、次のような操作を実行できます。

- ユーザにNamespaceのグループへのアクセス権を割り当てます
- Projectでユーザ固有のRoleを割り当てます
- Projectにリソースを割り当てます
- ProjectにPod Security Policyを割り当てます

デフォルト設定として、「Default」と「System」のProjectが作成されます。

Default Projectは、クラスタを使い始めるために使用できるProjectですが、いつでもそれを削除して、よりわかりやすい名前を持つProjectに変更できます。

System Projectは、トラブルシューティング時に、System Projectを表示して、Kubernetesシステムの重要なNamespaceが正しく機能しているかどうかを確認できます。Namespaceを追加したり、そのNamespaceを他のプロジェクトに移動したりできます。System Projectはクラスタ運用に必要なため、削除できません。

## Projects/Namespaces

Cluster Navigationから「Projects/Namespaces」を選択すると、「Projects/Namespaces」画面に遷移します。右上の「Add Project」ボタンをクリックすると「Add Project」画面に遷移します（図2.55）。

「Name」には、作成するProjectの名前を入力します。作成するProjectの説明を追加したい場合は、「Add a Description」をクリックすると入力フィールドが表示されるので入力します（図2.56）。

「Pod Security Policy」は、Global Navigation「Security」-「Pod Security Policies」のリストにあるポリシーをプルダウンメニューから選択します。デフォルトでは「restricted」と

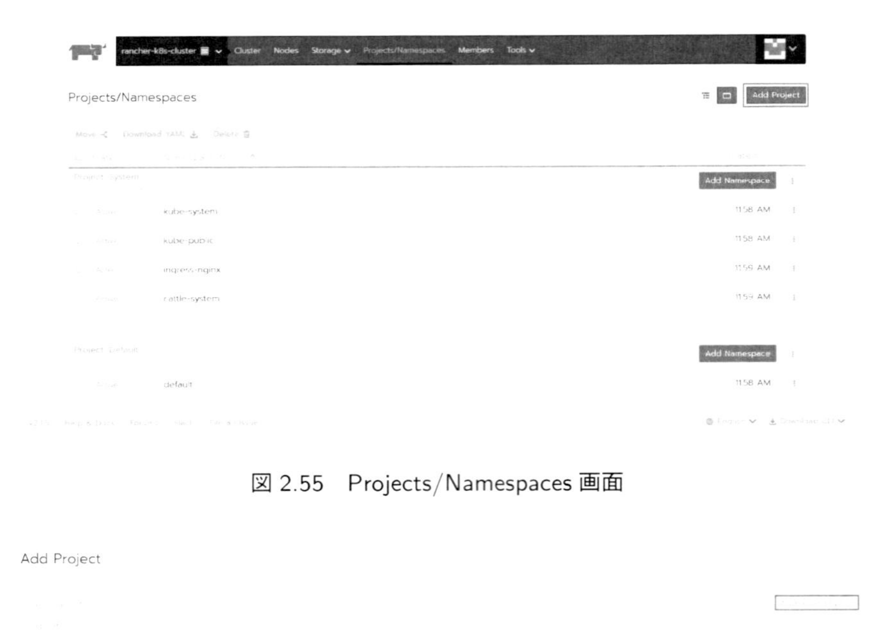


図 2.55　Projects/Namespaces 画面

図 2.56　Project を追加

「unrestricted」を選択できます。

「Members」では、「Add Member」ボタンをクリックして、Global Navigation「Users」で登録されているユーザを追加できます。選択できる Role は以下となります。

- Owner
- Member
- Read Only
- Custom

「Resource Quotas」は、Project が使用できるリソースを制御できます。「Add Quota」ボタンをクリックすると、「CPU Limit」、「Project Limit」、「Namespace Default Limit」を設定できます。「CPU Limit」の内容は、表 2.14 のようになります。「Project Limit」「Namespace Default Limit」は、milli CPUs 単位で設定できます。

表 2.14　制御できるリソースの一覧

| Resource Type |
| --- |
| CPU Limit |
| CPU Reservation |
| Memory Limit |
| Memory Reservation |
| Storage Reservation |
| Services Load Balancers |
| Services Node Ports |
| Pods |
| Services |
| Config Maps |
| Persistent Volume Claims |
| Replication Controllers |
| Secrets |

すべての設定が完了した段階で、最下部にある「Create」ボタンをクリックすると処理が実行されます。

「Move」ボタンをクリックすると、選択した Namespace をプロジェクト移動できます(図 2.57)。

図 2.57　Namespace を別のプロジェクトに移動

移動先の Project を選択して「Move」ボタンをクリックすると、移動します（図 2.58)。

図 2.58　移動先のプロジェクトを指定

メニューアイコンボタンの説明をします。リスト表示のバリエーションを変更できます（表 2.15、図 2.59）。

表 2.15　リスト表示のバリエーション

| Type | Summary |
|---|---|
| ① Grouped Projects/Namespaces | Project 単位に表示 |
| ② List Namespaces | Namespace 単位でリスト表示 |

図 2.59　リスト表示方法を変更するボタン

## Members

Members は、Cluster Member の追加および管理を行えます。

Cluster Navigation から「Members」を選択すると、「Members」画面に遷移します。リストにユーザが表示されます。右上にある「Add Member」ボタンをクリックすると、設定画面に遷移します（図 2.60）。

図 2.60　Member の追加

ここで前提となる知識として、Cluster Member における Role について説明します。Cluster

Role は、クラスタへのアクセス権をユーザに付与するために使用できるロールです。クラスタの役割は、Owner、Member、Custom の三つです（表 2.16）。

表 2.16　クラスタの役割

| Permissions | Summary |
|---|---|
| Cluster Owner | Cluster Owner は、クラスタとクラスタ内の全リソースを完全に制御できます |
| Cluster Member | Cluster Member は、クラスタレベルのリソースを表示して新しいプロジェクトを作成できます |

Owner と Member の権限の違いは、図 2.61 の通りです。

| CUSTOM CLUSTER ROLE | OWNER | MEMBER |
|---|---|---|
| Manage Cluster Members | ✓ | |
| Manage Cluster Catalogs | ✓ | |
| Manage Nodes | ✓ | |
| Manage Snapshots | ✓ | |
| Manage Storage | ✓ | |
| View All Projects | ✓ | |
| Create Project | ✓ | ✓ |
| View Cluster Members | ✓ | ✓ |
| View Cluster Catalogs | ✓ | ✓ |
| View Nodes | ✓ | ✓ |
| View Snapshots | ✓ | ✓ |

図 2.61　Owner と Member の権限の違い

「Member」に登録する名前を入力します。ロールは「Owner」「Member」「Custom」の中から選択します。「Custom」を選択した場合は、さらに付与する権限を選択します。すべての設定が完了した段階で、最下部にある「Create」ボタンをクリックすると処理が実行されます（図 2.62）。

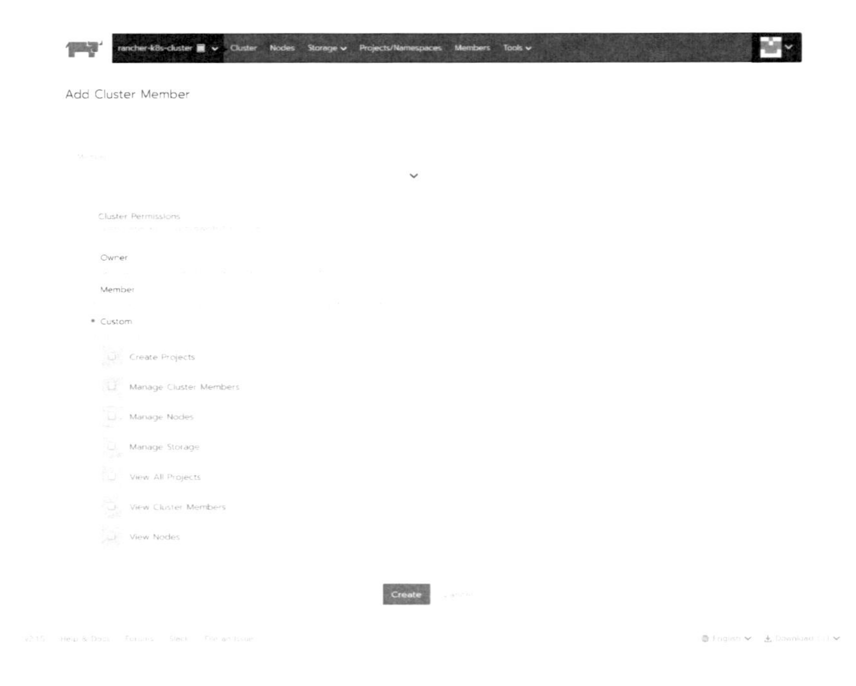


図 2.62　Custom ロールで個別に権限を付与

# Tools

## Alerts

Rancher 2.1 系では、以下に示す 4 種類のアラートがあります。

- System Service Alerts
- Resource Event Alerts
- Node Alerts
- Node Selector Alerts

Cluster Navigation から「Tools」-「Alerts」を選択すると、「Cluster Alerts」画面に遷移します。Alert 設定がされている場合は、リストに対象の Alert が表示されています。右上の「Add Alert」ボタンをクリックすると設定画面に遷移します（図 2.63）。

「Name」は、作成する Alert の名前を入力します。作成する Alert の説明を追加したい場合は、「Add a Description」をクリックすると入力フィールドが表示されるので入力します（図 2.64）。

「System Service」「Normal or Warning」「Node」「Node Selector」それぞれの設定内容につ

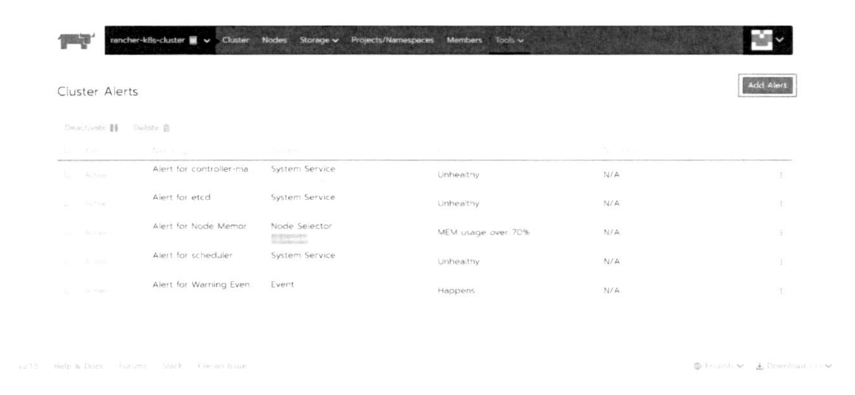


図 2.63　設定されているアラートの一覧

図 2.64　必要に応じて説明のテキストを追加

いては、表 2.17 の通りです。

表 2.17　設定項目の内容

| **Type** | **Summary** |
|---|---|
| System Service | このオプションを選択した場合、プルダウンメニューから「controller-manager」「etcd」「scheduler」を選択できます |
| Normal or Warning | このオプション（Normal または Warnig）を選択した場合、プルダウンメニューから「DaemonSet」「Deployment」「Node」「Pod」「StatefulSet」を選択できます |
| Node | このオプションを選択した場合、プルダウンメニューから対象クラスタのノードを選択できます |
| Node Selector | このオプションを選択した場合、アラートの対象となるラベルセレクターを「Add Selector」ボタンをクリックして追加します |

アラートレベルと通知先の設定については「System Service」「Normal or Warning」「Node」「Node Selector」それぞれで共通となります。アラートレベルは、以下の 3 種類があります。

- Critical
- Warning
- Info

通知先は、プルダウンメニューから選択します。通知設定を行っていない場合は、「There are no notifiers to use. Go and create one .」という警告が表示されますので、create one のリンクをクリックして作成画面に遷移します。「Show Advanced Options」をクリックすると以下 2 つの設定を追加できます（図 2.65）。

- アラートが発生したときに通知を送信するまでの待機時間
- アラートがアクティブなときに通知を送信する間隔

図 2.65　さらに設定項目を追加

すべての設定が完了した段階で、最下部にある「Create」ボタンをクリックすると処理が実行されます。

## Notifiers

Notifiers は、Alert を受けた後の通知設定を行えます。

Rancher は、通知をクラスタレベルで設定できます。クラスタの所有者が通知機能を設定して、プロジェクトの所有者は自分のプロジェクトの範囲内でアラートを設定するだけで済む仕組みとなります。

Rancher 2.1 系では、表 2.18 のツールおよびサービスをサポートしています。

※Rancher 2.2 系から wechat もサポートされました。

表 2.18　Notifier で使用できる外部ツール／サービス

| Notifier Tools or Services | Summary |
|---|---|
| Slack | Slack チャンネルにアラート通知を送ります |
| Email | アラート通知の電子メール受信者を選択します |
| PagerDuty | 電話、SMS、または個人の電子メール通知を転送します |
| WebHooks | アラート通知を使って Web ページを更新します |

Cluster Navigation から「Tools」-「Notifiers」を選択すると、「Notifiers」画面に遷移しま

す。Notifierが設定されている場合は、リストに対象のNotifierが表示されます。右上の「Add Notifier」ボタンをクリックすると設定画面に遷移します（図2.66）。

図2.66　Notifierを追加

各ツールおよびサービスの設定は、表2.19のようになります。

表2.19　ツール／サービスごとの設定項目

| Notifier Tools or Services | Summary |
|---|---|
| Slack | 「Name」に通知設定名を入力します。「URL」は、対象となるSlackのURLを入力します。「Default Channel」は、通知先のチャンネルを指定します |
| Email | 「Name」に通知設定名を入力します。「Smtp Server」には、「Sender」「Host」「Port」「Username」、「Password」のサーバ設定を入力します。「Default Recipient Address」には通知先のメールアドレスを入力します |
| PagerDuty | 「Name」に通知設定名を入力します。「Default Integration Key」は、対象となるPagerDutyのIntegration Keyを入力します |
| WebHooks | 「Name」に通知設定名を入力します。「URL」は、対象となるWebhook URLを入力します |

すべての設定が完了した段階で、最下部にある「Add」ボタンをクリックすると処理が実行されます。

## Logging

Cluster Navigationから「Tools」-「Logging」を選択すると、「Cluster Logging」画面に遷移します。

Rancherは、ロギングをクラスタとプロジェクトと分けて設定できる仕組みとなっているので、クラスタ、プロジェクトの設定方法は同じとなります。Loggingの詳細説明は、Project

Navigation「Resources」-「Logging」の箇所に記載します。

以上が「Cluster Navigation」の説明となります。

# 2.3　Project Navigation

Rancherの配下で管理するKubernetesクラスタがある場合、ProjectごとにNamespaceにおけるWorkloadsを軸としたナビゲーションが展開されます。

ProjectとNamespaceの関係については、前節の「Cluster Navigation」の「ProjectとNamespaceの関係について」を参照してください。

Rancher 2.1系のProject Navigationの構成は表2.20となっています。

表2.20　Project Navigation

| Cluster:クラスタ名\プロジェクト名 | Workloads | Catalog Apps | Resources | Namespaces | Members |
|---|---|---|---|---|---|
| | | | Alerts | | |
| | | | Certificates | | |
| | | | Config Maps | | |
| | | | Logging | | |
| | | | Pipeline | | |
| | | | Registries | | |
| | | | Secrets | | |

Rancherで構築したサンプル用kubernetesクラスタの「rancher-k8s-cluster」を例に見ていきます。

## Workloads

Global Navigationから「Cluster:rancher-k8s-cluster」の「Default」Projectを選択します(図2.67)。

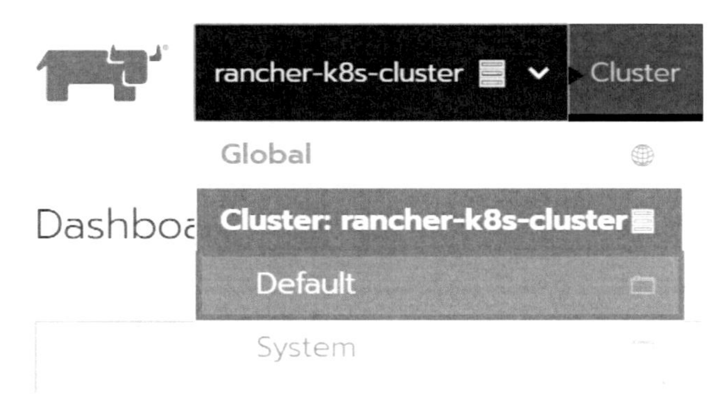


図 2.67　Global Navigation から Project Navigation へ

## Workloads

Workloads は、Deployment、Pod、StatefulSet、CronJob、Job を作成できます。

対象の Kubernetes クラスタ上に Pod や Job などの Workloads リソースが存在しない場合は、画面中央に「Deploy」ボタンが表示されます（図 2.68）。

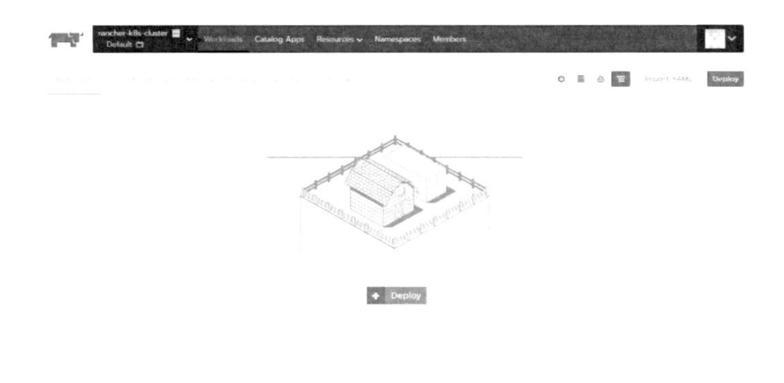


図 2.68　Workloads がない場合の表示

すでに Workloads リソースが存在する場合は、リスト化されて表示されます（図 2.69）。

中央または右上にある「Deploy」ボタン（図 2.70）をクリックすると、Workloads リソースを作成する画面に遷移します（図 2.71）。

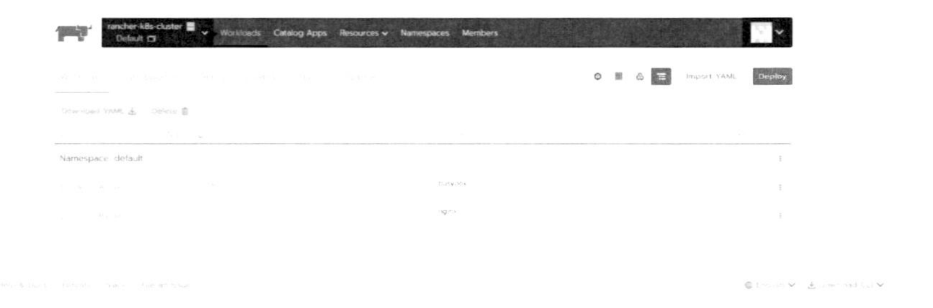


図 2.69　Workloads がある場合はリストが表示される

図 2.70　「Deploy」をクリック

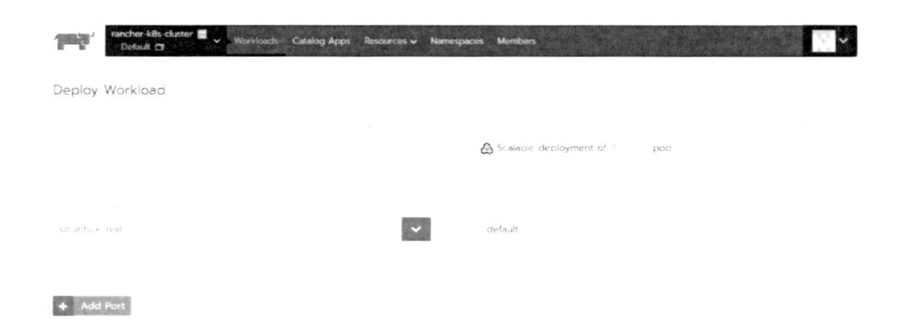


図 2.71　Workloads 作成画面へ

まずは、各フィールドについて説明します。

「Add a Description」と「More options」をクリックして展開します（図 2.72）。

図 2.72　必要に応じて説明のテキストを追加

「Name」は、作成する Workloads リソースの任意の名前を入力します。「Description」は、作成する Workloads リソースの説明を入力します。「Workload Type」では、作成する Workloads リソース種類を選択します。詳細は、表 2.21 の通りです（図 2.73）。

表 2.21　Workloads 作成時に選択するリソース

| **Workloads Resource** | **Summary** |
|---|---|
| Scalable deployment of 【1】pod | Deployment を作成する場合に選択します。四角の中に作成する Pod のレプリカ数（デフォルトは【1】）を指定します |
| Run one pod on each node | 1 個の Pod を作成する場合に選択します |
| Stateful set of【1】pod | Stateful set を作成する場合に選択します。四角の中に作成する Pod のレプリカ数（デフォルトは【1】）を指定します |
| Run on a cron schedule 【0 * * * * 】 | CronJob を作成する場合に選択します。四角の中にスケジュールを指定します（デフォルトは【0 * * * * 】） |
| Job | Job を作成する場合に選択します |

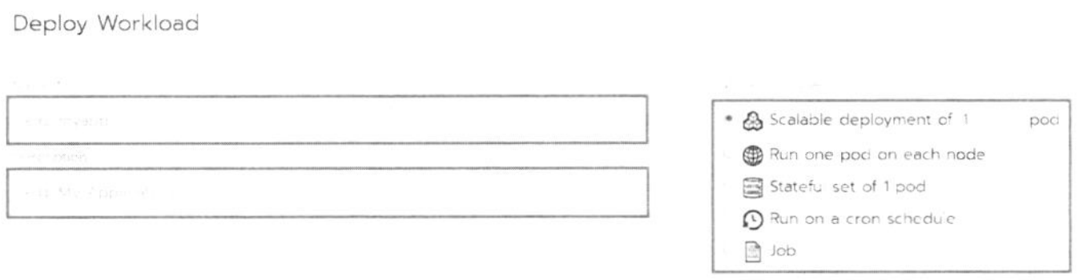

図 2.73　Workloads リソースの作成

「Docker Image」は、イメージ名：タグ名で指定します。「Namespace」は、既存の Namespace についてはプルダウンメニューから選択できます（図 2.74）。

「Add to a new namespace」をクリックすると、新規に作成する Namespace 名を入力します（図 2.75）。

図 2.74　Docker Image と Namespace の設定

図 2.75　新たに namespace を作成することもできる

「Add Port」ボタンをクリックすると「Publish the container port」の設定を行うことができます。「Protocol」は、TCP と UDP を選択できます。「As a」はポートの種類（表 2.22）を選択できます。「On listening port」は、指定したポート番号を用いるか、ランダムなポート番号を用いるかを選択できます（図 2.76）。

表 2.22　ポートの種類を選択

| Type |
| --- |
| NodePort（On every node） |
| HostPort（Nodes running a pod） |
| Cluster IP（Internal only） |
| Layer-4 Load Balancer |

図 2.76　ポートの追加

「Add Variable」ボタンをクリックすると、環境変数を定義できます（図 2.77）。

「Add From Source」ボタンをクリックすると、表 2.23 の Type の既存の Configmap や Secret から取得した値を設定できます。

表 2.23　Type の値

| Type |
| --- |
| Config Map |
| Field |
| Resource |
| Secret |

図 2.77　環境変数を定義

「Node Scheduling」は、Pod をデプロイする Node を設定できます。「Run all pods for this workload on a specific node」を選択すると、Pod をデプロイする Node をプルダウンメニューから設定できます（図 2.78）。

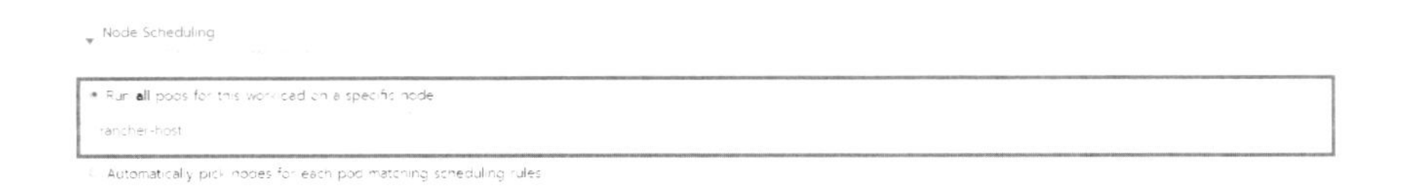


図 2.78　Pod をデプロイする Node を設定

「Automatically pick nodes for each pod matching scheduling rules」を選択すると、設定したスケジューリングルールに従って Pod をデプロイできます。

「Require ALL of」「Require Any of」「Prefer Any of」の「Add Rule」ボタンをクリックすると、詳細な設定フィールドが表示されます。また「Add Custom Rule」をクリックすると、カスタム登録できるフィールドが表示されます。（図 2.79）

「Health Check」は、コンテナーの死活監視を行う設定ができます。Health Check 種別は表 2.24 となります（図 2.80）。

図 2.79　様々な条件で設定が可能

表 2.24　Health Check 種別

| **Type** | **Summary** |
| --- | --- |
| None | 設定項目なし |
| TCP connection opens successfully | TCP コネクションによるヘルスチェック。6 個の設定項目があります。「Target Container Port」「Start Checking After」「Check Interval」「Check Timeout」「Healthy After」「Unhealthy After」 |
| HTTP request returns a successful status (2xx or 3xx) | HTTP リクエストによるヘルスチェック。8 個の設定項目があります。「Request Path」「Host Header」「Target Container Port」「Start Checking After」「Check Interval」「Check Timeout」「Healthy After」「Unhealthy After」 |
| HTTPS request returns a successful status (2xx or 3xx) | HTTPS リクエストによるヘルスチェック。8 個の設定項目があります。「Request Path」「Host Header」「Target Container Port」「Start Checking After」「Check Interval」「Check Timeout」「Healthy After」「Unhealthy After」 |
| Command run inside the container exits with status 0 | コンテナ内のコマンド実行結果のステータスによるヘルスチェック。6 個の設定項目があります。「Command」「Start Checking After」「Check Interval」「Check Timeout」「Healthy After」「Unhealthy After」 |

「Volumes」は、「Add Volume」のプルダウンメニューから、コンテナから外部の永続化ボリュームを利用したデータ共有の設定を行えます。プルダウンメニューの内容は、表 2.25 の通りです。

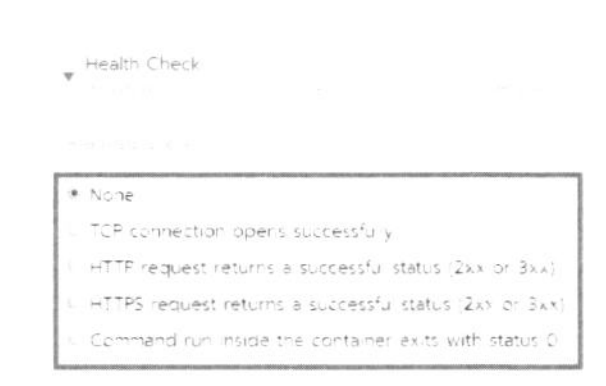


図 2.80　Health Check の種別

表 2.25　永続化ボリュームを選択

| Type | Summary |
| --- | --- |
| Add a ephemeral volume | ボリュームの定義を行います |
| Add a new persistent volume(claim) | PersistentVolumeClaim の設定を行います |
| Use an existing persistent volume(claim) | 既存の PersistentVolumeClaim を利用する設定を行います |
| Bind-mount a directory from the node | ノードからマウントを紐付けるディレクトリの設定を行います |
| Use a secret | Secret を利用するボリュームの設定を行います |
| Use a config map | config map を利用するボリュームの設定を行います |
| Use a certificate | 証明書を利用するボリュームの設定を行います |

「Scaling/Upgrade Policy」は、アップグレード実行時のポッドの挙動を設定することができます。設定項目の内容は表 2.26 の通りです。

表 2.26　アップグレードの際のポッドの挙動を設定

| Type | Summary |
| --- | --- |
| Rolling: start new pods, then stop old | ローリングアップデートの際、新しい Pod を起動してから古い Pod を停止する設定です。「Batch Size」「Minimum Ready Time」「Progress Deadline」の 3 個の設定項目があります |
| Rolling: stop old pods, then start new | ローリングアップデートの際、古い Pod を停止してから新しい Pod を起動する設定です。「Batch Size」「Minimum Ready Time」「Progress Deadline」の 3 個の設定項目があります |
| Kill ALL pods, then start new | すべての Pod を強制終了してから、新しい Pod を起動する設定です。「Minimum Ready Time」「Progress Deadline」の 2 個の設定項目があります |
| Custom | 「Max Surge」「Max Unavailable」「Minimum Ready Time」「Progress Deadline」の 4 個の設定項目でカスタム設定を行います |

すべての設定が完了した段階で、最下部にある「Launch」ボタンをクリックすると処理が実行されます。

リスト表示の切り替えには、メニューアイコンボタンを使用します（表2.27、図2.81）。

表2.27　リスト表示の切り替え

| Type | Summary |
|---|---|
| ① Flat List | 単純なリスト表示 |
| ② Group by Node | Node にグループ化してリスト表示 |
| ③ Group by Workload | Workload にグループ化してリスト表示 |
| ④ Group by Namespace/Workload | Namespace/Workload にグループ化してリスト表示 |

図2.81　リスト表示方法を変更するボタン

「Import YAML」ボタンについて説明します。「Import YAML」ボタンをクリックするとYAMLファイルを直接読み込んだり、記述したり、コピーペーストしてWorkloadsリソースをクラスタ上にデプロイできます。インポート種別は表2.28となります。

表2.28　インポートの種別

| Type | Summary |
|---|---|
| Cluster: Direct import of any resources into this cluster | 対象クラスタへ直接インポートします |
| Project: Import resources into this project | 対象プロジェクトにインポートします。新規にNamespaceを作成できます |
| Namespace: Import all resources into a specific namespace | 対象のNamespaceにインポートします。新規にNamespaceを作成できます |

「Project: Import resources into this project」を例に「Import YAML」の手順を見ていきます（図2.82）。

①「Read from a file」ボタンをクリックすると、ファイル参照画面から対象のYAMLファイルを選択できます。ファイル読み込み後、②のフィールドに読み込んだYAMLファイルの内容が表示されます。また、このフィールドにYAMLファイルの内容をコピーペーストしたり、直接入力することも可能です。③の「Add to a new namespace」をクリックすると「Default Namespace」のフィールドが新規にNamespaceを作成するフィールドに変わります。新規にNamespaceを作成する場合に利用します。新規にNamespaceを作成しない場合は、「Default

Namespace」のプルダウンメニューから既存の Namespace を選択します。最後に⑤の「Import」ボタンをクリックするとデプロイ処理が始まります。

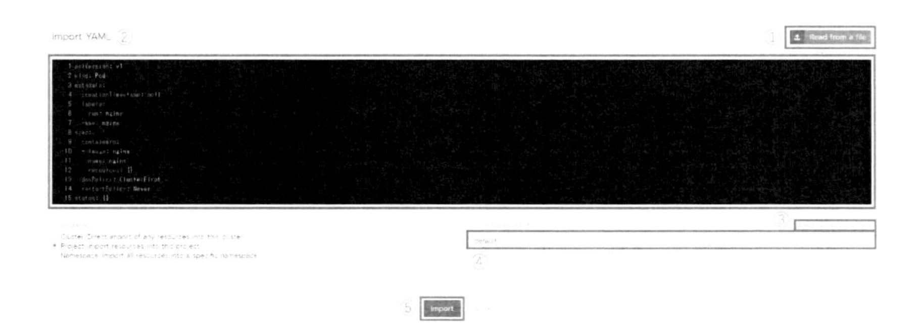

図 2.82 Import YAML の手順

Workloads Navigation のメニューとしてある「Load Balancing」、「Service Discovery」、「Volumes」にも「Import YAML」ボタンがあり、同じ内容となります。

## Load Balancing

Service Discovery は、Discovery & LB リソース（Ingress）を作成できます。

Workloads と同様に、対象の Kubernetes クラスタ上に Discovery & LB リソース（Ingress）が存在しない場合は、画面中央に「Add Ingress」ボタンが表示されます。Discovery & LB リソース（Ingress）が存在する場合は、リスト化されて表示されます。中央または右上にある「Add Ingress」ボタンをクリックする（図 2.83）と、LB リソース（Ingress）を作成する画面に遷移します（図 2.84）。

「Name」には、作成する Discovery & LB リソース（Ingress）の名前を入力します。作成する Discovery & LB リソース（Ingress）の説明を追加したい場合は、「Add a Description」をクリックすると入力フィールドが表示されるので入力します。

「Namespace」には、既存の Namespace の場合はプルダウンメニューから選択します。新規に Namespace を作成する場合は、「Add to a new namespace」をクリックすると入力フィールドが表示されるので入力します（図 2.85）。

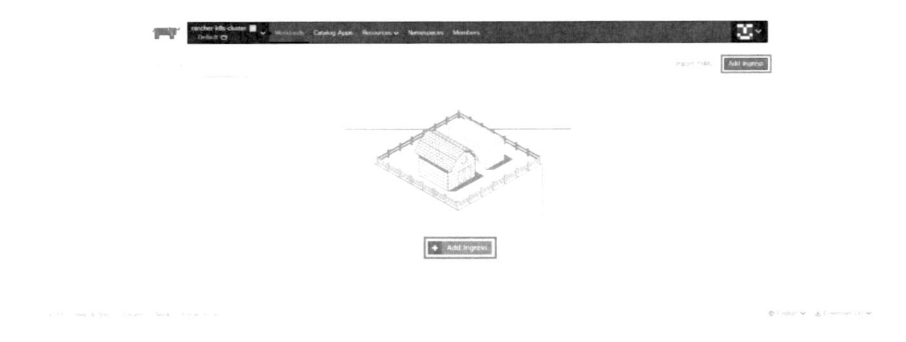

図 2.83　Add Ingress をクリック

図 2.84　作成画面に移動

Add Ingress

default

図 2.85　既存の Namespace を選択または新規 Namespace を作成する

「Rules」は、Ingressのルールを設定できます。設定内容は、表2.29の通りです。デフォルトの「Automatically generate a .xip.io hostname」を選択した場合の例が、図2.86となります。

表2.29 Ingressのルールを設定

| Type | Summary |
|---|---|
| Automatically generate a .xip.io hostname (デフォルト) | このオプションを選択した場合、Ingressはリクエストをホスト名に自動生成されたDNS名にルーティングします。xip.ioというワイルドカードDNSサービスを使用してDNS名を自動的に生成します。このオプションは、本番環境ではなくテスト環境での使用が推奨されています。「Service」ボタンまたは「Workload」ボタンをクリックすると、IngressからバックエンドのTarget Service、Target Workloadをプルダウンメニューから選択できます。「Path」フィールドではパスを、「Port」フィールドでポート番号も指定できます |
| Specify a hostname to use | このオプションを選択した場合、Ingressは、ホスト名の要求を指定したサービスまたはワークロードにルーティングします。設定項目としては、「Request Host」にホスト名を入力します。「Service」ボタンまたは「Workload」ボタンをクリックすると、IngressからバックエンドのTarget Service、Target Workloadをプルダウンメニューから選択できます。「Path」フィールドではパスを、「Port」フィールドでポート番号も指定できます |
| Use as the default backend | このオプションを選択した場合、他のIngressルールと一致しない要求を処理するIngressルールを設定します。例えば、見つからないリクエストを404ページにルーティングする設定が可能です。「Service」ボタンまたは「Workload」ボタンをクリックすると、IngressからバックエンドのTarget Service、Target Workloadをプルダウンメニューから選択できます。そして、「Port」のフィールドでポート番号も指定できます |

図2.86 「Automatically generate a .xip.io hostname」を選択した場合

「SSL/TLS Certificates」は、証明書の設定を行えます。「Add Certificate」ボタンをクリックすると、設定フィールドが表示されます。図 2.87 はデフォルトの「Choose a certificate」を選択した場合です。

図 2.87　Choose a certificate を選択した場合

「Labels & Annotations」は、「Add Label」「Add Annotation」ボタンをクリックすると設定フィールドが表示されるので、「Key」と「Value」に入力することで Label と Annotation を設定できます（図 2.88）。

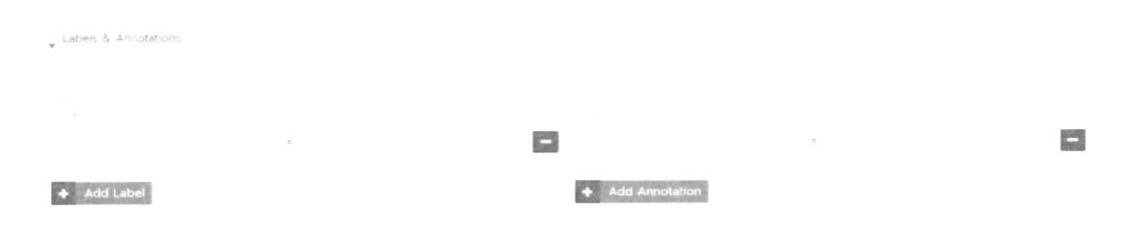


図 2.88　Label と Annotation を設定

すべての設定が完了した段階で、最下部にある「Save」ボタンをクリックすると処理が実行されます。

Ingress の作成例は、次節「Rancher Catalog」の「Rancher Chart の実例」の後半で解説しています。

## Service Discovery

Service Discovery は、Discovery & LB リソース（Service）を作成できます。

Workloads と同様に、対象の Kubernetes クラスタ上に Discovery & LB リソース（Service）が存在しない場合は、画面中央に「Add Record」ボタンが表示されます。Discovery & LB リソース（Service）が存在する場合は、リスト化されて表示されます。中央または右上にある

「Add Record」ボタンをクリックする（図 2.89）と、Discovery & LB リソース（Service）を作成する画面に遷移します。

Rancher の CUSTOM 機能でクラスタを構築した場合、デフォルトで kubernetes Service がリストに表示されます。

図 2.89　Add Record をクリック

「Name」は、作成する Discovery & LB リソース（Service）の名前を入力します。作成する Discovery & LB リソース（Service）の説明を追加したい場合は、「Add a Description」をクリックすると入力フィールドが表示されるので入力します。

「Namespace」は、既存の Namespace の場合はプルダウンメニューから選択します。新規に Namespace を作成する場合は、「Add to a new namespace」をクリックすると入力フィールドが表示されるので入力します（図 2.90）。

図 2.90　既存の Namespace を選択または新規 Namespace を作成する

「Resolves To」は、Service から DNS レコードに要求をルーティングする設定を行えます。設定内容は、表 2.30 のようになります。デフォルトの「The set of pods which match a selector」を選択した場合は、図 2.91 のように表示されます。Service から設定したラベルを持つ Workload リソースにルーティングする設定を行えます。

表 2.30　ルーティングの設定

| Type | Summary |
|---|---|
| One or more external IP addresses | 「Add Tatget IP」ボタンをクリックすると Tatget IP アドレスを入力できるフィールドが表示されるので入力します |
| An external hostname | 「Target Hostname」フィールドにホスト名を入力します |
| Alias of another DNS record's value | 「Add Tatget Record」ボタンをクリックすると DNS レコードを選択できるプルダウンメニューが表示されので選択します |
| One or more workloads | 「Add Tatget Workload」ボタンをクリックすると Workload リソースを選択できるプルダウンメニューが表示されので選択します |
| The set of pods which match a selector（デフォルト） | 「Add Selector」ボタンをクリックすると「Label」の「Key」と「Value」フィールドが表示されるので、入力します |

図 2.91　デフォルトの設定を選択した場合

すべての設定が完了した段階で、最下部にある「Create」ボタンをクリックすると処理が実行されます。

Workloads と同様に、対象の Kubernetes クラスタ上に Volume が存在しない場合は、画面中央に「Add Volume」ボタンが表示されます。すでに Volume が存在する場合は、リスト化されて表示されます。中央または右上にある「Add Volume」ボタンをクリックすると、Volume を作成する画面に遷移します（図 2.92）。

「Name」は、作成する Volume Claim の名前を入力します。作成する Volume Claim の説明を追加したい場合は、「Add a Description」をクリックすると入力フィールドが表示されるので入力します。

「Namespace」は、既存の Namespace の場合はプルダウンメニューから選択します。新規に Namespace を作成する場合は、「Add to a new namespace」をクリックすると入力フィールドが表示されるので入力します（図 2.93）。

図 2.92　Volume 作成画面に移動

図 2.93　既存の Namespace を選択または新規 Namespace を作成

「Persistent Volume」は、紐付ける Persistent Volume をプルダウンメニューから選択します。

「Customize」は、より詳細な設定が行えます。「Access Modes」は、アクセスするノード（単一か複数か）や Read/Write を指定します。表 2.31 のタイプを指定できます。

表 2.31　Access Modes の指定

| **Type** | **Summary** |
|---|---|
| Single Node Read-Write | ReadWriteOnce、単一ノードから Read/Write 可能 |
| Many Nodes Read-Only | ReadOnlyMany、複数ノードから Read 可能 |
| Many Nodes Read-Write | ReadWriteMany、複数ノードから Read/Write 可能 |

すべての設定が完了した段階で、最下部にある「Create」ボタンをクリックすると処理が実行されます。

### Pipelines

Pipelines では、Pipeline で使用する Repository を設定できます。

Pipline が存在しない場合は、画面中央に「Configure Repositories」ボタンが表示されます。すでに Pipline が存在する場合は、リスト化されて表示されます。図 2.94 の中央または右上にある「Configure Repositories」ボタンをクリックすると、Pipeline を作成する画面に遷移します（図 2.95）。

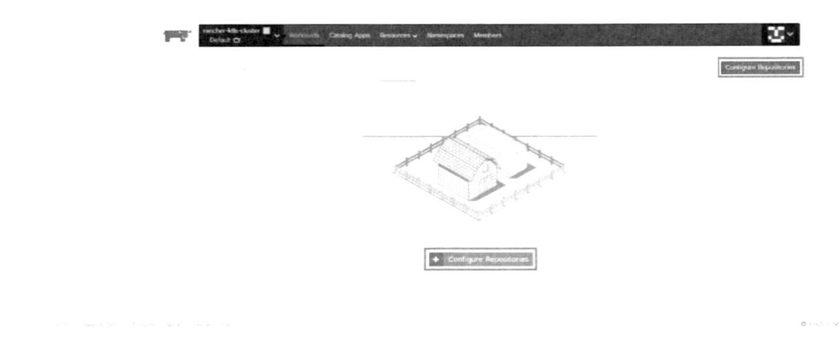


図 2.94　Pipeline の作成画面に移動

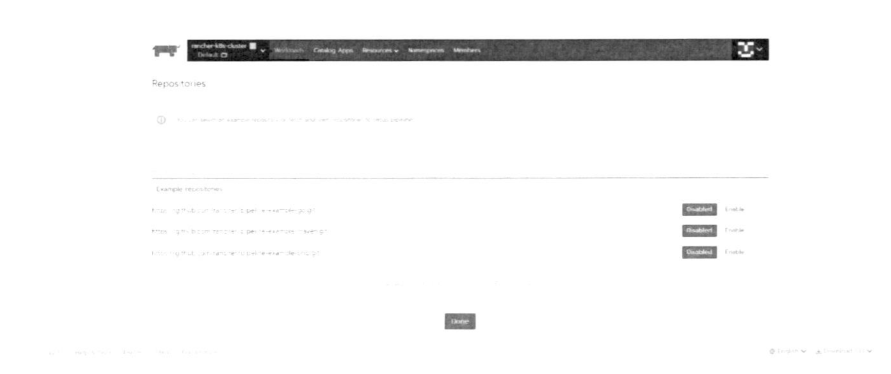


図 2.95　サンプルのレポジトリを選択

Pipline については、実践内容含め別章で詳細に触れますので、本章ではここまでとします。

## Catalog Apps

「Catalog Apps」は、Rancher の主要機能でもありますので、次の章で詳細に説明します。

# Resources

## Alerts

Rancher 2.1 系では、以下に示す 3 種類のアラートがあります。

- Pod Alerts
- Workload Alerts
- Workload Selector Alerts

Project Navigation から「Resources」-「Alerts」を選択すると、「Project Alerts」画面に遷移します。すでに Alert 設定がされている場合は、リストに対象の Alert が表示されます。右上の「Add Alert」ボタンをクリックすると設定画面に遷移します（図 2.96）。

図 2.96　アラート設定画面に移動

「Name」は、作成する Alert の名前を入力します。作成する Alert の説明を追加したい場合は、「Add a Description」をクリックすると入力フィールドが表示されるので入力します（図 2.97）。

図 2.97　必要に応じて説明のテキストを追加

「Pod」「WorkLoad」「Workload Selector」それぞれの設定内容については、表 2.32 のようになります。

表 2.32　アラートに関する設定

| Type | Summary |
|---|---|
| Pod | アラートの対象となる Pod をプルダウンメニューから選択します。アラートがトリガーとする Pod Status を「Not Running」「Not Scheduled」「Restarted【3】times within the last【5】Minutes」から選択します（回数と時間は変更できます） |
| Workload | アラートの対象となる Workload リソースをプルダウンメニューから選択します。スライダーを使用して可用性の割合を選択します。アラートは、クラスタノード上のワークロードの可用性が設定された割合を下回ると発生します。 |
| Workload Selector | アラートの対象となるラベルセレクターを「Add Selector」ボタンをクリックして追加します。スライダーを使用して可用性の割合を選択します。アラートは、クラスタノード上のワークロードの可用性が設定された割合を下回ると発生します。 |

アラートレベルと通知先の設定については「Pod」「WorkLoad」「Workload Selector」それぞれで共通となります。アラートレベルは以下の 3 種類があります。

- Critical
- Warning
- Info

通知先は、プルダウンメニューから選択します。通知設定を行っていない場合は、「There are no notifiers to use. Go and create one .」という警告が表示されますので、create one のリンクをクリックすると作成画面に遷移します。「Show Advanced Options」をクリックすると以下 2 つの設定を追加できます（図 2.98）。

- アラートが発生したときに通知を送信するまでの待機時間
- アラートがアクティブなときに通知を送信する間隔

図 2.98　アラートの待機時間と間隔を設定

全ての設定が完了した段階で、最下部にある「Create」ボタンをクリックすると処理が実行されます。

## Certificates

Certificatesでは、証明書の設定を行えます。

Project Navigationから「Resources」-「Certificates」を選択すると、「Certificates」画面に遷移します。すでにCertificate設定がされている場合は、リストに対象のCertificateが表示されます。中央または右上にある「Add Certificate」ボタンをクリックすると設定画面に遷移します（図2.99）。

図2.99 Certificateの設定画面に移動

「Name」は、登録する証明書の名前を入力します。登録する証明書の説明を追加したい場合は、「Add a Description」をクリックすると入力フィールドが表示されるので入力します（図2.100）。

図2.100 必要に応じて説明のテキストを追加

「Scope」の種別については、表2.33に示した2種類があります。

表 2.33　Scope の種別

| Type | Summary |
|---|---|
| Available to all namespaces in this project | 登録した証明書は、プロジェクト内の任意のネームスペースで任意の配置に使用できます |
| Available to a single namespace | 登録した証明書は、一つのネームスペース内のデプロイメントにのみ使用可能です。このオプションを選択した場合は、ドロップダウンからネームスペースを選択するか、「Add to a new namespace」をクリックして、作成したネームスペースに証明書を登録します |

「Private Key」「Certificate」は、それぞれの対象となるファイルを「Read from a file」ボタンをクリックして登録します（図 2.101）。

図 2.101　ファイルを指定して登録

すべての設定が完了した段階で、最下部にある「Save」ボタンをクリックすると処理が実行されます。

メニューアイコンボタンの説明をします。リスト表示のバリエーションを変更できます（表 2.34、図 2.102）。

表 2.34　リスト表示のバリエーション

| Type | Summary |
|---|---|
| ① Flat List | 単純なリスト表示 |
| ② Group by Namespace | Namespace にグループ化してリスト表示 |

図 2.102　リスト表示を切り替えるアイコン

## Config Maps

Config Mapsは、Configmapを作成できます。

Project Navigationから「Resources」-「Config Maps」を選択すると、「Config Maps」画面に遷移します。すでにConfigmap設定がされている場合は、リストに対象のConfigmapが表示されます。中央または右上にある「Add Config Map」ボタンをクリックすると設定画面に遷移します（図2.103）。

図2.103　Configmapの作成画面に移動

「Name」は、登録するConfig Mapの名前を入力します。登録するConfig Mapの説明を追加したい場合は、「Add a Description」をクリックすると入力フィールドが表示されるので入力します。

「Namespace」は、既存のNamespaceの場合はプルダウンメニューから選択します。新規にNamespaceを作成する場合は、「Add to a new namespace」をクリックすると入力フィールドが表示されるので入力します（図2.104）。

図2.104　既存のNamespaceから選択または新規Namespaceを作成

「Config Map Values」は、設定する「Key」と「Value」を入力します。追加する場合は、「Add Config Map Value」ボタンをクリックします（図2.105）。

すべての設定が完了した段階で、最下部にある「Save」ボタンをクリックすると処理が実行されます。

図 2.105　Key/Value で設定

メニューアイコンボタンの説明をします。リスト表示のバリエーションを変更できます（表 2.35、図 2.106）。

表 2.35　リスト表示のバリエーション

| Type | Summary |
|---|---|
| ① Flat List | 単純なリスト表示 |
| ② Group by Namespace | Namespace にグループ化してリスト表示 |

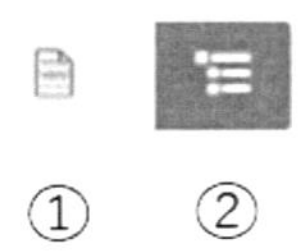


図 2.106　リスト表示を切り替えるアイコン

## Logging

Rancher は、Kubernetes クラスタの外部に存在する様々な一般的なロギングサービスと統合できます。

Rancher は、ロギングをクラスタとプロジェクトと分けて設定できる仕組みを備えています。設定についてはクラスタおよびプロジェクトともに同じです。本書では、プロジェクトでの設定について説明します。

Rancher は、以下のロギングサービスとの統合をサポートしています。

- Elasticsearch
- Splunk
- Kafka
- Syslog

- Fluentd

クラスタごと、またはプロジェクトごとに、一つのログサービスのみ構成できます。

Project Navigation から「Resources」-「Logging」を選択すると、「Project Logging」画面に遷移します（図 2.107）。

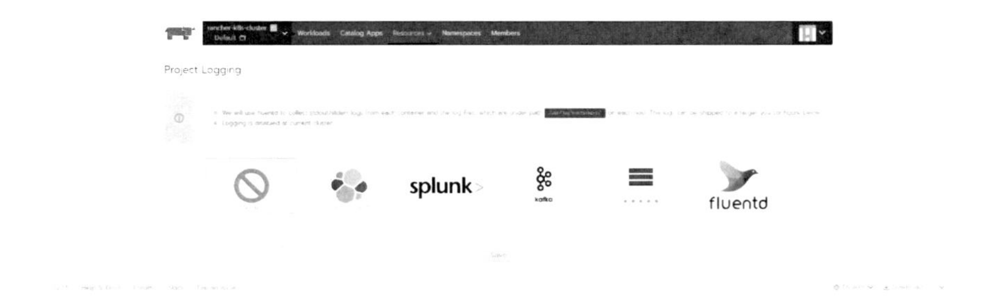


図 2.107　統合する外部サービスを指定

各ロギングサービスで設定内容が異なります。設定できる内容は、表 2.36 の通りです。

表 2.36　ロギングサービスごとの設定項目

| Type | Summary |
| --- | --- |
| Elasticsearch | 「Endpoint」に連携する Elasticsearch の URL を入力します。「Username」と「Password」は、ログインに必要な情報を入力します。「Prefix」は、必要条件に合わせた設定を入力します。「Data Format」は「YYYY-MM-DD」「YYY-MMM」「YYYY」の 3 種類から選択できます |
| Splunk | 「Endpoint」に連携する Splunk の URL を入力します。「Token」は、対象の Token を入力します。「Source」と「Index」は、必要条件に合わせた設定を入力します |
| Kafka | 「Endpoint Type」は「Zookeper」または「Broker」を選択します。「Endpoint」に連携する Kafka の URL を入力します。「Topic」は、必要条件に合わせた設定を入力します |
| Syslog | 「Endpoint」に連携する Syslog の URL を入力します。プロトコルは、「UDP」と「TCP」を選択できます。「Program」は、必要条件に合わせた設定を入力します。「Token」は、対象の Token を入力します。「Log Severity」は「Emergency」「Alert」「Critical」「Error」「Warning」「Notice」「Info」「Debug」から選択します |
| fluentd | 「Endpoint」に連携する fluentd の URL を入力します。「Shared Key」は、対象の Key を入力します。「Username」と「Password」は、ログインに必要な情報を入力します。「Hostname」は、必要条件に合わせた設定を入力します。「Weight」のデフォルト値は 100 となっていますが、条件に合わせて数値を入力します。「Use as Standby Only」「Enable Gzip Compression」「Use TLS」のチェックボックスは、条件に合わせてチェックの有無を判断します。「Enable Gzip Compression」には、デフォルトでチェックが入っています。「Add Fluentd Server」ボタンをクリックすると、さらに Fulentd Server の追加設定を行えます |

表 2.36 の項目以外に、各ロギングサービス設定の共通項目として、「Additional Logging Configuration」があります。「Custom Log Fields」として、「Key」と「Value」を設定できます。「Add Field」ボタンをクリックすることで追加もできます。「Flush Interval」は、sec 単位で反映間隔を設定できます。図 2.108 は Elasticsearch の例です。

各ロギングサービスにおいて、すべての設定が完了した段階で、最下部にある「Save」ボタンをクリックすると処理が実行されます。

## Pipeline

Pipeline では、Rancher ベースの Pipeline を作成できます。前の項で紹介した「Pipelines」とは異なります。

図 2.108　Elasticsearch の設定画面

Project Navigation から「Resources」-「Pipeline」を選択すると、「GitHub」の Authenticate 設定画面に遷移します（図 2.109）。

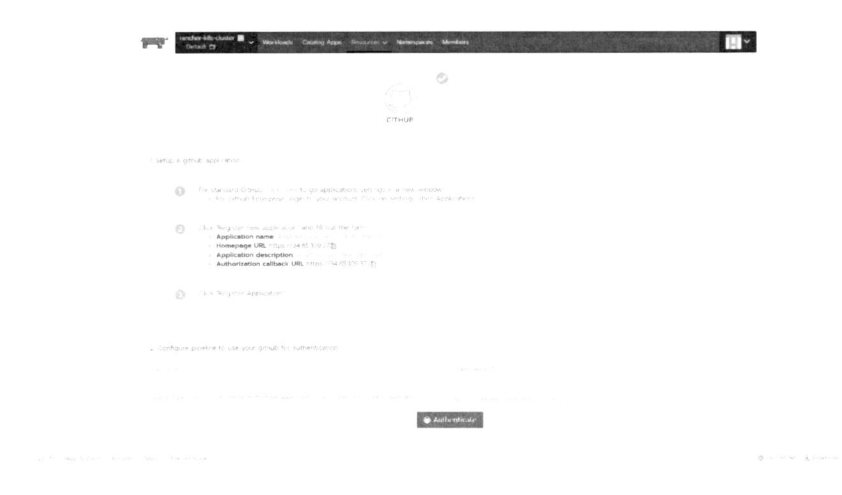

図 2.109　Pipeline の設定画面に移動

GitHub との Authenticate については、Global Navigation の「Security」-「Authentication」の GitHub と同じ方法となります。

ここでは、GitLab との Authenticate と Pipeline について説明します。

※ 事前に GitLab.com でアカウントを作成する必要があります。

「GitLab」を選択して、「click here」をクリックします。「Redirect URI」は GitLab の設定で必要となります（図 2.110）。

「Username or email」と「Password」を入力して、「Sign in」ボタンをクリックします（図 2.111）。

「Name」は、任意の名前を入力します。「Redirect URI」は、図 2.110 にある「https://rancher

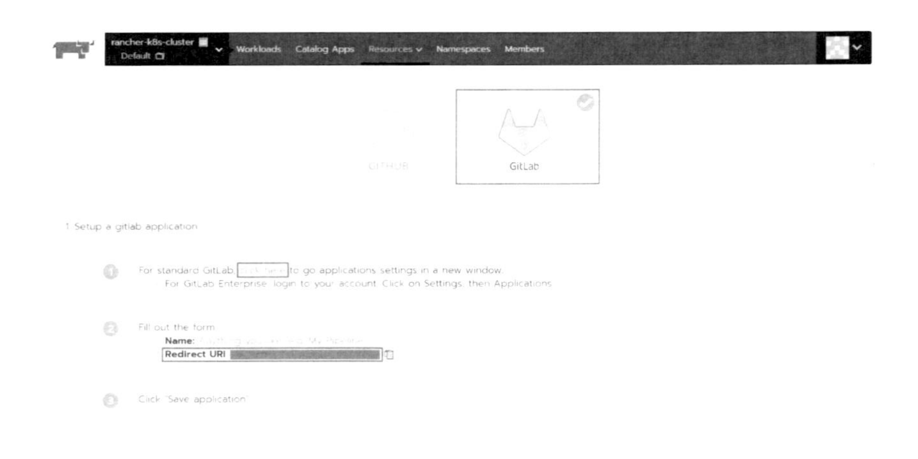


図 2.110　GitLab を選択して設定

図 2.111　GitLab にサインイン

server IP address/verify-auth」の URL を入力します。「Scopes」は、「api」を選択します。

設定完了後、「Save application」ボタンをクリックします。(図 2.112)

図 2.113 の「Application ID」と「Secret」のコピーボタンをそれぞれクリックして、図 2.114 にある Rancher 側の「Application ID」と「Secret」それぞれにペーストして、「Authenticate」ボタンをクリックします。

次の画面で「Authorize」ボタンをクリックします (図 2.115)。

これで GitLab との連携は完了となります（図 2.116)。

GitLab との Pipeline 連携については、別章で実践的に解説しますので、本章ではここまでとします。

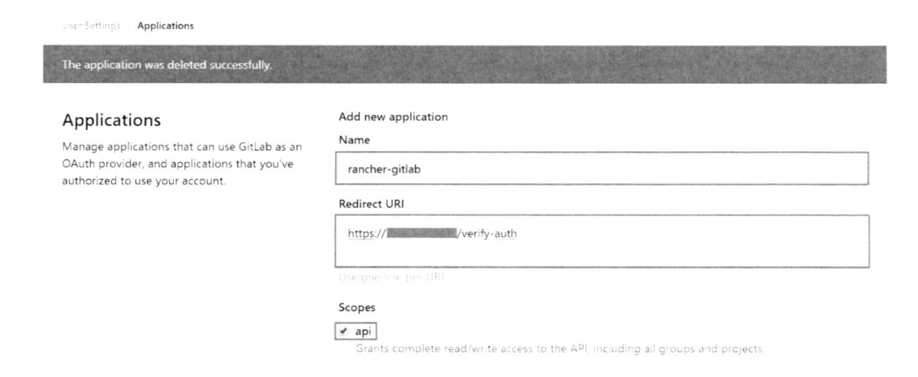


図 2.112 「Save application」をクリックして設定完了

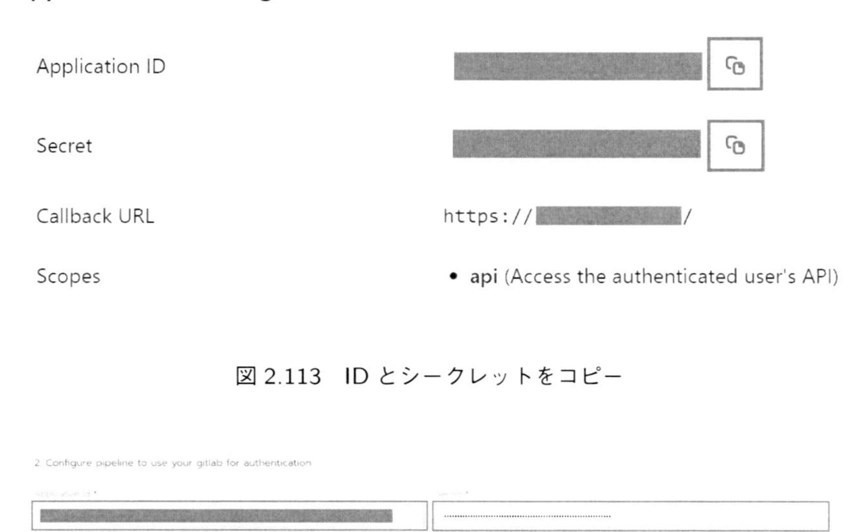


図 2.113 ID とシークレットをコピー

2. Configure pipeline to use your gitlab for authentication

Authenticate

図 2.114 こちらの画面にペースト

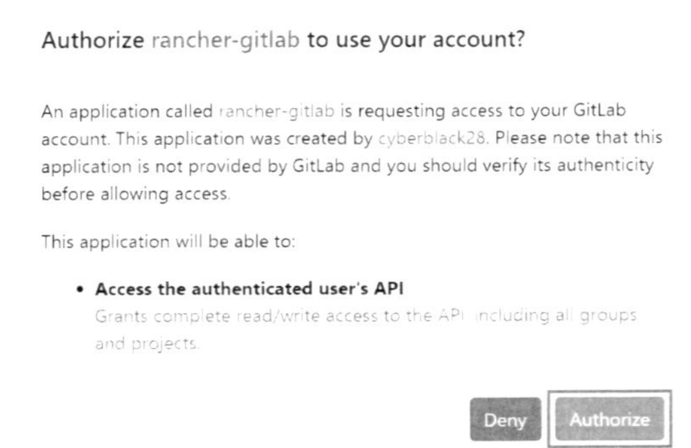


図 2.115　「Authorize」をクリック

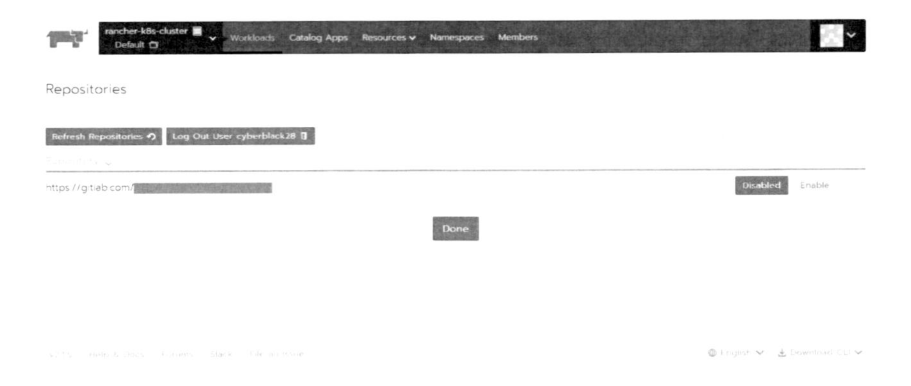


図 2.116　GitLab との連携ができた

## Registry

Registryは、イメージレジストリを登録して、Rancherと連携する設定を行えます。

「Resources」-「Registry」を選択すると、「Registry Credentials」画面に遷移します。すでにRegistry設定がされている場合は、リストに対象のRegistryが表示されます。中央または右上にある「Add Registry」ボタンをクリックすると設定画面に遷移します（図2.117）。

図2.117 設定画面に移動

「Name」は、登録するRegistryの名前を入力します。登録するRegistryの説明を追加したい場合は、「Add a Description」をクリックすると入力フィールドが表示されるので入力します（図2.118）。

図2.118 必要に応じて説明のテキストを追加

「Scope」の種別については、表2.37に示した2種類あります。

表2.37 Scopeの種別

| Type | Summary |
|---|---|
| Available to all namespaces in this project | プロジェクト内のすべてのNamespaceで利用できます |
| Available to a single namespace | 特定のNamespaceで利用できます。プルダウンメニューから対象となるNamespaceを選択します。新規にNamespaceを作成する場合は、「Add to a new namespace」をクリックして作成します |

「Address」は、登録する Registy を選択します。「DockerHub」と「Quay.io」はデフォルトで選択できます。「Username」と「Password」に認証情報を入力します。また「Custom」を選択すると、他の Registry を登録できます。「Registry Address」「Username」「Password」に認証情報を入力します。図 2.119 は「Custom」を選択した場合の例になります。

図 2.119　Custom を選択した場合の例

すべての設定が完了した段階で、最下部にある「Save」ボタンをクリックすると処理が実行されます。

メニューアイコンボタンの説明をします。リスト表示のバリエーションを変更できます（表 2.38、図 2.120）。

表 2.38　リスト表示のバリエーション

| Type | Summary |
|---|---|
| ① Flat List | 単純なリスト表示 |
| ② Group by Namespace | Namespace にグループ化してリスト表示 |

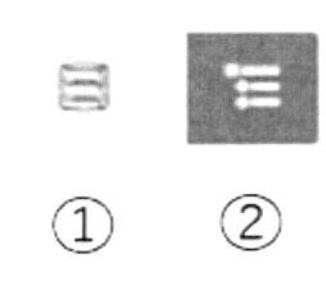


図 2.120　リスト表示を切り替えるアイコン

## Secrets

Secrets は、Secret を作成できます。

Project Navigation から「Resources」-「Secrets」を選択すると、「Secrets」画面に遷移します。すでに Secrets 設定がされている場合は、リストに対象の Secret が表示されます。中央または右上にある「Add Secret」ボタンをクリックすると設定画面に遷移します（図 2.121）。

図 2.121　設定画面に移動

「Name」は、登録する Secret の名前を入力します。登録する Secret の説明を追加したい場合は、「Add a Description」をクリックすると入力フィールドが表示されるので入力します（図 2.122）。

図 2.122　必要に応じて説明のテキストを追加

「Scope」の種別については、表 2.39 に示した 2 種類があります。

表 2.39　Scope の種別

| **Type** | **Summary** |
|---|---|
| Available to all namespaces in this project | プロジェクト内のすべての Namespace で利用できます |
| Available to a single namespace | 特定の Namespace で利用できます。プルダウンメニューから対象となる Namespace を選択します。新規に Namespace を作成する場合は、「Add to a new namespace」をクリックして作成します |

「Secrets Values」は、設定する「Key」と「Value」を入力します。追加する場合は、「Add Secret Value」ボタンをクリックします（図 2.123）。

すべての設定が完了した段階で、最下部にある「Save」ボタンをクリックすると処理が実行されます。

メニューアイコンボタンの説明をします。リスト表示のバリエーションを変更できます（表 2.40、図 2.124）。

図 2.123　Key/Value で設定

表 2.40　リスト表示のバリエーション

| Type | Summary |
| --- | --- |
| ① Flat List | 単純なリスト表示 |
| ② Group by Namespace | Namespace にグループ化してリスト表示 |

図 2.124　リスト表示を切り替えるアイコン

## Namespaces

Namespaces は、Namespace の作成および管理を行います。

Project Navigation から「Resources」-「Namespaces」を選択すると、「Namespaces」画面に遷移し、リストに Namespace が表示されます。右上にある「Add Namespace」ボタンをクリックすると設定画面に遷移します（図 2.125）。

図 2.125　設定画面に移動

「Name」は、作成する Namespace 名を入力します。作成する Namespace の説明を追加したい場合は、「Add a Description」をクリックすると入力フィールドが表示されるので入力します(図 2.126)。

図 2.126 必要に応じて説明のテキストを追加

すべての設定が完了した段階で、最下部にある「Create」ボタンをクリックすると処理が実行されます。

「Move」ボタンをクリックすると、選択した Namespace を別のプロジェクトに移動できます。(図 2.127)

図 2.127 移動先を指定

移動先の Project を選択して「Move」ボタンをクリックすると、移動します(図 2.128)。

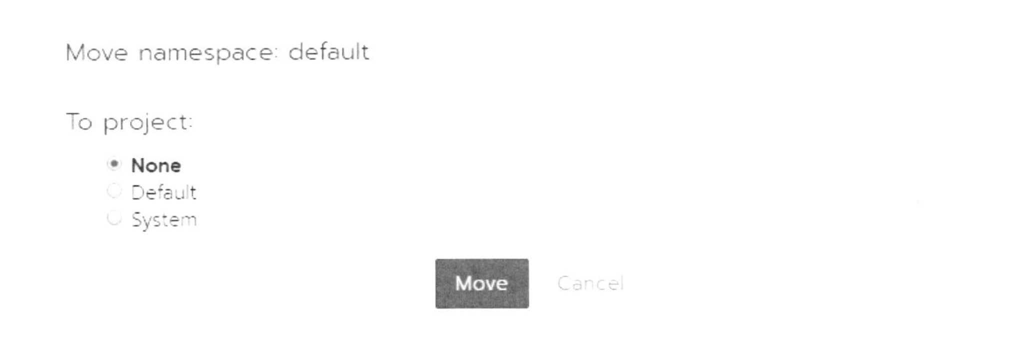


図 2.128 Namespace の移動

## Members

Members は、Project Member の追加および管理を行います。

Project Navigation から「Resources」-「Members」を選択すると、「members」画面に遷移し、リストにユーザーが表示されます。右上にある「Add Member」ボタンをクリックすると設定画面に遷移します（図 2.129)。

図 2.129　設定画面に移動

ここで前提となる知識として、Project Member における Role について説明します。Project Role は、プロジェクトへのアクセス権をユーザに付与するために使用できるロールです。プロジェクトの役割は 3 つあります。Owner、Member、Read Only です（表 2.41)。

表 2.41　プロジェクトの役割

| Project Role | Summary |
|---|---|
| Project Owner | Project Owner は、プロジェクトとプロジェクト内の全リソースを完全に制御できます。 |
| Project Member | Project Member は、Namespace や Workload などのプロジェクトスコープのリソースを管理できますが、他のプロジェクトメンバーを管理することはできません。 |
| Read Only | Read Only はプロジェクト内のすべてのものを表示できますが、作成、更新、または削除することはできません。 |

Owner、Member、Read Only の権限の違いは、図 2.130 の通りです。

「Member」に登録する名前を入力します。「Owner」「Member」「Read Only」「Custom」からロールを選択します。「Custom」を選択した場合は、さらに付与する権限を選択します。すべての設定が完了した段階で、最下部にある「Create」ボタンをクリックすると処理が実行されます（図 2.131)。

以上が「Project Navigation」の説明となります。

| CUSTOM CLUSTER ROLE | OWNER | MEMBER | READ ONLY |
|---|---|---|---|
| Manage Project Members | ✓ | | |
| Create Namespaces | ✓ | ✓ | |
| Manage Config Maps | ✓ | ✓ | |
| Manage Ingress | ✓ | ✓ | |
| Manage Project Catalogs | ✓ | | |
| Manage Secrets | ✓ | ✓ | |
| Manage Service Accounts | ✓ | ✓ | |
| Manage Services | ✓ | ✓ | |
| Manage Volumes | ✓ | ✓ | |
| Manage Workloads | ✓ | ✓ | |
| View Config Maps | ✓ | ✓ | ✓ |
| View Ingress | ✓ | ✓ | ✓ |
| View Project Members | ✓ | ✓ | ✓ |
| View Project Catalogs | ✓ | ✓ | ✓ |
| View Secrets | ✓ | ✓ | ✓ |
| View Service Accounts | ✓ | ✓ | ✓ |
| View Services | ✓ | ✓ | ✓ |
| View Volumes | ✓ | ✓ | ✓ |
| View Workloads | ✓ | ✓ | ✓ |

図 2.130　ロールの権限の差

図 2.131　ロールを選択

# 2.4　Footer Navigation

Ranche UI の下部、いくつかのリンクから構成される Footer Navigation について説明します。

## Display version

バージョン表示は、稼働している Rancher Server のバージョンが表示されます（図 2.132）。

図 2.132　バージョン表示

表示されているバージョンをクリックすると詳細情報が表示されます（図 2.133）。

図 2.133　Rancher の詳細情報

さらにこのページ内にある表 2.42 のリンクをクリックすると、GitHub の対象のページに遷移します。

表 2.42　その他のリンクと遷移先の URL

| Link Name | URL |
|---|---|
| Rancher | https://github.com/rancher/rancher |
| User Interface | https://github.com/rancher/ui |
| Helm | https://github.com/rancher/helm |
| Machine | https://github.com/rancher/machine |

## Help & Docs

「Help & Docs」は、Rancher Labs 公式のドキュメントサイトへのリンクとなります（図 2.134、図 2.135）。

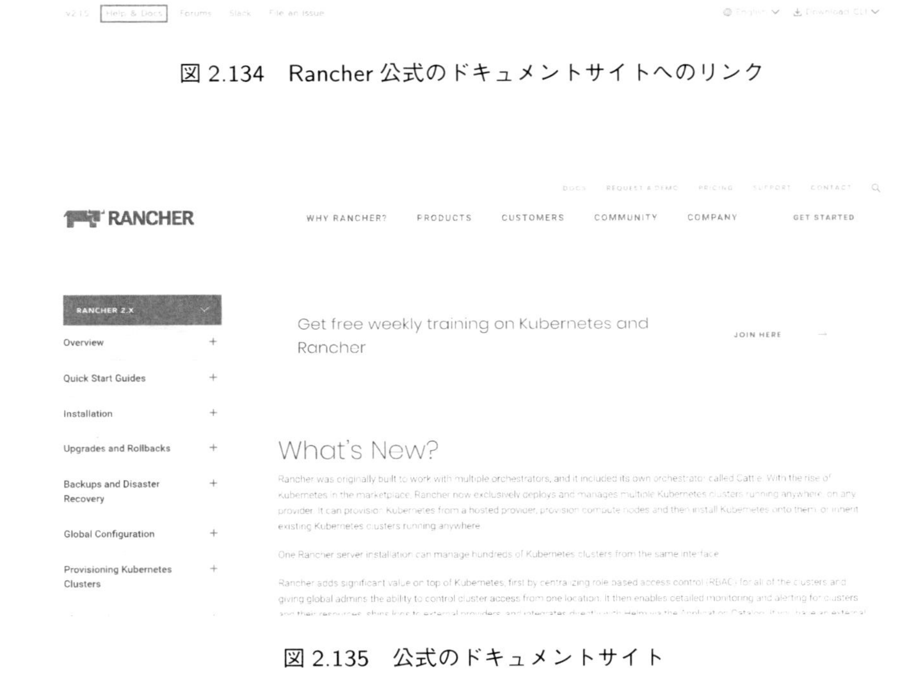


図 2.134　Rancher 公式のドキュメントサイトへのリンク

図 2.135　公式のドキュメントサイト

## Forums

「Forums」は、Rancher Labs 公式のフォーラムサイトへのリンクとなります（図 2.136、図 2.137）。

図 2.136　Rancher 公式のフォーラムサイトへのリンク

Forums は、Google アカウントまたは GitHub アカウントを利用して Sing in することができます。Sing in することで、より詳細な機能を利用することができます。

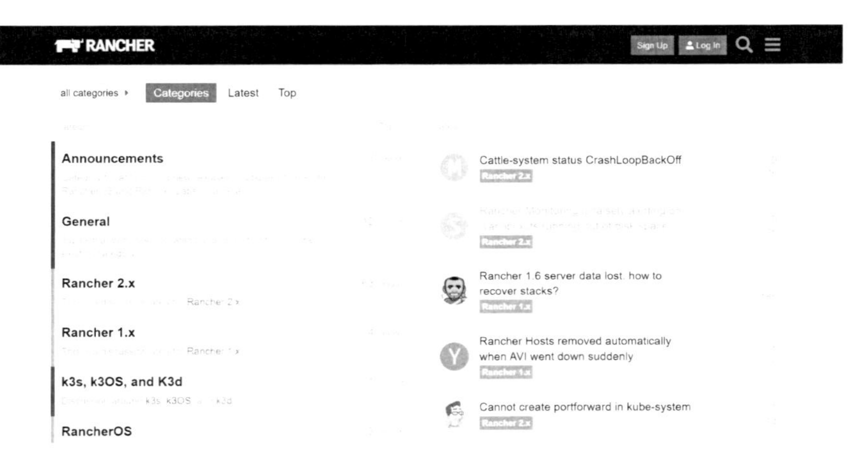


図 2.137　公式のフォーラムサイト

## Slack

「Slack」は、Rancher Labs 公式の Slack への招待となります（図 2.138、図 2.139）。

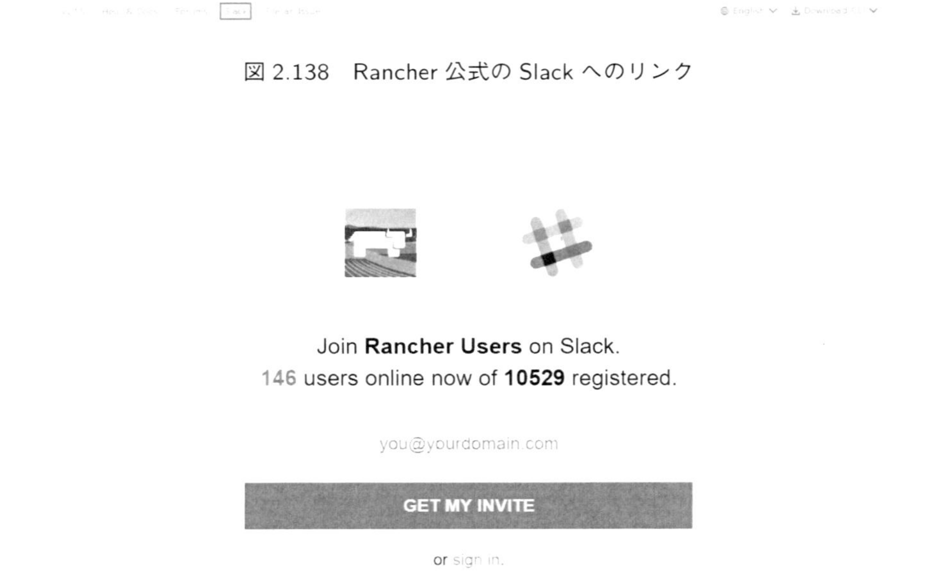


図 2.138　Rancher 公式の Slack へのリンク

図 2.139　公式の Slack への招待

## File an Issue

「File an Issue」は、Rancher Labs 公式の GitHub の New Issue をリクエストするページへのリンクとなります。GitHub のアカウントを持っていれば、Issue を送ることができます（図 2.140、図 2.141）。

図 2.140　Rancher 公式の GitHub への Issue リクエストページへのリンク

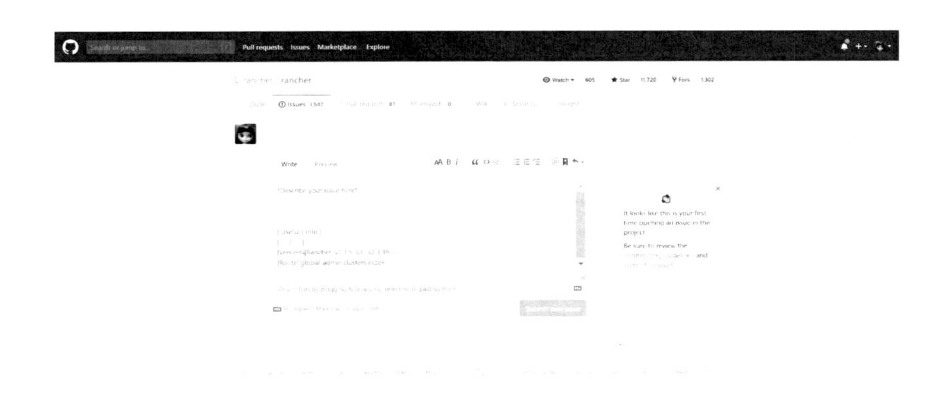


図 2.141　Rancher に Issue を送る

## Language

言語選択では、UI 上のテキストを選択した言語に変更することができます（図 2.142）。デフォルトは「English (en-us)」が選択されています。

本書の執筆時点では、図 2.143 に示した言語表示に対応しています。

なお言語によっては、対応しきれていない箇所もあります。その場合は、英語表記となります。

図 2.142　Language メニュー

| Language | Summary |
| --- | --- |
| Deutsch (de-de) | ドイツ語 |
| English (en-us) | 英語 |
| Español (es-es) | スペイン語 |
| فارسی (fa-ir) | ペルシア語 |
| Française (fr-fr) | フランス語 |
| Magyar (hu-hu) | ハンガリー語 |
| Italiano (it-it) | イタリア語 |
| 日本語 (ja-jp) | 日本語 |
| 영어 (ko-kr) | 韓国語 |
| Norsk (nb-no) | ノルウェー語 |
| Nederlands (nl-nl) | オランダ語 |
| Português (pt-br) | ポルトガル語 |
| Русский (ru-ru) | ロシア語 |
| Srpskohrvatski (sh-hr) | セルビア語 |
| Svenska (sv-se) | スウェーデン語 |
| Українська (uk-ua) | ウクライナ語 |
| Tiếng Anh (vi-vn) | ベトナム語 |
| 简体中文 (zh-hans) | 簡体字中国語 |
| 簡體中文 (zh-hant) | 繁体字中国語 |

図 2.143　Rancher が対応している言語の一覧

## Download CLI

Rancher には、Rancher UI からの操作だけでなく CLI を利用した操作方法もあります。対応している OS は、macOS、Windows、Linux となります（図 2.144）。対象 OS のファイルをダウンロードして、所定の場所に配置して Rancher 専用のコマンドを実行できるようになります。

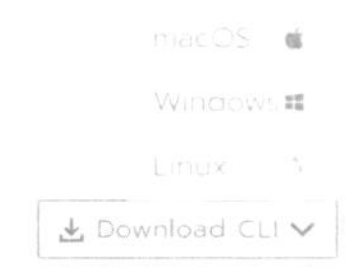


図 2.144 使用している OS に合わせてダウンロード

## API & KEY

CLI を利用するには「API & KEY」で必要となるトークンなどを作成する必要があります。画面右上のアカウントメニューボタンをクリックして、「API & Keys」を選択します（図 2.145）。

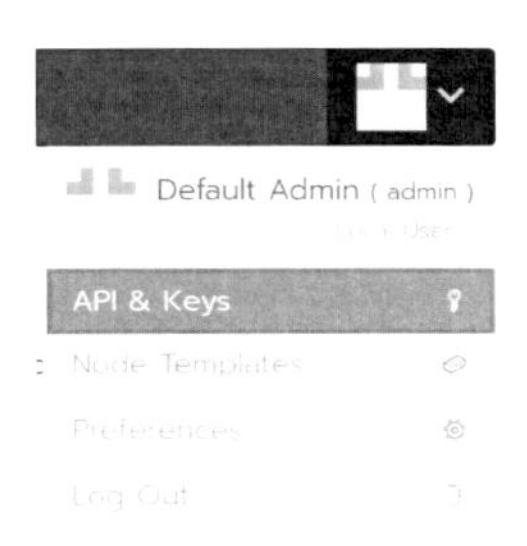


図 2.145 メニューから API & Keys を選択

「Add key」ボタンをクリックします（図 2.146）。

図 2.146 「Add key」をクリック

「Description」には、任意のものを入力します（ここでは rancher-cli とします）。「Automatically Expire」では、有効期限を設定します。無期限、作成日から1日、1カ月、1年を選択できます（ここでは Never とします）。

最後に「Create」ボタンをクリックします。(図 2.147)

図 2.147　設定後に「Create」をクリック

ここで表示される、「Access Key」「Secret Key」「Bearer Token」は、この作成時のみの表示となるので、内容は別途保存しておきましょう（図 2.148）。

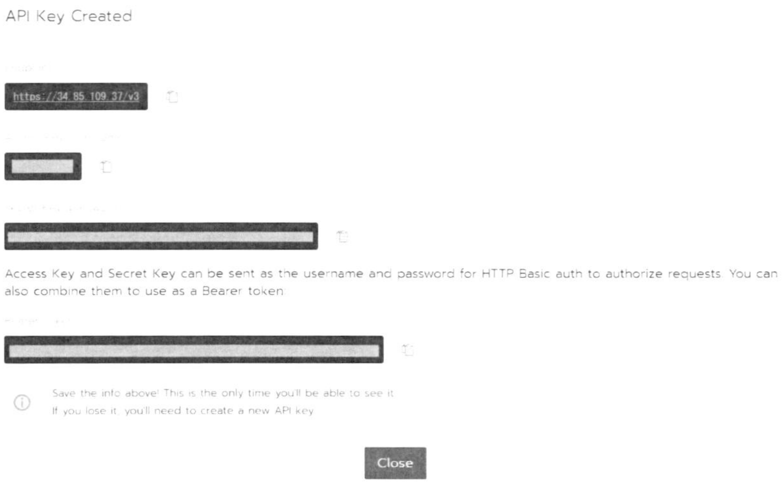

API Key Created

https://34.85.109.37/v3

Access Key and Secret Key can be sent as the username and password for HTTP Basic auth to authorize requests. You can also combine them to use as a Bearer token.

Save the info above! This is the only time you'll be able to see it.
If you lose it, you'll need to create a new API key.

Close

図 2.148　これらの Key の内容を保存しておく

作成されるとリストに表示されます。リストの右端のボタンをクリックすると、さらにメニューが表示されます（図 2.149）。

図 2.149　リストの右端のボタンをクリックするとメニューが表示される

「View in API」は API の内容を表示できます。「Delete」は対象の API Key を削除できます。

## macOS で CLI を利用するための設定

Footer Navigation の「Download CLI」をクリックして「macOS」を選択します（図 2.150）。

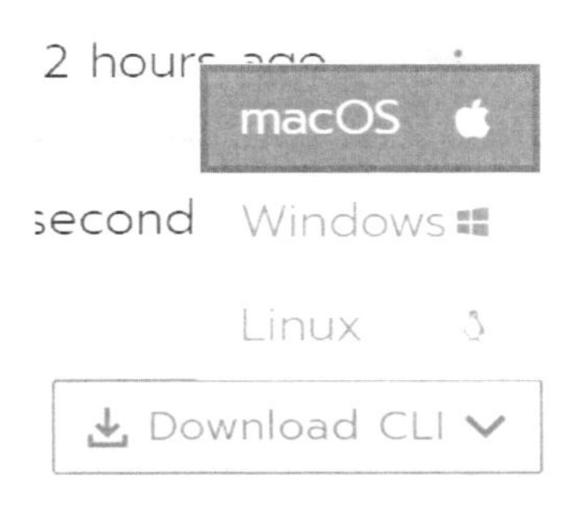


図 2.150　macOS を選択

tar.gz ファイルがダウンロードされたことを確認します（図 2.151）。

ターミナルを起動して、以下のコマンドを実行します。「rancher」と実行して、rancher コマンドの概要結果が表示されれば、rancher コマンドを実行できることの確認となります。バージョン番号（以下の例では 2.0.6）は、入手時期により異なるので、適宜読み替えてください。こ

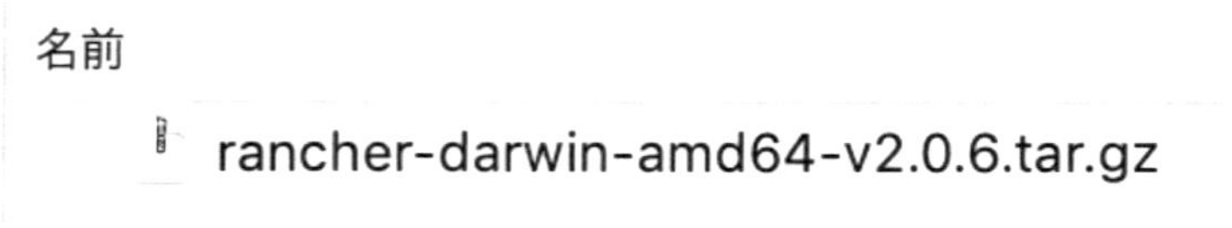

名前

rancher-darwin-amd64-v2.0.6.tar.gz

図 2.151　必要なファイルをダウンロード

れは Windows、Linux でも同様です。

```
$ cd Downloads/
$ tar xvzf rancher-darwin-amd64-v2.0.6.tar.gz
x ./
x ./rancher-v2.0.6/
x ./rancher-v2.0.6/rancher
$ mv rancher-v2.0.6/rancher /usr/local/bin
$ rancher
Rancher CLI, managing containers one UTF-8 character at a time

Usage: rancher [OPTIONS] COMMAND [arg...]

Version: v2.0.6

Options:
  --debug          Debug logging
  --help, -h       show help
  --version, -v    print the version

Commands:
  apps, [app]                  Operations with apps
  catalog                      Operations with catalogs
  clusters, [cluster]          Operations on clusters
  context                      Operations for the context
  inspect                      View details of resources
  kubectl                      Run kubectl commands
  login, [l]                   Login to a Rancher server
  namespaces, [namespace]      Operations on namespaces
  nodes, [node]                Operations on nodes
  projects, [project]          Operations on projects
  ps                           Show workloads in a project
  settings, [setting]          Show settings for the current server
  ssh                          SSH into a node
  up                           apply compose config
  help, [h]                    Shows a list of commands or help for one command

Run 'rancher COMMAND --help' for more information on a command.
```

## Windows で CLI を利用するための設定

Footer Navigation の「Download CLI」をクリックして「Windows」を選択します（図 2.152）。

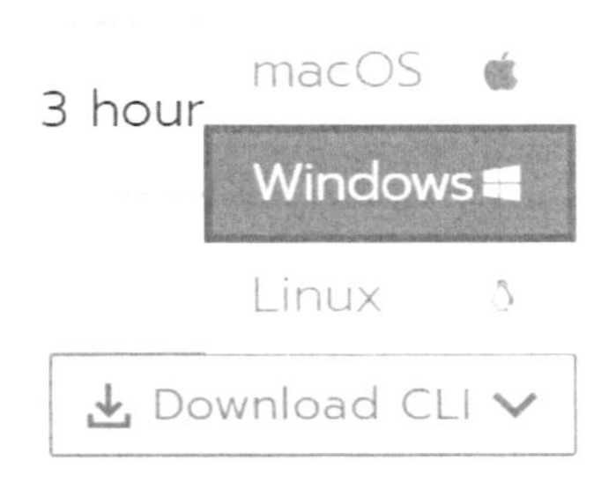


図 2.152 Windows を選択

zip ファイルがダウンロードされますので解凍します（図 2.153）。

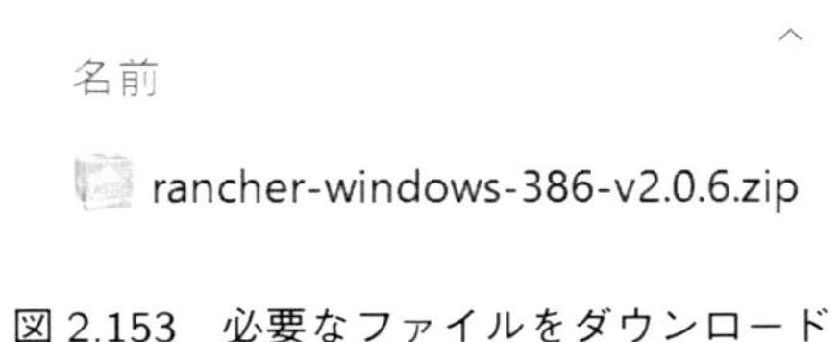


図 2.153 必要なファイルをダウンロード

解凍すると「rancher-v2.0.6」フォルダが展開されて、その中に「rancher.exe」という実行ファイルがあります（図 2.154）。

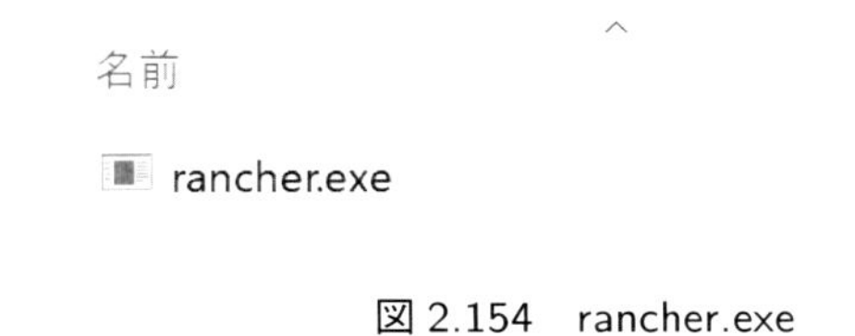


図 2.154 rancher.exe

その実行ファイルを「C:\Windows\System32」に配置します。

コマンドプロンプトを起動して、「rancher」と実行して、rancher コマンドの概要結果が表示されれば、rancher コマンドを実行できることの確認となります。

```
Microsoft Windows [Version 10.0.17134.706]
(c) 2018 Microsoft Corporation. All rights reserved.

C:\Users\{UserName}>rancher
Rancher CLI, managing containers one UTF-8 character at a time

Usage: rancher [OPTIONS] COMMAND [arg...]
```

```
Version: v2.0.6

Options:
  --debug          Debug logging
  --help, -h       show help
  --version, -v    print the version

Commands:
  apps, [app]                 Operations with apps
  catalog                     Operations with catalogs
  clusters, [cluster]         Operations on clusters
  context                     Operations for the context
  inspect                     View details of resources
  kubectl                     Run kubectl commands
  login, [l]                  Login to a Rancher server
  namespaces, [namespace]     Operations on namespaces
  nodes, [node]               Operations on nodes
  projects, [project]         Operations on projects
  ps                          Show workloads in a project
  settings, [setting]         Show settings for the current server
  ssh                         SSH into a node
  up                          apply compose config
  help, [h]                   Shows a list of commands or help for one command

Run 'rancher COMMAND --help' for more information on a command.
```

### Linux で CLI を利用するための設定

Footer Navigation の「Download CLI」をクリックして「Linux」を選択すると同時に、右クリックで「リンクのアドレスをコピー」を選択します（図 2.155）。

図 2.155　右クリックで「リンクのアドレスをコピー」

対象となるLinuxサーバで以下のコマンドを実行します。先にリンクのアドレスをコピーしてあるので、wgetコマンドの引数となっているURLは、ペーストできます。「rancher」と実行して、rancherコマンドの概要結果が表示されればrancherコマンドを実行できることの確認となります。

```
$ wget https://releases.rancher.com/cli2/v2.0.6/rancher-linux-amd64-v2.0.6.tar.gz
$ tar xvzf rancher-linux-amd64-v2.0.6.tar.gz
./
./rancher-v2.0.6/
./rancher-v2.0.6/rancher
$ smv rancher-v2.0.6/rancher /usr/local/bin
$ rancher
Rancher CLI, managing containers one UTF-8 character at a time

Usage: rancher [OPTIONS] COMMAND [arg...]

Version: v2.0.6

Options:
  --debug          Debug logging
  --help, -h       show help
  --version, -v    print the version

Commands:
  apps, [app]                 Operations with apps
  catalog                     Operations with catalogs
  clusters, [cluster]         Operations on clusters
  context                     Operations for the context
  inspect                     View details of resources
  kubectl                     Run kubectl commands
  login, [l]                  Login to a Rancher server
  namespaces, [namespace]     Operations on namespaces
  nodes, [node]               Operations on nodes
  projects, [project]         Operations on projects
  ps                          Show workloads in a project
  settings, [setting]         Show settings for the current server
  ssh                         SSH into a node
  up                          apply compose config
  help, [h]                   Shows a list of commands or help for one command

Run 'rancher COMMAND --help' for more information on a command.
```

※テストした環境はGoogle Cloud Platform上のUbuntu 18.04LTSとなります。

## Rancher Server Login by Rancher CLI

試しに、Rancher CLIからRancher Serverにログインしてみます。

API Key作成時に表示された「Endpoint」と「Bearer Token」を利用して以下のコマンドを実行すると、CLIでRancher Serverにログインできます。

```
$ rancher login https://<Endopoint> -t <Bearer Token>
```

「Do you want to continue connecting (yes/no)? yes」の要求に yes と入力します。「Select a Project:」の要求には、CLI で管理したい Project 名（Namespace）の Number を入力します。「rancher nodes」と実行して Node の状況を見てみましょう。

※Rancher 配下で管理する kubernetes クラスタが存在しないと以下のエラーメッセージが表示されますので、一度 kubernetes クラスタを作成してから CLI ログインを実行しましょう。

「No projects found, context could not be set. Please create a project and run `rancher login` again.」

## macOS の場合

```
$ rancher login https://34.85.95.23/v3 -t
token-jvv4n:q46mdlk55bs4v4rbff7nzfvnp22t9vpldv47wtp5cfz9ktv9tfsrmd
The authenticity of server 'https://34.85.95.23' can't be established.
～省略～
INFO[0009] Saving config to /Users/{USER_NAME}/.rancher/cli2.json

$ rancher nodes
ID                          NAME            STATE     POOL      DESCRIPTION
c-2mlpg:m-976c2d0f4a57      rancher-host    active
```

## Windows の場合

```
C:\Users\{UserName}>rancher login https://34.85.95.23/v3 -t
token-jvv4n:q46mdlk55bs4v4rbff7nzfvnp22t9vpldv47wtp5cfz9ktv9tfsrmd
The authenticity of server 'https://34.85.95.23' can't be established.
～省略～
INFO[0007] Saving config to /.rancher/cli2.json

C:\Users\{UserName}>rancher nodes
ID                          NAME            STATE     POOL      DESCRIPTION
c-2mlpg:m-976c2d0f4a57      rancher-host    active
```

## Linux の場合

```
$ rancher login https://34.85.95.23/v3 -t
token-jvv4n:q46mdlk55bs4v4rbff7nzfvnp22t9vpldv47wtp5cfz9ktv9tfsrmd
The authenticity of server 'https://34.85.95.23' can't be established.
～省略～
INFO[0008] Saving config to /home/iyutaka2018/.rancher/cli2.json

$ rancher nodes
```

```
ID                       NAME            STATE     POOL      DESCRIPTION
c-2mlpg:m-976c2d0f4a57   rancher-host    active
```

## Rancher Command Reference

Rancher CLIで使用できるコマンドの一覧を、表2.43に示します「[]」内のコマンドは短縮形です。

表2.43　Rancher CLIのコマンド一覧

| COMMAND | RESULT |
|---|---|
| apps, [app] | カタログアプリケーション（個々のHelmチャートまたはRancherチャート）に対して操作を実行します |
| catalog | カタログに対して操作を実行します |
| clusters, [cluster] | クラスタに対して操作を実行します |
| context | Rancherプロジェクトを切り替えます |
| inspect [OPTIONS] [RESOURCEID RESOURCENAME] | KubernetesリソースまたはRancherリソース（プロジェクトとワークロード）に関する詳細を表示します。名前またはIDでリソースを指定してください |
| kubectl | kubectlコマンドを実行します |
| login, [l] | Rancher Serverにログインします |
| namespaces, [namespace] | Namespaceに対して操作を実行します |
| nodes, [node] | ノードに対して操作を実行します |
| projects, [project] | プロジェクトに対して操作を実行します |
| ps | プロジェクト内のWorkloadsを表示します |
| settings, [setting] | Rancher Serverの現在の設定を表示します |
| ssh | SSHプロトコルを使用して、いずれかのクラスターノードに接続します |
| help, [h] | コマンドのリストまたは1つのコマンドのヘルプを表示します |

以上が「Footer Navigation」の説明となります。

# 2.5　User Settings

Rancher UI上部のNavigationの右端にあるUser Settingsの内容について見ていきます。

## API & Keys

外部アプリケーションを使用してRancherのクラスタ、プロジェクト、その他のオブジェクトにアクセスしたい場合は、Rancher APIを使用してアクセスできます。ただし、アプリケーションがAPIにアクセスする前に、Rancherの認証に使用されるキーをアプリに提供する必要があります。そのキーは、Rancher UI を使って取得が可能です。

API キーは、以下の 4 個のコンポーネントで構成されています。

エンドポイント：他のアプリケーションが Rancher API に要求を送信するために使用する IP アドレスとパスになります。アクセスキー：トークンのユーザ名となります。秘密鍵：トークンのパスワード API 認証用に二つの異なる文字列を要求するアプリケーションの場合は、通常二つのキーを一緒に入力します。Bearer Token：トークンのユーザ名とパスワードを連結したもの。一つの認証文字列を要求するアプリケーションにこの文字列を使用します。

「Add Key」ボタンをクリックすると、キーを作成できます（図 2.156）。

図 2.156　キーの一覧

「Description」は、Access Key の概要を入力します。「Automatically Expire」は、「無期限、1 日、1 カ月、1 年」の 4 つから有効期限を選択します（図 2.157）。

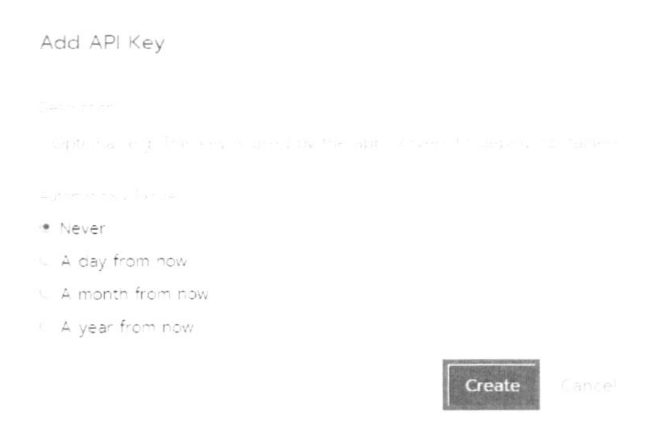


図 2.157　キーの作成

前節で紹介した Rancher CLI を利用する上でも、API Key は必要となります。設定例は、前節の「Footer Navigation」-「Download CLI」で解説しています。

## Node Templates

インフラストラクチャプロバイダによってホストされているクラスタをプロビジョニングするときは、ノードテンプレートを使用してノードをプロビジョニングします。これらのテンプレートは、Docker Machine 構成オプションを使用して、ノードのオペレーティングシステムイメージと設定／パラメータを定義します。

デフォルトでは、「Amazon EC2」「Microsft Azure」「DigitalOcean」「vSphere」を登録できます。これ以外に追加したい場合は、Global Navigation から「Node Drivers」のリストで対象となるドライバを Activate します。

テンプレートを追加する場合は、「Add Template」ボタンをクリックします（図 2.158）。

図 2.158　テンプレートの追加

## Preferences

各ユーザは、自分の Rancher エクスペリエンスをパーソナライズするための設定を選択できます（図 2.159）。

図 2.159　個人設定

「Theme」は、Rancher UI の背景色を選択できます。「Auto」を選択した場合、背景色が午後

6 時に「Light」から「Dark」に変わり、翌朝午前 6 時に「Light」に戻ります。「Dark」を選択すると背景がブラックになります（図 2.160）。

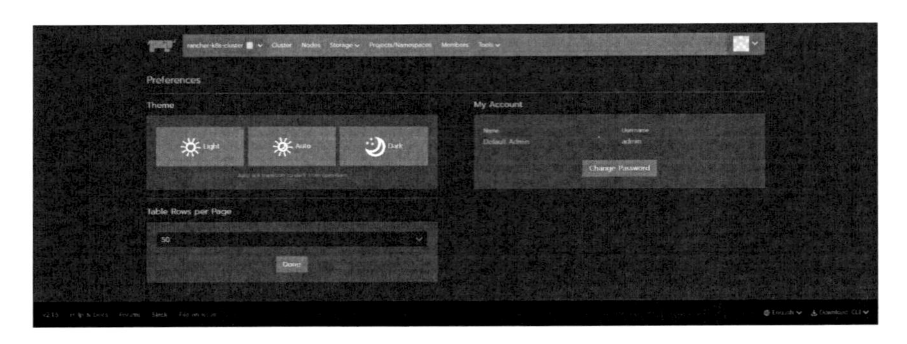


図 2.160　ダークモードもある

「My Account」には、セッションに使用されている名前（表示名）とユーザ名が表示されます。現在のログインパスワードを変更するには、「Change Password」ボタンをクリックします（図 2.161）。

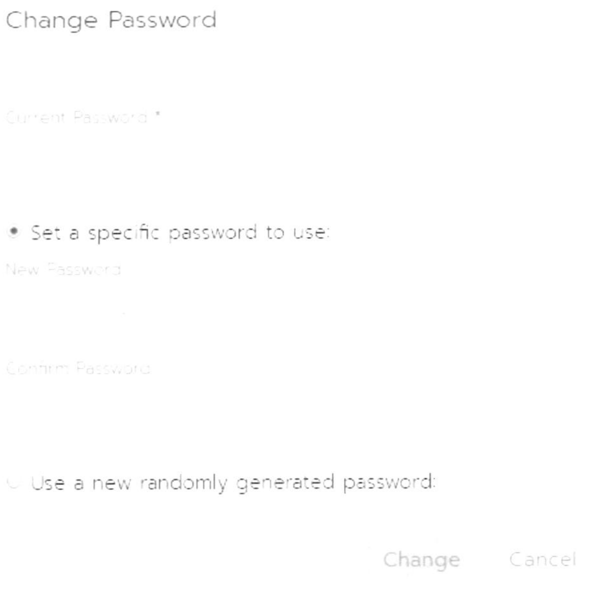

Change Password

Current Password *

Set a specific password to use:

New Password

Confirm Password

Use a new randomly generated password:

Change　Cancel

図 2.161　パスワードの変更

「Current Password」は、現在のパスワードを入力します。

パスワードをユーザが指定する際には「Set a specific password to use:」を選択し、「New Password」と「Confirm Password」に新パスワードを入力します。

パスワードを自動生成させたければ「Use a new randomly generated password:」を選択します（図 2.162）。

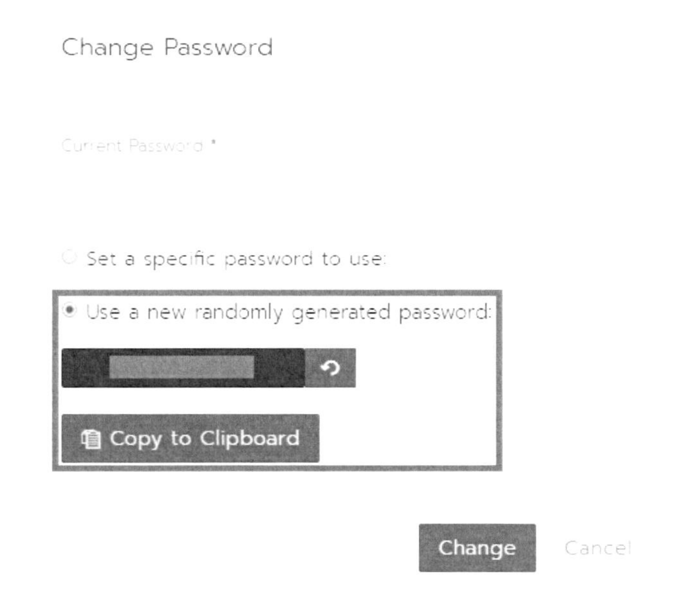


図 2.162　パスワードは自動生成もできる

「Table Rows per Page」は、クラスタやデプロイメントなどのシステムオブジェクトをテーブルに表示するページで、事前にページに表示するオブジェクトの数を設定できます。デフォルトの値は 50 です。選択できる設定値は 10、25、50、100、250、500、1000 となります。

## Log Out

「Log Out」を選択すると、Rancher UI からログアウトします。

以上が「User Settings」の説明となります。

# 第3章　Rancher カタログ

## 3.1　Catalog 機能について

Rancher の Catalog 機能は、アプリケーションをカタログ化することによって、何度でも簡単にアプリケーションデプロイを実現するという思想を元に実装されています。Rancher 1 系では、Docker Compose ベースでしたが、Rancher 2 系からは Helm がベースになっています。

Rancher の種別としては、Rancher Labs がカスタマイズした Chart を使用する Library と、Helm 公式の Chart を使用する Helm Stable、Helm Incubator があります。このうち Helm Incubator は、Stable（安定版）としての要件を満たしていない開発過程にある Chart のリポジトリになります。

2019 年 6 月現在 Rancher 2.1 系および 2.2 系において、From Library カタログ数は 31、From Helm カタログ数は 278 となります。

Global Navigation から「Catalogs」をクリックすると、「Catalogs」画面に遷移します（図 3.1）。

図 3.1　Catalog 機能

もちろんユーザがオリジナルに作成したアプリケーションをカスタムカタログに登録して利用することもできるので、Rancher で Catalog 機能を用いたデプロイ戦略を実践できます。

カスタムカタログの作成については、別章で実践内容として触れますので、本章では割愛します。

## 3.2　Helmについて

最初に、Rancher の Catalog 機能のベースとなっている Helm について概要を説明します。

Helm は、Chart というマニフェストをテンプレート化したパッケージを管理する Kubernetes のパッケージマネージャーです。パッケージマネージャーというカテゴリーに属するソフトウェアの例としては、rpm パッケージを管理する Red Hat 系 Linux の yum、deb パッケージを管理する Debian 系 Linux の apt などが挙げられます。

Kubernetes におけるデプロイの基本として、YAML または JSON 形式のマニフェストファイルを作成して、kubectl コマンドで適用するという手順があります。開発、検証、本番等の環境が増えたり、システムの規模自体が大きくなると、大量のマニフェストファイルを作成して適用することになります。その場合、当然マニフェストファイルの管理が煩雑となり、ミスが起きる可能性も高まります。その点 Chrat でパッケージ管理する Helm の仕組みは、増殖するマニフェストを効率よく管理できます。

### Helm、Chart、Tiller の関係

Chart は、マニフェストのテンプレート（雛形）となります。多くの Chart は、リポジトリに tgz（.tar.gz）ファイルとして格納されています（独自に Chart を作成して、リポジトリに格納することも可能です）。そしてその雛形に対するパラメータを管理するファイルとして values.yaml があります。この Chart と vlaues.yaml の組み合わせで新たなマニフェストファイルが生成されます。そしてその生成を行うのが Tiller となります。この新たに生成されたマニフェストを元に、Kubernetes API からリソースが作成されて、Kubernetes クラスタ上にデプロイされます。

システム規模が大きい場合、values.yaml をベースに固有のパラメータのみ編集してデプロイするなど、効率的にデプロイ管理を行えます。

## 3.3　Rancher カタログ機能

Helm による操作および管理は、基本的に Helm Client の Helm コマンドによる CLI 操作と

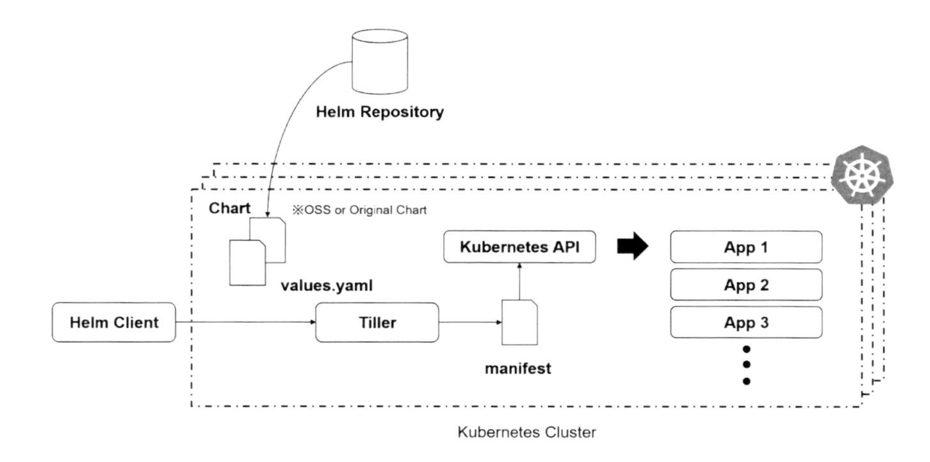


図 3.2 Helm、Chart、Tiller の相互関係

なります。Rancher では Helm の操作をカタログとして GUI で行います。

## Chart の種別の見分け方

カタログリストに、同じアプリケーションが2つ見つかることがあります。これは、公式の Helm Chart とそれをベースに作成された Rancher Chart という2種類の Chart があるためです。

カタログリストで「(from Helm)」と表示されているのが Helm 公式の Chart を使用したもの、「(from Library)」と表示されているのは Rancher Labs がカスタマイズした Chart を使用したものとなっています。(図 3.3)

図 3.3 同じアプリケーションが2つ見つかることがある

## Helm Chart

Helm Chart は、公式オリジナルの Chart になります。パッケージ構成は以下となります。

```
< APPLICATION >/
|--Chart.yaml           # A YAML file containing information about the chart
|--LICENSE              # OPTIONAL: A plain text file containing the license for the 
chart
|--README.md            # OPTIONAL: A human-readable README file
|--requirements.yaml    # OPTIONAL: A YAML file listing dependencies for the chart
|--values.yaml          # The default configuration values for this chart
|--charts/              # A directory containing any charts upon which this chart 
depends.
|--templates/           # A directory of templates that, when combined with values,
                        # will generate valid Kubernetes manifest files.
  |--templates/NOTES.txt # OPTIONAL: A plain text file containing short usage notes
```

※ 以下は helm create コマンドで新規に Chart の雛形を作成したものになります（参考）。

```
$ helm create sample-charts
Creating sample-charts
$ tree sample-charts/
sample-charts/
|--- charts
|--- Chart.yaml
|--- templates
|    |--- deployment.yaml
|    |--- _helpers.tpl
|    |--- ingress.yaml
|    |--- NOTES.txt
|    |--- service.yaml
|    |--- tests
|        |--- test-connection.yaml
|--- values.yaml
```

## Rancher Chart

Rancher Chart は公式の Helm Chart をベースとしていますが、利便性の向上を目的として「app-readme.md」と「questions.yml」という Rancher オリジナルのファイルが2点追加されています。

Rancher Chart の Helm Chart に対する利点として、以下のような点が挙げられます。

### リビジョン追跡の強化

Helm では、各バージョンごとのアプリケーション起動（デプロイ）に対応していますが、Rancher Chart ではチャート間のバージョンの違いを表示するトラッキングと改訂履歴を追加しています。

### 効率的なアプリケーション起動（デプロイ）

Rancher Chart は、カタログアプリケーションを簡単に起動（デプロイ）できるように、簡潔な Chart の説明と設定フォームを追加しています。そのため Rancher ユーザは、公式の Helm Chart にある変数リストをすべて確認して、アプリケーションの起動（デプロイ）方法を考える必要はありません。

### アプリケーションのリソース管理

Rancher は、アプリケーションの利用リソース状況を追跡します。アプリケーションを動かすためのオブジェクトがリストアップされたページで簡単に確認することができ、トラブルシューティングも可能です。

Rancher Chart のパッケージ構成は以下となります。

```
charts/<APPLICATION>/<APP_VERSION>/
|--charts/           # Directory containing dependency charts.
|--templates/        # Directory containing templates that, when combined with
values.yml, generates Kubernetes YAML.
|--app-readme.md     # Text displayed in the charts header within the Rancher UI.*
|--Chart.yml         # Required Helm chart information file.
|--questions.yml     # Form questions displayed within the Rancher UI. Questions
display in Configuration Options.*
|--README.md         # Optional: Helm Readme file displayed within Rancher UI. This
text displays in Detailed Descriptions.
|--requirements.yml  # Optional: YAML file listing dependencies for the chart.
|--values.yml        # Default configuration values for the chart.
```

## Rancher Chart の実例

WordPress(from Library) を例に起動（デプロイ）までの流れを見ていきます。

Global Navigation から Project の Default を選択します（図 3.4）。

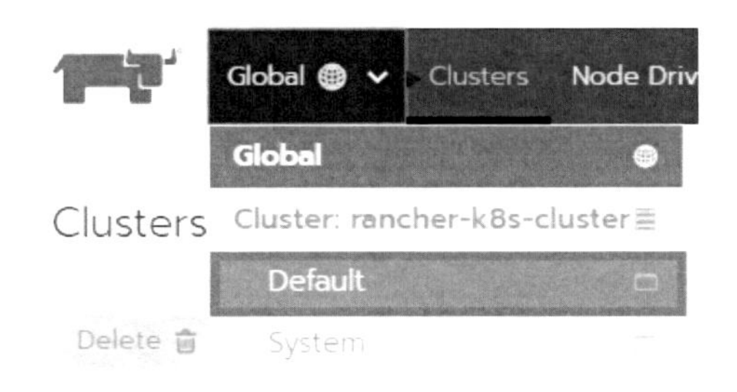


図 3.4　Project の Default を選択

Project Navigation から「Catalog Apps」を選択して、「Launch」ボタンをクリックします(図3.5)。

図3.5 「Catalog Apps」を選択して「Launch」をクリック

検索フィールドで「word」と入力すると候補が表示されますので、WordPress(from Library)の「View Details」ボタンをクリックします（図3.6)。

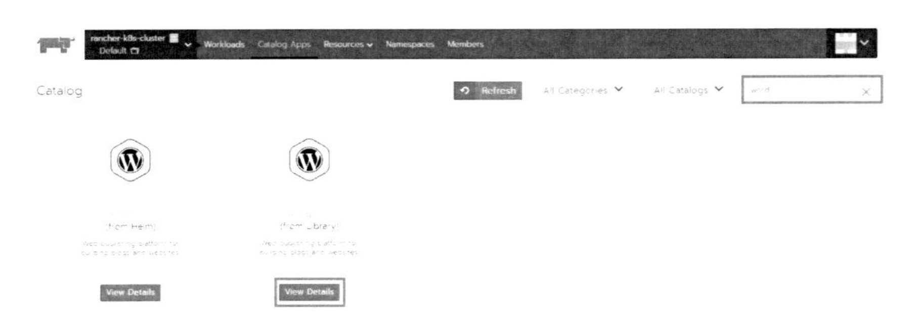


図3.6 (from Library)の方をクリック

「Detailed Descriptions」には、Helm コマンドのリファレンスが記載されています。その中で、デフォルトのパラメータを確認することができます。デフォルトパラメータを変更してインストールする場合は、「Configuration Options」内の「WORDPRESS SETTINGS」「DATABASE SETTINGS」「SERVICES AND LOAD BALANCING」の各フィールドで選択および入力します。また、この「Configuration Options」内の「CONTAINER IMAGES」と枠内の設定フィールドが、Rancher Chart 特有の「questions.yml」でカスタマイズしたフィールドになります

(図 3.7)。

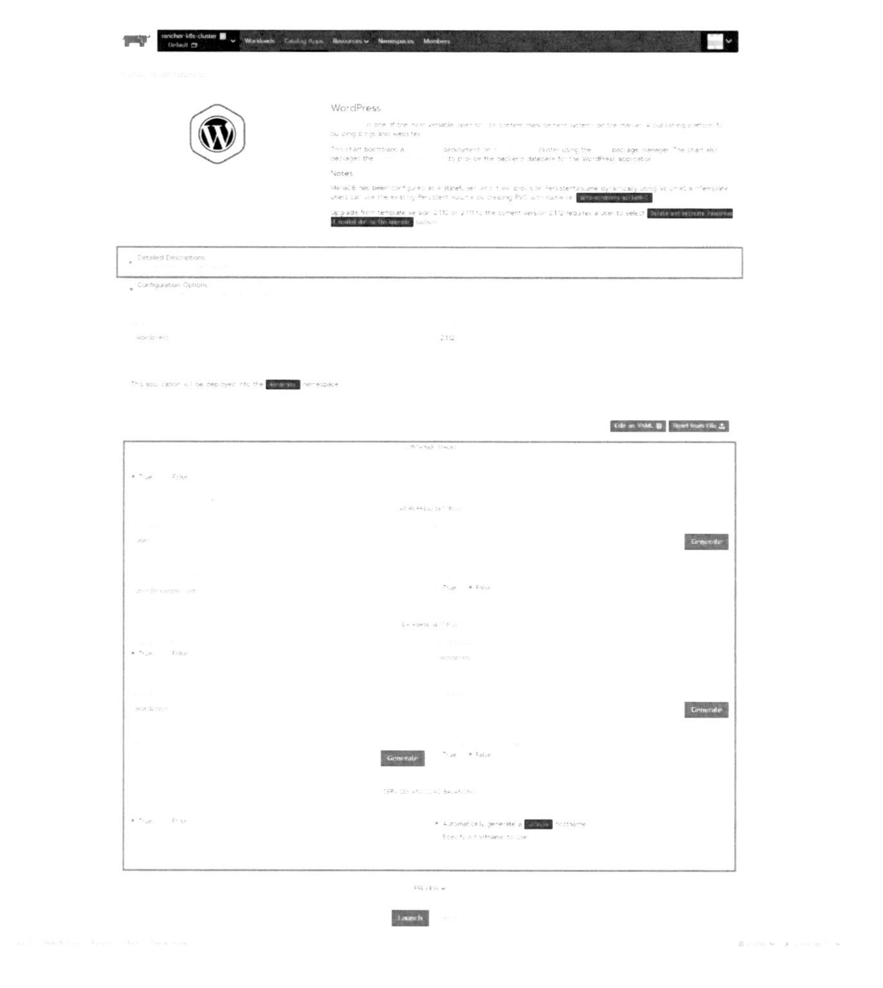


図 3.7　カスタマイズを施してのインストールも可能

「PREVIEW」を選択すると、プルダウンメニューで選択した各 Chart のテンプレートファイルの内容を確認できます（図 3.8)。

WordPress を NodePort でアクセスできるようにパラメータを設定します。設定内容は、表 3.1 のようになります。設定値を入力後、「Launch」ボタンをクリックします。

図 3.8　Chart のテンプレートファイルを確認

表 3.1　WordPress のパラメータ設定

| Setting Items | Setting Value |
|---|---|
| Wordpress Password | wordpresspassword |
| MariaDB Password | mariadbpassword |
| Expose app using Layer 7 Load Balancer | False |
| NodePort Http Port | 30080 |
| NodePort Https Port | 30443 |

しばらくすると、WordPress と MariaDB の Pod がデプロイされて、フィールドで設定した「30080/tcp、30443/tcp」ポート番号が表示されます（図 3.9）。

図 3.9　設定したポート番号が表示されている

どちらかを選択すると新たにブラウザのウィンドウが起動して、WordPress の画面が表示されます（図 3.10）。

※HTTPS の場合は「この接続ではプライバシーが保護されません」の警告画面が表示されますが、詳細設定からアクセスしてください。

図 3.10　WordPress の初期画面が表示される

「http://< rancher-host グローバル IP:30080 >/wp-login.php」または「https://< rancher-host グローバル IP:30443 >/wp-login.php」にブラウザでアクセスすると、WordPress 管理コンソールのログイン画面が表示されるので、「Username or Email Address」に「user」と入力、「Password」に「wordpresspassword」と入力して「Log In」ボタンをクリックします(図 3.11)。

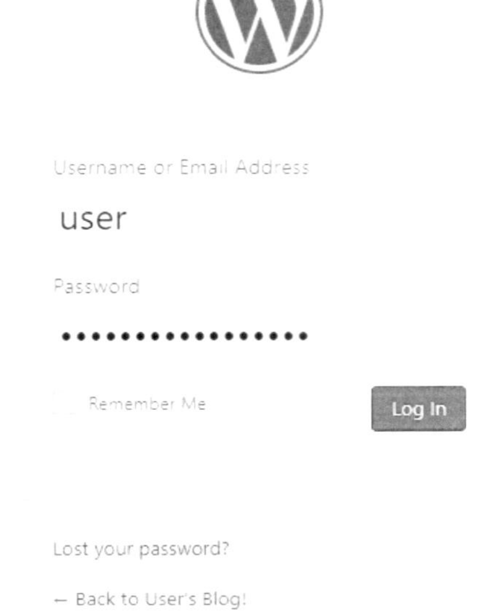


図 3.11　WordPress の管理コンソールにログイン

WordPress の管理コンソールに問題なくログインできることを確認して、完了となります(図 3.12)。

Ingress を作成して、Ingress 経由でアクセスすることも可能です。

Project Navigation から「Workloads」-「Load balancing」-「Add Ingress」を選択します(図 3.13)。

設定する内容は、表 3.2 のようになります。

表 3.2　設定するパラメータ

| **Setting Items** | **Setting Value** |
|---|---|
| Name | wordpress-Ingress |
| Namespace | wordpress |
| Rules | Automatically generate a .xio.ip hostname |
| Target | wordpress-wordpress |
| Port | 80 |

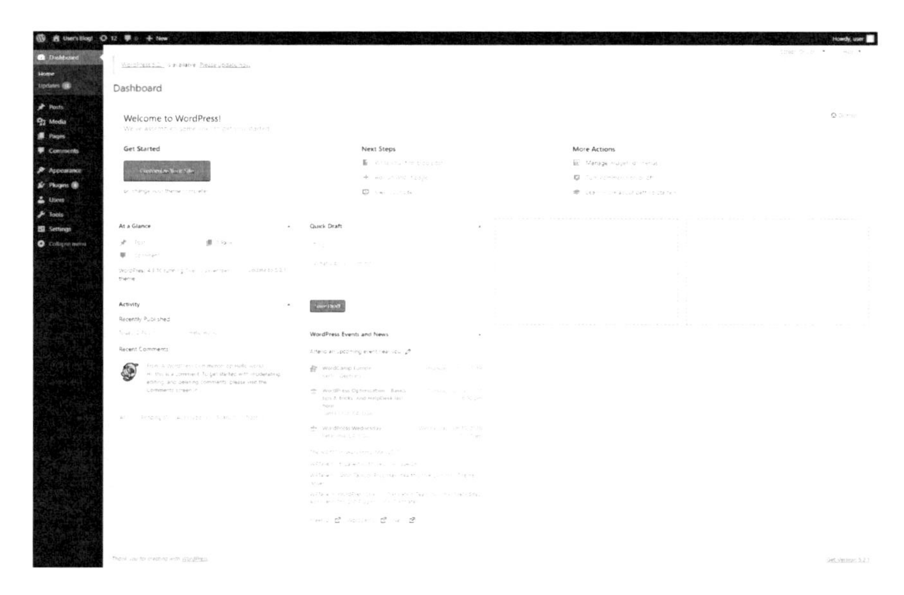


図 3.12 管理コンソールにログインできた

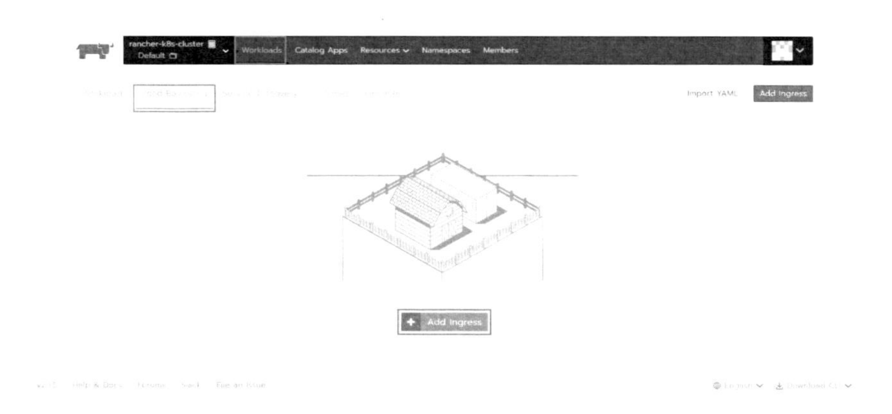


図 3.13 Ingress の追加

設定が完了後、「Save」ボタンをクリックします（図 3.14)。

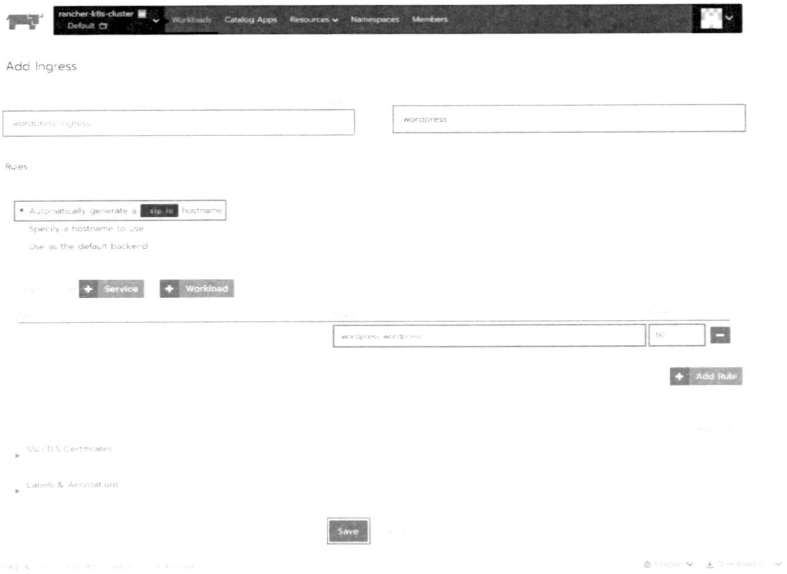

図 3.14　設定後「Save」をクリック

URL が生成されるので、クリックすると WordPress にアクセスできます（図 3.5)。

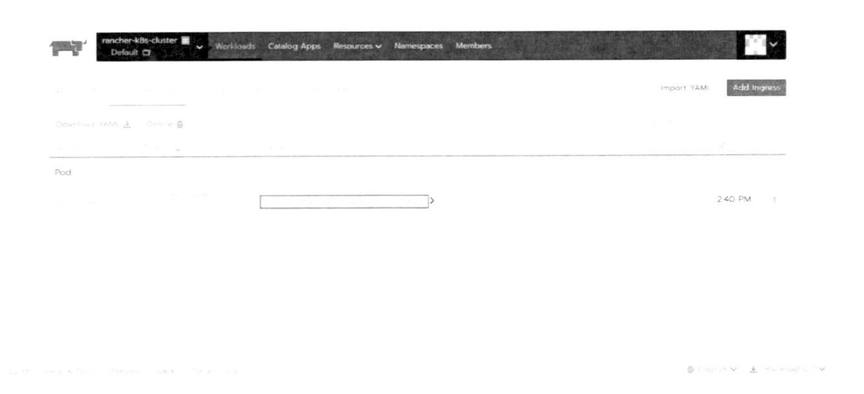


図 3.15　生成された URL から WordPress にアクセス

以上で Rancher Chart による WordPress カタログのデプロイは完了となります。

# 第4章　Kubernetesクラスタ構築

Rancherでは、「Kubernetes Everywhere」をベースに各パブリッククラウドベンダーが展開するマネージドKubernetes、仮想マシンインスタンスやオンプレミスに対してRancherと連携してKubernetesクラスタの構築（Create）及び管理（Manage）できます。さらに、既存のKubernetesクラスタをRancherに取り込ん（Import）で管理（Manage）できます。

The Linux Foundationのエグゼクティブ・ディレクターであるJim Zemlinが「Kubernetes is becoming the Linux of the cloud.」と語ったように、KubernetesはCloud NativeにおけるLinux OSになっている状況です。本書発行時（2019年7月）は、これまでのMulti-CloudからMulti-Kubernetesへ、Cloud NativeからKubernetes Nativeへの過程なのかもしれません。

このMulti-Kubernetes、Kubernetes Nativeな時代、まさに「Kubernetes Everywhere」をRancherで実現して行きましょう（図4.1）。

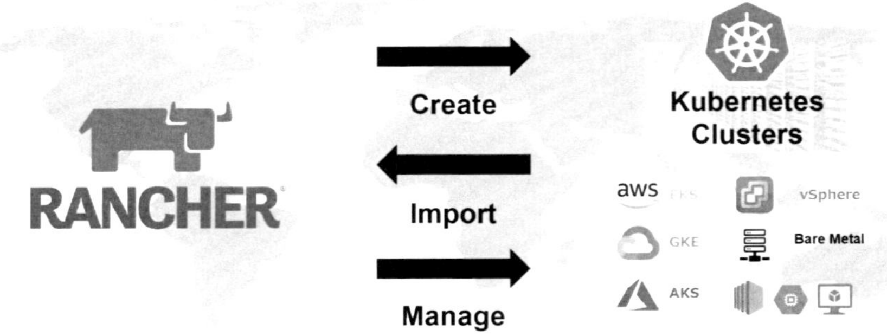


図 4.1　Rancher が拓く Kubernetes Everywhere への道

実際にどういう画面操作であらゆる環境の Kubernetes クラスタの構築、取り込み、管理するところを見ていきましょう（図 4.2）。

図 4.2 の 1「In a hosted Kubernetes provider」には、Google Kubernetes Engine（以下、GKE）、Amazon Elastic Kubernetes Service（以下、EKS）、Azure Kubernetes Service（以下、AKS）があります。それぞれ必要なアカウント情報やアクセスキーを利用して連携することで、RancherUI から Kubernetes クラスタを構築できます（GKE については旧名の Google Conainer Engine と表示されています）。

図 4.2 の 2「From nodes in an infrastructure provider」については、「vSphere」以外は各マシンドライバを利用して連携することで、RancherUI から仮想マシンインスタンス上に Kubernetes クラスタを構築できます。

図 4.2 の 3「Import existing cluster」については、Rancher と連携するのに必要なコンポーネントをデプロイする kubectl コマンドが生成されるので、そのコマンドを既存の Kubernetes クラスタで実行することで取り込むことができます。

図 4.2 の 4「From my own existing nodes」については、主にオンプレミスの Node に対して Kubernetes クラスタを構築できます。

本章では、Managed Kubernetes、Cloud Provider VM Instance、Import、Custom ごとに Kubernetes クラスタ構築の流れを見ていきます。

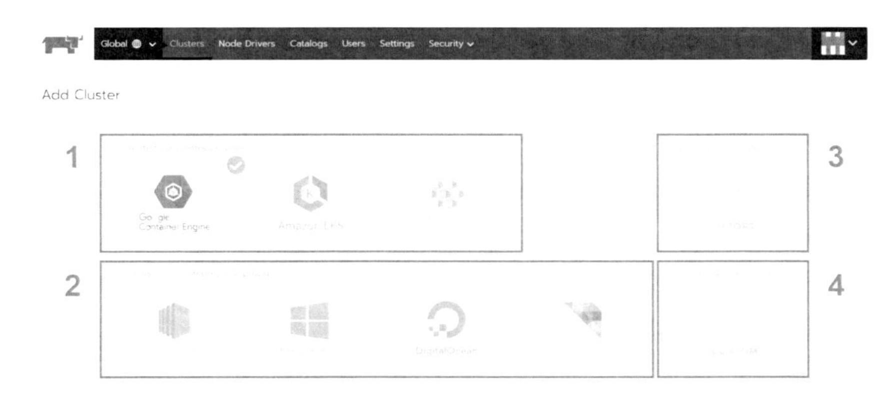


図 4.2 どうやって Kubernetes クラスタを構築するか

# 4.1 Managed Kubernetes

Rancher では AKS、EKS、GKE と連携することで、RancherUI から各 Kubernetes マネージドサービス対して Kubernetes クラスタを構築及び管理できます。

## AKS の場合

AKS（Azure Kubernetes Service）は、Microsoft のパブリッククラウドサービスである Azure の Kubernetes マネージドサービスです。

AKS の詳細は、オフィシャルサイト*1をご確認ください。

Microsoft Azure を利用して、Rancher UI から AKS の Kubernetes クラスタを構築します。

### Azure Setup

Rancher と Microsoft Azure と連携するためには、表 4.1 の情報が必要となります。事前に確認および設定を行います。

表 4.1 Microsoft Azure と連携するために必要な情報

| 必要な情報 |
| --- |
| サブスクリプション ID |
| アプリケーション ID |
| シークレットキー |
| ディレクトリ ID |

*1 AKS（Azure Kubernetes Service）オフィシャルサイト https://azure.microsoft.com/ja-jp/services/kubernetes-service/

**サブスクリプション ID 取得**　ここから Azure での作業になります。左メニュー「すべてのサービス」＞「サブスクリプション」を選択します（図 4.3）。

図 4.3　Azure 上での作業開始

表示されるサブスクリプション ID をテキストエディタ等にコピーペーストしておきます（図 4.4）

図 4.4　必要な情報を保存

**アプリケーション ID とシークレットキーの取得**　アプリケーション ID とシークレットキーを取得するために「アプリの登録」設定を行います。左メニュー「Azure Active Directory」＞「アプリの登録」＞「新しいアプリケーションの登録」を選択します（図 4.5）。

「名前」には任意の名前を入力します。「サインオン URL」には Rancher UI の URL を入力します。その後「作成」ボタンをクリックします（図 4.6）。

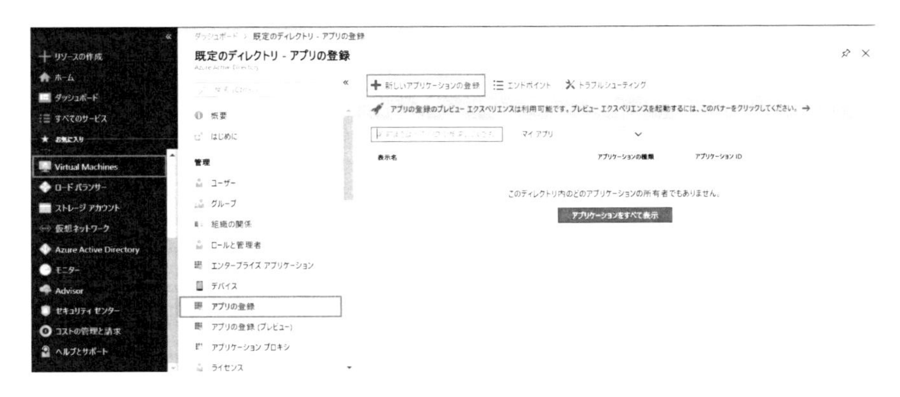


図 4.5　アプリケーションの登録

図 4.6　名前とサインオン URL の入力

アプリケーション ID をテキストエディタ等にコピーペーストしておきます（図 4.7）。

「設定」を選択して、「キー」を選択します（図 4.8）。

「説明」には任意の説明を入力、「有効期限」は 1 年を選択して、「保存」ボタンをクリックします（図 4.9）。

「値」の内容をテキストエディタ等にコピーペーストしておきます（図 4.10）。※ 値内容が表示されるのはこの時だけとなります。確実に記録しておきましょう。

図 4.7　アプリケーション ID を記録しておく

図 4.8 「キー」を選択

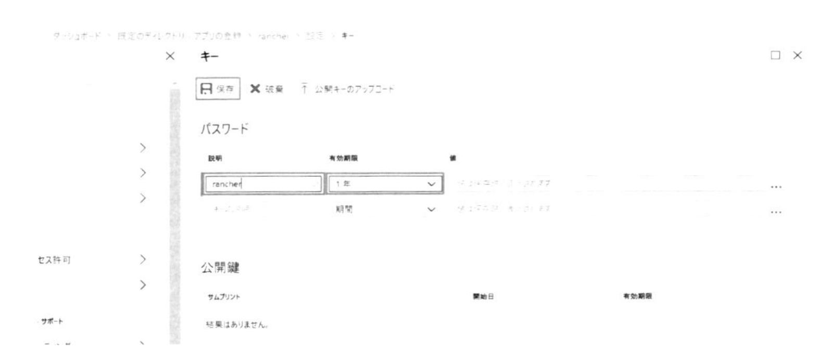


図 4.9　必要事項を設定して「保存」

左メニュー「すべてのサービス」＞「サブスクリプション」＞「利用中のサブスクリプション選択」を選択します（図 4.11）。

「アクセス制御（IAM）」を選択して、「追加」ボタンをクリックして「ロールの割り当ての追加」を選択します（図 4.12）。

「役割」を所有者として、「選択」に登録したアプリ名を入力して、表示されたアプリアイコン

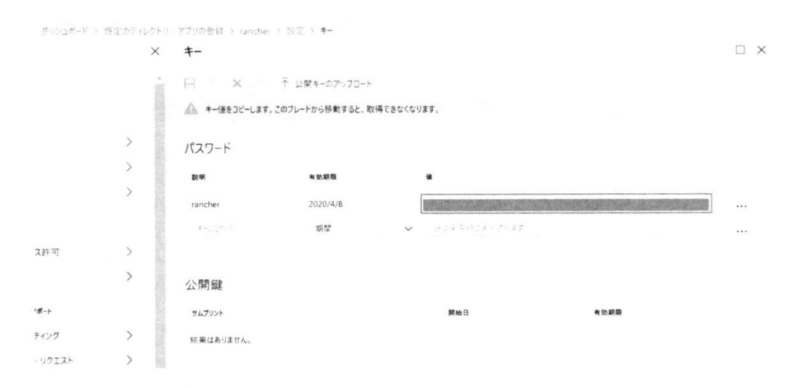


図 4.10 「値」を確実に記録しておく

図 4.11 「利用中のサブスクリプション選択」を選ぶ

をクリックしたのち、「保存」ボタンをクリックします（図 4.13）。

**ディレクトリ ID の取得** 左メニュー「Azure Active Directory」 > 「プロパティ」を選択します。

ディレクトリ ID をテキストエディタ等にコピーペーストしておきます（図 4.14）。

これで Azure での Setup は完了となります。

**AKS での Kubernetes クラスタ構築** ここから Rancher での作業になります。RancherUI に戻り、AKS に Kubernetes クラスタを作成します。「Add Cluster」ボタンをクリックします（図 4.15）。

「In a hosted Kubernetes provider」で「Azure Kubernetes Service」を選択します。「Cluster Name」に任意の名前を入力します（ここでは aks-kubernetes-cluster とします）。以下の項目に

図 4.12 「ロールの割当の追加」を選択

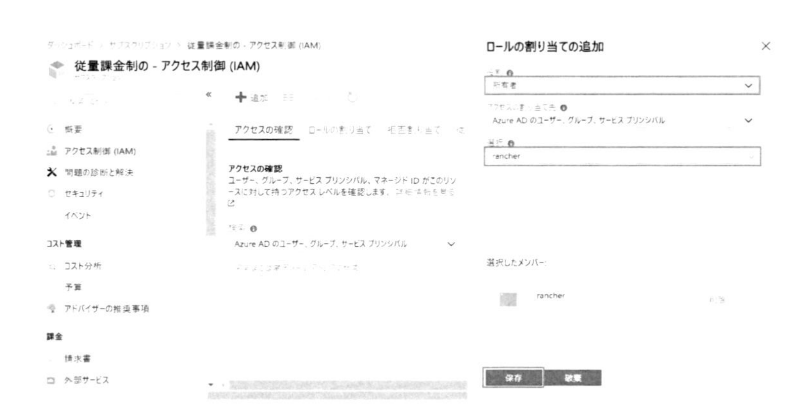


図 4.13 「役割」「選択」を選んだ後「保存」

ついては、Azure Setup 時にテキストエディター等にペーストした内容を入力します。

- 「SubscriptionID」：サブスクリプション ID
- 「Tenant ID」：ディレクトリ ID
- 「Client ID」：アプリケーション ID
- 「Client Secret」：アプリケーション登録時に作成したキー

「Location」に「Japan East」を選択して、「Next: Authenticate & configure nodes」ボタンをクリックします。

「Note: Currently Azure AKS will not create an ingress controller when launching a new cluster. If you need this functionality you will have to create an ingress controller manually after cluster creation.」との表示があります。翻訳すると「注：現在、Azure AKS は新しいク

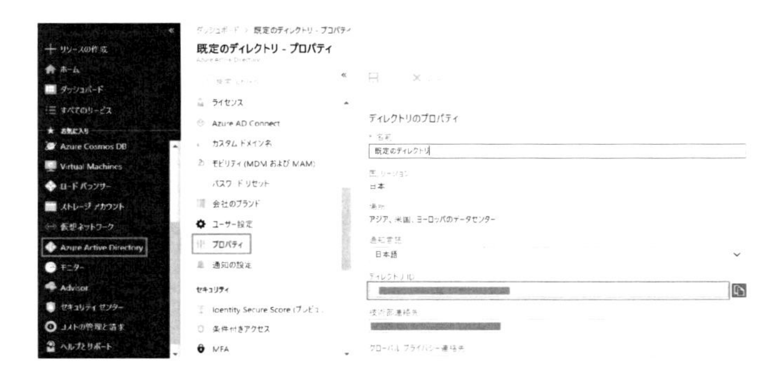


図 4.14　ディレクトリ ID を記録しておく

図 4.15 「Add Cluster」をクリック

ラスタを起動するときに Ingress コントローラーを作成しません。この機能が必要な場合は、クラスタ作成後に手動で Ingress コントローラを作成する必要があります」となります（図 4.16）。

ここから再び Azure での作業になります。SSH の公開鍵が必要となるので、Azure ポータルから「Cloud Shell」を起動して鍵を作成します。

「Cloud Shell」ボタンをクリックして、「ストレージの作成」ボタンをクリックします（図 4.17）。

コンソール画面で「ssh-keygen -t rsa -b 2048」と入力して、Enter キーを 3 回押します。

```
$ ssh-keygen -t rsa -b 2048
Generating public/private rsa key pair.
Enter file in which to save the key (/home/iyutaka2018/.ssh/id_rsa):
Created directory '/home/iyutaka2018/.ssh'.
Enter passphrase (empty for no passphrase):
Enter same passphrase again:
Your identification has been saved in /home/iyutaka2018/.ssh/id_rsa.
Your public key has been saved in /home/iyutaka2018/.ssh/id_rsa.pub.
The key fingerprint is:
SHA256:ifl7p0b5eDM5o3/5yDLYOUSBU7n+dwqKUWXH1prZD9U
iyutaka2018@cc-85486877-86bfbc8875-knvww
```

図 4.16　AKS を選択し、必要な項目を設定する

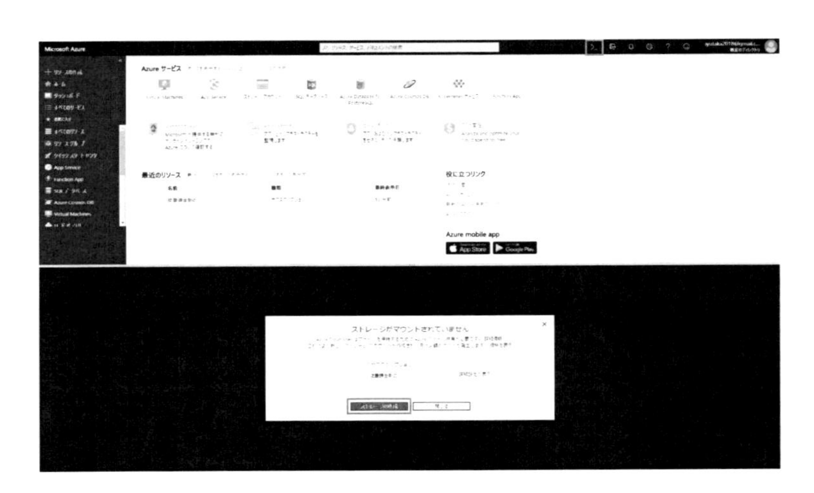


図 4.17 「ストレージの作成」をクリック

```
The key's randomart image is:
+---[RSA 2048]----+
|          o..    |
|         o o. ..|
|          .oo+ E|
|      o . ooo * |
```

```
|      o S .+  = .|
|       . .o o  ..|
|        o. *.+ ..|
|         +=./o+.o|
|        oo+*.X++o|
+----[SHA256]-----+
```

公開鍵の内容を表示して、テキストエディタ等にコピーペーストしておきます（図 4.18）。

```
$ cat ~/.ssh/id_rsa.pub
ssh-rsa
AAAAB3NzaC1yc2EAAAADAQABAAABAQC9KUR9jx9h1VkScac1SgQk+xIZ+WPkPMckRuXbrj20Q3sQxDHFFqtM
d0jjgpP0XF654/204c0sjCM6R2hoGReRm9ouo1qVkFiRrKDw1AT/14yk1kN0NMQuXsoevQ/NFhDxWisLQPBx
uOX6K5BdEc/Fmo8DxqbA7SYyhoMWkQI5wG8bQ+4W04QLB2fADqGTIZNqwM5X4swYM9bvFoO9DVhNTzJru7DJ
3pd6j4rSwtXBKE5/LI/FCby74/ws3jguFBsPp6aJ57j81LNvnOstYY77hDHKY41tQQZIU2x8AzkbWZYUoDME
gbqfBzpWRpzG25ZFXaovU8W6HGE2S2VKZ+cN iyutaka2018@cc-85486877-86bfbc8875-knvw
```

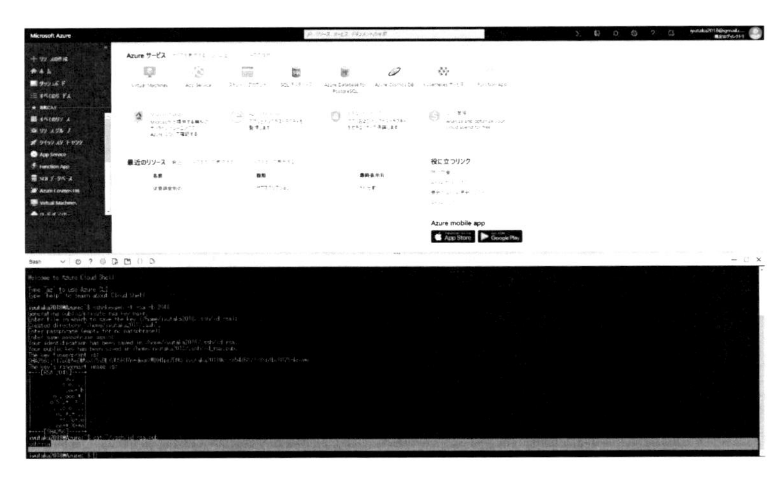


図 4.18　公開鍵の内容を記録しておく

ここから再び Rancher での作業になります。「Cluster Resource Group」に任意の名前を入力します（ここでは aks とします）。「SSH Public Key」に Cloud Shell で作成した鍵の内容を入力して、「Create」ボタンをクリックします（図 4.19）。

しばらくすると Kubernetes クラスタの構築が完了して、「Provisioning」から「Active」と表示が変わります（図 4.20）。

クラスタ名「aks-kubernetes-cluster」をクリック後に、リソースグラフが表示されます。AKS においては、以下 2 つのエラーメッセージが表示されます（図 4.21）。

図 4.19　公開鍵の内容を入力

図 4.20　State が Active になれば完了

- 「Alert: Component controller-manager is unhealthy.」
- 「Alert: Component scheduler is unhealthy.」

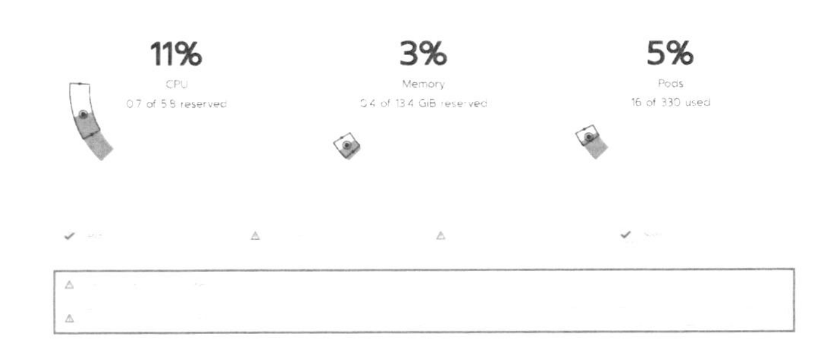


図 4.21　リソースグラフ下部にエラーメッセージが表示されている

v2.1.5 においては、issue*2対応中で今後のバージョンで改善が期待されます。このメッセージは Rancher UI の表示上の問題であり、実際の Controller Manager と Scheduler には異常はありません。

以上でRancherと連携して、AKSでのKubernetesクラスタの構築は完了となります。

**AKS上のKubernetesクラスタを削除**　ここからRancherでの作業になります。Rancher UIからAKSのKubernetesクラスタを削除できます。「Clusters」画面で削除対象のクラスタのチェックボックスにチェックを入れて、「Delete」ボタンをクリックします（図4.22）。

図4.22　削除するクラスタをチェックして「Delete」

ダイアログが表示されるので、「Delete」ボタンをクリックします（図4.23）。

図4.23　確認用ダイアログでも「Delete」

リストにクラスタが一つだった場合は、削除後のRancher UIには「Add Cluster」ボタンが表示されます（図4.24）。

ここからAzureでの作業になります。Azureポータルの左メニューで「すべてのリソース」を

*2　Unhealthy controller-manager and scheduler after fresh install of Rancher and AKS #13249 (https://github.com/rancher/rancher/issues/13249)

図 4.24 「Add Cluster」ボタンが表示されている

選択して、リソースがないことを確認します（図 4.25）。

図 4.25　リソースがないことを確認

Azure ポータルの左メニューで「リソースグループ」を選択します（図 4.26）。RancherUI のプロビジョニング時に作成された、リソースグループ「aks」「NetworkWatcherRG」、そして Cloud Shell 利用時に作成された「cloud-shell-storage-southeastasia」は自動削除されないので、手動で削除してください。

図 4.26　不要なリソースグループを手動で削除

以上で AKS 上の Kubernetes クラスタの削除は完了となります。

## EKSの場合

EKS（Amazon Elastic Kubernetes Service）*3は、Amazon Web Service（以下、AWS）のKubernetesマネージドサービスです。AWSの詳細は、オフィシャルサイト*4をご確認ください。AWSのベーシックプラン*5を利用して、RancherUIからEKSのKubernetesクラスタを構築します。AWS Open Source Blog*6においても「Managing Amazon EKS Clusters with Rancher」記事が掲載されています。

### EKS Setup

RancherとEKSを連携するためには、AWSのIAM Management Consoleでアクセスキー IDとシークレットキーを作成する必要があります。

**アクセスキーIDとシークレットキーの作成**　ここからAWSでの作業になります。上部メニューから「サービス」を選択して、検索フィールドで「IAM」と入力ます。そして、「IAMユーザーアクセスと暗号化キーの管理」を選択します（図4.27）。

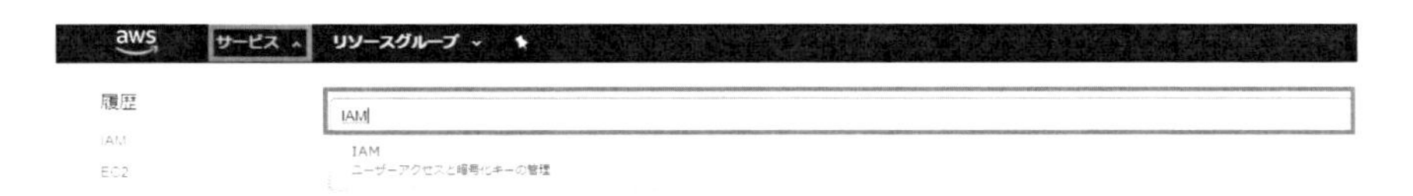


図4.27 「IAMユーザーアクセスと暗号化キーの管理」を選択

IAM Management Consoleの左メニュー「ユーザー」を選択します。そして、「ユーザーを追加」ボタンをクリックします（図4.28）。

「ユーザー名」に任意の名前を入力します（ここではrancherとします）。「アクセスの種類」で「プログラムによるアクセス」にチェックを入れて、「次のステップ：アクセス権限」ボタンをクリックします（図4.29）。

「グループの作成」ボタンをクリックします（図4.30）。

「グループ名」に任意の名前を入力します（ここではrancherとします）。ポリシーは表4.2の

---

*3 EKS（Amazon Elastic Container Service for Kubernetes）オフィシャルサイト https://aws.amazon.com/jp/eks/
*4 AWS https://aws.amazon.com/jp/
*5 AWS Open Source Blog「Managing Amazon EKS Clusters with Rancher」 https://aws.amazon.com/jp/blogs/opensource/managing-eks-clusters-rancher/
*6 日本語訳サイト http://k8s.jp/2019/03/21/amazon-eks-rancher/

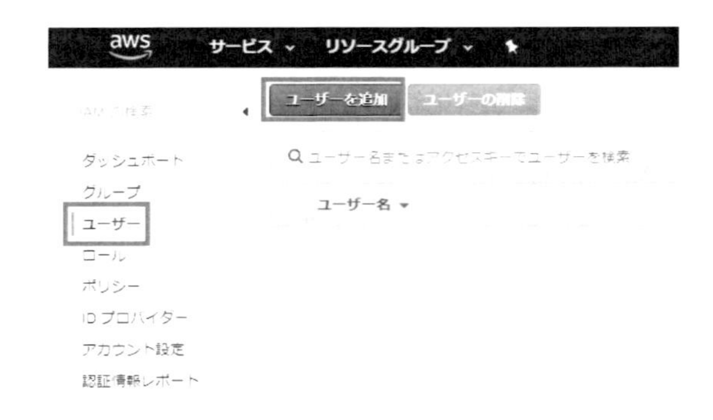


図 4.28 「ユーザーを追加」をクリック

図 4.29 ユーザとアクセスの種類を指定

内容を設定します。その後「グループの作成」ボタンをクリックします（図 4.31)。

表 4.2 ポリシーの一覧

| ポリシー |
| --- |
| AdministratorAccess |
| AmazonEC2FullAccess |
| AmazonEKS_CNI_Policy |
| AmazonEKSClusterPolicy |
| AmazonEKSServicePolicy |
| AmazonEKSWorkerNodePolicy |

図 4.30 「グループの作成」をクリック



図 4.31 「グループの作成」をクリック

「次のステップ：タグ」ボタンをクリックします（図 4.32）。

タグの設定をせずにそのまま「次のステップ：確認」ボタンをクリックします（図 4.33）。

ユーザーを追加　1 2 3 4 5

▾ アクセス許可の設定

ユーザーをグループに追加　アクセス権限を既存のユーザーからコピー　既存のポリシーを直接アタッチ

ユーザーを既存のグループに追加するか、新しいグループを作成します。ユーザーのアクセス権限は、グループを使ってジョブ機能別に管理するのが最善の方法です。詳細はこちら

ユーザーをグループに追加

グループの作成　更新

検索　1 件の結果を表示中

| | グループ ▾ | アタッチされたポリシー |
|---|---|---|
| ✔ | rancher | AmazonEC2FullAccess および 5 以上 |

▸ アクセス権限の境界の設定

キャンセル　戻る　次のステップ: タグ

図 4.32 「次のステップ：タグ」をクリック

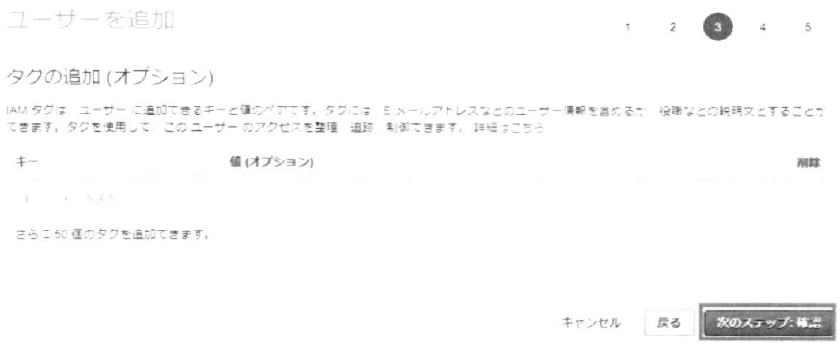

ユーザーを追加　1 2 3 4 5

タグの追加 (オプション)

IAM タグは、ユーザーに追加できるキーと値のペアです。タグには、E メールアドレスなどのユーザー情報を含めるか、役職などの説明文とすることができます。タグを使用して、このユーザーのアクセスを整理、追跡、制御できます。詳細はこちら

| キー | 値 (オプション) | 削除 |
|---|---|---|

さらに 50 個のタグを追加できます。

キャンセル　戻る　次のステップ: 確認

図 4.33 「次のステップ：確認」をクリック

「ユーザーの作成」ボタンをクリックします（図 4.34）。

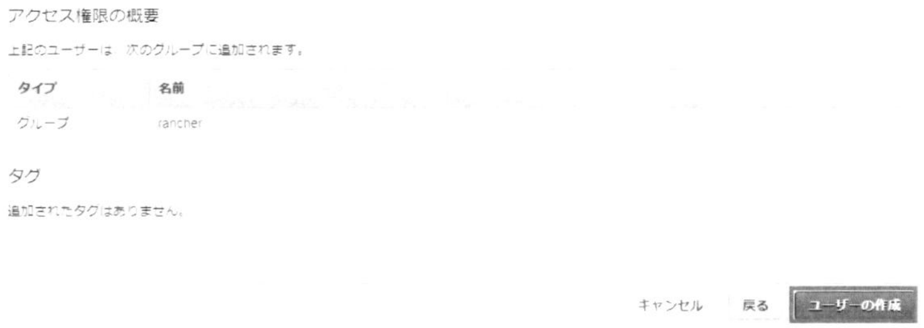

アクセス権限の概要
上記のユーザーは、次のグループに追加されます。
タイプ
名前
グループ
rancher
タグ
追加されたタグはありません。
キャンセル
戻る
ユーザーの作成

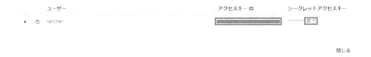

図 4.34　「ユーザーの作成」をクリック

アクセスキー ID をテキストエディタ等にコピーペーストしておきます（図 4.35）。

ユーザー
アクセスキー ID
シークレットアクセスキー
rancher
表示
閉じる

図 4.35　アクセスキー ID を記録しておく

シークレットアクセスキーの表示をクリックし、テキストエディタ等にコピーペーストしておきます。その後「閉じる」ボタンをクリックします。※ シークレットアクセスキーを表示できるのは、このタイミングのみとなります（図 4.36）。

ユーザー
アクセスキー ID
シークレットアクセスキー
rancher
閉じる

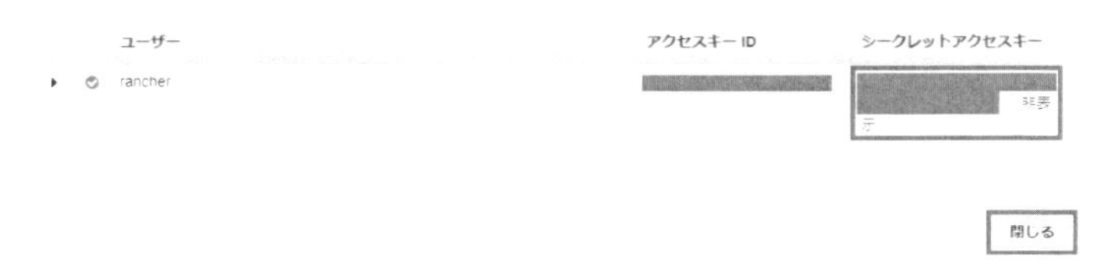

図 4.36　シークレットアクセスキーを表示して記録しておく

**EKS 上での Kubernetes クラスタ構築**　ここから Rancher での作業になります。「Add Cluster」ボタンをクリックします (図 4.37)。

図 4.37 「Add Cluster」をクリック

「In a hosted Kubernetes provider」で「Amazon EKS」を選択します。「Cluster Name」で任意の名前を入力します。(ここでは eks-kubernetes-cluster とします。)「Access Key」と「Secret Key」は作成したものを入力します。「Next: Service Role」ボタンをクリックします (図 4.38)。※Rancher 2.2 以降からは、東京リージョンも選択できるようになります。

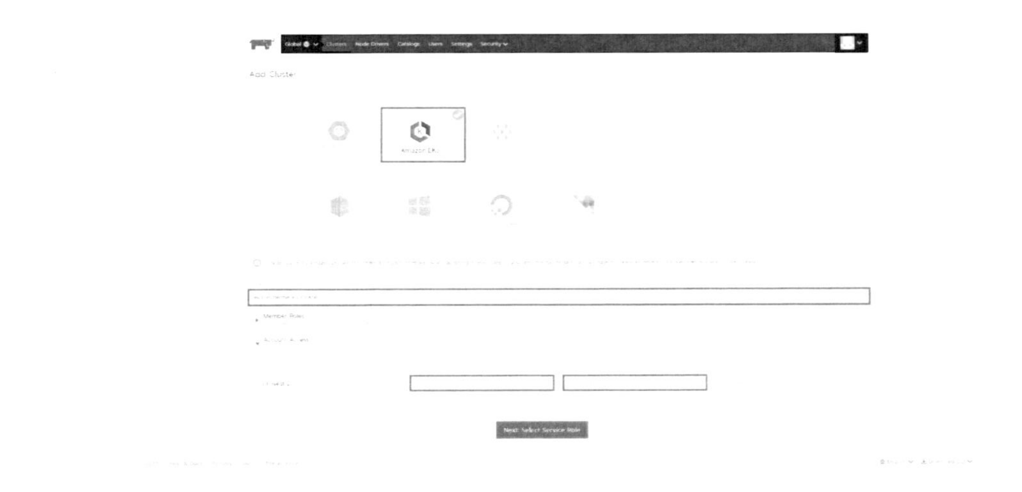

図 4.38 「Amazon EKS」を選択し、必要な項目を設定する

「Next: Select VPC & Subnet」ボタンをクリックします（図 4.39）。

図 4.39 「Next: Select VPC & Subnet」をクリック

「Next: Select Instance Options」ボタンをクリックします（図 4.40）。

図 4.40 「Next: Select Instance Options」をクリック

「Instance Type」で「t2.medium」を選択して、「Create」ボタンをクリックします（図 4.41）。

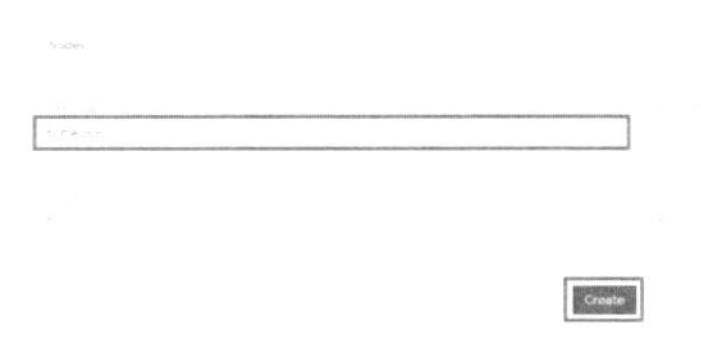

図 4.41 インスタンスを選択して「Create」をクリック

しばらくすると Kubernetes クラスタの構築が完了して、「Provisioning」から「Active」と表示が変わります（図 4.42）。

AWS のダッシュボードからもクラスタが作成されていることを確認できます（図 4.43）。

以上で Rancher と連携して、EKS での Kubernetes クラスタの構築は完了となります。

図 4.42　State が Active になれば構築完了

図 4.43　AWS からもクラスタが確認できる

**EKS 上の Kubernetes クラスタを削除**　ここから Rancher での作業になります。Rancher UI から GKE の Kubernetes クラスタを削除できます。「Clusters」画面で削除対象のクラスタのチェックボックスにチェックを入れて、「Delete」ボタンをクリックします（図 4.44）。

図 4.44　削除するクラスタをチェックして、「Delete」をクリック

ダイアログが表示されるので、「Delete」ボタンをクリックします（図 4.45）。

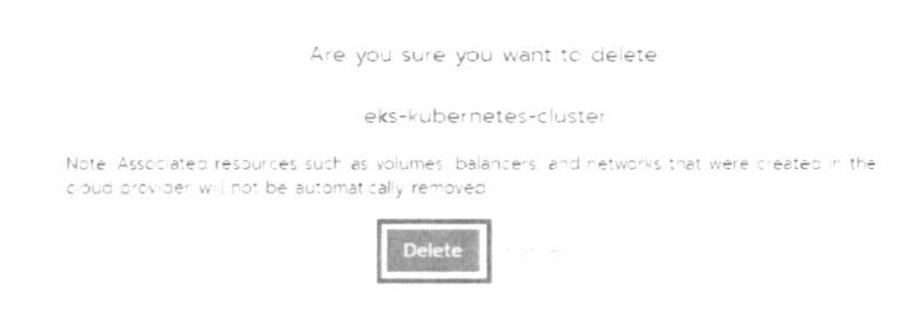


図 4.45　確認用ダイアログでも「Delete」

リストにクラスタが一つだった場合は、削除後の Rancher UI には「Add Cluster」ボタンが表示されます（図 4.46）。

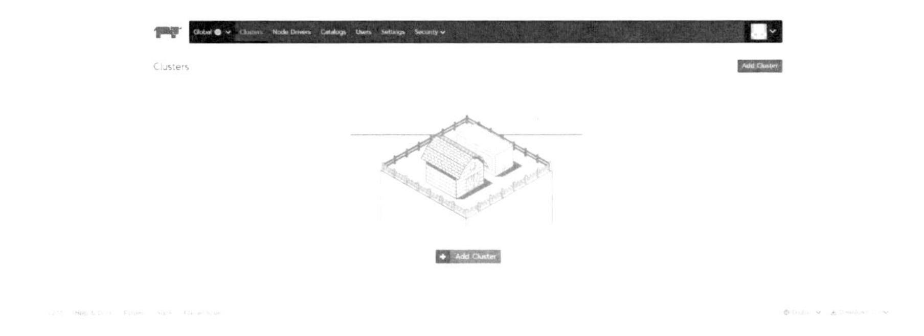


図 4.46 「Add Cluster」ボタンが表示されている

AWS ダッシュボードでもクラスタの削除処理が開始されます（図 4.47）。

図 4.47 AWS 上でも削除処理が行われる

以上で EKS 上の Kubernetes クラスタの削除は完了となります。

## GKE の場合

GKE（Google Kubernetes Engine）*7は、Google Cloud Platform（以下、GCP）の Kubernetes マネージドサービスです。GCP の詳細は、オフィシャルサイト*8をご確認ください。GCP の無料枠を利用して、RancherUI から GKE の Kubernetes クラスタを構築します。

### GCP Setup

Rancher と GKE を連携するためには、特定のロールを有効にしたサービスアカウントが必要となります。

*7 GKE（Google Kubernetes Engine）オフィシャルサイト https://cloud.google.com/kubernetes-engine/
*8 GCP https://cloud.google.com/

**サービスアカウント作成**　ここから GCP での作業になります。左メニュー「API とサービス」-「認証情報」を選択します（図 4.48）。

図 4.48 「認証情報」を選択

「認証情報を作成」を選択します（図 4.49）。

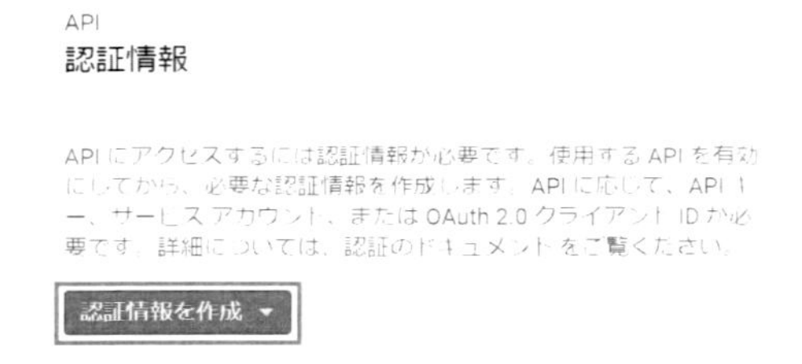


図 4.49 「認証情報を作成」を選択

「サービスアカウント」を選択します（図 4.50）。

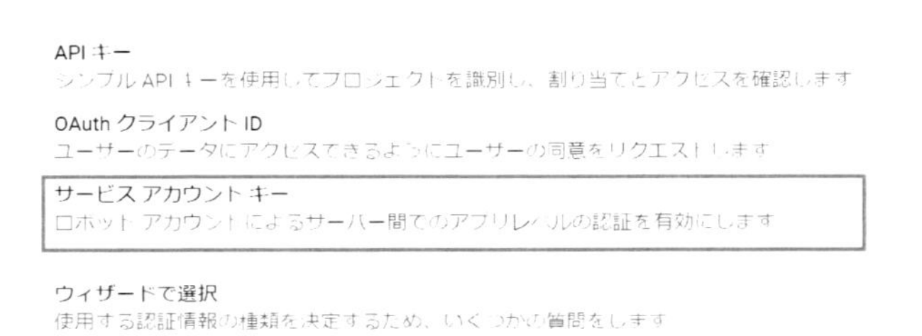


図 4.50 「サービスアカウント」を選択

プルダウンメニューを展開して「新しいサービスアカウント」（図 4.51、図 4.52）を選択します。

サービス アカウント
選択...

図 4.51　プルダウンメニューから

図 4.52　「新しいサービスアカウント」を選択

「サービスアカウント名」に任意の名前を入力します（ここでは Rancher とします）。「役割を選択」プルダウンメニューで表 4.3 のロールとロール名を選択します（図 4.53）。

図 4.53　ロールを選択

表 4.3　ロールとロール名

| ロール | ロール名 |
|---|---|
| Project | 閲覧者 |
| Compute Engine | Compute 閲覧者 |
| Kubernetes Engine | Kubernetes Engine 管理者 |
| Service Accounts | サービスアカウント ユーザ |

「Project」で「閲覧者」を選択します（図 4.54）。

「作成」ボタンをクリックします（図 4.55）。

json ファイルの秘密鍵が自動でダウンロードされます。これは Rancher との連携で必要とな

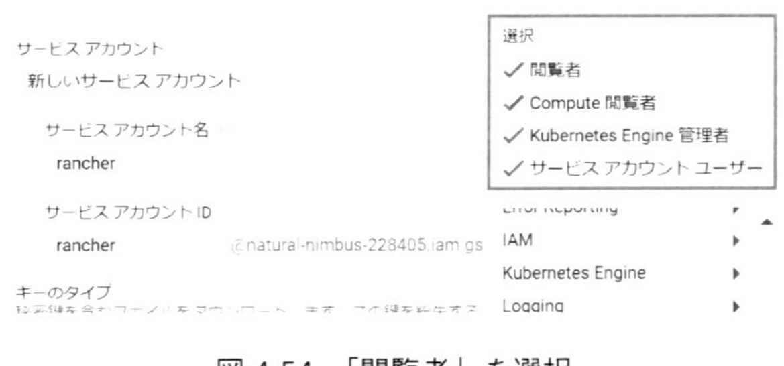


図 4.54 「閲覧者」を選択

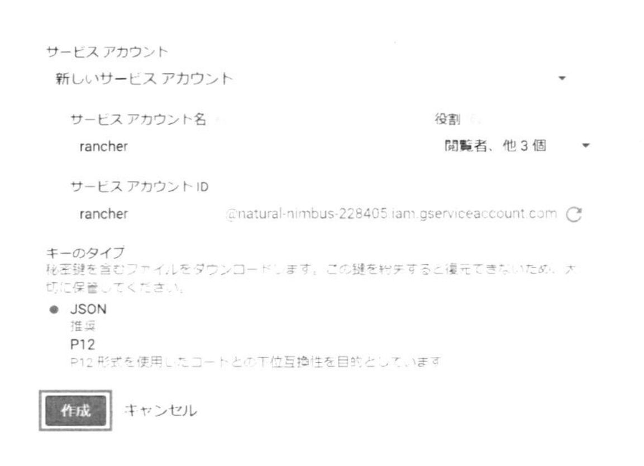


図 4.55 「作成」をクリック

ります。ダウンロード完了後「閉じる」を選択します（図 4.56）。

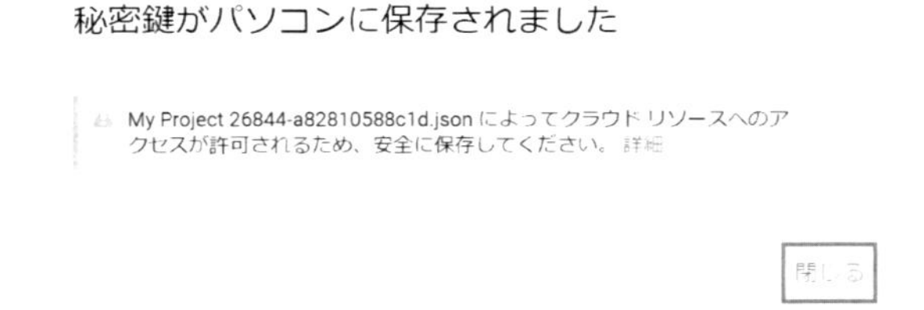


図 4.56 ファイルのダウンロードを確認したら「閉じる」

以上でサービスアカウントの作成は完了となります。

**GKE での Kubernetes クラスタ構築**　ここから Rancher での作業になります。「Add Cluster」ボタンをクリックします（図 4.57）。

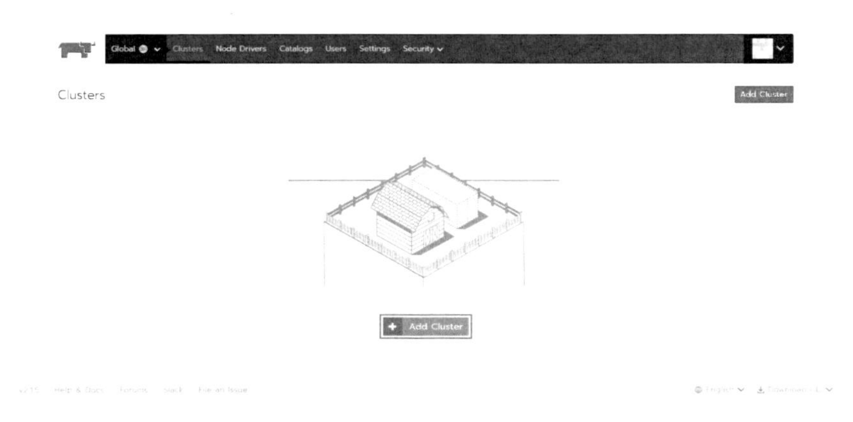


図 4.57 「Add Cluster」をクリック

「In a hosted Kubernetes provider」で「Google Kubernetes Engine」を選択します。「Cluster Name」で任意の名前を入力します（ここでは gke-kubernetes-cluster とします）。「Read from a file」ボタンをクリックして、自動ダウンロードされた json ファイルを選択します（図 4.58）。

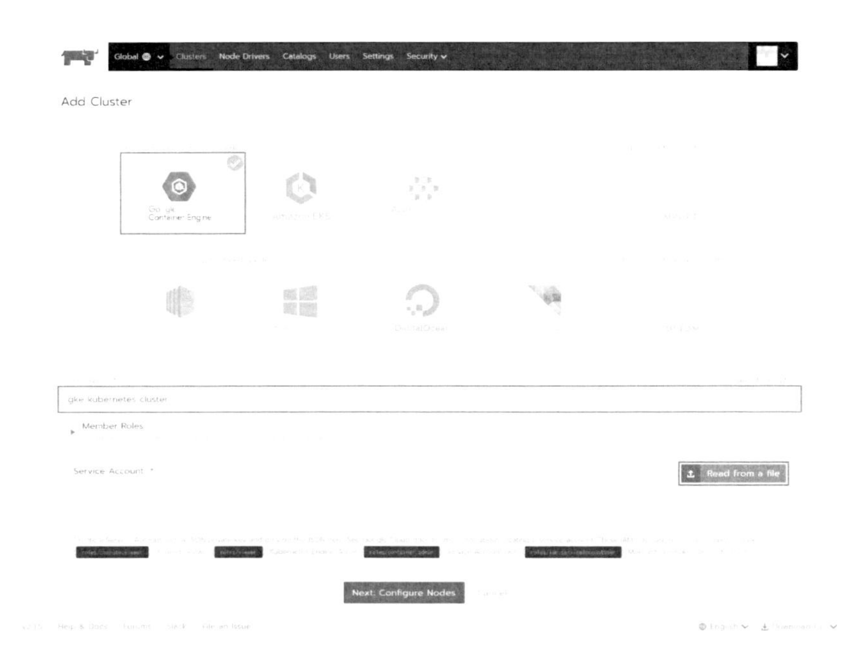


図 4.58 「Google Kubernetes Engine」を選択し、必要な項目を設定する

「zone」に「asia-northeast1-a」を選択、「Machine Type」に「n1-standard-1(1 vCPU,3.75 GB RAM)」を選択します。その後「Create」ボタンをクリックします（図 4.59）。

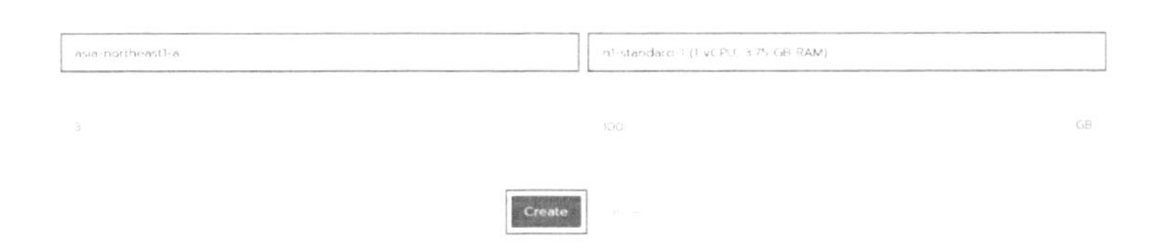


図 4.59　必要な項目を設定後「Create」をクリック

しばらくすると Kubernetes クラスタの構築が完了して、「Provisioning」から「Active」と表示が変わります（図 4.60）。

図 4.60　State が Active になれば構築完了

GCP のダッシュボードからもクラスタが作成されていることを確認できます（図 4.61）。

図 4.61　GCP からもクラスタが確認できる

以上で Rancher と連携して、GKE に Kubernetes クラスタの構築は完了となります。

**GKE 上の Kubernetes クラスタ削除**　ここから Ranche での作業になります。Rancher UI から GKE の Kubernetes クラスタを削除できます。「Clusters」画面で削除対象のクラスタのチェックボックスにチェックを入れて、「Delete」ボタンをクリックします（図 4.62）。

ダイアログが表示されるので、「Delete」ボタンをクリックします（図 4.63）。

図 4.62 削除するクラスタをチェックして、「Delete」をクリック

図 4.63 確認用ダイアログでも「Delete」

リストにクラスタが一つだったの場合は、削除後の Rancher UI には「Add Cluster」ボタンが表示されます（図 4.64）。

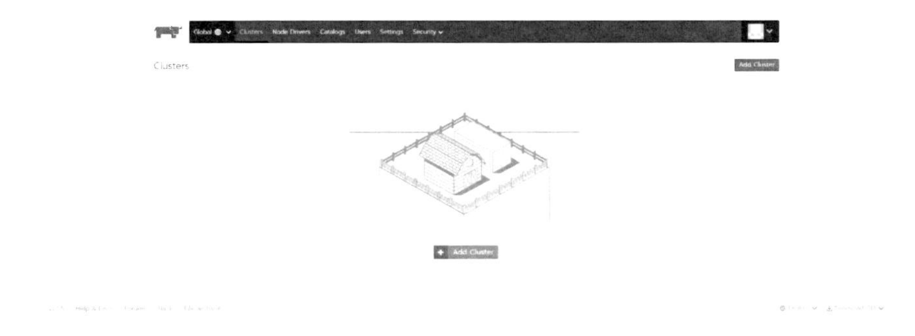

図 4.64 「Add Cluster」ボタンが表示されている 1

GCP ダッシュボードでもクラスタの削除処理が開始されます（図 4.65）。

以上で GKE 上の Kubernetes クラスタの削除は完了となります。

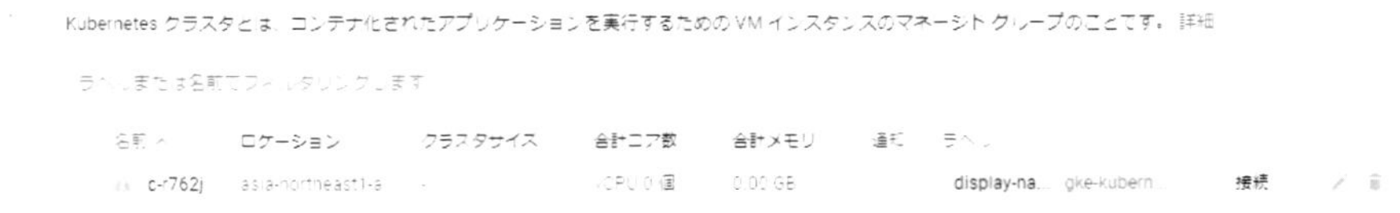

図 4.65　GCP 上でも削除処理が行われる

# 4.2　Infrastructure Provider

Infrastructure Proveider は、Node Driver から対象のクラウドプロバイダーと連携して、Rancher UI からインスタンス作成、Kubernetes クラスタを構築できる仕組みです。デフォルトでは、Amazon EC2、Azure、DigtalOcean、vSphere の Node Driver がアクティベートされています。また、デフォルトで装備されている Node Driver は以下の通りです（2019 年 6 月現在）。

- Aliyun ECS
- Exoscale
- Open Telekom Cloud
- OpenStack
- Packet
- RackSpace
- SoftLayer

これらは、アクティベートすることで利用できます。

図 4.66　Node Driver 一覧

デフォルトでアクティベートされているAmazon EC2とAzureを例にして、クラウドプロバイダーと連携したKubernetesクラスタ構築の流れを見ていきます。

## AWSの場合

ここからAWSでの作業になります。Amazon EC2と連携する上で「アクセスキーID」と「シークレットアクセスキー」が必要となるので、AWS側で準備します。

AWSダッシュボードで上部メニュー「サービス」をクリックして、検索フィールドで「IAM」と入力します。表示される「IAMユーザーアクセスと暗号化キーの管理」を選択します（図4.67）。

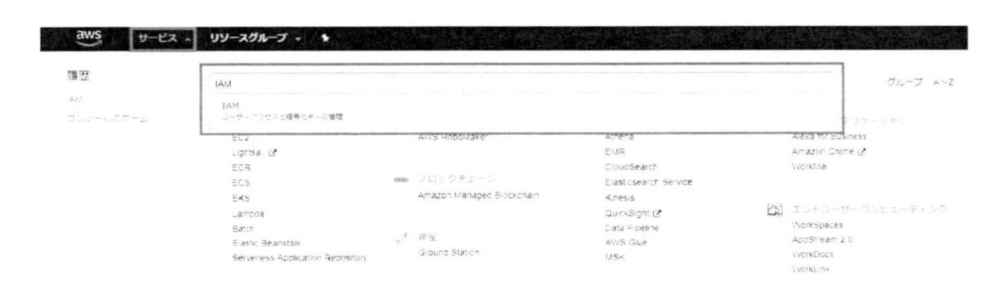


図4.67 「IAMユーザーアクセスと暗号化キーの管理」を選択

左メニュー「ユーザー」を選択して、「ユーザー追加」ボタンをクリックします（図4.68）。

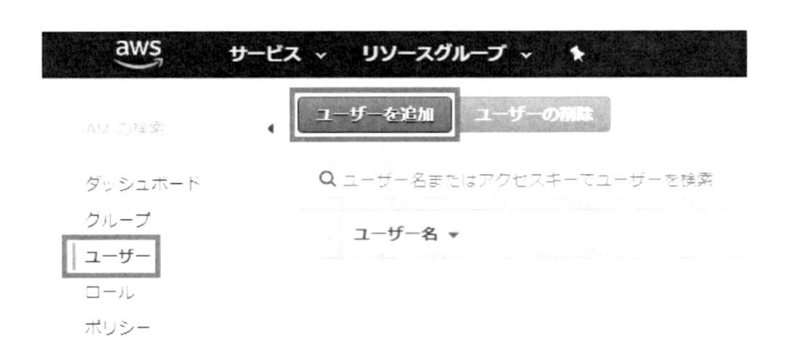


図4.68 「ユーザー追加」をクリック

「ユーザー名」に任意の名前を入力します（ここではrancherとします）。「プログラムによるアクセス」にチェックを入れて、「次のステップ: アクセス権限」ボタンをクリックします（図4.69）。

「グループの作成」ボタンをクリックします（図4.70）。

図 4.69 ユーザとアクセスの種類を指定

図 4.70 「グループの作成」をクリック

「グループ名」に任意の名前を入力します（ここでは rancher とします）。「ポリシーのフィルター」では「AmazonEC2FullAccess」にチェックを入れて、「グループの作成」ボタンをクリックします（図 4.71）。

「次のステップ:タグ」ボタンをクリックします（図 4.72）。

「キー」のフィールドに任意の名前を入力します（ここでは rancher とします）。その後「次のステップ:確認」ボタンをクリックします（図 4.73）。

図 4.71 「グループの作成」をクリック

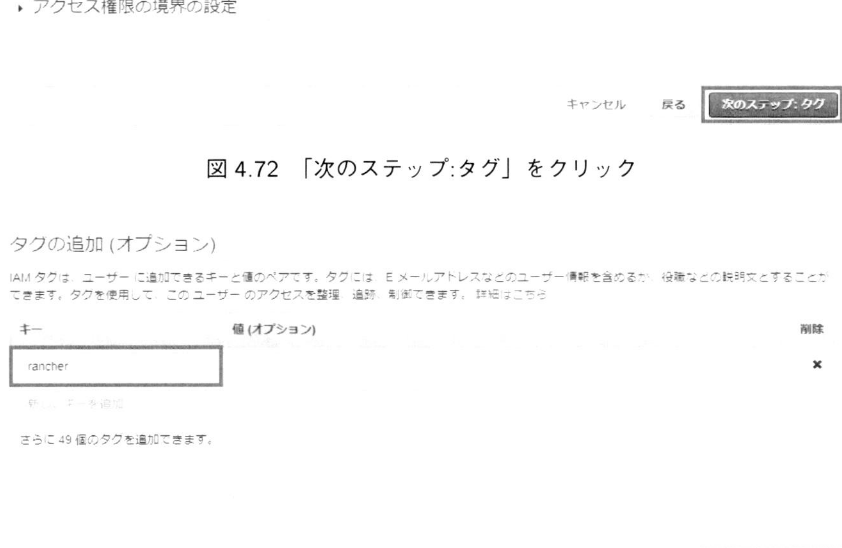


図 4.72 「次のステップ:タグ」をクリック

図 4.73 「次のステップ:確認」をクリック

「ユーザーの作成」ボタンをクリックします（図 4.74）。

シークレットアクセスキーの「表示」をクリックします（図 4.75）。

アクセスキー ID とシークレットアクセスキーはテキストエディタ等にコピーペーストしておきます。※「シークレットアクセスキー」を確認できるのはこの時のみとなります。その後「閉じる」ボタンをクリックします（図 4.76）。

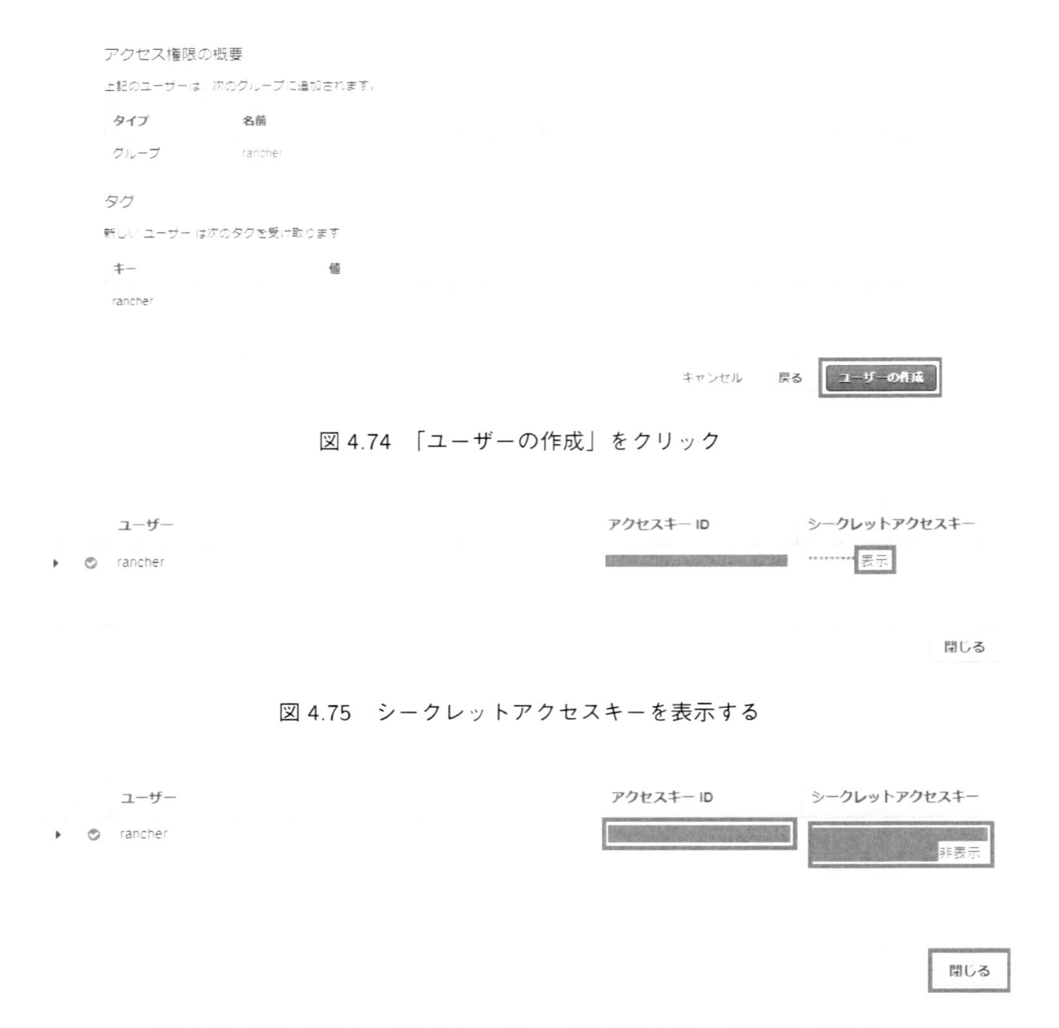


図 4.74　「ユーザーの作成」をクリック

図 4.75　シークレットアクセスキーを表示する

図 4.76　アクセスキー ID とシークレットアクセスキーを記録しておく

画面が遷移し、以上で「アクセスキー ID」と「シークレットアクセスキー」セットアップは完了となります（図 4.77）。

## Amazon EC2 での Kubernetes クラスタの構築

EC2 インスタンスを 1 台作成して、シングルノードの Kubernetes クラスタを構築します。ここから Rancher での作業になります。「Add Cluster」ボタンをクリックします（図 4.78）。

「From nodes in an infrastructure provider」で「Amazon EC2」を選択します。「Cluster

図 4.77　セットアップ完了

図 4.78 「Add Cluster」をクリック

Name」に任意の名前を入力します（ここでは、ec2-kubernetes-cluster とします)。その後「Add Node Template」ボタンをクリックします（図 4.79）。

1 度テンプレートを作成すると、以後はプルダウンメニューで選択するだけで何度も利用できます。またテンプレートは複数作成することができます。

図 4.79 「Amazon EC2」を選択

「Region」では「ap-northeast-1」を選択し、「Access Key」と「Secret Key」に先ほどテキス

トエディタにペーストしたアクセスキーIDとシークレットアクセスキーをそれぞれ入力して、「Next: Authenticate & configure nodes」ボタンをクリックします（図4.80）。

図4.80 「Region」「Access Key」「Secret Key」を入力

「vpc-834360e4」のラジオボタンを選択して、「Next: Select a Security Group」ボタンをクリックします（図4.81）。

図4.81 「Next: Select a Security Group」をクリック

「Next: Set Instance Options」ボタンをクリックします（図4.82）。

図4.82 「Next: Set Instance Options」をクリック

「Instance Type」で「t2.large」を選択して、「Name」に任意の名前を入力します（ここではec2-kubernetes-clusterとします）。その後「Create」ボタンをクリックします（図4.83）。

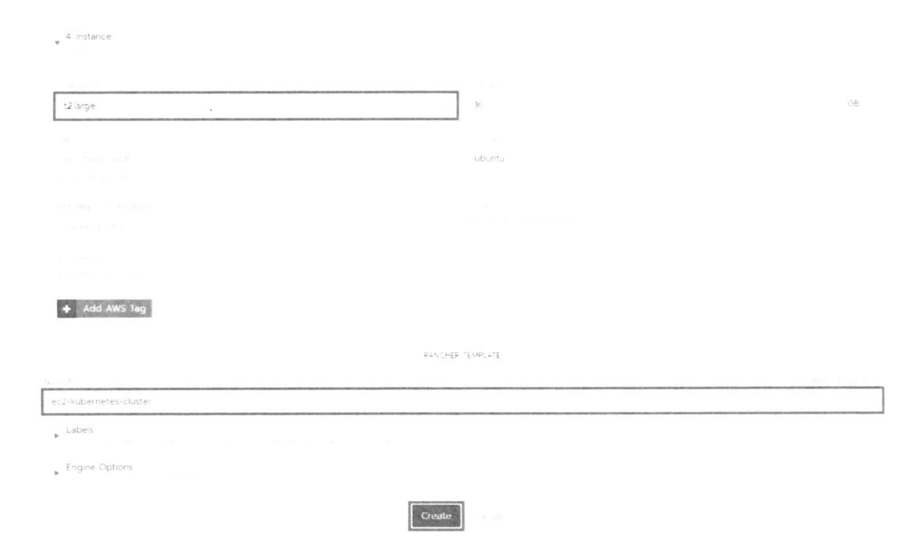


図 4.83　インスタンスと名前を設定し「Create」をクリック

「Name Prefix」に任意の名前を入力します（ここでは ec2-kubernetes-cluster とします）。「etcd」「Control plane」「Worker」の全てにチェックを入れた後、「Create」ボタンをクリックします（図 4.84）。

図 4.84　Name Prefix を入力し、「etcd」「Control plane」「Worker」を 3 つともチェック

しばらくすると Kubernetes クラスタの構築が完了して、「Provisioning」から「Active」と表示が変わります（図 4.85）。

AWS ダッシュボードでも、インスタンスとボリュームが増えていることを確認できます（図 4.86）。

以上で Rancher と連携して、Amazon EC2 に Kubernetes クラスタの構築は完了となります。

図 4.85　State が Active になっていれば、構築完了

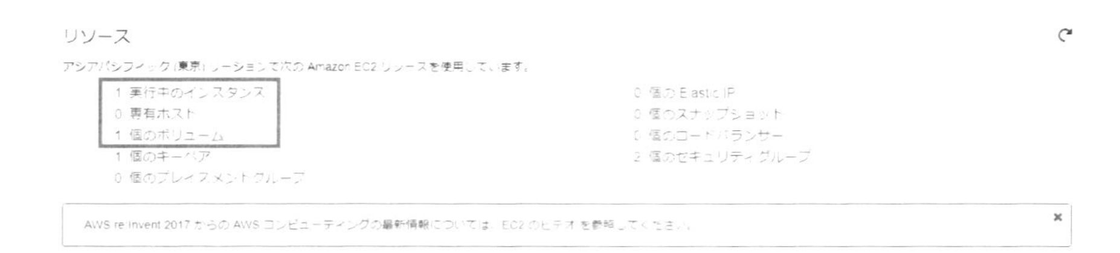


図 4.86　AWS からもインスタンスとボリュームを確認

## Amazon EC2 上の Kubernetes クラスタの削除

infrastructure provider で連携して構築した Kubernetes クラスタは、Rancher UI から Delete することで Rancher UI 上からの削除及び Amazon EC2 上の Kubernetes クラスタもインスタンスを含めて削除されます。削除する対象クラスタのチェックボックスにチェックを入れて、「Delete」ボタンをクリックします（図 4.87）。

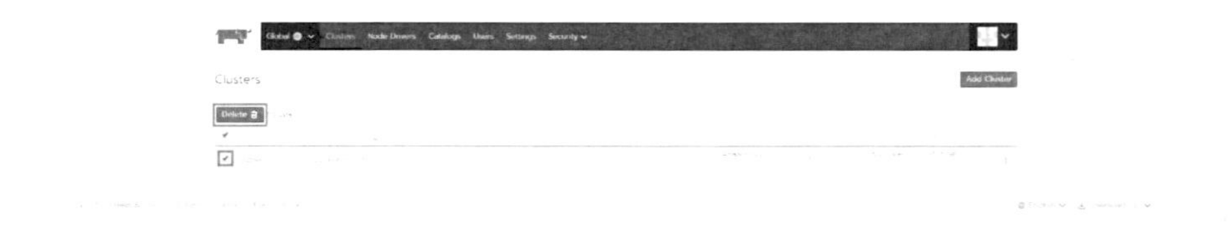


図 4.87　削除するクラスタをチェックして「Delete」

「Delete」ボタンをクリックします（図 4.88）。

リストからクラスタ名は削除されます（図 4.89）。

AWS ダッシュボードでもインスタンスとボリュームが削除されています（図 4.90）。

以上で Amazon EC2 上の Kubernetes クラスタの削除は完了となります。

## Azure の場合

こちらの Azure Setup については、Managed Kubernetes で行う Azure Setup と同じとなり

図 4.88　確認用ダイアログでも「Delete」

図 4.89　クラスタは削除されている

図 4.90　AWS 上でも削除済み

ますので、前の節を参照してください。

## Microsoft Azure での Kubernetes クラスタの構築

Azure VM のインスタンスを 1 台作成して、シングルノードの Kubernetes クラスタを構築します。ここから Rancher での作業になります。「Add Cluster」ボタンをクリックします（図 4.91）。

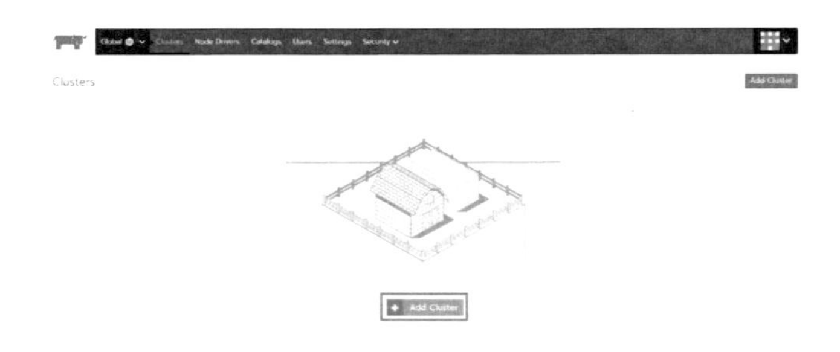

図 4.91 「Add Cluster」をクリック

「From nodes in an infrastructure provider」で「Microsoft Azure」を選択して、「Cluster Name」に任意の名前を入力します（ここでは、azure-kubernetes-cluster とします）。その後「Add Node Templete」ボタンをクリックします（図 4.92）。

1 度テンプレートを作成すると、以後はプルダウンメニューで選択するだけで何度も利用できます。またテンプレートは複数作成することができます。

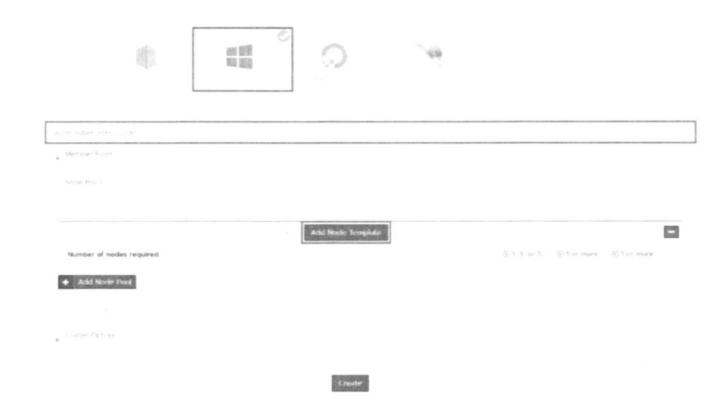

図 4.92 「Microsoft Azure」を選択

表 4.4 のパラメータを設定して、「Create」ボタンをクリックします（図 4.93）。

表 4.4 設定項目と値

| 項目 | 設定値 | 備考 |
|---|---|---|
| Region | Japan East | |
| Subscription ID | Azure Setup 時のサブスクリプション ID | |
| Client ID | Azure Setup 時のアプリケーション ID | |
| Client Secret | Azure Setup 時、アプリケーション登録時に作成したキー | |
| Name | azure-kubernetes-cluster | 任意の名前を入力します。ここでは左記の設定値とします |

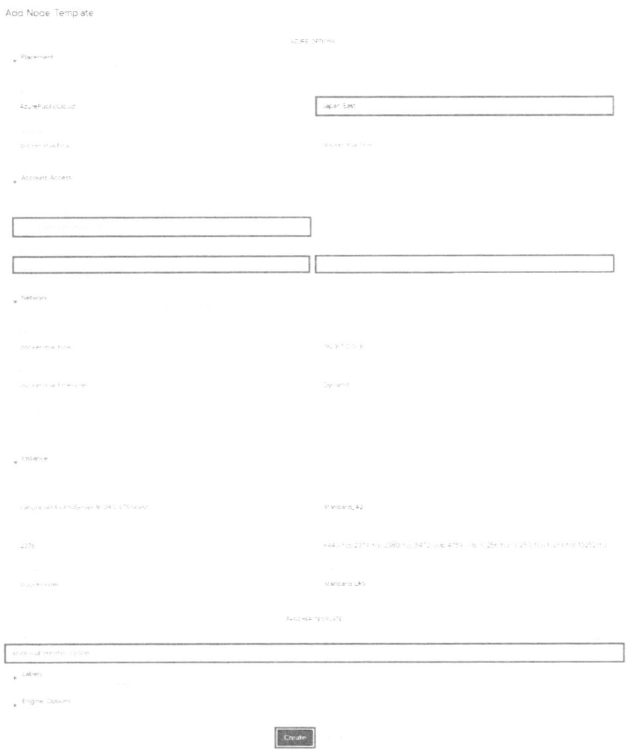

図 4.93 必要な項目を設定

「Name Prefix」に任意の名前を入力します（ここでは azure-kubernetes-cluster とします）。「etcd」「Control plane」「Worker」のすべてにチェックを入れて、「Create」ボタンをクリックします（図 4.94）。

図 4.94　Name Prefix を入力し、「etcd」「Control plane」「Worker」を 3 つともチェック

しばらくすると Kubernetes クラスタの構築が完了して、「Provisioning」から「Active」と表示が変わります（図 4.95）。

図 4.95　State が Active になっていれば、構築完了

Azure ポータルでもインスタンスが作成されていることを確認できます（図 4.96）。

図 4.96　Azure からもインスタンスを確認

以上で Rancher と連携して、Azure VM での Kubernetes クラスタの構築は完了となります。

## Microsoft Azure 上の Kubernetes クラスタの削除

infrastructure provider で連携して構築した Kubernetes クラスタは、Rancher UI から Delete することで Rancher UI 上からの削除およびび Azure VM 上の Kubernetes クラスタもインスタンス含めて削除されます。削除する対象クラスタのチェックボックスにチェックを入れて、「Delete」ボタンをクリックします（図 4.97）。

図 4.97　削除するクラスタをチェックして「Delete」

「Delete」ボタンをクリックします（図 4.98）。

Are you sure you want to delete:

azure-kubernetes-cluster

Note: Associated resources such as volumes, balancers, and networks that were created in the cloud provider will not be automatically removed

図 4.98　確認用ダイアログでも「Delete」

リストからクラスタ名は削除されます（図 4.99）。

図 4.99　クラスタは削除されている

Azure ポータルでもインスタンスが削除されています（図 4.100）。

ここから Azure での作業になります。Azure ポータルの左メニューで「すべてのリソース」を

図 4.100　Azure 上でも削除済み

選択して、リソースがないことを確認します（図 4.101）。

図 4.101　リソースがないことを確認

Azure ポータルの左メニューで「リソースグループ」を選択します（図 4.102）。RancherUI のプロビジョニング時に作成された、リソースグループ「docker-machine」と「NetworkWatcherRG」は自動削除されないので、手動で削除してください。

図 4.102　不要なリソースグループを手動で削除

以上で Azure VM 上の Kubernetes クラスタの削除は完了となります。

# 4.3 Import

Rancher は、自前で構築したオンプレミスやマネージド Kubernetes サービス等の既存 Kubernetes クラスタをインポートして、Rancher UI で管理することができます。インポートは Rancher に取り込むことを意味します。

ここでは、kubeadm で構築した Kubernetes クラスタをインポートする流れを見ていきます。

## Import Cluster

「Add Cluster」ボタンをクリックします（図 4.103）。

図 4.103 「Add Cluster」をクリック

「Import existing cluster」で「IMPORT」を選択します。「Cluster Name」で任意の名前を入力します。（ここでは rancher-kubeadm-cluster とします）。その後「Create」ボタンをクリックします（図 4.104）。

次の図 4.105 では、3 つのコマンドが表示されます。1 は、GKE を始めとするインポートする Kubernetes クラスタが、ClusterRole として cluster-admin がバインドされた kubectl 設定ファイルを持たない場合に実行するコマンドです。GKE の場合は [USER_ACCOUNT] を GCP のアカウントに置き換えます。GKE ではない場合は kubectl 設定ファイルで設定されている実行ユーザ名に置き換えます。2 は、RancherAgent を始め、既存の Kubernetes クラスタに必要となるコンポーネントをデプロイするコマンドとなります。そして 3 は、Rancher インストール時に自己証明書を利用した場合に実行するコマンドになります。

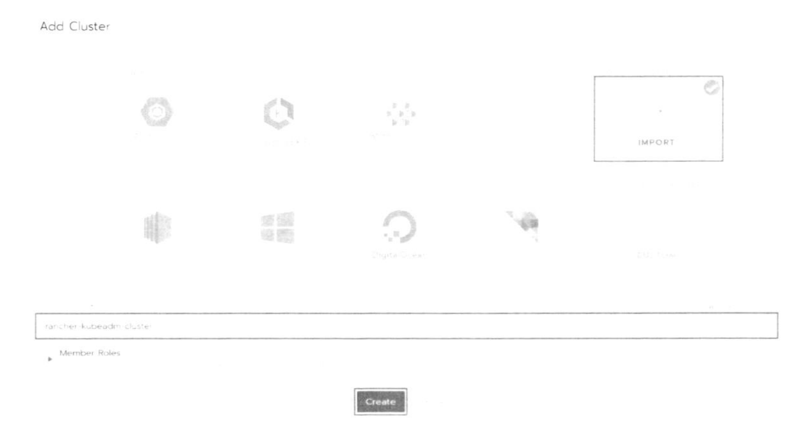


図 4.104 「IMPORT」を選択

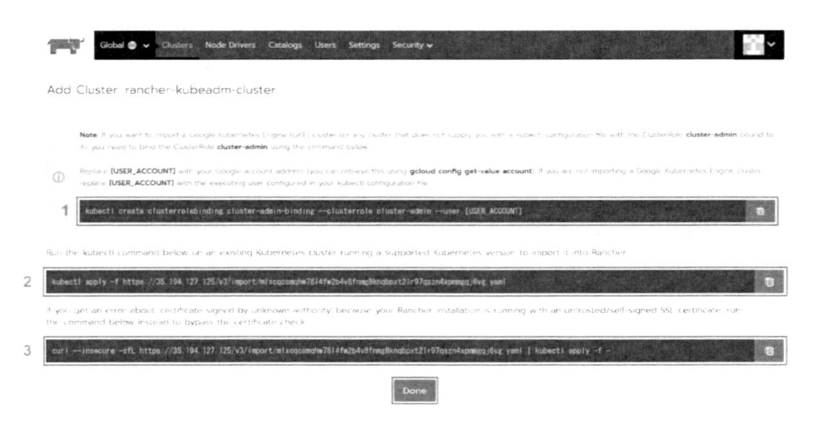


図 4.105 インポート用コマンド

今回は Rancher インストール時に自己証明書を利用しているので、3 のコマンドを実行して Kubernetes クラスタをインポートします。コマンド実行後に「Done」ボタンをクリックします。デプロイされるコンポーネントは表 4.5 に示します。

表 4.5 デプロイされるコンポーネントの一覧

| デプロイされるコンポーネント |
|---|
| namespace/cattle-system |
| serviceaccount/cattle |
| clusterrolebinding.rbac.authorization.k8s.io/cattle-admin-binding |
| secret/cattle-credentials-00e4e75 |
| clusterrole.rbac.authorization.k8s.io/cattle-adm |
| deployment.extensions/cattle-cluster-agent |
| daemonset.extensions/cattle-node-agent |

しばらくすると Kubernetes クラスタがインポートされます。Provider の箇所が「Imported」となります（図 4.106）。

図 4.106 Imported になっていればインポート完了

ここでクラスタ名（Cluster Name）をクリックすると、リソース状況も確認できます（図 4.107）。

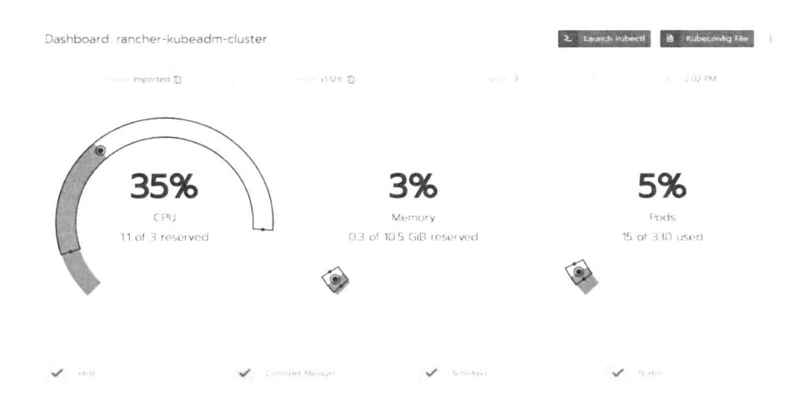


図 4.107 リソースの利用状況を確認

以上で、kubeadm で構築した Kubernetes クラスタのインポートは完了となります。

## Delete Cluster

Rancher UI で作成した Kuberentes クラスタは、RancherUI から実体の Kubernetes クラスタも削除できました。一方 Import した Kubernetes クラスタは、Rancher UI から Delete すると Rancher UI 上からは削除されますが、実体の Kubernetes クラスタは削除されません。

削除する対象クラスタのチェックボックスにチェックを入れて、「Delete」ボタンをクリックします（図 4.108）。

図 4.108　削除するクラスタをチェックして「Delete」をクリック

「Delete」ボタンをクリックします（図 4.109）。

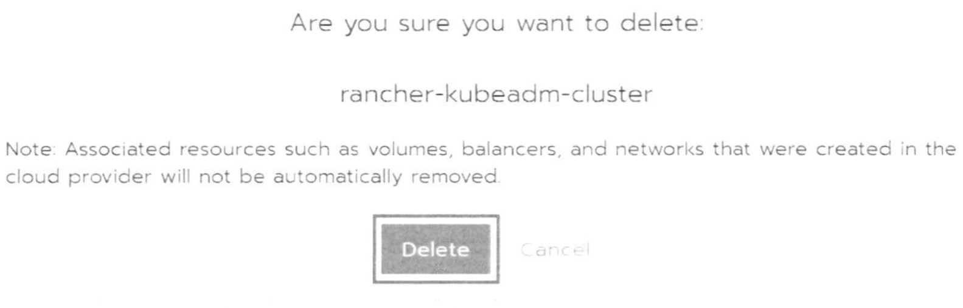

Are you sure you want to delete:

rancher-kubeadm-cluster

Note: Associated resources such as volumes, balancers, and networks that were created in the cloud provider will not be automatically removed.

Cancel

図 4.109　確認用ダイアログでも「Delete」

リストからクラスタ名は削除されます（図 4.110）。

kubeadm で GCP 上に構築した Kubernetes クラスタの実体は削除されていません（図 4.111）。完全に削除する場合は、GCP のダッシュボードからインスタンスを削除してください。

以上となります。

図 4.110　クラスタがないことを確認

図 4.111　GCP 上のクラスタは削除されていない

# 4.4　Custom

CUSTOM では、オンプレミスや仮想マシンに対して、Rancher 側で生成される Docker コマンドを実行することで、Kubernetes クラスタの構築と管理を行うことができます。対象とするオンプレミスや仮想マシンには、事前に Docker のインストールが必要となります。

Google Compute Engine（以下、GCE）を例に、CUSTOM での Kubernetes クラスタ構築の流れを見ていきます。

## GCE

Rancher には GCE の Node Driver が実装されていないため、GCE インスタンスに対して Kubernetes クラスタを構築する場合は、CUSTOM を選択する必要があります。

### GCP Setup

1 台の GCE インスタンスを作成して、シングルの Kubernetes クラスタを構築します。

**GCE インスタンスの作成**　ここから GCP での作業になります。

左メニュー「Compute Engine」-「VM インスタンス」を選択します（図 4.112）。

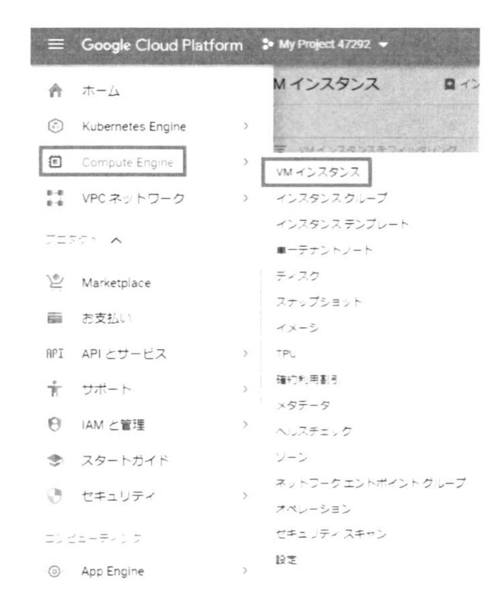


図 4.112　VM インスタンスを選択

「作成」ボタンをクリックします（図 4.113）。

図 4.113 「作成」をクリック

表 4.6 のパラメータのインスタンスをプロビジョニングして、「作成」ボタンをクリックします（図 4.114）。

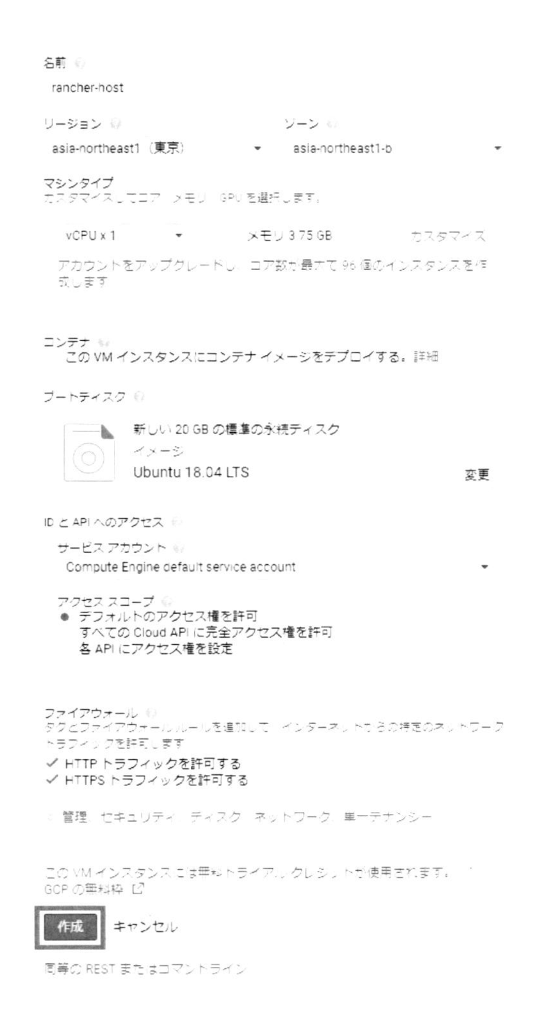


図 4.114　値を設定して「作成」をクリック

表 4.6　設定する項目と値

| **項目** | **入力概要** |
|---|---|
| 名前 | rancher-host |
| リージョン | asia-northeast1（東京） |
| ゾーン | asia-northeast1-b |
| マシンタイプ | vCPUx1 |
| ブートディスク | Ubuntu 18.04 LTS |
| ディスクサイズ | 20GB |
| ファイアウォール | 「HTTP トラフィックを許可する」「HTTPS トラフィックを許可する」両方にチェックを入れます |

**GCE インスタンスに Docekr インストール**　「rancher-host」というインスタンスがリストに表示された後、「SSH」をクリックします（図 4.115）。

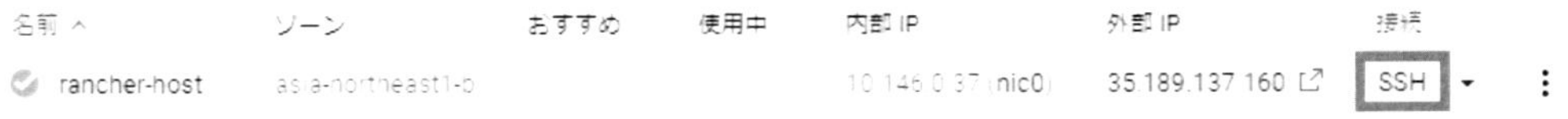

| 名前 ^ | ゾーン | おすすめ | 使用中 | 内部 IP | 外部 IP | 接続 |
|---|---|---|---|---|---|---|
| rancher-host | asia-northeast1-c | | | 10.146.0.37 (nic0) | 35.189.137.160 | SSH |

図 4.115　作成したインスタンスで「SSH」をクリック

コンソール画面が起動したら、以下のコマンドを実行して Docker をインストールします。

```
$ curl https://releases.rancher.com/install-docker/18.09.sh | sh
  % Total    % Received % Xferd  Average Speed   Time    Time     Time  Current
                                 Dload  Upload   Total   Spent    Left  Speed
100 15225  100 15225    0     0  21881      0 --:--:-- --:--:-- --:--:-- 21875
+ sudo -E sh -c apt-get update
～省略～
Client:
 Version:           18.09.6
 API version:       1.39
 Go version:        go1.10.8
 Git commit:        481bc77
 Built:             Sat May  4 02:35:57 2019
 OS/Arch:           linux/amd64
 Experimental:      false

Server: Docker Engine - Community
 Engine:
  Version:          18.09.6
  API version:      1.39 (minimum version 1.12)
  Go version:       go1.10.8
  Git commit:       481bc77
  Built:            Sat May  4 01:59:36 2019
  OS/Arch:          linux/amd64
  Experimental:     false

If you would like to use Docker as a non-root user, you should now consider
adding your user to the "docker" group with something like:

  sudo usermod -aG docker username

Remember that you will have to log out and back in for this to take effect!

WARNING: Adding a user to the "docker" group will grant the ability to run
         containers which can be used to obtain root privileges on the
         docker host.
         Refer to
https://docs.docker.com/engine/security/security/#docker-daemon-attack-surface
         for more information.
```

以上で GCE インスタンスの作成は完了となります。

## Kubernetes クラスタの構築

「Add Cluster」ボタンをクリックします（図 4.116）。

図 4.116 「Add Cluster」をクリック

「From my own existing nodes」で「CUSTOM」を選択します。「Cluster Name」で任意の名前を入力します（ここでは gce-kubernetes-cluster とします）。その後「Next」ボタンをクリックします（図 4.117）。

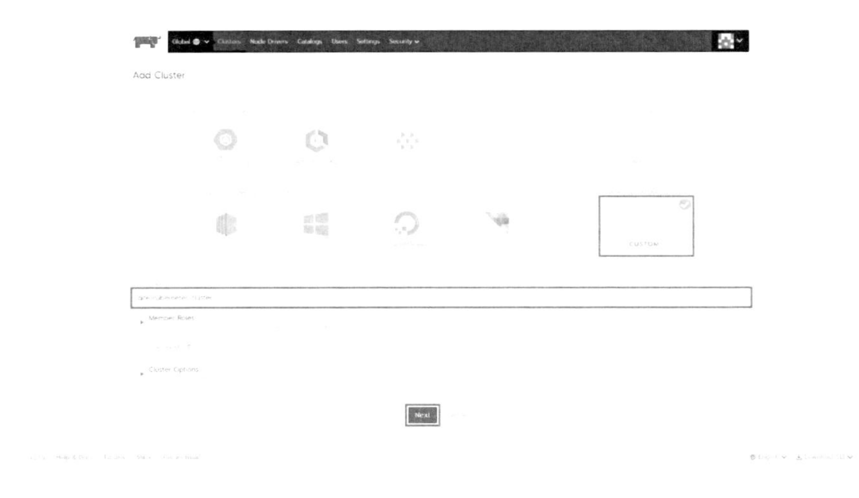


図 4.117 「CUSTOM」を選択

「Show advanced options」をクリックします（図 4.118）。

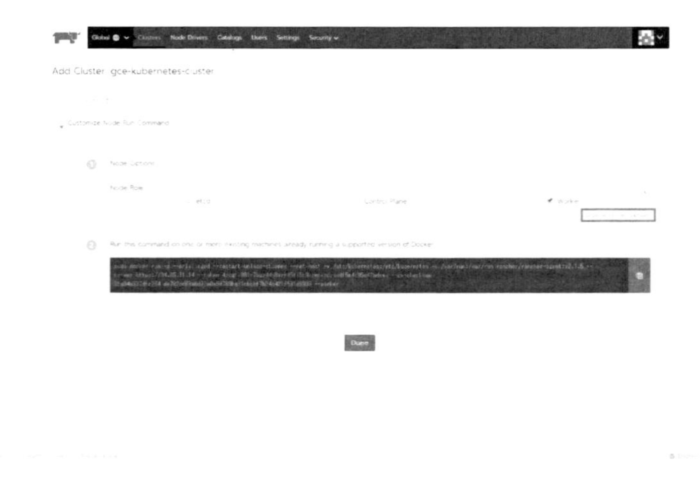


図 4.118　「Show advanced options」をクリック

「Node Role」で「etcd」と「Control Plane」にチェックを入れます。「Control Plane」は、Kubernetes の Master コンポーネントになります。「Node Address」の「Public Address」には GCE インスタンスの外部 IP、「Internal Address」には GCE インスタンスの内部 IP を入力します。生成された Docker コマンドを、横にあるボタンをクリックしてコピーします (図 4.119)。

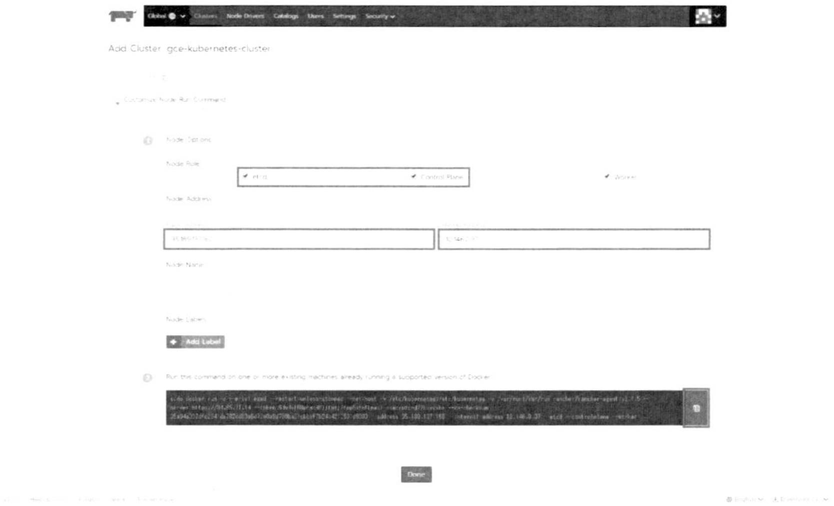

図 4.119　Docker コマンドをコピー

コピーしたDockerコマンドをGCEインスタンスで実行します。

```
$ sudo docker run -d --privileged --restart=unless-stopped --net=host -v
/etc/kubernetes:/etc/kubernetes -v /var/run:/var/run rancher/rancher-agent:v2.1.5
--server https://34.85.71.14 --token
6dw4vf68phwc46jjtprj2fpp5xfnfkmmpllssmcrpfcnd27bvvxvhw --ca-checksum
35a04a337dfc2641de782dd63a6d72e0a9d769ba61cbbbf7b24b4213531d9303 --address
35.189.137.160 --internal-address 10.146.0.37 --etcd --controlplane --worker
Unable to find image 'rancher/rancher-agent:v2.1.5' locally
v2.1.5: Pulling from rancher/rancher-agent
84ed7d2f608f: Pull complete
be2bf1c4a48d: Pull complete
a5bdc6303093: Pull complete
e9055237d68d: Pull complete
ecda3d2d744e: Pull complete
c2a506194467: Pull complete
224a48e7f77b: Pull complete
7a6deb26f059: Pull complete
03ee61b2892f: Pull complete
Digest: sha256:ab1f06bcdd6d41f201cfd423d44c0047525d7547e76635e57afb096322392757
Status: Downloaded newer image for rancher/rancher-agent:v2.1.5
d30686c7ae7317aa02831a8702e546d16582ba829b0bcf904e5ea8e6a1aa6889
```

下部に「1 new node has registered」と表示された後に「Done」ボタンをクリックします(図4.120)。

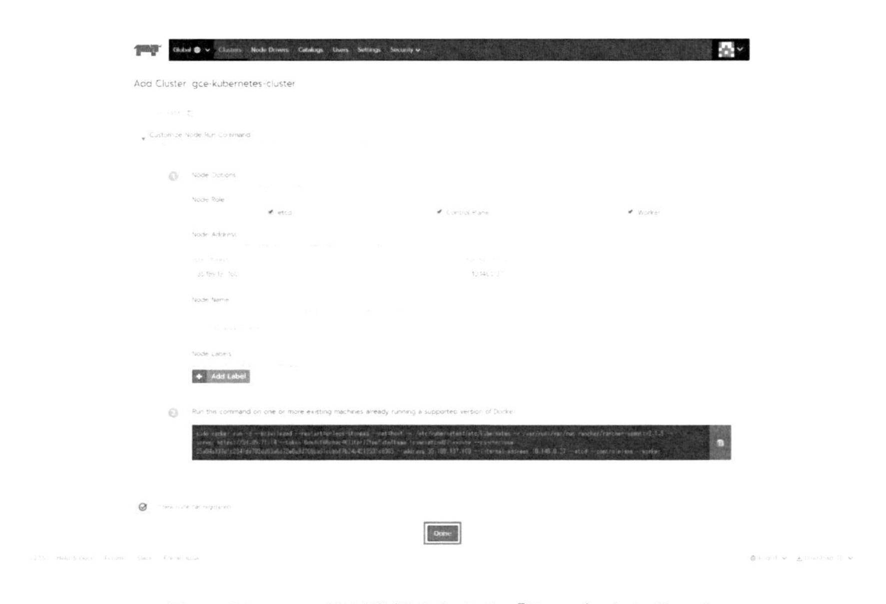


図4.120 ノードが登録されたら「Done」をクリック

しばらくすると Kubernetes クラスタの構築が完了して、「Provisioning」から「Active」と表示が変わります（図 4.121）。

図 4.121　State が Active になったら構築完了

以上で、GCE インスタンス上への Kubernetes クラスタの構築は完了となります。

## Kubernetes クラスタの削除

Import した Kubernetes クラスタと同様に、CUSTOM で構築した Kubernetes クラスタは、Rancher UI から Delete すると Rancher UI 上からは削除されますが、実体の Kubernetes クラスタは削除されません。

削除する対象クラスタのチェックボックスにチェックを入れて、「Delete」ボタンをクリックします（図 4.122）。

図 4.122　削除するクラスタをチェックして「Delete」をクリック

「Delete」ボタンをクリックします（図 4.123）。

リストからクラスタ名は削除されます（図 4.124）。

GCP 上に構築した Kubernetes クラスタの実体は削除されていません（図 4.125）。完全に削除する場合は、GCP のダッシュボードからインスタンスを削除してください。

以上となります。

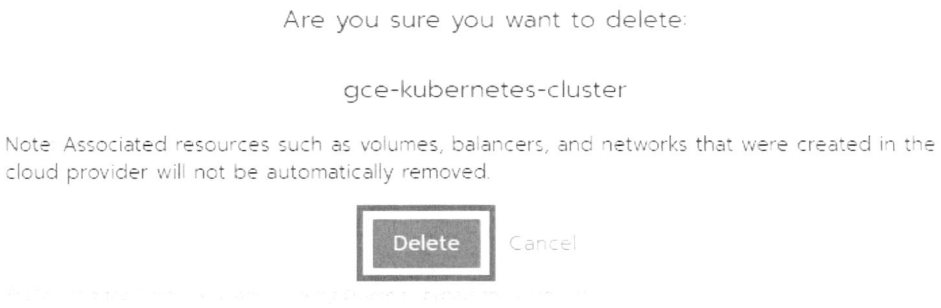

Are you sure you want to delete:

gce-kubernetes-cluster

Note: Associated resources such as volumes, balancers, and networks that were created in the cloud provider will not be automatically removed.

図 4.123　確認用ダイアログでも「Delete」

図 4.124　クラスタがないこを確認

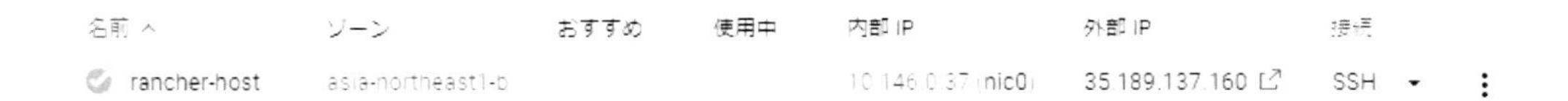


図 4.125　GCP 上のクラスタは削除されていない

# 第5章　Rancher 2.2 & 2.3

本書はこれまで、Rancher 2.1 系 (v2.1.5) を軸に説明してきましたが、2019 年 6 月現在の Rancher のバージョンは表 5.1 となります。

表 5.1　2019 年 6 月時点の Rancher のバージョン

| Category | Latest version | Stable version |
|---|---|---|
| Rancher2.1 | v2.1.10 | v2.1.10 |
| Rancher2.2 | v2.2.4 | v2.2.4 |
| Rancher2.3 | v2.3.0-alpha5 | - |

## 5.1　Rancher 2.2について

2019 年 3 月末に Rancher バージョン 2.2 がリリースされました。

主な新機能としては以下となります。

- Advanced Monitoring
- Multi-Cluster Apps
- Global DNS

「Advanced Monitoring」では、Prometheus と Grafana が Rancher の機能として実装されました。「Multi-Cluster Apps」では、オンプレミス、クラウド問わず、マルチ Kubernetes クラスタ環境にカタログ機能から一括にアプリケーションをデプロイできるようになりました。「Global DNS」では、外部の DNS プロバイダをプログラムして、トラフィックを Kubernetes

アプリケーションにルーティングできるようになりました。そのため、1つのアプリケーションを異なるKubernetesクラスタで実行できるようになり、アプリケーションの高可用性が向上しました。

リリースノートは、表5.2、表5.3となります。

表5.2　Rancher 2.2のリリースノート1

| **Release Contents** | **Summary** |
|---|---|
| Rancher Advanced Monitoring | Prometheusとの統合により、クラスタ、プロジェクト、およびKubernetesコンポーネントの監視がサポートされるようになりました。Prometheusを活用することで、Rancherはデータを時系列に表示したり、元々実装されているRancherのモニタリング機能よりもさらに洗練された統計とmetorics typeを提供することができます。クラスタおよびプロジェクトだけのPrometheusマルチテナンシーもサポートされました。さらにGrafanaも同梱されたことにより、視覚性も大幅に向上しました |
| Multi-Cluster Apps | Rancherは現在、複数のクラスタやプロジェクトにわたるアプリケーションのデプロイ、管理、およびアップグレードをサポートしています。Rancherのマルチクラスタ管理機能を使用してHelmの機能を強化することで、ユーザはクラスタ間でアプリケーションをシームレスに管理できるようになりました。この機能を使用して高可用性、災害復旧、またはクラスターがすべて共通のアプリケーション・セットを実行していることを確認します |
| Global DNS | Rancherは現在、クラスタやプロジェクト間でのDNSエンドポイントの設定と管理をサポートしています。Rancherのマルチクラスタ管理機能とKubernetesのexternal-dnsコントローラを組み合わせることで、ユーザはアベイラビリティゾーン、データセンター、さらにはクラウドプロバイダまで、アプリケーションのDNSエントリの管理をこれまでにない方法で制御できます。Route53とAliDNSをサポートし、CloudFlareをアルファサポートしています。なおグローバルDNSは、ローカルクラスタが有効になっているHA設定でのみ使用可能です |
| Multi-Tenant Catalogs | Rancherでは、カスタムカタログの設定と管理をクラスタレベルとプロジェクトレベルの両方で行えるようになりました。これにより管理者とユーザーは、ユーザーが展開元としてアクセスできるカタログをより柔軟に指定できます。またカタログの機密性を高め、機密性の高いプロジェクトに取り組むチームにとって安全なものにします |
| Cluster Backup and Restoration | RancherがKubernetesクラスタを起動した場合は、ローカルストレージ、または任意のS3互換オブジェクトストアでetcdのスケジュールバックアップとアドホックバックアップを実行します。ユーザーは、Rancher UIを通じてこれらのスナップショットを表示、管理、およびリストアできます |

表 5.3　Rancher 2.2 のリリースノート 2

| Release Contents | Summary |
|---|---|
| Support for Certificate Rotation for Kubernetes Components | Rancher が起動した Kubernetes クラスタで、Kubernetes システムコンポーネントの証明書をローテーションできるようになりました。これにより、証明書が期限切れになったり侵害されたりした場合に、証明書を簡単に更新できます。以前に Rancher で作成されたクラスタについては、証明書の有効期限は 1 年ですが、新しいクラスタは 10 年の有効期限で作成されます |
| Support for managing node template credentials | ノードテンプレートのプロビジョニングに使用した認証情報からノードテンプレートを分離できるようになり、インフラストラクチャのセキュリティと柔軟性が向上しました |
| Expanded support for hosted Kubernetes offerings | Hosted Kubernetes ドライバがプラグイン可能になり、サードパーティプロバイダが Rancher と統合できるようになりました。Huawei、Tencent、Aliyun の Kubernetes 製品のドライバを 3 つの新しいオプションとしてまとめました |
| Enhanced support for GKE, EKS, and AKS cluster provisioning | これら（GKE、EKS、AKS）のプロバイダーを使用してクラスターをプロビジョニングするときに、クラスターの所有者がより優れた制御性と柔軟性を持つようになりました |
| Support for Okta authentication | Authentication 機能で管理者は Okta を SAML 認証プロバイダとして設定できるようになりました |
| Support for accessing clusters without proxying through Rancher | クラスタ所有者は、Rancher が起動した Kubernetes クラスタが直接アクセスして Rancher 認証を使用できるようになりました。これにより、重大な障害点としての Rancher サーバーの役割が減り、Rancher サーバーから地理的に遠いクラスタへのアクセスが向上します |
| Support for selecting Weave as a networking provider | Rancher のプロビジョニングで Rancher を介して Kubernetes クラスタを使用する場合、クラスタの所有者はネットワークプロバイダとして Weave を選択できます |
| Support for Bitbucket in pipelines | パイプラインを設定するときに、ユーザーはバージョン管理プロバイダーとして Bitbucket を選択できるようになりました |
| Support for Linode and Cloud.ca as optional node providers | 管理者は、Rancher が起動した Kubernetes クラスタをプロビジョニングするときに使用するノードドライバとして、Linode と Cloud.ca を選択可能となりました |

Notifier の連携サービスとして wechat も追加されました。

# 5.2 RancherUIの変更点

Rancher 2.2からGlobal Navigationに「Apps」と「Tools」が加わりました。「Apps」は、カタログでローンチ画面に遷移します。「Tools」のサブメニュー「Catalogs」はHelm StableやHelm Incubator機能を有効化、Customカタログの登録画面に遷移します。サブメニュー「Drivers」は、ClusterおよびNode Driver設定画面に遷移します。

表5.4 Rancher 2.2 Global Navigation

| Global | Clusters | Apps | Users | Settings | Security | Tools |
|---|---|---|---|---|---|---|
| クラスタ名 | | | | | Roles | Catalogs |
| プロジェクト名 | | | | | Pod Security Policies | Drivers |
| | | | | | Authentication | |

表5.5 Rancher 2.1 Global Navigation

| Global | Clusters | Node Drivers | Catalogs | Users | Settings | Security |
|---|---|---|---|---|---|---|
| Global | | | | | | Roles |
| Cluster:クラスタ名 | | | | | | Pod Security Policies |
| プロジェクト名 | | | | | | Authetication |

Rancher 2.2からCluster Navigationの「Tools」のサブメニューに「Snapshots」「Catalogs」「Monitoring」が加わりました。

「Snapshots」は「Clusters」で対象のクラスタを選択して、etcdのSnapshotバックアップを実行するとリストに表示されます。

「Catalogs」は、クラスタレベルでカタログの登録ができます。

「Monitoring」は、クラスタレベルでPrometheus機能を設定できます。

表 5.6 Rancher 2.2 Cluster Navigation

| **クラスタ名** | **Cluster** | **Nodes** | **Storage** | **Projects/Na** | **Members** | **Tools** |
|---|---|---|---|---|---|---|
| プロジェクト名 | | | Persistent Volumes | | | Alerts |
| | | | Strage Classes | | | Snapshots |
| | | | | | | Catalogs |
| | | | | | | Notifiers |
| | | | | | | Logging |
| | | | | | | Monitoring |

表 5.7 Rancher 2.1 Cluster Navigation

| **Cluster:クラスタ名** | **Cluster** | **Nodes** | **Storage** | **Projects/Na** | **Members** | **Tools** |
|---|---|---|---|---|---|---|
| プロジェクト名 | | | Persistent Volumes | | | Alerts |
| | | | Storage Classes | | | Notifers |
| | | | | | | Logging |

Rancher 2.2 から Project Navigation に「Tools」が加わりました。プロジェクトレベルで「Alerts」「Logging」「Pipeline」が Rancher 2.1「Resources」から移動しました。さらに「Catalogs」「Monitoring」が追加されました。

「Catalogs」は、プロジェクトレベルでカタログの登録ができます。

「Monitoring」は、プロジェクトレベルで Prometheus 機能を設定できます。

表 5.8 Rancher 2.2 Project Navigation

| **クラスタ名\プロジェクト名** | **Workloads** | **Apps** | **Resources** | **Namespaces** | **Members** | **Tools** |
|---|---|---|---|---|---|---|
| | | | Certificates | | | Alerts |
| | | | Config Maps | | | Catalogs |
| | | | Registries | | | Logging |
| | | | Secrets | | | Monitoring |
| | | | | | | Pipeline |

表 5.9　Rancher 2.1 Project Navigation

| クラスタ名\プロジェクト名 | Workloads | Catalog Apps | Resources | Namespaces | Members |
|---|---|---|---|---|---|
| | | | Alerts | | |
| | | | Certificates | | |
| | | | Config Maps | | |
| | | | Logging | | |
| | | | Pipeline | | |
| | | | Registries | | |
| | | | Secrets | | |

# 5.3　Rancher 2.3について

2019年6月に発表されたRancher 2.3.0 Preview 2では、Istioがサポートされました。さらに、トラフィックとテレメトリを視覚化するKialiダッシュボード、トレーシングのJaeger、さらにIstio機能独自のPrometheusとGrafana（Rancher 2.2で同梱されたものとは別）が加わります。

自動サイドカーインジェクションを有効にしてネームスペースにワークロードをデプロイした後、Istioメニューに移動してマイクロサービスアプリケーションを流れるトラフィックを見ることができます。

リリースノートの内容は、表5.10となります。

表 5.10　Rancher 2.3.0 Preview 2のリリースノート

| Release Contents | Summary |
|---|---|
| Support for Istio | Rancher 2.3.0 Preview 2では、Istioをインストールして設定を行うと、特定のネームスペースのすべてのワークロードにEnvoyサイドカーを自動的に挿入できるようにするオプションを有効にできます。このプレビューには、テレメトリの視覚化、追跡、監視、および観測のためのKiali、Jaeger、Prometheus、Grafanaも含まれています。 |

Rancher 2.3.0 Preview 2は、Rancher release v2.3.0-alpha5となります。Ubuntuインスタンスであれば、以下のシングルノードインストールの手順で確認できます（2019年6月現在）。

```
$ curl https://releases.rancher.com/install-docker/18.09.sh | sh
$ sudo docker run -d --restart=unless-stopped -p 80:80 -p 443:443
rancher/rancher:v2.3.0-alpha5
```

Rancher Labsは、米マイクロソフト社が中心にジェネリックなサービスメッシュのインターフェイスを開発する「Service Mesh Interface（SMI）」*1にパートナーとして参画しています。そのためRancher 2.3以降は、Service Mesh、Observability関連の機能実装が強まる傾向が予想されます。

*1 Service Mesh Interface（SMI） https://github.com/deislabs/smi-spec

# 第 II 部

# Rancher と CI／CD 編

# 第6章　RancherとCI/CD

本章では、RancherとCI/CDについて解説します。

最初にCI/CDとはそもそも何なのか、何を目的として導入するのかを解説します。次に、コンテナベースアプリケーションとCI/CDについて解説します。最後に、RancherにおいてCI/CDを実現するための手段として、GitLab CI/CDとRancherを組み合わせて実行する取り組み方と、Rancherに統合されているCI/CD機能（Rancher Pipeline）を紹介します。

## 6.1　CI/CDとは

CI/CDとは、開発者が自身の書いたソースコードとテストコードをリモートリポジトリにプッシュすると、ビルドとテストがサーバサイドで自動実行され、本番環境にビルド成果物がデプロイされて実行されるまでの一連のプロセスを表します。

CIは継続的インテグレーション、CDは継続的デプロイまたは継続的デリバリを表しており、図6.1のようなイメージで表されます。

### 継続的インテグレーション（CI：Continuous Integration）

継続的インテグレーションとは、エクストリームプログラミング（XP）を構成するプラクティスの一つです。

開発者がテスト駆動開発をローカルの端末で実践し、その中でできあがったテストコードとアプリケーションコードをリポジトリにコミットします。開発者がmasterブランチへのプルリクエストを作成するなど特定のタイミングで、自動的にアプリケーションのビルドとテストが実行されます。テストを自動実行することで、手動でテストを行うよりも高頻度でテストを行い、不

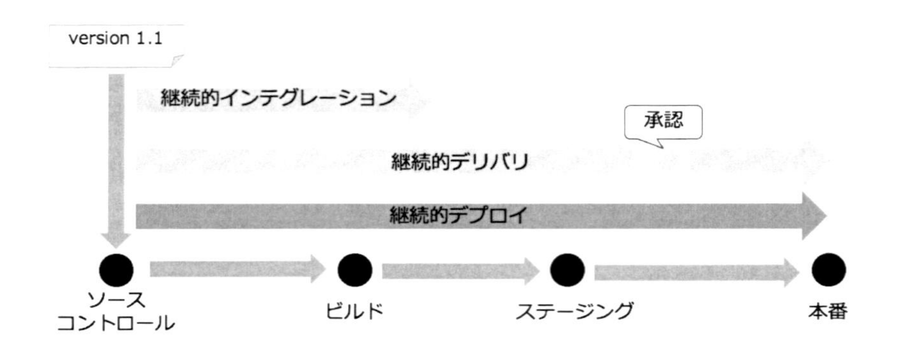


図 6.1　CI/CD（https://aws.amazon.com/jp/devops/continuous-integration/ の図を元に修正）

具合の検出を早期に行います。

テストを高頻度で実施し、早期に不具合の検出をすることに、どのようなメリットがあるでしょう？　それを理解するために、逆にテストの頻度が低い場合を考えてみます。図 6.2 に示すように、テストの頻度が低い場合は、不具合がどのコード変更に起因して発生したものかをすぐに判断することができません。これは、不具合の原因切り分けを複雑にし、最終的には不具合修正のコスト増大につながります。また、複数の不具合が混入した場合は、原因の切り分けはさらに困難になり、修正のコストは増大します。

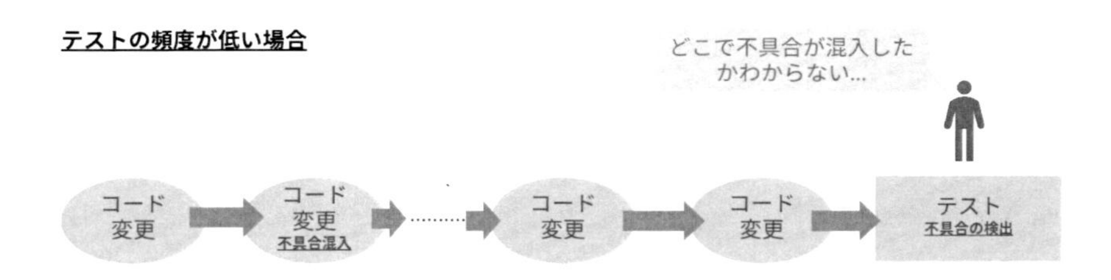


図 6.2　テストの頻度が低い場合の不具合検出

それに対して、テストを高頻度で行った場合を考えてみましょう。テストをコード変更のたびに行った場合、どのコード変更が原因となって不具合が混入したのかは容易に切り分けできます。そのため不具合の修正コストを低く保つことができます（図 6.3）。

テストは定型的な作業であるため、テストコードを記述し、CI ツール上で自動実行します。そのテスト結果を以て不具合の有無を判断します。このように自動化できるものについては自動化してしまうことで、テストの実施にかかる人的コストを低く保つことができます*1。

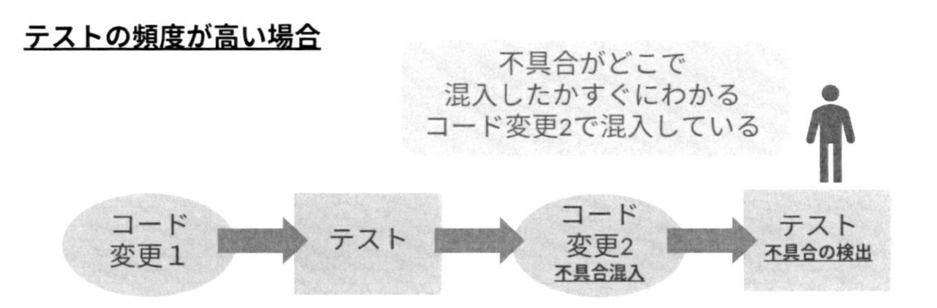


図 6.3 テストの頻度が高い場合の不具合検出

コミットごとではなくとも、マージリクエストのタイミングで自動的にビルドとテストを実行し、CI のパイプライン上で正常にビルドを完了できない場合や、テストをパスできない場合は master ブランチへのマージをしないといった判断ができます。

このように自動化されたビルドやテストを活用することで、ビルドできないコード、破壊的な変更などテストで検出可能な不具合を含んだコードを早期に検出、修正することで master ブランチに取り込んでしまうことをある程度予防できます。

## 継続的デリバリ・デプロイ（CD：Continuous Delivery/Deploy）

CD には継続的デリバリと継続的デプロイの二つが存在することについては先に述べました。CD を表す継続的デリバリと継続的デプロイでは、プロセスに多少の差があります。正確を期すためにも、この違いについて整理しておきましょう。

まず、継続的デリバリです。CI においてコードのビルドとテストを実行した後、ステージング環境へとビルド済みバイナリがプッシュされ、アプリケーションが実行されます。ステージング環境で様々なテストを実施した後に、問題がなければ本番環境へのデプロイが承認され、デプロイが実施されます。

次に、継続的デプロイです。CI でコードのビルド、テストを実行し、問題なければ本番環境にデプロイが行われます。

このように、継続的デリバリと継続的デプロイの大きな違いは、本番環境への**デプロイ承認のプロセスが存在するか否か**です。

いずれの場合もデプロイ承認の有無の違い以外は、デプロイ作業が自動化されているという点

---

＊1 ただし、何でも自動化すれば良いわけではなく、自動化にかかるコストと自動化によって削減されるコストについて判断した上で自動化するようにしましょう。判断の際には繰り返し実行する内容であること、定型的なテストであることの二つの軸が重要になります。

が重要です。自動化によって、操作ミスが発生しがちな人手による作業を排除し、安定かつ高頻度でのデプロイを可能にします。

## 6.2　コンテナベースアプリケーションとCI/CD

コンテナベースアプリケーション（コンテナを利用することを前提として設計されたアプリケーション）と CI/CD の相性について考えてみましょう。

一例として、Docker, Inc. が提供している Docker でモットーとして掲げられていた「Build, Ship, Run」の概念が重要になってきます。では、コンテナと CI/CD の相性について、この Build, Ship, Run の概念と合わせて考えていきましょう。

Build, Ship, Run において、Build は安定したビルドを提供すること、Ship は Docker レジストリを使ってビルド済みの Docker コンテナイメージを配布することを表します。そして Run は開発環境、ステージング環境、本番環境などの環境を問わず、同一の Docker コンテナイメージを使ってアプリケーションを動かすことを表します。

### コンテナとCI

コンテナと CI で重要になってくるのが、Docker における Build と Run の部分です。

まずは Docker における Build の概念を元に話を進めます。Docker における Build には、二つの技術的ポイントがあります。一つが Dockerfile によるビルド手順のコード化、定型化、そしてもう一つが Docker コンテナの特性に由来するものです。

まず、Dockerfile です。Dockerfile は単純な DSL*2によって、アプリケーションのビルドとパッケージングの手順を定型的に記述することができます。これによってコンテナイメージの作成の定型化を実現できます（図 6.4）。

次に Docker コンテナの特性です。Docker コンテナは起動時にボリュームを別途マウントしたりするなど、意図的にファイルを残そうとしない限りは、コンテナを削除すると残りのファイルも削除されます。この特性を活かして、CI パイプラインをコンテナ内部で実行することで、過去の実行結果の影響（残存している中間生成物など）を受けることなく、ビルドを実行できるようになります。その結果、残存している中間生成物によって後続のパイプラインが失敗するといった事象を大部分排除できます（図 6.5）。

このように Dockerfile と Docker コンテナの特性を活かすことで、より信頼性の高い CI パイプラインを実現することができます。

次に、テストについて考えてみましょう。テストにおいてもビルドの場合と同様に過去のテス

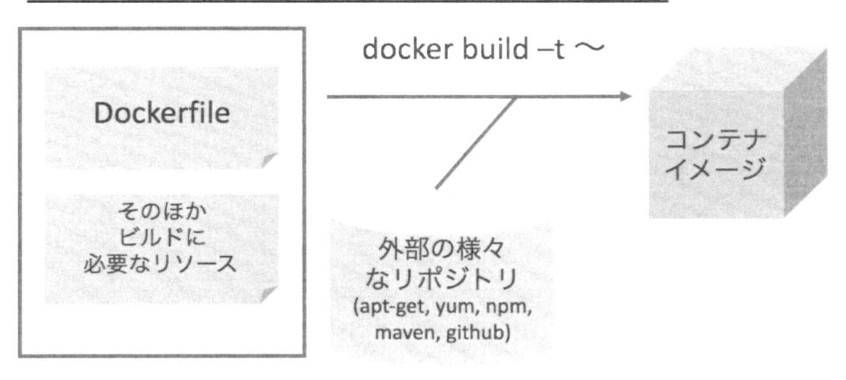


図 6.4 コンテナイメージのビルド

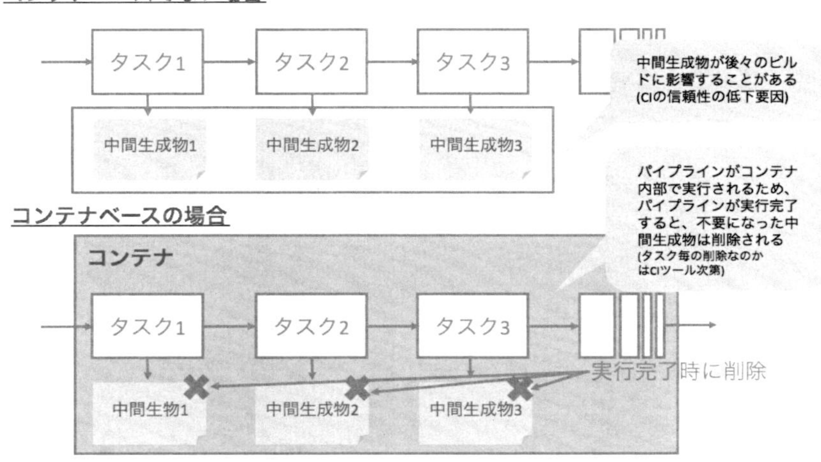


図 6.5 コンテナベースのパイプラインによる中間生成物の自動削除

ト結果に影響されることなく、容易にテストを実施できるようになります。

ビルドが正常に行われ、テストも通過したコンテナイメージをコンテナイメージレジストリ*3

に保管することで、デプロイに向けての準備も完了します。

## コンテナとCD

コンテナと CD については、Docker においては、Ship と Run の概念が重要になってきます。

Ship については、CI パイプラインにおいてビルドされ、テストが完了したコンテナイメージをコンテナイメージレジストリに格納することでほぼ実現したといって良いでしょう。テスト済みイメージを CI のみでなく、コンテナイメージレジストリを経由して他環境でも利用できるようにすることで、実現できるようになっています。

例えば、図 6.6 に示すように単純な 3 層の Web アプリケーションであれば、CI パイプラインの中でテストをパスした Nginx のコンテナイメージ、アプリケーションを含む war ファイルをデプロイした Tomcat のコンテナイメージ、そして PostgreSQL のコンテナイメージを配置して利用することができます*4。

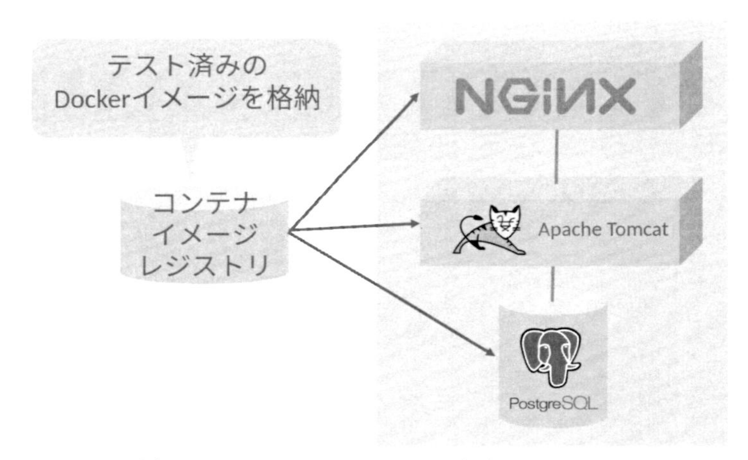


図 6.6 コンテナイメージレジストリを介したテスト済みイメージのセットの配布

*2 Domain Specific Language のこと。Dockerfile の DSL の定義については公式ドキュメント (https://docs.docker.com/engine/reference/builder/) を参照してください。

*3 特定のパブリッククラウドに依存しないものであれば、dockerhub(https://hub.docker.com/) や QUAY(https://quay.io/)、パブリッククラウドに付属するものとしては Google Cloud の GCR (Google Container Registry)、AWS の ECR (Elastic Container Registry) などが有名です。

しかし、同一のコンテナイメージを利用できるだけでは、不足する部分が2点存在します。一つが、アプリケーションの非機能面の特性（特に可用性や性能）への配慮、そしてもう一つが他のコンテナや外部の各種サービス（例えばAWSであればRDSやS3など）への接続設定の記述です*5。

コンテナイメージのみでは対応できない、非機能特性への対応と、各種接続設定の管理の観点で主にKubernetesを用います*6。

Kubernetesでは、コンテナ間の関係性を様々なリソースの形で表現できます。リソースはマニフェストファイルの形でYAMLまたはJSON形式で定義することができます。マニフェストファイルをKubernetesクラスタに適用すると、コンテナのセットがデプロイされ、アプリケーションが動作を開始します。

このように、アプリケーション全体の構成をYAMLファイルの形で記述し、Kubernetesのクラスタを操作するためのCLIコマンド（kubectl）でデプロイすることができます。リソースマニフェストファイル群とkubectlコマンドを組み合わせることで、デプロイのプロセスを定形的、かつ単純なものにすることができます（図6.7）。

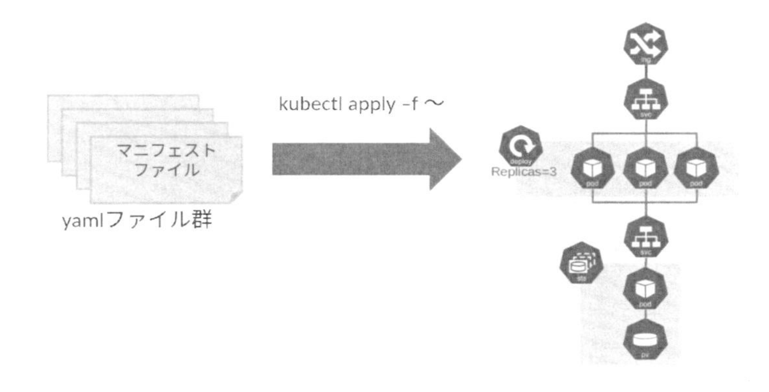


図6.7　リソースマニフェストによるコンテナ間の関係性の定義

環境によって様々な差分があり、実際に同一のイメージを利用して環境を跨いでアプリケーションを動かすことは難しいかもしれません。その点については次章以降に具体的な例を用いて解説します。

### コンテナとCI/CDまとめ

ここまで「そもそも CI/CD とはどういったものであるか」についてと「コンテナと CI/CD」について解説しました。

コンテナと CI の組み合わせは Dockerfile によるビルド手順のコード化、コンテナの特性を活かした中間生成物の確実な破棄によるパイプラインを繰り返し実行した際の信頼性の改善につながることを述べました。このような高い信頼性を備えた CI パイプラインを早期に整備することにより、パイプラインにおけるテストの実行結果を信じて開発を進めていくことができるようになります。

コンテナと CD においては、コンテナイメージレジストリにテスト済みコンテナイメージを保管し配布すること、Kubernetes によってアプリケーションをデプロイの際のあるべき姿をコード化することによって、デプロイを安定化することが可能であることについて解説しました。

## 6.3　Rancher と GitLab

早速、実際のシステム開発における CI/CD をどのように進めるかを解説したいところですが、本書ではどのような手段を用いて実装を進めていくかを予め解説しておきたいと思います。本書は Rancher の解説書なので、Rancher を用いた CI/CD を使って開発及びアプリケーションの管理を行うという前提で考えると、以下のような整理ができます。

- Rancher と CI
  - Rancher Pipelines
- Rancher と CD
  - Rancher Catalog
  - Rancher Pipelines

CI と CD いずれにおいても、他のソフトウェアやサービスと組み合わせてより良い環境を作

*4　もちろん PostgreSQL については永続化データをどうするかという問題が生じます。この内容については後の章の中で解説します。

*5　なお、Docker 単独での利用の場合でも最近の Docker バージョンであれば、コンテナ間の接続については容易に実現可能になっています。

*6　実際には、Kubernetes の機能はこれだけにとどまらず、さらに多くの機能を提供することが可能ですが、本書の範囲から外れます。そのため本書では、例として利用しているもの以外については、網羅的な解説は行わないので注意してください。

り上げることができます。今回は GitLab と組み合わせてアプリケーション構築を実際にどのように進めるかを解説します。そこで本書では、Rancher Pipelines に加えて、GitLab が備えるコンテナベースアプリケーションの開発を協力に支援してくれる機能の GitLab Container Registry 及び GitLab CI/CD についても解説します。Rancher Catalog については前章までに解説済みのため、紹介は省略します。

## Rancher Pipeline

Rancher Pipelines は、Rancher に統合された CI/CD 機能です。パイプラインの実行に Jenkins を、各種アーティファクトの保管に Minio を、そしてコンテナイメージの保管に Docker レジストリを利用しています。

GitHub または GitLab のリポジトリと連携することで、コードのプッシュやプルリクエストの作成、特定コミットへのタグ打ちなどが行われたタイミングで、パイプラインの実行をトリガーすることができます。

設定としては GUI 上の指示に従って OAuth App としての連携を行い、どのリポジトリを対象とするのかを選定すると、当該リポジトリのルートディレクトリに含まれる `.rancher-pipieline.yaml` ファイルに記述された通りにパイプラインが実行されます。

ここではまず概要を紹介し、実際の利用方法等については次章以降で解説します。Rancher が提供しているサンプルのパイプラインを使ってパイプラインを実行した結果が図 6.8 のようになります。

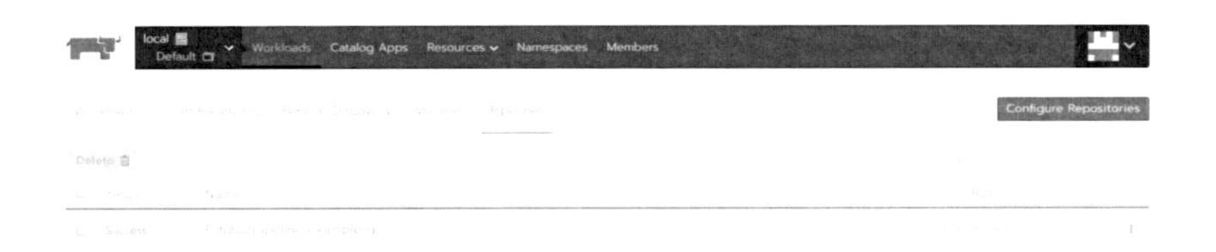


図 6.8　Rancher Pipeline のパイプライン一覧画面

Pipeline の一覧画面では、パイプラインがリスト形式で概要とともに表示されます。パイプラインの実行ステータス（上図の場合は Success）と最後に実行された日次が表示され、名前（Name）の部分には、リポジトリの名前が表示されます。

パイプラインの詳細画面（図 6.9）に移動すると、パイプラインのこれまでのアクティビティ一覧が表示されます。個々のアクティビティの状態（Status）や実行対象となったリポジトリのブランチ（Branch）、実行対象となったコミットのメッセージ（Commit）と、いつ実行開始したものか（Triggered）が確認できます。

図 6.9　サンプルのパイプラインのアクティビティ画面

さらに個別のアクティビティの内容を確認すると、パイプラインの中で定義されている実行ステップの詳細として標準出力（STDOUT）及び標準エラー（STDERR）に出力されたメッセージの内容が確認できます。これらは後からでも確認することができます（図 6.10）。

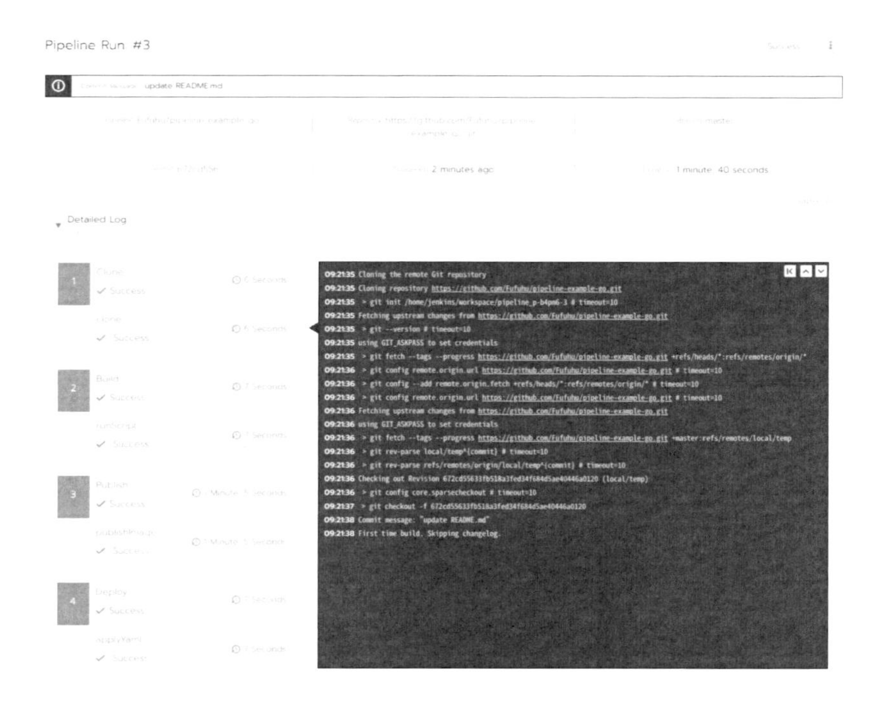


図 6.10　パイプラインの実行詳細画面

## GitLab Container Registry

GitLab は GitLabs 社が中心となって開発を進めている DevOps ツール群の総称です。初期の頃は GitHub のような git を用いたコードリポジトリ機能のみでしたが、様々な周辺機能を充実させつつあります。2019 年 1 月時点では、`A single application for entire DevOps lifecytle` をモットーとして掲げ、DevOps サイクルを回すための様々な機能を急速に充実させています。

GitLab には SaaS 版とオンプレミス版がありますが、本書では SaaS 版を利用することとします。オンプレミス版も含めた詳細な解説や本書では取り扱わない機能等については、「GitLab 実践ガイド（北山晋吾著、インプレス）」を参照してください。

GitLab Container Registry は、GitLab の提供するコンテナイメージレジストリです。プライベートリポジトリなども含めて提供してくれます。また、後述の GitLab CI/CD とも連携が容易になっています（図 6.11）。

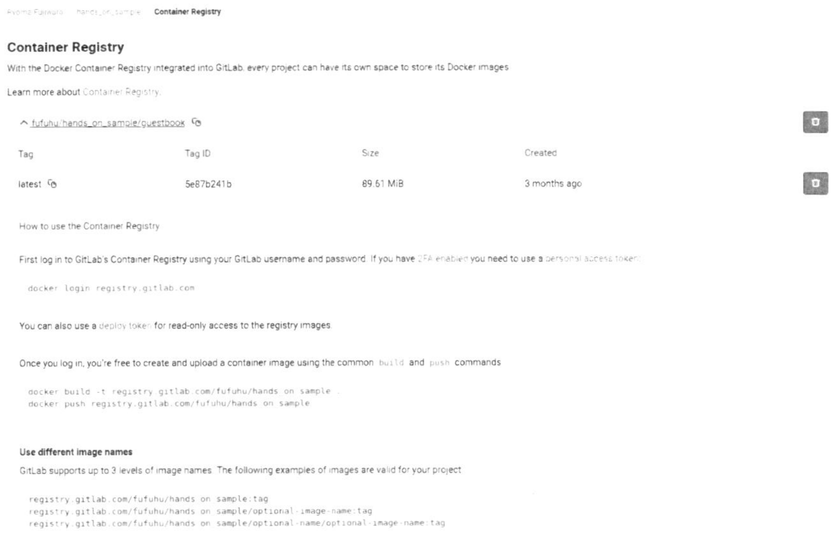

図 6.11 GitLab Container Registry の画面サンプル

## GitLab CI/CD

GItLab CI/CD は、GitLab の提供する CI/CD 機能です。コンテナイメージのビルドおよびテストといったCI機能に加えて、デプロイまでのパイプラインをYAMLを使って記述することができます。2019年5月時点のSaaS版のGitLab（gitlab.com）では、月間2000分まで無償でCI/CD機能を利用することができます。SaaSで提供されるCIとgitリポジトリの両方が必要な場合は、特に有力な選択肢となるでしょう。

GitLab CI/CDを利用する場合は、Rancher Pipelinesを利用する場合と同様にリポジトリのルートディレクトリに、`.gitlab-ci.yml`を配置してパイプラインを定義します。ここでは主だった画面とその説明にとどめ、詳細な説明や実際の活用についてはRancher Pipelineと同様に次章以降とします。

まず、GitLab CI/CDのパイプライン実行結果一覧（図6.12）から見ていきましょう。Rancher Pipelineのアクティビティの一覧画面（図6.9）と同様にパイプラインの実行状況が記述されています。

図6.12 GitLab CI/CDにおけるパイプラインの実行結果一覧

個別のパイプラインの実行状況は、図6.13に示すような形になります。Rancher Pipelineとの大きな違いとしては、パイプラインを構成しているステップが、グラフの形で表示される点です。タブを切り替えることでリスト表示に変更することも可能です。

さらに、パイプラインを構成するジョブごとの詳細画面（図6.14）を見ていきましょう。Rancher Pipelineの実行詳細画面（図6.10）の場合と同様に、ジョブの中での標準出力（STDOUT）の内容が画面に出力されます。

図 6.13　GitLab CI/CD における特定のパイプラインの実行結果

#101712131

Job #101712131 triggered 5 months ago by Ryoma Fujiwara

```
Running with gitlab-runner 11.4.0-beta.748.gcde4a2d1 (cde4a2d1)
  on docker-auto-scale ed2dce3a
Using Docker executor with image docker:latest ...
Starting service docker:dind ...
Pulling docker image docker:dind ...
Using docker image sha256:943cc2194c118472a134b2fee0bb7144c1c62ca415ff030d0cc00d43b81e29f7 for docker:dind ...
Waiting for services to be up and running...
Pulling docker image docker:latest ...
Using docker image sha256:321f2cfcc3432bf7c18ee541c4cc4402d48156c1c7150f76026a2d3772369e89 for docker:latest ...
Running on runner-ed2dce3a-project-8420933-concurrent-0 via runner-ed2dce3a-srm-1537955485-a2260d7d...
Cloning repository...
Cloning into '/builds/fufuhu/hands_on_sample'...
Checking out 5b8a8426 as fix-to-run-with-mysql...
Skipping Git submodules setup
$ docker login -u gitlab-ci-token -p $CI_JOB_TOKEN registry.gitlab.com
WARNING! Using --password via the CLI is insecure. Use --password-stdin.
WARNING! Your password will be stored unencrypted in /root/.docker/config.json.
Configure a credential helper to remove this warning. See
https://docs.docker.com/engine/reference/commandline/login/#credentials-store

Login Succeeded
$ docker build -t registry.gitlab.com/fufuhu/hands_on_sample/guestbook:latest .
```

guestbook_image_build

Duration: 1 minute 41 seconds
Timeout: 1h (from project)
Runner: shared-runners-manager-6.gitlab.com (#380987)
Tags: docker

Commit 5b8a8426
ローカルでMySQLバックエンド実行時の設定を修正

Pipeline #31238635 from fix-to-run-with-mysql

build

guestbook_image_build

図 6.14　GitLab CI/CD のパイプライン内ジョブの実行結果詳細

# 6.4　まとめ

本章では Rancher と CI/CD とテーマとして、そもそも CI/CD とは何なのか、Rancher として提供している CI/CD の関連機能としてどのようなものがあるのかを紹介しました。また

Rancher と組み合わせて利用することで、より CI/CD の充実に役立てることができるサービスとして、GitLab の提供する GitLab CI/CD と GitLab Container Registry を紹介しました。

次章以降は実際のサンプルアプリケーションを開発する中で、Rancher と GitLab を組み合わせてどのように進めていくのかを解説します。

# 第7章　サーバアプリケーションのGitLabを用いたCI

本章では、GitLab を用いた CI について解説します。題材となるサンプルアプリケーションの構成を紹介した後、どのようにして実装とテストを進めていくのかを解説していきます。

本書で解説しているサンプルアプリケーションについては、https://github.com/thinkitcojp/RancherBook-samples に最終の状態のコードを記載しています。

## 7.1　サンプルアプリケーションの解説

今回解説を進めるに当たってのサンプルアプリケーションとしては、**マルチユーザ対応の Todo 管理アプリケーション**を想定してみました。実際のアプリケーションコードを提示することはないですが、具体的なイメージを持ってもらうためです。また、クライアントアプリケーションとしてはあえて Web ブラウザではなく CLI アプリケーションを利用する形としています。

図 7.1　サンプルアプリケーションの構成イメージ

構成イメージは上に示した図7.1のようになります。サーバアプリケーションの作成には、Pythonを使います。フレームワークとして、Django、Django REST Frameworkを利用します。認証には、JWT（JSON Web Token）を利用します。これを実現するためのライブラリとしてDjango REST framwork JWTを利用します。

データストアとしてMySQLを利用します。実際のアプリケーションを動作させる際には、Gunicornを利用します。必要に応じてリバースプロキシを前段におきます。今回はNginxを利用します。

クライアントアプリケーションの実装にはGo言語を利用します。Go言語を使った理由としては対象OS、対象CPUアーキテクチャ向けのアプリケーションバイナリさえビルドしてしまえば、どのOSでも外部ライブラリへの依存などをほぼ気にすることなく、シングルバイナリで利用可能な点が挙げられます。

クライアントとサーバアプリケーション間は、REST APIを使ってやり取りをするような形になります。ここまでをまとめると、以下の表7.1のような構成となりました。

表7.1　Todoアプリケーションの構成

| C/S分類 | 小分類 | 利用言語／ツール | 主たるフレームワーク・ライブラリ |
|---|---|---|---|
| クライアント | CLIツール | Go 1.11 | Cobra |
| サーバ | Webサーバ | Nginx | NGINX Ingress Controllerを利用 |
| サーバ | APサーバ | Python 3.6 | Gunicorn<br>Django<br>Django REST framework<br>Django REST framework JWT |
| サーバ | DBサーバ | MySQL 5.6 | |

ここで挙げたのは本書で題材としたアプリケーションの構成であり、このアプリケーションの実装コードそのものは解説しません。これらのアプリケーションの実装を進める中で、どのようなイメージで開発プロセスを進めていくのかを解説します。

## 7.2　サーバアプリケーションのサンプルAPI実装

サーバアプリケーションの実装とテストの進め方について考えていきます。CIを利用する前提に立つと、**自動化されたテストコードがどうしても必要**になります。ではローカルで開発を進めながらサーバ側でCIを使ってテストを実行していくにはどうしたら良いでしょう？　実装ができあがった時点で、その実装に対するテストも完備されている状態が理想的です。ここで重要となってくる概念がテスト駆動開発*[1]です。

テスト駆動開発は、大きく四つのステップから構成されます。それぞれのステップ間の行き来を図 7.2 のように記述します。まず実装したい機能の仕様を明確化します。具体的にテストを記述できる程度に仕様を明確にします。仕様を明確にしたら、最初は実装コードを書くのではなくテストコードを記述します。その上でテストが失敗することを確認します。テストが失敗することを確認した上で、記述したテストをすべてパスできるように実装を記述していきます。その上でテストの実行と実装の記述を行き来することでコードをリファクタリングし、動作するきれいなコードを手に入れます。本書ではテスト駆動開発については説明はここまでとし、実際のテスト駆動開発の詳細な進め方については専門書籍*[2]などに譲ることとします。

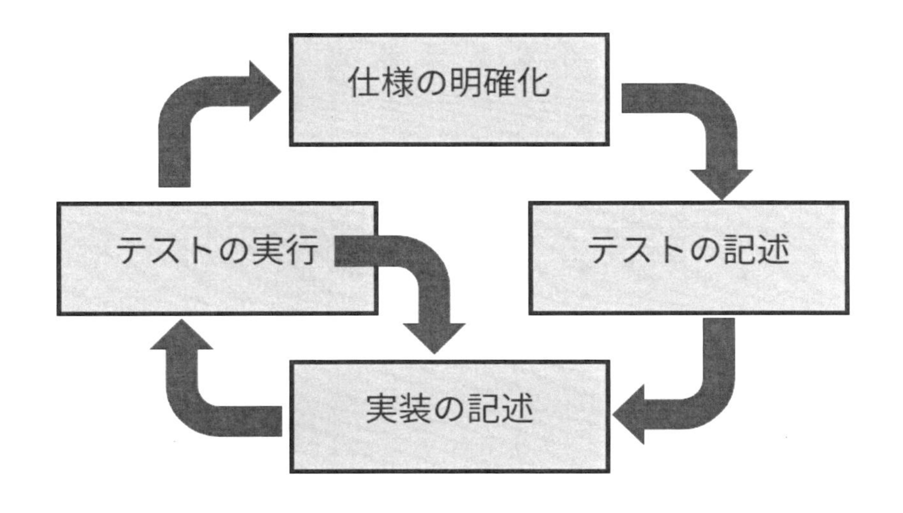


図 7.2 API 実装のサイクルイメージ

このようにテスト駆動開発のプロセスを利用することで、実装ができあがった時点で、自動化テストコードもある程度整備された状態が実現できます。これを CI 環境でも利用することで、ある程度意味のある CI を実現することができます。

では図 7.2 のイメージを使って、サンプル API としてサーバアプリケーションの死活監視を行うための API（ping pong API）の実装の流れを解説しましょう。

まず、ping pong API の実装について考えてみます。クライアントアプリケーションがサーバアプリケーションに対して、`/api/ping` に HTTP の GET リクエストを発行することが処理のトリガー条件です。サーバアプリケーションはこの情報を受けてHTTPレスポンスを返します。HTTPレスポンスのメッセージボディには、pingに対するpongというメッセージを含むようにしましょう。これをイメージにすると図7.3のようになります。

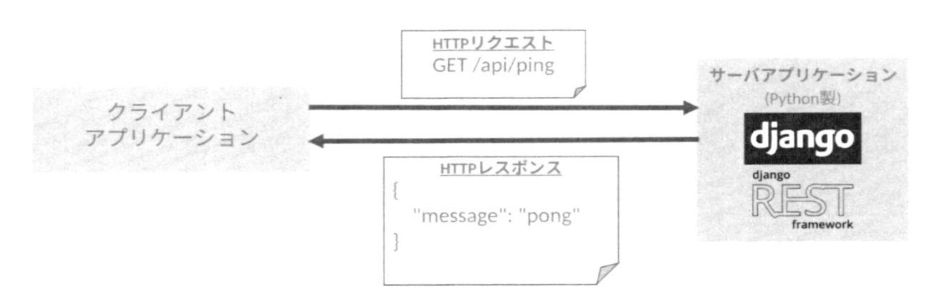


図7.3　サンプルAPI（ping pong APIの実装）

このような仕様を表すテストを記述した上で、実装コードを記述します。記述が終わったらテストします。Djangoを利用したアプリケーションなので、リスト7.1に示すような形でテストが実行できます。

リスト7.1: サーバアプリケーションのテスト実行

```
$ python manage.py test -v2
Creating test database for alias 'default'...
System check identified no issues (0 silenced).
test_ping_view (rest.tests.test_ping.TestPing) ... ok
----------------------------------------------------------------------
Ran 1 test in 0.010s

OK
Destroying test database for alias 'default'...
```

## 7.3　GitLab CI/CD Pipelineを用いたCI

さて、ここまででサーバアプリケーションとして本当に最小限必要となる単一の機能の実装が完了しました。この時点でGitLab Pipelineを使ってCI環境を構築していきましょう。

＊1　https://ja.wikipedia.org/wiki/テスト駆動開発
＊2　テスト駆動開発（Kent Beck著、和田卓人監訳、オーム社刊）などがお薦めです。

図 7.4　Web ブラウザを使った ping-pong API の動作確認

## GitLab CI/CD Pipeline の用語解説

実際に GitLab のパイプラインを構築する前に、関連する用語について少し解説しておきます。最初に覚えてほしいのは、stage と job の 2 つです。図 7.5 に GitLab の pipeline と stage、job の関係を示します。

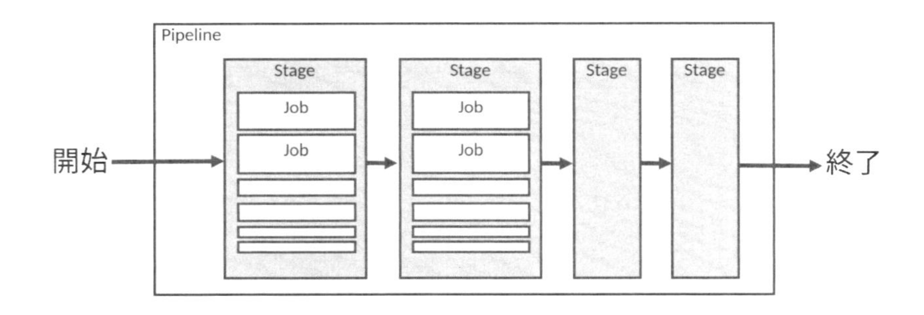


図 7.5　GitLab Pipeline の構造

図 7.5 からわかる通り、pipeline には複数の stage（ステージ）が含まれ、単一の stage には 1 つ以上の job（ジョブ）が含まれます。ジョブには具体的な処理内容が、例えばシェルスクリプトや単一のコマンドで記述されています。

図のとおり、stage は順次実行されます。基本的に複数の stage が並列実行されることはありません。その一方で、単一の stage の中に含まれる複数の job は、処理するリソースが存在する限りは同時並行で処理されます。

これらの特性について理解した上で、GitLab の Pipeline を定義する必要があります。

## GitLab CI/CD Pipelineの構成

今回はコンテナ上で動作するアプリケーションを構築するため、コンテナイメージをビルドした後に、それをテストするという流れをとります。従って、図7.6に示すようなパイプラインイメージになります。

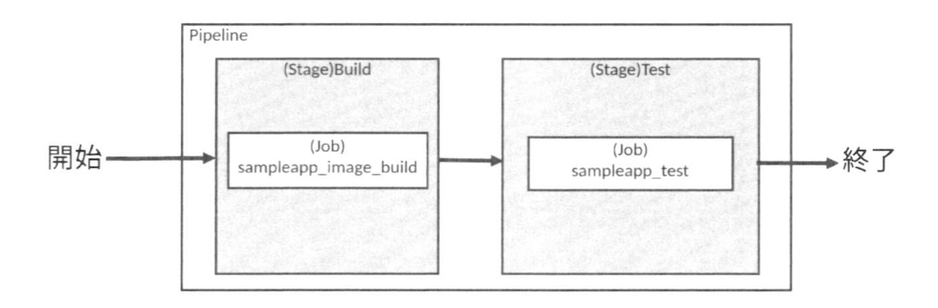


図7.6　パイプラインの実装サンプルイメージ

図7.6ではパイプラインは2つのステージ、buildとtestから構成されています。それぞれ、コンテナイメージのビルド（とイメージレジストリへの保存）をするステージ、ビルドしたイメージのテストを担うステージです。buildステージに含まれる、sampleapp_image_buildジョブは、サーバアプリケーションのコンテナイメージをビルドするためのジョブです。testステージに含まれるsampleapp_testジョブは、sampleapp_image_buildジョブでビルドしたコンテナイメージを使って、サーバアプリケーションのテストを行うためのジョブです。

GitLabではパイプラインの設定は.gitlab-ci.ymlファイルに記述します。今回作成したパイプラインは、リスト7.2のようになりました。

リスト7.2: .gitlab-ci.yml

```
# パイプラインを構成するステージを定義
stages:
  - build
  - test

sampleapp_image_build:
  stage: build
  image: docker:latest
  services:
    - docker:dind
  before_script:
    # GitLab CR にコンテナイメージをプッシュできるようにログイン
    - docker login -u gitlab-ci-token -p $CI_JOB_TOKEN registry.gitlab.com
  script:
```

```
    # サーバアプリケーションのコンテナイメージのビルド
    - docker build -t
registry.gitlab.com/fufuhu/ti_rancher_k8s_sampleapp/todo/server:latest server
    # GitLab CR へのビルド済みコンテナイメージのプッシュ
    - docker push
registry.gitlab.com/fufuhu/ti_rancher_k8s_sampleapp/todo/server:latest
  tags:
    - docker

sampleapp_test:
  stage: test
  image: registry.gitlab.com/fufuhu/ti_rancher_k8s_sampleapp/todo/server:latest
  script:
    - |
      cd server/sampleapp
      python manage. けけ y test
```

最初ということもありますので、リスト 7.2 の内容については詳細に解説していきます。ただし GitLab Pipeline の定義における網羅的な解説ではないので、そのような解説を求めている方は、GitLab Pipeline のリファレンス[*3]を参照してください。

まず、冒頭の stages では、パイプラインを構成するステージの名前を配列で定義しています。今回の場合だと build と test ステージからパイプラインが構成されることがわかります。

後は個別のタスクの設定を記述していきます。

設定が複雑な sampleapp_image_build ジョブのほうから解説しましょう。stage タグの値から、このジョブは build ステージに含まれることがわかります。image タグで、ジョブを実行するコンテナイメージを指定しています。ここではコンテナイメージのビルドを行うので docker:latest を使っています。また、コンテナ内でのコンテナイメージビルドを実現するために services で、docker:dind を指定しています。これにより、Docker in Docker のイメージも同時に起動することで、イメージのビルドを可能にしています。

before_script と script では、ジョブの中で実行されるコマンドを指定します。script ではジョブの中で実行するコマンドをリスト形式で記述しています。before_script は script が実行される前準備として必要なコマンドを実行しています。リスト 7.2 では、before_script 内で、docker login を使って GitLab Container Registry（以下、GitLab CR）にログインすることで、GitLab CR へのアクセスを可能にしています。script では、docker build でコンテナイメージをビルドし、docker push でコンテナイメージを GitLab CR にプッシュしています。

before_script の中で、$CI_JOB_TOKEN が記述されています。これは **GitLab CI/CD Pipeline の中で事前定義された環境変数**です。GitLab CR や依存する GitLab 内のリポジトリにアクセスするための認証トークンを格納しています。他にも事前定義された環境変数はいくつかある[4]ので、便利に活用しましょう。

次に sampleapp_test では、sampleapp_image_build でビルドしたコンテナイメージを使ってテスト（python manage.py test）を行っています。

ここで作成した.gitlab-ci.yml をコードリポジトリにプッシュすることで、GitLab CI/CD Pipeline は実行されます。

## GitLab CI/CD Pipeline の実行確認

プッシュしたパイプライン構成の実行結果を確認してみましょう。コードを格納している GitLab プロジェクトにアクセスし、左側ペインの CI/CD メニューは以下の Pipelines をクリックします（図 7.7）。

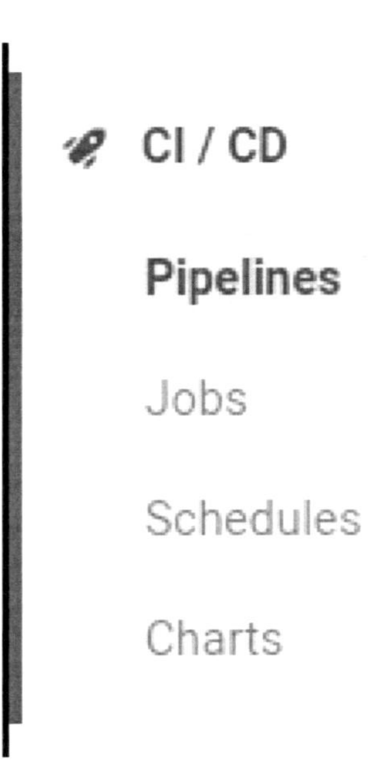


図 7.7　CI/CD 配下の Pipeline を選択

実行された（または実行中、キューイングされている）パイプラインの一覧が表示されます。Pipeline カラムの数字 (図 7.8 では、#46399869) をクリックします。

パイプラインの詳細画面へと遷移します。Build ステージ、Test ステージからなるパイプラ

*3　GitLab CI/CD Pipeline Configuration Reference(https://docs.gitlab.com/ee/ci/yaml/)
*4　Predefined environment variables reference(https://docs.gitlab.com/ee/ci/variables/predefined_variables.html)

Pipelines
All 4
Run Pipeline
Clear Runner Caches
CI Lint
Status
Pipeline
Commit
Stages
#46399869 by
latest
feature/ping
パイプラインを作成

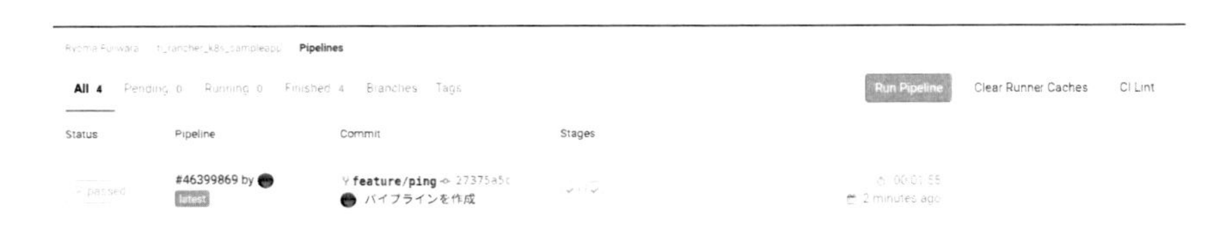

図 7.8　実行中・実行済みパイプラインの一覧

インが表示されます。この時点で枠に表示されているシグナルで、ステージを構成するジョブが正常に実行されているかが示されます。図 7.9 の場合は、すべてのジョブが正常に実行された状態です。

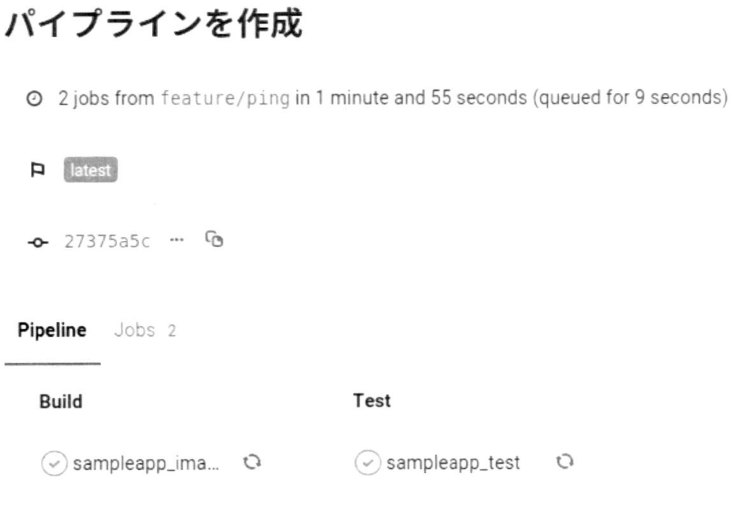

パイプラインを作成
2 jobs from feature/ping in 1 minute and 55 seconds (queued for 9 seconds)
latest
27375a5c
Pipeline
Jobs 2
Build
Test
sampleapp_ima...
sampleapp_test

図 7.9　パイプラインの実行結果

上図の個々のジョブの詳細を掘り下げていきましょう。実行中は実際に自分自身がターミナルを操作しているかのように、個別のコマンドが`.gitlab-ci.yml`に記述した通りに実行されます（図 7.10、図 7.11）。

さて、ここまででテストをすべてパスできています。期待した通りの実装が完了しているので、マージリクエストを作成していきましょう（ブランチを別途準備していなかった場合は、以降の操作はできません）。

プロジェクトの左側ペインで`Merge Requests`を選択し、マージリクエストの管理ページへ遷

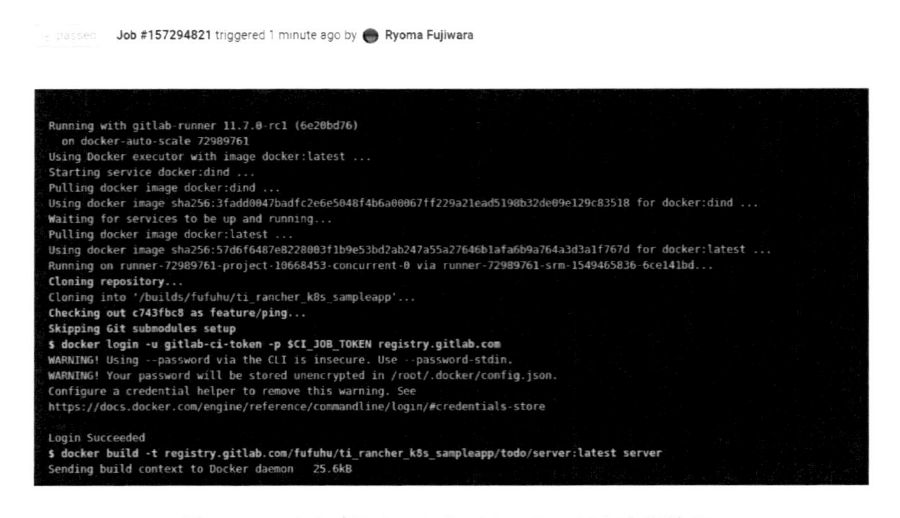


図 7.10　パイプラインの Build ステージの実行結果

図 7.11　パイプラインの Test ステージの実行結果

移します。今回の場合は先ほどプッシュしたコミットのマージリクエストを作成するためのボタン（図 7.12 の右側の `Create merge request` ボタン）があるので、これをクリックします。

マージリクエストの名前や詳細を記述し、`Submit merge request` ボタンをクリックして、マージリクエストを作成します（図 7.13）。

マージリクエストを作成すると、パイプラインの実行結果もマージリクエストの中に表示されます（図 7.14 の `Pipeline #46399869 passed for ～`～の部分）。テストが適切に記述されていることが確認でき、そのテストをすべてパスできている場合はマージしても良いでしょう。

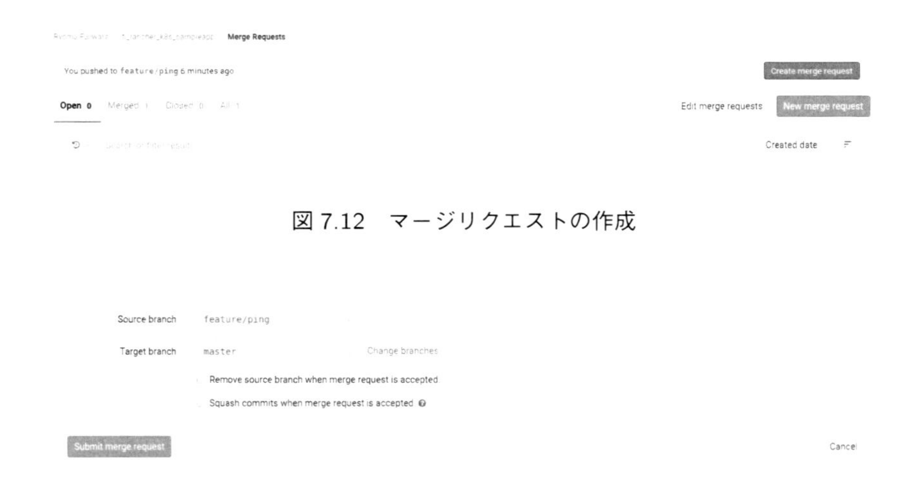


図 7.12　マージリクエストの作成

図 7.13　マージリクエストのサブミット

では、マージしてしまいましょう。図 7.14 の Merge ボタンをクリックして Master ブランチへのマージ完了です。これでサーバアプリケーションについての CI は実現できました。次はクライアントアプリケーションを見ていきましょう。

図 7.14　先ほどサブミットしたマージリクエストの詳細画面（パイプラインが正常に実行されていることがわかる）

# 第8章　クライアントアプリケーションのCI

前章では、サーバアプリケーションの GitLab を使った CI を解説してきました。この章では、クライアントアプリケーションの CI について解説します。

図 8.1　サンプルアプリケーションの構成イメージ（再掲）

クライアントアプリケーションでは、サーバアプリケーション（またはモック）の存在がテストの前提として必要です。そこでテストを行う際には、サーバアプリケーションもセットで起動させるようにします。

ここで問題となるのが、ローカル環境での開発です。クライアントアプリケーションを担当しているエンジニアに、サーバアプリケーションの動作環境をローカルに正しく構築させることは困難です。なぜならサーバアプリケーションは、将来的に構成が複雑化していく可能性が高いからです。そこで、ローカル端末では CI 環境と同じ構成の docker-compose 環境を提供することで、ローカル開発を効率的に実施できるようにします。

# 8.1 ローカル端末でのクライアントアプリケーションのテスト

先に述べたように、ローカル端末におけるクライアントアプリケーションのテストでは、docker-compose を用いてテストを進めていきます。イメージ的には図 8.2 のようにサーバにアクセスするテストを実行する際に、サーバアプリケーションへのアクセスが発生した場合もテストが正常に実行されるよう設定しています。

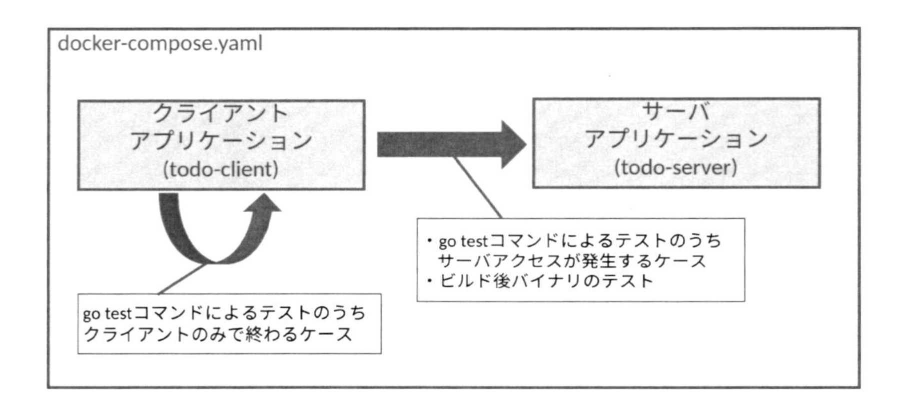


図 8.2　クライアントアプリケーションのテスト

リスト 8.1: docker-compose.yaml

```
version: '3.4'
services:
  todo-client:
    build:
      context: client/gopath/src
      target: builder
    environment:
      TODO_TESTSERVER: todo-server
    command:
      - /bin/bash
      - -e
      - -c
      - |
        # todo-server の起動待ち
        sleep 20
        # テストの実行
        go test -v ./...
        echo `date +"%Y/%m/%d %H:%M:%S"`" 生成したバイナリから ping サブコマンドを実行しま
す。"
```

```
      ./todo ping --host todo-server --protocol http --port 8000

  todo-server:
    build:
      context: server/
```

リスト8.1のポイントとなるのが、docker-compose.yamlの中でコンテナイメージを指定せず、その場でビルドしている点です。具体的には、todo-clientおよびtodo-serverサービスでは、クライアントアプリケーションおよびサーバアプリケーションをdocker-compose実行時にビルドするよう、build句を使っています。例えば、todo-clientで指定している内容をdocker-buildコマンドに落とし込むとリスト8.2のようになります。

リスト8.2: リスト8.1のtodo-clientのbuild句の指定内容に対応するdocker buildコマンド

```
$ docker build -t リポジトリ名:タグ名 --target builder client/gopath/src
```

このように、コンテナイメージビルド時のコンテキストパスとしてclient/gopath/srcを指定し、Dockerfileのbuilderビルドステージを指定してビルドする形になります。参考までにリスト8.3にtodo-clientサービスとしてビルドしているDockerfileを示します。

リスト8.3: todo-clientサービスでビルドしているイメージのDockerfile

```
FROM golang:1.11 as builder
RUN go get -u github.com/spf13/cobra/cobra
COPY gitlab.com /go/src/gitlab.com
WORKDIR /go/src/gitlab.com/fufuhu/ti_rancher_k8s_sampleapp
RUN go build -o todo

FROM alpine:3.9
COPY --from=builder /go/src/gitlab.com/fufuhu/ti_rancher_k8s_sampleapp/todo ./
```

また、environmentでコンテナに与える環境変数を定義し、commandでクライアントアプリケーションのテストに必要なコマンド群を指定しています。

このように、docker-composeでは、ビルド済みイメージではなく、現状編集しているコードをベースにその場でビルドすることが可能です。このようにすることで、docker-composeコマンドのみでテストをまとめて実行することが可能です。

リスト8.1の場合、テストの対象はクライアントアプリケーションであるtodo-clientなので、テストの成否はtodo-clientの終了コードで判断することになります。以下のようにdocker-composeコマンドを実行することで、テストの成否を判断できます（リスト8.4）。

リスト 8.4: クライアントアプリケーションをテストするための docker-compose コマンド

```
$ docker-compose up --build --abort-on-container-exit --exit-code-from todo-client
Building todo-client
Step 1/5 : FROM golang:1.11 as builder
 ---> 901414995ecd
Step 2/5 : RUN go get -u github.com/spf13/cobra/cobra
 ---> Using cache
 ---> fc5627369fab
Step 3/5 : COPY gitlab.com /go/src/gitlab.com
 ---> Using cache
 ---> 9ec8674f86e1
Step 4/5 : WORKDIR /go/src/gitlab.com/fufuhu/ti_rancher_k8s_sampleapp
 ---> Using cache
 ---> a93ce403ff42
Step 5/5 : RUN go build -o todo
 ---> Using cache
 ---> 001b2ac3817e

Successfully built 001b2ac3817e
Successfully tagged ti_rancher_k8s_sampleapp_todo-client:latest
Building todo-server
Step 1/11 : FROM python:3.6-alpine
 ---> de35df1f34dd
Step 2/11 : EXPOSE 8000
 ---> Using cache
 ---> 4af06f27eac8
Step 3/11 : RUN adduser -D django
 ---> Using cache
 ---> 5838881035e9
Step 4/11 : USER django
 ---> Using cache
 ---> 5f60eec2026d
Step 5/11 : RUN mkdir -p /home/django/.local/bin
 ---> Using cache
 ---> f7774704dc1d
Step 6/11 : ENV PATH=$PATH:/home/django/.local/bin
 ---> Using cache
 ---> fe9874df0bde
Step 7/11 : COPY --chown=django:django requirements.txt ./
 ---> c65766a371b2
Step 8/11 : RUN pip install --user -r requirements.txt
 ---> Running in 0ab7b5beb700
Collecting Django==2.1.5 (from -r requirements.txt (line 1))
  Downloading
https://files.pythonhosted.org/packages/36/50/078a42b4e9bedb94efd3e0278c0eb71650ed96
72cdc91bd5542953bec17f/Django-2.1.5-py3-none-any.whl (7.3MB)
Collecting djangorestframework==3.9.1 (from -r requirements.txt (line 2))
  Downloading
https://files.pythonhosted.org/packages/ef/13/0f394111124e0242bf3052c5578974e88e62e3
715f0daf76b7c987fc6705/djangorestframework-3.9.1-py2.py3-none-any.whl (950kB)
Collecting Markdown==3.0.1 (from -r requirements.txt (line 3))
  Downloading
https://files.pythonhosted.org/packages/7a/6b/5600647404ba15545ec37d2f7f58844d690baf
```

```
2f81f3a60b862e48f29287/Markdown-3.0.1-py2.py3-none-any.whl (89kB)
Collecting gunicorn==19.9.0 (from -r requirements.txt (line 4))
  Downloading
https://files.pythonhosted.org/packages/8c/da/b8dd8deb741bff556db53902d4706774c8e1e6
7265f69528c14c003644e6/gunicorn-19.9.0-py2.py3-none-any.whl (112kB)
Collecting djangorestframework-jwt==1.11.0 (from -r requirements.txt (line 6))
  Downloading
https://files.pythonhosted.org/packages/2b/cf/b3932ad3261d6332284152a00c3e3a275a6536
92d318acc6b2e9cf6a1ce3/djangorestframework_jwt-1.11.0-py2.py3-none-any.whl
Collecting pytz (from Django==2.1.5->-r requirements.txt (line 1))
  Downloading
https://files.pythonhosted.org/packages/61/28/1d3920e4d1d50b19bc5d24398a7cd85cc7b9a7
5a490570d5a30c57622d34/pytz-2018.9-py2.py3-none-any.whl (510kB)
Collecting PyJWT<2.0.0,>=1.5.2 (from djangorestframework-jwt==1.11.0->-r
requirements.txt (line 6))
  Downloading
https://files.pythonhosted.org/packages/87/8b/6a9f14b5f781697e51259d81657e6048fd31a1
13229cf346880bb7545565/PyJWT-1.7.1-py2.py3-none-any.whl
Installing collected packages: pytz, Django, djangorestframework, Markdown,
gunicorn, PyJWT, djangorestframework-jwt
Successfully installed Django-2.1.5 Markdown-3.0.1 PyJWT-1.7.1
djangorestframework-3.9.1 djangorestframework-jwt-1.11.0 gunicorn-19.9.0 pytz-2018.9
You are using pip version 19.0.1, however version 19.0.3 is available.
You should consider upgrading via the 'pip install --upgrade pip' command.
Removing intermediate container 0ab7b5beb700
 ---> 4ad71f4156b3
Step 9/11 : COPY --chown=django:django ./sampleapp /home/django/sampleapp
 ---> d59cc3cb1ae0
Step 10/11 : WORKDIR /home/django/sampleapp
 ---> Running in 1e8bc5354f60
Removing intermediate container 1e8bc5354f60
 ---> 8973ce602b04
Step 11/11 : CMD ["gunicorn", "-w" , "2", "-b", "0.0.0.0:8000", "sampleapp.wsgi"]
 ---> Running in 5874b875cfec
Removing intermediate container 5874b875cfec
 ---> dce3ace7dc72

Successfully built dce3ace7dc72
Successfully tagged ti_rancher_k8s_sampleapp_todo-server:latest
Starting ti_rancher_k8s_sampleapp_todo-client_1   ... done
Recreating ti_rancher_k8s_sampleapp_todo-server_1 ... done
Attaching to ti_rancher_k8s_sampleapp_todo-client_1,
ti_rancher_k8s_sampleapp_todo-server_1
todo-server_1  | [2019-03-16 06:11:47 +0000] [1] [INFO] Starting gunicorn 19.9.0
todo-server_1  | [2019-03-16 06:11:47 +0000] [1] [INFO] Listening at:
http://0.0.0.0:8000 (1)
todo-server_1  | [2019-03-16 06:11:47 +0000] [1] [INFO] Using worker: sync
todo-server_1  | [2019-03-16 06:11:47 +0000] [7] [INFO] Booting worker with pid: 7
todo-server_1  | [2019-03-16 06:11:47 +0000] [8] [INFO] Booting worker with pid: 8
todo-client_1  | ?      gitlab.com/fufuhu/ti_rancher_k8s_sampleapp      [no test
files]
todo-client_1  | === RUN   TestProtocolWithDefaultValue
todo-client_1  | --- PASS: TestProtocolWithDefaultValue (0.00s)
```

```
todo-client_1  | === RUN   TestHostWithDeafultValue
todo-client_1  | --- PASS: TestHostWithDeafultValue (0.00s)
todo-client_1  | === RUN   TestPortWithDefaultValue
todo-client_1  | --- PASS: TestPortWithDefaultValue (0.00s)
todo-client_1  | === RUN   TestProtocolWithOptionOverride
todo-client_1  | --- PASS: TestProtocolWithOptionOverride (0.00s)
todo-client_1  | === RUN   TestHostWithOptionOveride
todo-client_1  | --- PASS: TestHostWithOptionOveride (0.00s)
todo-client_1  | === RUN   TestPortWithOptionOverride
todo-client_1  | --- PASS: TestPortWithOptionOverride (0.00s)
todo-client_1  | === RUN   TestProtocolWithConfigFileOveride
todo-client_1  | --- PASS: TestProtocolWithConfigFileOveride (0.00s)
todo-client_1  | === RUN   TestHostWithConfigFileOverride
todo-client_1  | --- PASS: TestHostWithConfigFileOverride (0.00s)
todo-client_1  | === RUN   TestPortWithConfigFileOverride
todo-client_1  | --- PASS: TestPortWithConfigFileOverride (0.00s)
todo-client_1  | === RUN   TestHostWithConfigOverrideWithFlag
todo-client_1  | --- PASS: TestHostWithConfigOverrideWithFlag (0.00s)
todo-client_1  | === RUN   TestPortWithConfigOverrideWithFlag
todo-client_1  | --- PASS: TestPortWithConfigOverrideWithFlag (0.00s)
todo-client_1  | === RUN   TestProtocolWithConfigOverrideWithFlag
todo-client_1  | --- PASS: TestProtocolWithConfigOverrideWithFlag (0.00s)
todo-client_1  | PASS
todo-client_1  | ok      gitlab.com/fufuhu/ti_rancher_k8s_sampleapp/cmd  (cached)
todo-client_1  | === RUN   TestRequestPing
todo-client_1  | todo-server
todo-client_1  | --- PASS: TestRequestPing (0.00s)
todo-client_1  | PASS
todo-client_1  | ok      gitlab.com/fufuhu/ti_rancher_k8s_sampleapp/service
(cached)
todo-client_1  | 2019/03/23 08:35:02 生成したバイナリから ping サブコマンドを実行します。
todo-client_1  | pong
ti_rancher_k8s_sampleapp_todo-client_1 exited with code 0
```

このように、docker-compose を利用することで、クライアントアプリケーション開発とテストをローカル環境で効率的に進めることができます。

## 8.2 CI 環境でのクライアントアプリケーションのテスト

GitLab CI/CD Pipeline でテストを実行できるように、パイプラインの構成を大幅に変更しました（リスト 8.5）。

リスト 8.5: クライアントのテストに対応した.gitlab-ci.yml

```
stages:
  - build
  - test
```

```
todoserver_image_build:
  stage: build
  image: docker:latest
  services:
    - docker:dind
  before_script:
    - docker login -u gitlab-ci-token -p $CI_JOB_TOKEN registry.gitlab.com
  script:
    - docker build -t
registry.gitlab.com/fufuhu/ti_rancher_k8s_sampleapp/todo/server:${CI_COMMIT_SHA}
server
    - docker push
registry.gitlab.com/fufuhu/ti_rancher_k8s_sampleapp/todo/server:${CI_COMMIT_SHA}
  tags:
    - docker

todoclient_image_build:
  stage: build
  image: docker:latest
  services:
    - docker:dind
  before_script:
    - docker login -u gitlab-ci-token -p $CI_JOB_TOKEN registry.gitlab.com
  script:
    - docker build --target builder
-t registry.gitlab.com/fufuhu/ti_rancher_k8s_sampleapp/todo/client-builder:
${CI_COMMIT_SHA} client/gopath/src
    - docker push
registry.gitlab.com/fufuhu/ti_rancher_k8s_sampleapp/todo/client-builder:
${CI_COMMIT_SHA}
  tags:
    - docker

todoserver_test:
  stage: test
  image:
registry.gitlab.com/fufuhu/ti_rancher_k8s_sampleapp/todo/server:${CI_COMMIT_SHA}
  script:
    - |
      cd server/sampleapp
      python manage.py test

todoclient_test:
  stage: test
  services:
    - name:
registry.gitlab.com/fufuhu/ti_rancher_k8s_sampleapp/todo/server:${CI_COMMIT_SHA}
      alias: todo-server
      command:
        - /bin/sh
        - -e
        - -c
```

```
        - |
          gunicorn -w 2 -b 0.0.0.0:8000 sampleapp.wsgi
  image:
registry.gitlab.com/fufuhu/ti_rancher_k8s_sampleapp/todo/client-builder:
${CI_COMMIT_SHA}
  variables:
    TODO_TESTSERVER: "todo-server"
  script:
    - |
      # コードのテスト
      go test -v ./...
      cd /go/src/gitlab.com/fufuhu/ti_rancher_k8s_sampleapp
      # ビルド済みのバイナリのテスト
      echo `date +"%Y/%m/%d %H:%M:%S"`" 生成したバイナリから ping サブコマンドを実行しま
す。"
      ./todo ping --host todo-server --protocol http --port 8000
```

リスト 8.5 を模式図化すると図 8.3 のようになります。build ステージでサーバ、クライアント両アプリケーションのコンテナイメージのビルドを行い、test ステージでも同様に両アプリケーションのテストを行っています。

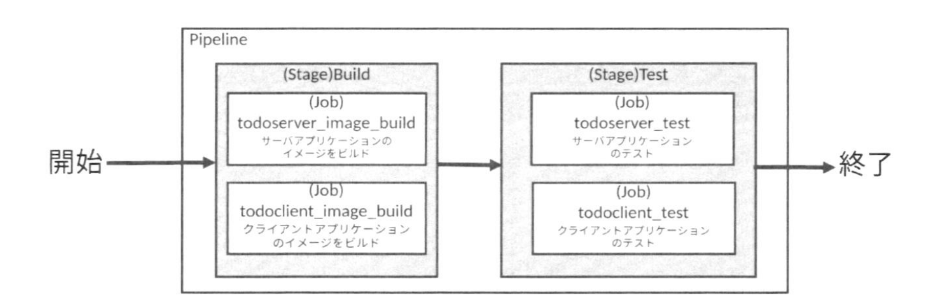


図 8.3　リスト 8.5 のパイプラインのイメージ

リスト 8.5 に戻ります。今回話題としているのは todoclient_test ジョブです。services で todo-server という名前を指定して todoserver_image_build ジョブでビルドしたサーバサイドアプリケーションのコンテナイメージを立ち上げています。これによってクライアントのテストの際にサーバアクセスが発生しても、サーバにアクセスできるようになっています。

このようにして単一のパイプラインでサーバアプリケーションもクライアントアプリケーションもまとめてテストを実行することができます。

## 8.3 まとめ

本章では、GitLab CI/CD Pipeline や docker-compose を使ってサーバアプリケーションおよびクライアントアプリケーションをテストする流れを解説しました。次章では、Rancher の機能を使ってアプリケーションをどうデプロイするかという観点で、Rancher のカスタムカタログの作成とカタログアプリケーションの作成について単純な例を用いて解説します。

# 第9章　Rancherカスタムカタログの作成

前章までで、サーバおよびクライアントアプリケーションのGitLab CI/CD Pipeline、ならびにdocker-composeを用いたテストについて解説しました。これで必要最小限のCIについては準備できました。

以降は、デプロイについても考えなければいけません。アプリケーションをデプロイすることを考えた場合に、RancherにはRancherカタログという強力な機能が存在します。デフォルトでは、Rancherカタログで様々なアプリケーションが提供されていますが、自分でカスタムカタログを作成すれば、任意のアプリケーションをGUIからデプロイすることが可能になります。

カタログに含まれるアプリケーションは、カタログアプリケーションと呼ばれることが多いようです。Rancherのカタログアプリケーションは、Helmのチャートにいくつか追加のファイルを含めることで機能を拡張したものです。双方向の互換性も存在し、RancherはHelmのチャートを取り扱うことが可能です。逆にHelmでは、RancherのカタログアプリケーションをHelmのチャートとして取り扱うことができます。

## 9.1　概念の整理

少しわかりづらい部分が多いので、ここでRancherのカタログ機能にまつわる用語を整理しておきます。

Rancherのカタログは、デプロイ可能なカタログアプリケーションの集合です（RancherのGUI上では「App」と表現されることが多いようです）。これを図示すると、Rancherのカタログとカタログアプリケーションの関係は以下の図9.1のようになります。

以降で説明するRancherカスタムカタログは、標準で提供されているRancherカタログ（正

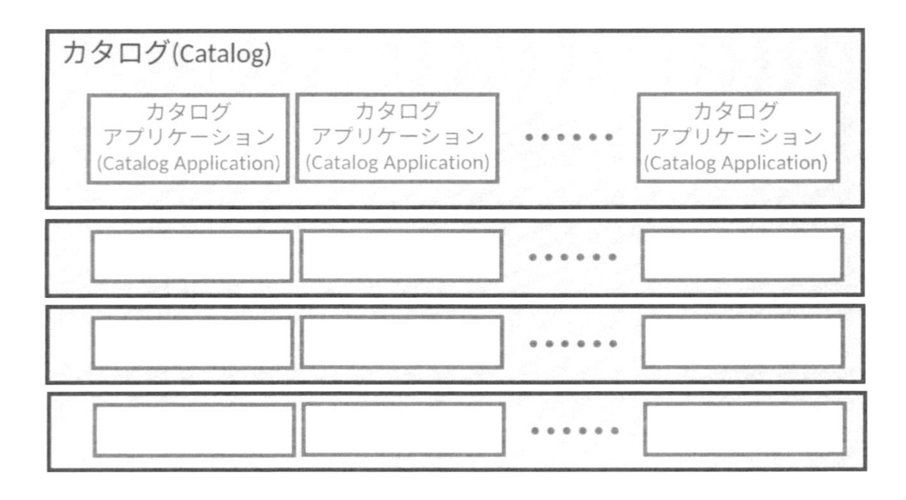


図 9.1　Rancher カタログとカタログアプリケーションの作成

確には Build-in Global Catalog）とは異なり、自身でカスタマイズまたは自作したカタログであることから、「Rancher カスタムカタログ」（または単にカスタムカタログ）と呼びます。

## 9.2　Rancher のカスタムカタログ提供方法

自分で作成したカスタムカタログを公開する場合も、Helm のチャートリポジトリを公開する場合と同様にどうやって公開するかという問題が生じます。Rancher のカタログの提供方法としては、Helm と同様に以下の四つが存在します。

1. Nginx などの Web サーバへのホスティング
2. ChartMuseum*1などの専用ソフトウェアを用いたホスティング
3. GitHub/GitLab Pages を使ったホスティング
4. S3/GCS などのマネージドなオブジェクトストレージの静的ページ公開機能を使ったホスティング

今回は、可能な限り特定のサービスやパブリッククラウドなどに依存しない形でカスタムカタログを公開するために、1の方法に則って解説します。

*1　https://github.com/helm/chartmuseum)

# 9.3 Nginx を使った Rancher のカスタムカタログの提供

Nginx を使って Rancher のカスタムカタログを提供する方法について解説します。ここでは、Rancher のカスタムカタログを Helm チャートとして記述し、Rancher Pipeline を用いてデプロイします。

Rancher Pipeline は、Rancher に統合されている CI/CD 機能です。GitLab Pipeline や他の CI ツールと比較すると、機能的に不足する部分はありますが（本書の執筆時点における比較）、Rancher のカスタムカタログをデプロイする程度であれば、かなり効率的に実施することができます。

Rancher Pipeline を使ったカスタムカタログの公開は、以下のような流れをとります。

1. Rancher のカスタムカタログの Dockerfile を準備する
2. Rancher のカスタムカタログの Helm チャートを作成する
3. Rancher Pipeline の中で 1 のコンテナイメージをビルドし、GitLab Container Registry にプッシュする
4. Rancher Pipeline の中で 2 のチャートをレンダリングし、Kubernetes クラスタにデプロイする

## カスタムカタログの Helm チャート作成

それでは、カスタムカタログの Helm チャートを準備していきましょう。Helm クライアントのインストールと初期化、そして各種テンプレートの作成について解説します。

### Helm クライアントのインストールと初期化

ここで利用している Helm クライアントは、Helm の公式リポジトリ*2のリリースページ（https://github.com/helm/helm/releases）からダウンロードして導入します。OS にあわせた手順で導入します。以下は、x86-64 アーキテクチャの CPU で Linux を利用している場合の手順です。

リスト 9.1: Helm クライアントの導入手順

```
$ wget https://get.helm.sh/helm-v2.12.3-linux-amd64.tar.gz
$ tar xvzf helm-v2.12.3-linux-amd64.tar.gz
$ cd linux-amd64
$ chmod +x helm
```

```
$ sudo mv helm /usr/local/bin/helm
```

それではチャートを作成していきましょう。chart ディレクトリ配下に Helm チャートおよび、Rancher のカタログアプリケーションを集約したいので、まずは chart ディレクトリを作成し、その中にカスタムカタログのチャートを作成していきます。実体としては helm のリポジトリと同等なので、repository という名前のチャートを作成します。

リスト 9.2: Helm クライアントの初期化

```
$ helm init --client-only   # helm クライアントの初期化
```

## Helm チャートの作成

Helm クライアントの初期化が完了したら、helm create コマンドで Helm チャートの雛形を作成してしまいます（リスト 9.3)。

リスト 9.3: Helm チャートの雛形の作成

```
$ mkdir chart && cd chart   # chart ディレクトリの準備
$ helm create repository    # chart ディレクトリ配下に、repository チャートを作成
```

repository/template 以下に Kubernetes のリソースマニフェストのテンプレートが作成されているので、一旦削除します。helm create コマンドで生成されるテンプレートを流用してもかまいませんが、今回の場合はイチから作ってしまったほうが早いと判断しました。なお、今回作成する Rancher カタログのチャート（以後、repository チャート）とその関連ファイル構成は、以下のようになります（リスト 9.4)。

リスト 9.4: repository カタログアプリケーションのファイル構成

```
chart/
  |- Dockerfile
  |- repository/
      |- Chart.yaml         # チャートの自体のメタデータを記述したファイル
      |- Values.yaml        # テンプレートに対して与えるデフォルトの値を記したファイル
      |- requirements.yaml # 依存チャートの設定を記述したファイル (オプション)
      |- charts/            # 依存チャートを静的ファイルとして格納したディレクトリ
      |- templates/         # テンプレート化された k8s リソースマニフェストと
          |                   ヘルパーファイルの格納されたディレクトリ
          |- _helpers.tpl  # ヘルパーファイル
          |- repository-ingress.yaml
          |- repository-deployments.yaml
          |- repository-service.yaml
```

＊2　https://github.com/helm/helm

### Helm チャートの中身の記述

では、個別のファイルを記述していきましょう。まずは Chart.yaml です（リスト 9.5）。

リスト 9.5: chart/repository/Chart.yaml

```
apiVersion: v1
appVersion: "1.0"
description: Rancher chart repository
name: repository
version: 0.1.0
```

特に重要なのは name と description、そして version になります。それぞれ、チャートの名前、説明、バージョンを表します。

次に templates ディレクトリ配下にある一連のファイルです。今回で作成しようとしているカタログアプリケーションのイメージを図 9.2 に示します。

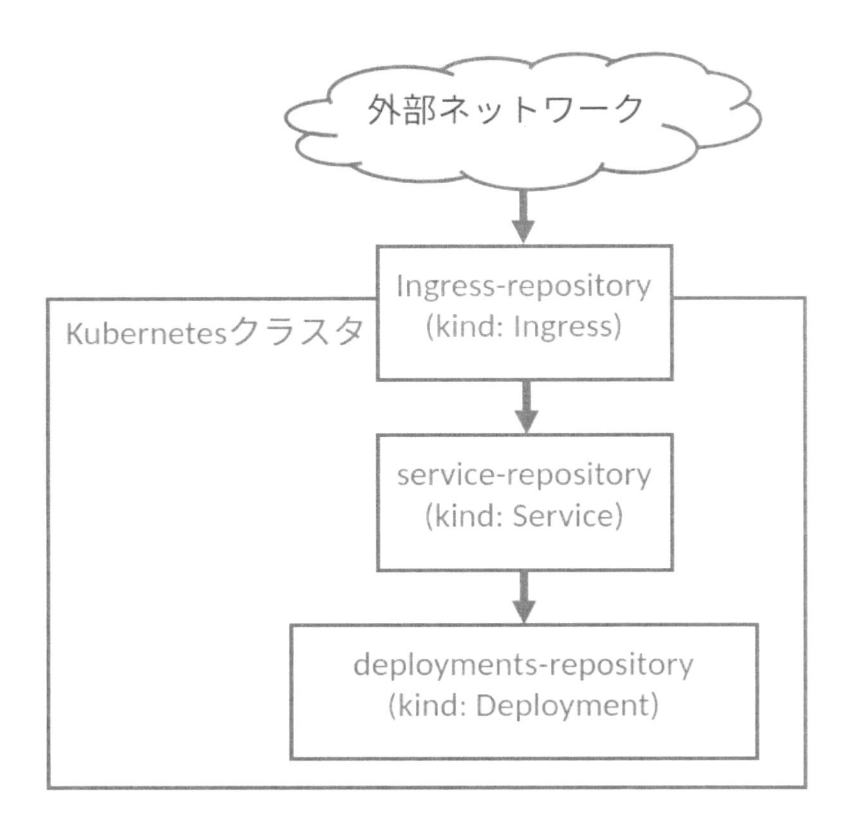


図 9.2 repository チャートのイメージ

外部からのアクセスの入り口として、Ingress(ingress-repository) が存在し、その後段に Service(service-repository) があります。最後にアクセス先として Deployment(deployments-repository) が配置されています。これを頭の隅においた上で templates ディレクトリ配下のファイルを見ていきます。

最初は、repository-ingress.yaml（リスト 9.6）です。図 9.2 の要素のうちの、ingress-repository を定義しています。Values.yaml またはチャートインストール時に spec.rules[0].host の値を指定するようにしています。これで外部からアクセスする際の FQDN を差し替えることができるようにしてあります*3。

リスト 9.6: chart/repository/templates/repository-ingress.yaml

```
apiVersion: extensions/v1beta1
kind: Ingress
metadata:
  name: ingress-repository
  labels:
    app: repository
spec:
  rules:
  - host: {{ .Values.repository.host }}
    http:
      paths:
      - path: /
        backend:
          serviceName: service-repository
          servicePort: 80
```

spec.rules[0].http.paths[0].backend.serviceName で Ingress からアクセスする先の Service として、service-repository を指定しています。では、service-repository を定義している repository-service.yaml の中身（リスト 9.7）を見ていきましょう。

リスト 9.7: chart/repository/templates/repository-service.yaml

```
apiVersion: v1
kind: Service
metadata:
  name: service-repository
  labels:
    app: repository
spec:
  type: ClusterIP
  ports:
  - name: http
    port: 80
    protocol: TCP
    targetPort: 80
  selector:
    app: repository
```

repository-service.yaml ですが、type: ClusterIP を指定している点には注意してください。今回、筆者が利用した環境では NGINX Ingress Controller を利用しています。パブリッククラウドで提供されているロードバランササービスを Ingress リソースとして利用する場合は、配下の Service には type: NodePort を指定しなければいけない場合もあるので、その点は注意してください。

次に service-repository の配下にぶら下がる Deployments の定義です（リスト 9.8）。

リスト 9.8: chart/repository/templates/repository-deployments.yaml

```
apiVersion: apps/v1
kind: Deployment
metadata:
  name: deployment-repository
  labels:
    app: repository
spec:
  replicas: 1
  selector:
    matchLabels:
      app: repository
  template:
    metadata:
      labels:
        app: repository
    spec:
      containers:
      - image: {{ .Values.repository.image \}\}:{{ .Values.repository.tag \}\}
        name: deployment-repository
        ports:
        - name: http
          containerPort: 80
          protocol: TCP
      imagePullSecrets:
        - name: secret-repository
```

今回準備するカスタムカタログは、常時高い可用性や性能を求められるものではないので、replicas には 1 を指定しています。イメージの変更やアップデートに対応できるよう、外部から値を差し込めるようにコンテナイメージを指定する部分は、image: {{ .Values.repository.image }}:{{ .Values.repository.tag }}としています。これは、リスト 9.9 にある通り、values.yaml ファイルでデフォルトの値を指定しています。

リスト 9.9: chart/todoserver/values.yaml

```
repository:
    # Helm リポジトリのホスト名 (FQDN)
    host: repository.web.ryoma0923.work
    # Helm リポジトリの Docker イメージリポジトリ
    image: registry.gitlab.com/fufuhu/ti_rancher_k8s_sampleapp/todo/repository
```

```
    # Helm リポジトリの Docker イメージタグ
  tag: latest
```

リスト 9.8 の中で `imagePullSecrets` として `secret-repository` が指定されています。この `secret-repository` リソースには、レジストリのユーザ名やパスワードといった情報が含まれます。こららの機密情報をリポジトリ内に安全に保管するには、Hashicorp の Vault*4や各種パブリッククラウドのサービス（AWS KMS や GCP の Cloud KMS）などを利用する必要があります。これらを深く論じていくと、本書で扱う範疇を超えて複雑になりすぎるので、ここではリソースを作成せずに、Rancher 上で直接準備します。

### Helm チャート内の imagePullSecret の準備

リスト 9.8 に記述されている `imagePullSecrets` を準備していきましょう。最初に GitLab Container Registry へのアクセスに必要なトークンを作成します。GitLab にログインした後に、右上の自身のユーザアイコンをクリックして表示されるドロップダウンメニュー内の `Settings` をクリックします（図 9.3）。

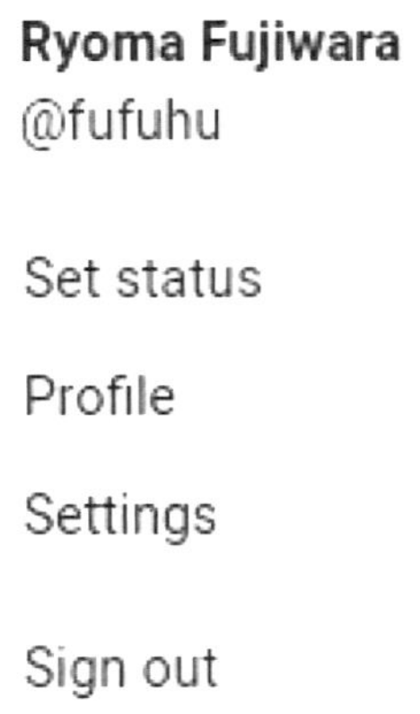

Ryoma Fujiwara
@fufuhu

Set status

Profile

Settings

Sign out

図 9.3　GitLab のユーザアイコンのドロップダウンメニュー

遷移後の画面で左側ペインの `Access Tokens` メニューをクリックします（図 9.4）。

*3　Ingress で与える host の値（FQDN）を楽に処理するには、external-dns をクラスタに導入すると良いでしょう。
*4　https://www.vaultproject.io/

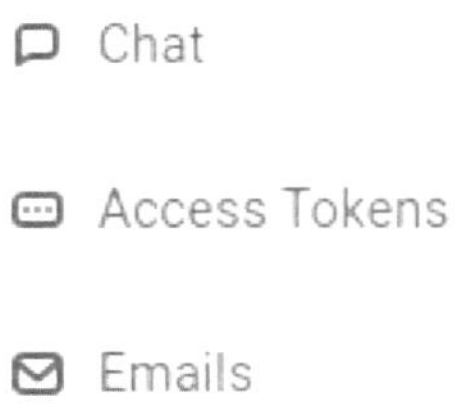

図 9.4　左側ペインの Access Tokens メニュー

トークンの名前（ここでは rancher-pipeline を指定）と割り当てる権限を設定します（図 9.5）。GitLab Container Registry への書き込みも行うため、ここでは api 権限を付与します。

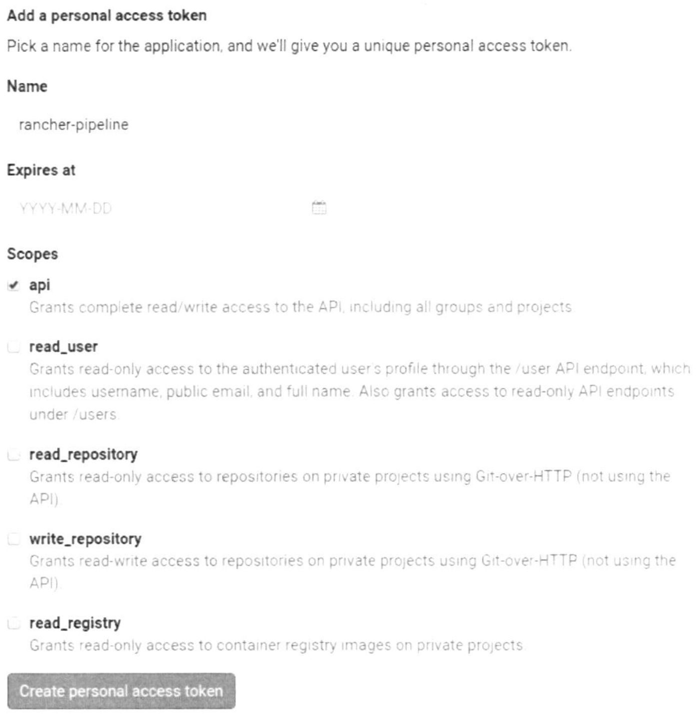

図 9.5　Access Token の作成画面

アクセストークンが表示されるので、これをコピーしておきます（図 9.6）。

Rancher にログインした後、操作対象となるプロジェクト（筆者の場合は rancher プロジェク

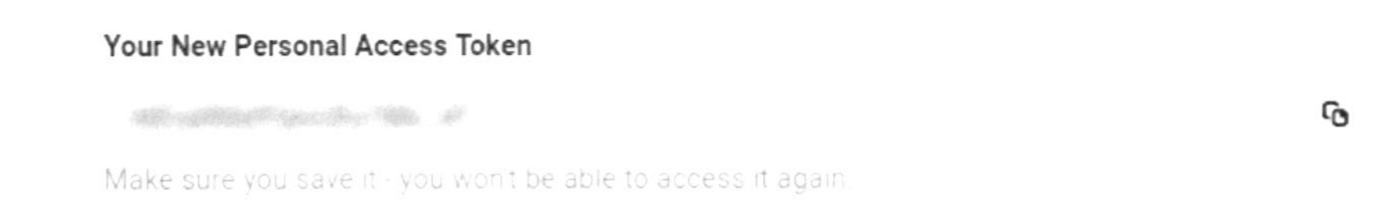


図 9.6　作成されたアクセストークン

ト）を選択し、Resources メニュー配下の Registries をクリックします (図 9.7)。

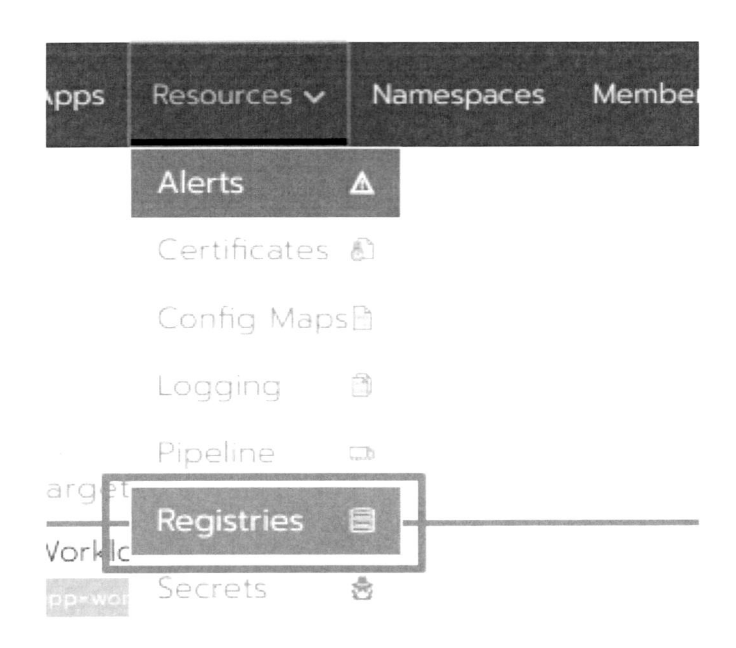


図 9.7　Resources -> Registries

画面右上の Add Registry ボタンをクリックします (図 9.8)。

Registry へのアクセス情報を記述します。名前に secret-repository を指定し、スコープ（適用範囲）に Available to all namespaces in this project を選択します。Address では Custom を選択し、GitLab Container Registry のホスト名（registry.gitlab.com）を指定します。Username には registry_user（GitLab Container Registry の固定値)、Password には、図 9.6 で取得したトークンの値を設定します（図 9.9)。

図 9.8　レジストリの一覧画面

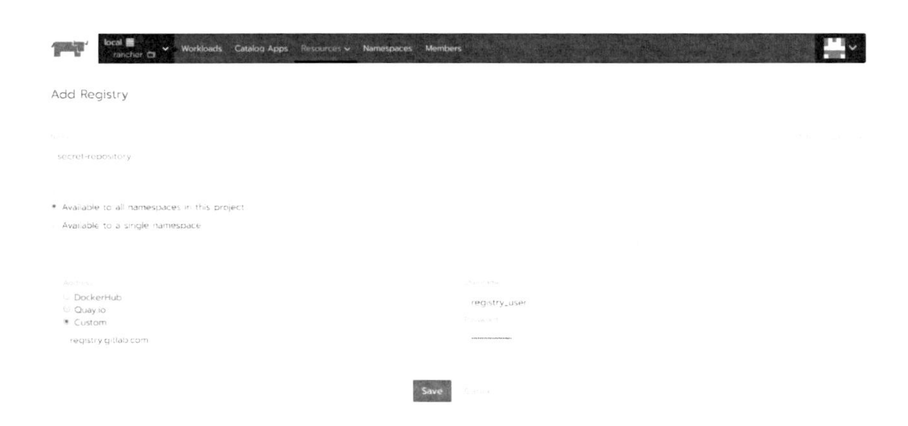


図 9.9　Registry シークレットの作成画面

さて、ここまででデプロイに必要なリソースとリソースのテンプレートの準備ができました。次に、ここまでで作成したチャートのパッケージングを行いましょう。

## Helm チャートのパッケージング

Helm ではチャートをパッケージングすることができます。Rancher のカタログアプリケーションも、Helm クライアントを使ってパッケージングすることができます。チャートをパッケージングしたファイルを、Web サーバの公開ディレクトリに配置しただけのシンプルなものです。

ここまで準備が終わったら、Helm チャートのパッケージングと Helm リポジトリに必要となる index.yaml の準備をしましょう（リスト 9.10）。

リスト 9.10: Helm チャートのパッケージングとリポジトリ用の index.yaml ファイルの生成

```
$ cd chart
$ helm package repository
$ helm repo index --url http://repository.web.ryoma0923.work .
```

helm package repository コマンドで chart/repository-0.1.0.tgz ファイルが作成され

ていると思います。これが Helm パッケージです。単純に repository ディレクトリ配下の内容をアーカイブ・圧縮したものです。

helm repo index コマンドでは chart/index.yaml が作成されます（リスト 9.11）。

リスト 9.11: chart/index.yaml

```
apiVersion: v1
entries:
  repository:
  - apiVersion: v1
    appVersion: "1.0"
    created: 2019-05-15T23:46:07.33531258+09:00
    description: Helm chart repository
    digest: fab582793588171ab089df0a14966f5e3c60c1750365341c30db961d282c9f25
    name: repository
    urls:
    - http://repository.web.ryoma0923.work/repository-0.1.0.tgz
    version: 0.1.0
generated: 2019-05-15T23:46:07.33502424+09:00
```

index.yaml は Helm リポジトリとして Helm クライアントや Rancher を中心としたその互換クライアントが、Helm リポジトリ内部にどのようなパッケージが含まれているのかを把握する上で必要となるファイルです。

さて、ここまでで一通り、Helm リポジトリ（Rancher カスタムカタログ）の記述は完了しました。次に、このチャートにを提供する際に必要となるコンテナイメージの Dockerfile を見ておきましょう（リスト 9.12）。

リスト 9.12: chart/Dockerfile

```
FROM nginx:1.15
COPY index.yaml /usr/share/nginx/html
COPY *.tgz /usr/share/nginx/html/ckerfile
```

次は、Rancher Pipeline を使ってコード 8-12 のコンテナイメージのビルドと Rancher カタログのデプロイについて解説します。

## 9.4　Rancher Pipeline

Rancher Pipeline を利用するには、git リポジトリと Rancher を連携させる必要があります。ここでは、Rancher Pipeline そのものの解説と、git リポジトリと Rancher 間の連携手順の解説、そして Rancher のカスタムカタログの継続的デリバリについて解説します。

## Rancher Pipelineとは

Rancher Pipelineは、Rancherに統合されているCI/CDの機能です。実際には、以下のツールが内部的に動作することで実現しています。

- Jenkins
- Minio
- Docker Registry

JenkinsがCI/CDを実行するためのエンジンです。あくまでもエンジンとしての利用のため、ユーザはJenkinsの画面を直接操作することはできません。次にMinioです。Jenkinsで実行されたパイプライン処理のログを保管するために利用されています。最後のDocker Regisryは、パイプラインの中でビルドされたコンテナイメージのデフォルトの保管先です。今回は、GitLab Container Registryを利用しているため、Docker Registryは利用しません。

## Rancher PipelineとGitLab上のgitリポジトリの連携

では、Rancher PipelineとGitLab上のリポジトリの連携を設定しましょう。

Rancher Pipelineを設定したいRancherのプロジェクトに移動し、`Workloads`メニュー（図9.10（1））、`Pipelines`（図9.10（2））、`Configure Repositories`（図9.10（3））の順に選択します。

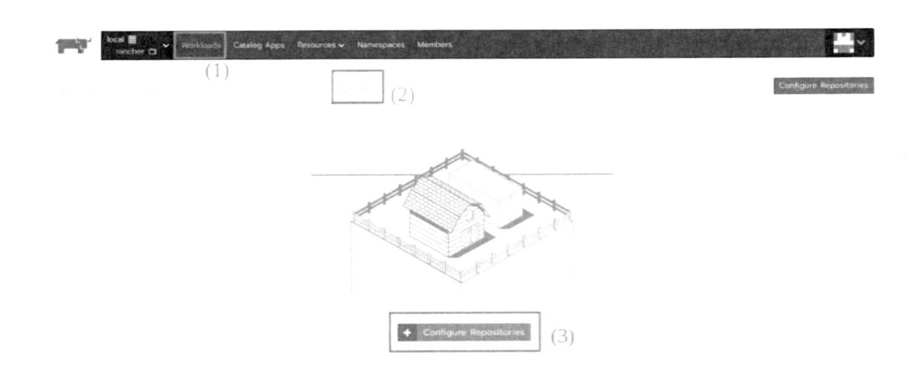


図 9.10　Pipeline 一覧画面（設定前）

次に GitLab（図 9.11（1））を選択します。図 9.11（3）の URL をコピーした後に、図 9.11（2）のリンクをクリックします。

図 9.11　GitLab リポジトリとの連携設定画面

GitLab.com の画面に遷移します。任意の名前を設定（図 9.12（1））、図 9.11（2）の URL を図 9.12（2）にコピーします。最後に必要な権限を設定し（図 9.12（3））、Save application をクリックします（図 9.12（4））。

確認画面が出てくるので、Authorize ボタンをクリックします（図 9.13）。

Application ID（図 9.14（1））と Secret（図 9.14（2））が表示されます。

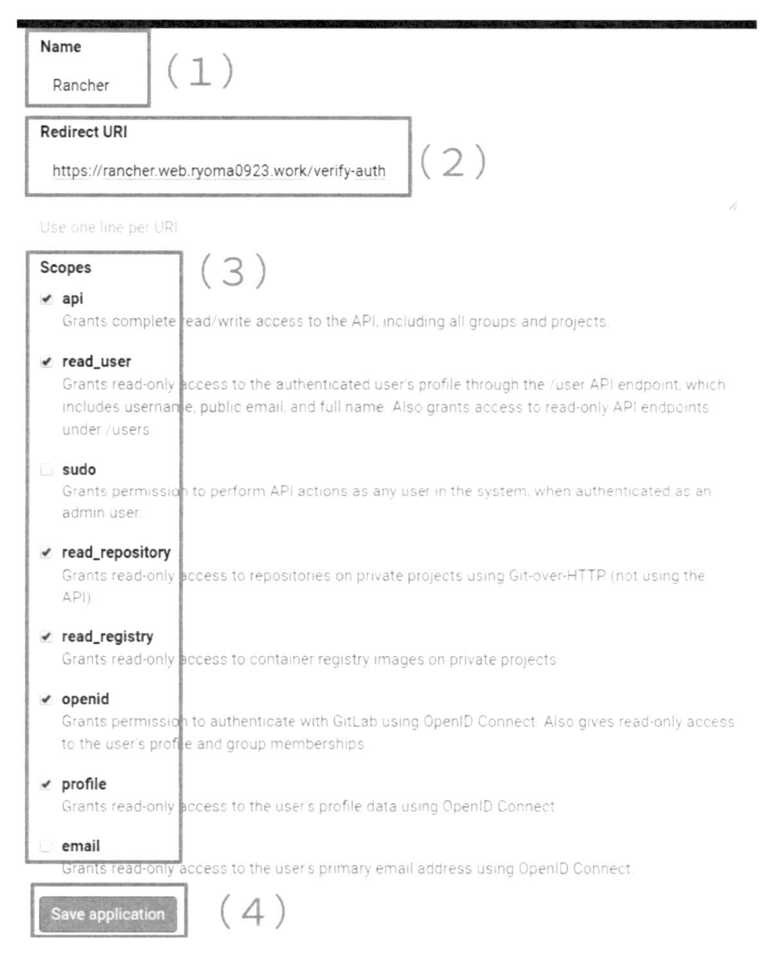


図 9.12　GitLab 側の連携アプリケーション設定

ここまで完了したら、Rancher の画面に戻ります。図 9.15 は図 9.10 と同じ画面です。図 9.14 で取得した Application ID と Secret をそれぞれ、図 9.15（1)、図 9.15（2）に入力します。

GitLab と Rancher の間の連携が完了すると、連携可能なリポジトリの一覧が表示されます。連携させたい git リポジトリのトグルボタンを Enabled に切り替えて（図 9.16（1))、Done ボタンをクリックしましょう（図 9.16（2))。

連携済みのリポジトリが Workloads 配下の Pipelines の画面に表示されます（図 9.17)。

**Authorize Rancher to use your account?**

An application called Rancher is requesting access to your GitLab account. This application was created by Ryoma Fujiwara. Please note that this application is not provided by GitLab and you should verify its authenticity before allowing access.

This application will be able to:

- **Access the authenticated user's API**
  Grants complete read/write access to the API, including all groups and projects.

図 9.13　連携アプリケーションの認証確認画面

**Application: Rancher**

Application ID　(1)

Secret　(2)

Callback URL　https://rancher.web.ryoma0923.work/verify-auth

Scopes

- **api** (Access the authenticated user's API)
- **read_user** (Read the authenticated user's personal information)
- **read_repository** (Allows read-access to the repository)
- **read_registry** (Grants permission to read container registry images)
- **openid** (Authenticate using OpenID Connect)
- **profile** (Allows read-only access to the user's personal information using OpenID Connect)

Edit　Destroy

図 9.14　Application ID/Secret 表示画面

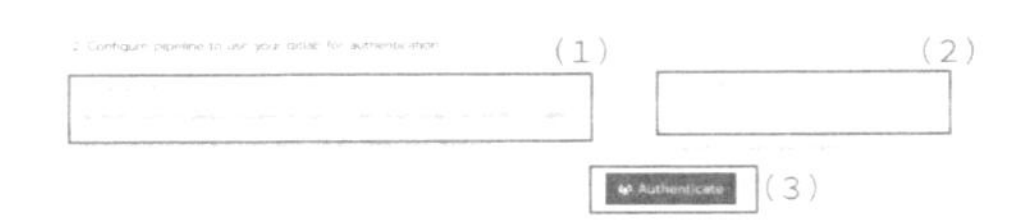


図 9.15　Pipeline 一覧画面（Appliction ID/Secret 設定）

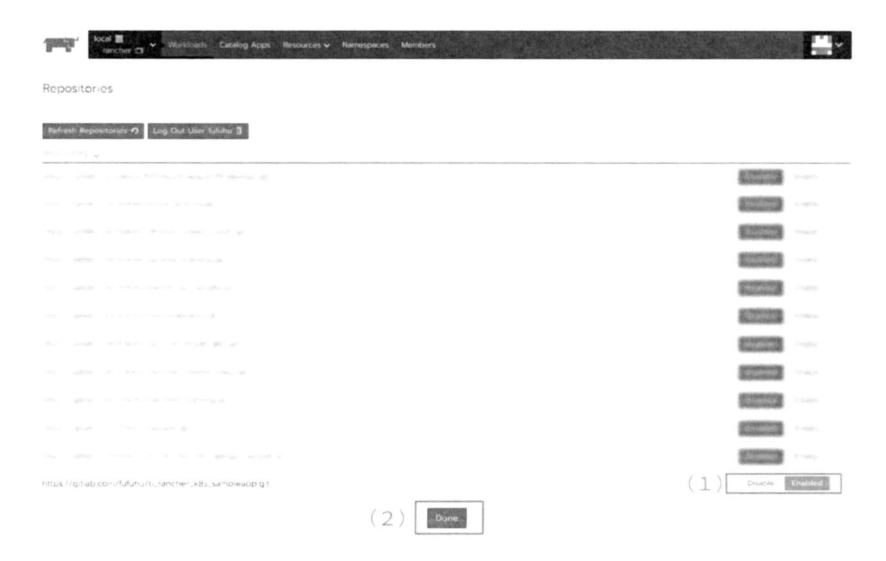


図 9.16 連携候補の git リポジトリ一覧

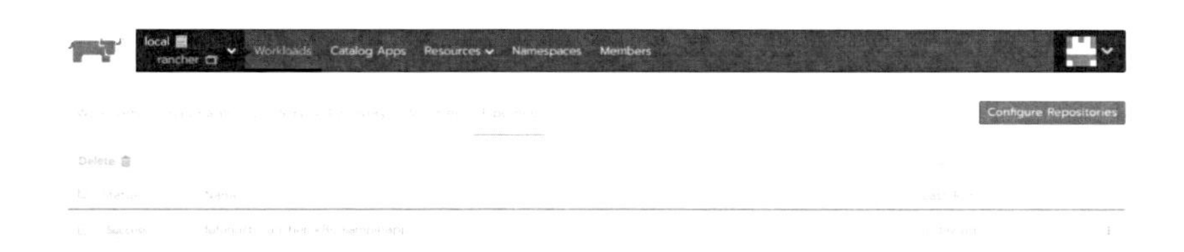


図 9.17 Rancher Pipeline

## パイプラインの作成

ではパイプラインを作成していきましょう。

全体的な手順としては、以下のような流れを想定しています。

1. git cloneでソースコードを取得する
2. RancherカタログのコンテナイメージをビルドしてGitLab Container Registryに登録
3. Rancherカタログのhelmチャートをレンダリングする
4. 3. でレンダリングしたKubernetesリソースをデプロイ

ではパイプラインを作成していきます。図9.18にある通り、連携させたgitリポジトリのドロップダウンメニューから`Edit Config`をクリックします。

図9.18　リポジトリ一覧

パイプライン設定を行いたいブランチを選択（図9.19（1））します。初期時点では設定がないので`Configure pipeline for this branch`（図9.19（2））を設定して初期設定を行います。

ここまで設定が完了すると図9.20のようになります。

ここで実際にパイプラインを組み始める前にRancher Pipelineの概念を説明しておきます。Rancher Pipelineには`Stage`と`Step`という二つの概念が存在します。一つのパイプラインは、複数の`Stage`から構成されます。さらに`Stage`は、複数の`Step`から構成されます。`Step`は実際の作業を表します（例えば、コンテナイメージのビルド、任意のスクリプトの実行、Kubernetesリソースのクラスタへの適用などです）。同一の`Stage`の中に設定された`Step`は、並列で実行されます。

これらの特性を踏まえて、以下の表9.1のように`Stage`および`Step`の構成を考えました。

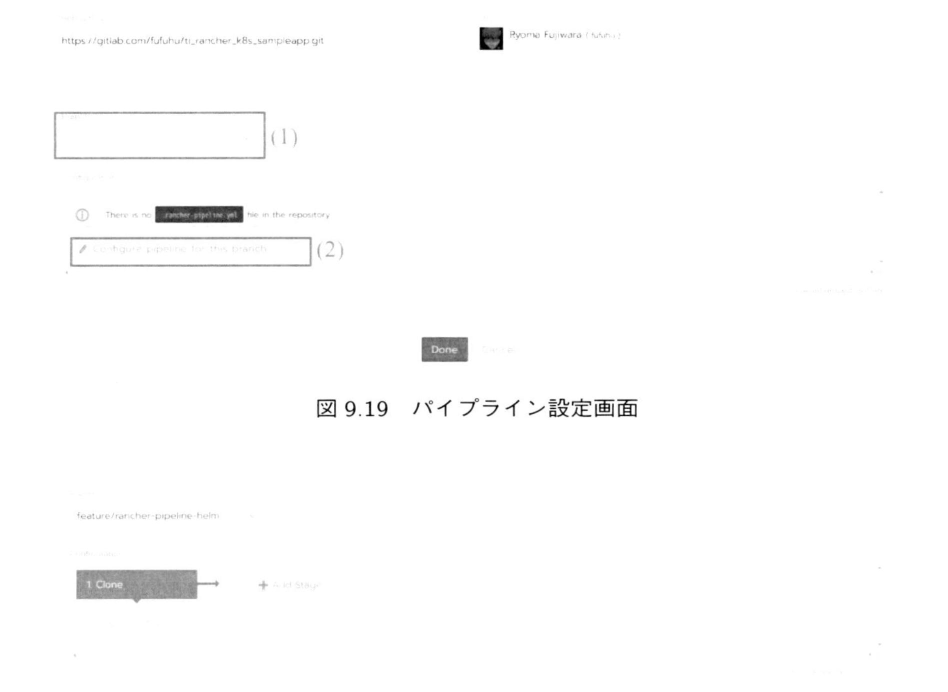


図 9.19　パイプライン設定画面

図 9.20　パイプライン設定画面（初期化済み）

表 9.1　Rancher カスタムカタログの CI/CD パイプライン

| ステージ | ステップ | 実施内容 |
|---|---|---|
| Clone | - | 連携している git リポジトリからソースコードを取得する |
| Build | Run Script | repository チャートのテンプレートをレンダリングします |
| | Build and Publish Image | Rancher カスタムカタログのコンテナイメージをビルドして、GitLab Container Registry に保管します |
| Apply Rendered | Deploy YAML | Build ステージの Run Script ステップでレンダリングされた Kuberenetes リソースをデプロイします |

では表 9.1 に記載の通りのパイプラインを作成しましょう。Add Stage ボタンをクリックしてステージを追加します。

図 9.21　Stage の作成

これを 2 回繰り返してパイプラインの Stage 全体を準備すると、図 9.22 のようになります。

図 9.22　Stage を作成した Rancher Pipeline

続いて Step を作成していきます。表 9.1 に記載した通りの対応関係になるように、Stage に Step を追加していきます。

最初に作成するのは、repository チャートのテンプレートをレンダリングする Step です。Step Type に Run Script を選択し、Base Image に Helm クライアントのコンテナイメージである alpine/helm:2.14.0 を選択します。さらに実行するスクリプトを記載します（図 9.23）。

スクリプトが少し見づらいと思うので、コードを記載します（リスト 9.13）。helm template コマンドを使って repository チャートをレンダリングして、rendered.yaml ファイルに保管しています。ここでレンダリングした結果ファイルは、後の Deploy YAML ステップで利用します。

リスト 9.13: Run Script に記述したスクリプト

```
#! /bin/sh
cd chart/repository
helm template . --name repository --set repository.tag=${CICD_EXECUTION_SEQUENCE} >
./rendered.yaml
```

また、ここで使っている${CICD_EXECUTION_SEQUENCE}ですが、Rancher Pipeline 内部で

図 9.23 Build ステージの Run Script ステップの作成

事前に定義されている環境変数であり、パイプラインが実行された回数を表します。他にも事前定義された環境変数がいくつかあるので、詳細については公式ドキュメント（https://rancher.com/docs/rancher/v2.x/en/k8s-in-rancher/pipelines/）を参照してください。

Build and Publish Image ステップでは、repository チャートに必要なコンテナイメージをビルドして、GitLab Container Registory に保管します。図 9.24 にある通り、`Step Type` に `Build and PublishImage` を指定し、`Dockerfile Path` に repository チャートのコンテナイメージの Dockerfile パスを指定します。`Image Name` には、repository チャート内の定義とあわせて registry.gitlab.com/fufuhu/ti_rancher_k8s_sampleapp/todo/repository:${CICD_EXECUTION_SEQUENCE}を指定します。さらに、`Build Context` として`./chart` を指定します。

図 9.24 で記述している内容を `docker build` コマンドにするとリスト 9.14 のようになります。

リスト 9.14: Build and Puslish Image ステップを docker build コマンドに落とし込んだ場合の内容

```
$ docker build -t
registry.gitlab.com/fufuhu/ti_rancher_k8s_sampleapp/todo/repository:${CICD_EXECUTION
\
    _SEQUENCE} -f ./chart/Dockerfile \
    ./chart
```

最後に `Deploy YAML` ステップを準備します（図 9.25）。

`Step Type` に Deploy YAML を指定し、`YAML Path` に `chart/repository/rendered.yaml` を指定します。これは、`Run Script` ステップで生成したファイルです。

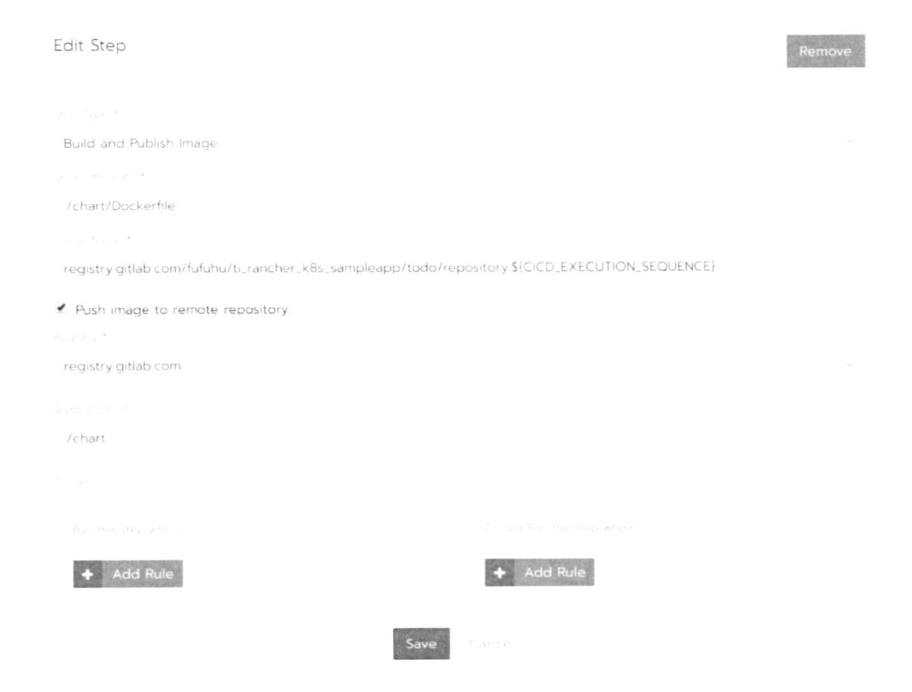


図 9.24　Build ステージの Build and Publish Image ステップの作成

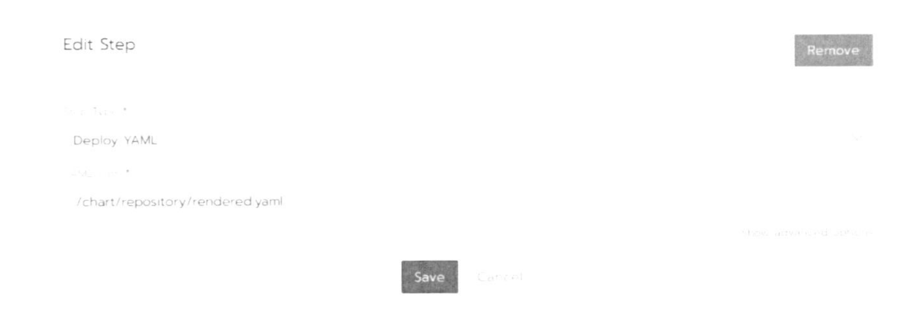


図 9.25　Apply Rendered ステージの Deploy YAML ステップの作成

ここまでの作業を通じて、パイプラインの全体が図 9.26 のようになりました。Save ボタンをクリックすると、コードをリポジトリにプッシュするか、ダウンロードするか尋ねられるので、プッシュしてしまいましょう。

作成されたパイプラインの構成情報はリポジトリ直下に`.rancher-pipeline.yml`として保管されます（リスト 9.15）。

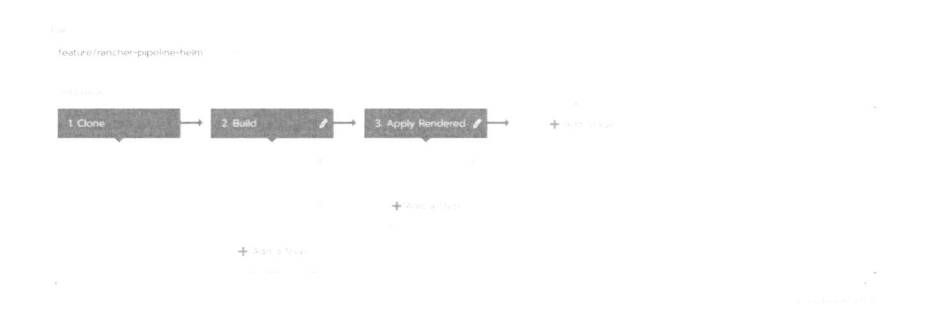


図 9.26　完成した Rancher Pipeline

リスト 9.15: .rancher-pipeline.yml

```
stages:
- name: Build
  steps:
  - runScriptConfig:
      image: alpine/helm:2.14.0
      shellScript: |-
        #! /bin/sh
        cd chart/repository
        helm template . --name repository --set
repository.tag=${CICD_EXECUTION_SEQUENCE}  > ./rendered.yaml
  - publishImageConfig:
      dockerfilePath: ./chart/Dockerfile
      buildContext: ./chart
      tag:
registry.gitlab.com/fufuhu/ti_rancher_k8s_sampleapp/todo/repository:${CICD_EXECUTION
\
      _SEQUENCE}
      pushRemote: true
      registry: registry.gitlab.com
- name: Apply Rendered
  steps:
  - applyYamlConfig:
      path: ./chart/repository/rendered.yaml
timeout: 60
```

実体は YAML ファイルなので、GUI で雛形を作り、詳細はコードエディタで詰めるといった作り方も可能です。

## 9.5　パイプラインと Rancher カスタムカタログの動作確認

作成したパイプラインの動作確認を行っていきましょう。

パイプラインの一覧画面から先ほど追加したパイプラインのメニューを表示させ、Run を選択します（図 9.27）。

図 9.27　パイプライン一覧画面とパイプラインの個別メニュー

パイプラインを実行するブランチの選択フォームが表示されるので、先ほどパイプラインを構築したブランチ（今回の場合は feature/rancher-pipeline-helm ブランチ）を選択します（図 9.28）。

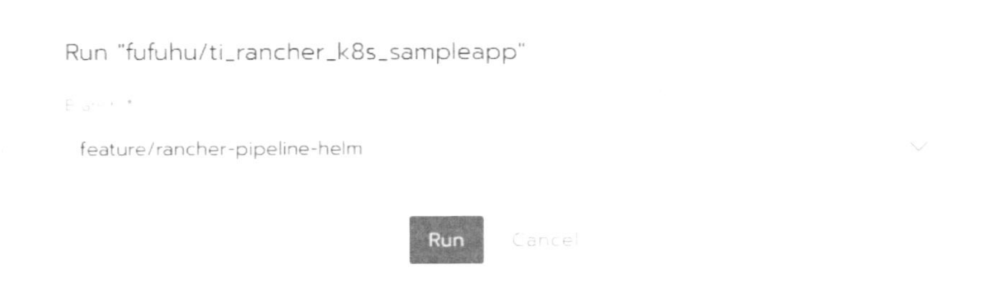


図 9.28　パイプラインを実行する git ブランチの選択フォーム

これでパイプラインの実行が開始されます。パイプラインの実行成否や進捗状況は、パイプラインの個別結果画面に表示されます（図 9.29）。

図 9.29 の Run 列の番号を選択すると、個別のパイプラインの実行結果画面に遷移します（図 9.30）。詳細画面では個々の Step の成否、実行ログなどを確認できます。

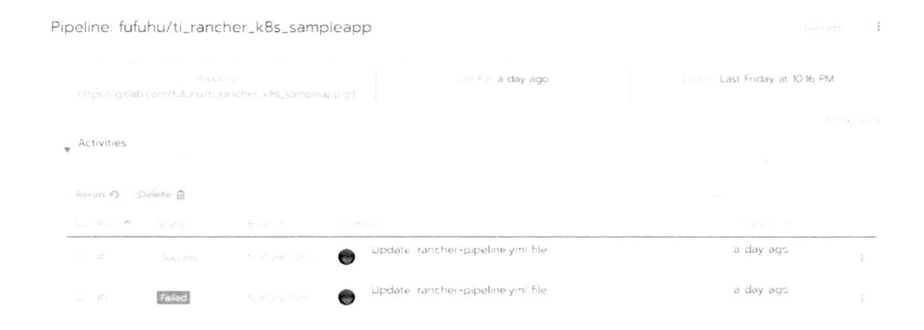


図 9.29　パイプラインの実行結果一覧画面

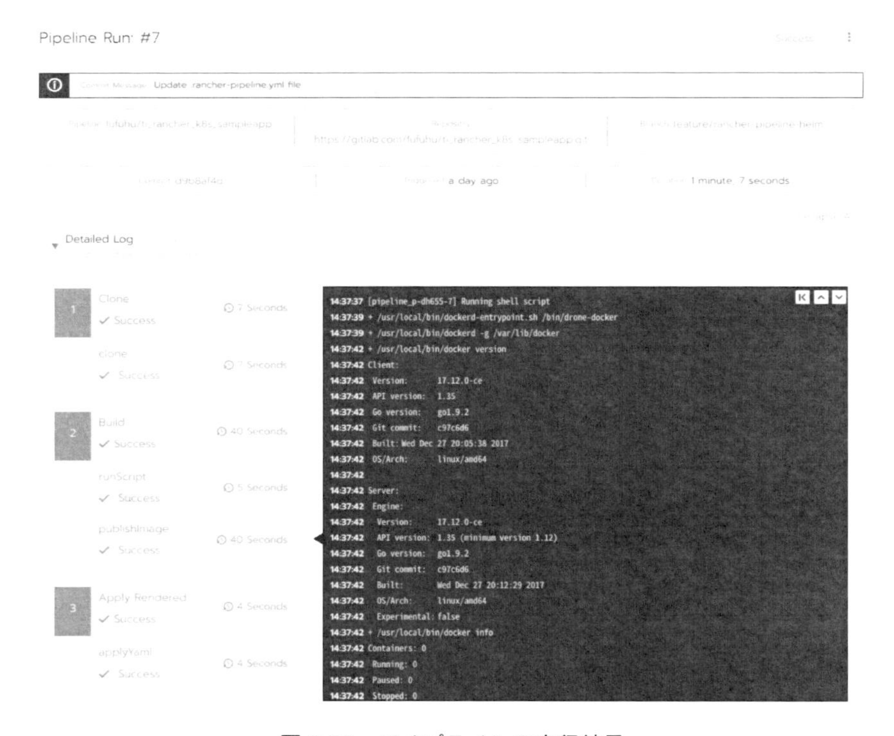


図 9.30　パイプラインの実行結果

このパイプラインでは、最後に Kuberenetes のリソースのデプロイを行っているので、これも確認しておきましょう（図 9.31）。画面を見る限りでは無事動作しているようです。

図 9.31　パイプラインからデプロイされたリソースの一部（deployment-repository）

念のため、curl コマンドを使ってカスタムカタログに含まれる index.yaml ファイルが取得できるか確認してみましょう。リスト 9.11 と同じ内容が返ってくれば正しく設定できています（リスト 9.16）。

リスト 9.16: Rancher カスタムカタログの動作確認

```
$ curl http://repository.web.ryoma0923.work/index.yaml
apiVersion: v1
entries:
  repository:
  - apiVersion: v1
    appVersion: "1.0"
    created: 2019-05-15T23:46:07.33531258+09:00
    description: Helm chart repository
    digest: fab582793588171ab089df0a14966f5e3c60c1750365341c30db961d282c9f25
    name: repository
    urls:
    - http://repository.web.ryoma0923.work/repository-0.1.0.tgz
    version: 0.1.0
generated: 2019-05-15T23:46:07.33502424+09:00
```

# 9.6　Rancher カスタムカタログの設定

ここからは、デプロイした Rancher カスタムカタログを Rancher から利用するための手順を解説します。

Rancher のカスタムカタログを有効化するには、Rancher 側でカタログを追加しなければいけません。追加のために作業を進めていきます。特定のプロジェクトではなく Global メニュー（図 9.32（1））を表示し、Catalog メニューを選択します（図 9.32（2））。

遷移先のカタログ一覧の画面で、Add Catalog ボタンをクリックします（図 9.33）。

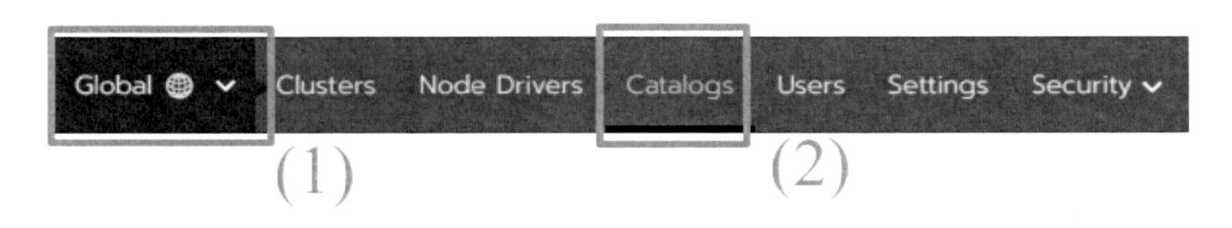


図 9.32　グローバルメニューバー

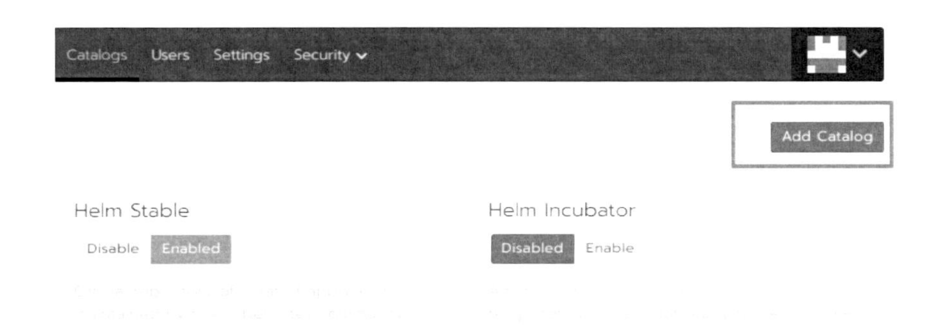


図 9.33　カタログ一覧画面（一部）

カタログ追加のための入力フォームが表示される（図 9.34）ので、カタログの名前、URL を設定します。URL は、リスト 9.4 で指定している Ingress リソースで指定しているものになります。入力が終わったら、`Create` ボタンをクリックします。

無事にカスタムカタログが追加され、正しく認識されると、カタログ一覧画面で当該カタログの `State` が `Active` になります（図 9.35）。

では、カタログに含まれるカタログアプリケーションも確認しておきましょう。適当な Rancher プロジェクト内に移動し（図 9.36（1））、`Catalog Apps` メニューを選択します（図 9.36（2））。遷移先の画面で、`Launch` ボタンをクリックします（図 9.36（3））。

右上のドロップダウンメニューからカタログ単位でのフィルタリングを行うと、図 9.37 のようにカスタムカタログに含まれているカタログアプリケーションが表示されます（今回追加している repository は Helm チャートですが、Rancher カタログは Helm チャートも取り扱うことが可能です）。

ここまで Rancher Pipeline および、Rancher のカスタムカタログの機能と構築、デプロイについて解説しました。次章では、アプリケーションの機能追加に伴う CI の修正と、カタログアプリケーションの作成を解説します。

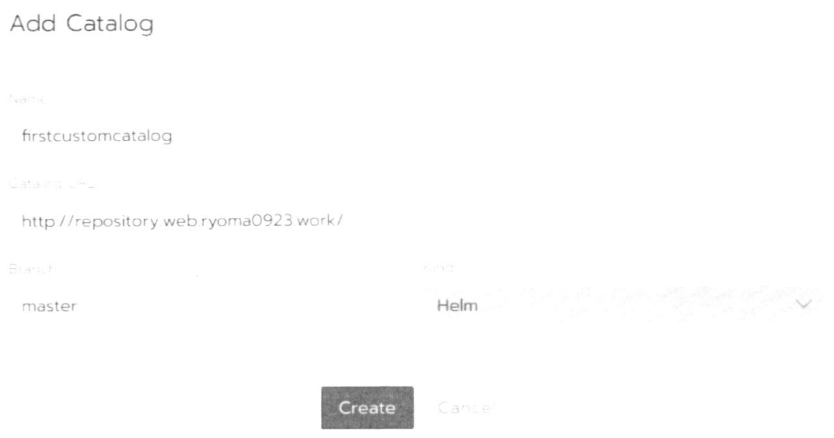

Add Catalog
firstcustomcatalog
http://repository.web.ryoma0923.work/
master
Helm
Create

図 9.34　カタログ追加フォーム

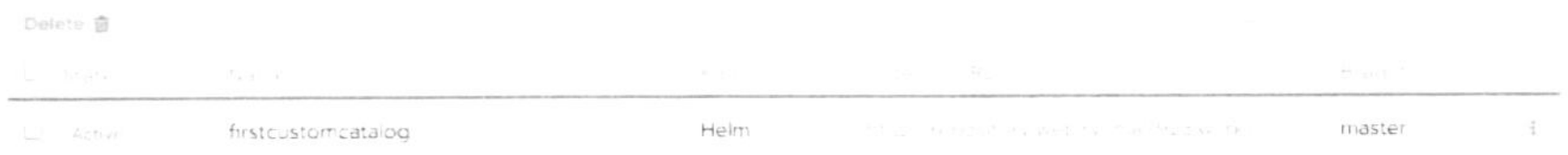

firstcustomcatalog
Helm
master

図 9.35　正しく認識されたカスタムカタログ

local
rancher
Workloads
Catalog Apps
Resources
Namespaces
Members
(1)
(2)
Apps
Launch
Launch
(3)

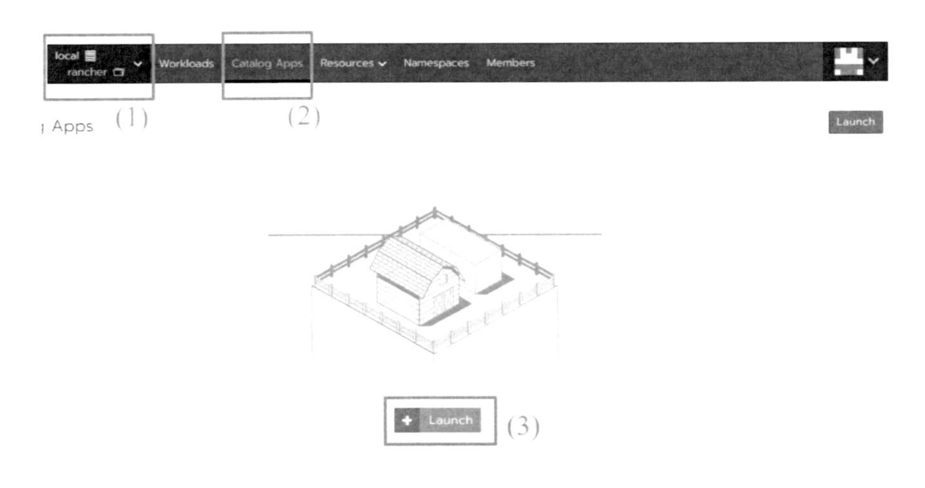

図 9.36　カタログアプリケーションの追加

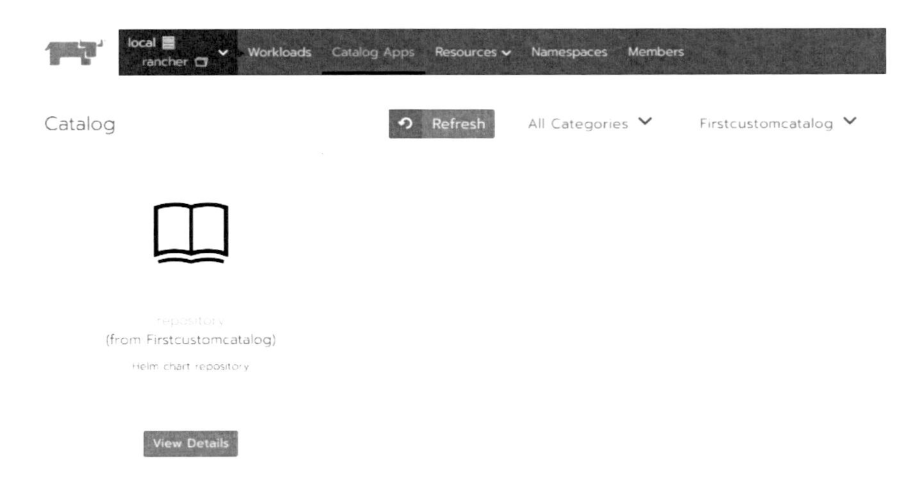


図 9.37　追加されたカタログアプリケーション

# 第10章　サーバアプリケーションのCI改善とカタログアプリケーション作成

サーバアプリケーションの **GitLab を用いた CI** では、必要最小限の機能（死活監視 API）を含んだ CI パイプラインを作成しました。ここでは機能の拡張が進んで外部のデータベースなどが必要になった場合の CI パイプラインの組み方、および、CD（継続的デリバリ）の準備に向けてのサーバアプリケーションのカタログアプリケーション作成について解説します。

## 10.1　サーバアプリケーションの機能追加と構成の変化

以前の章で解説したサーバアプリケーションでは、特にデータの永続化層は不要でした。しかし Todo 管理アプリケーションである関係上、データの永続化層が必要になります。そこで今回は、MySQL をデータの永続化層として準備します。

それに伴い、サーバアプリケーションの機能追加に伴う CI パイプライン構成の変更、クライアントアプリケーションのテスト構成の変更が必要になります。

### サーバアプリケーションの機能追加に伴う CI パイプラインの構成変更

データベースが追加になるとはいえ、CI パイプラインのステージやジョブ構成に大きな変化はありません。しかし、**実際にアプリケーションを動かす環境に可能な限り近づけてテストを行ったほうが、より確実に不具合を検出することが可能**になります。

今回作成しているサーバアプリケーションは Django を利用しているため、デフォルトでは SQLite を利用します。しかし本番環境では MySQL を利用するため、DB へのアクセスを伴う

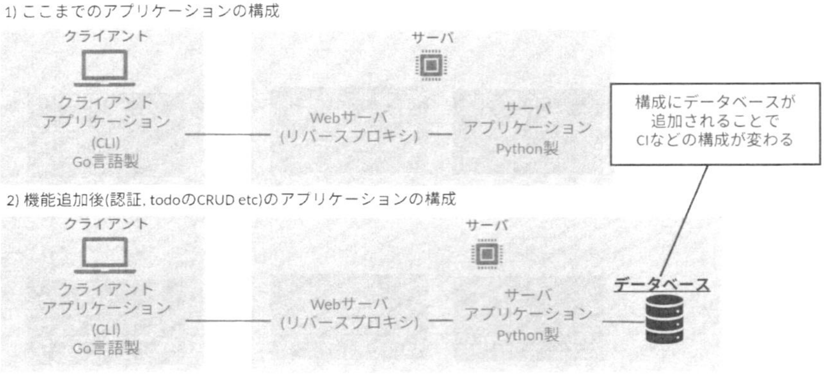

図 10.1　機能追加に伴うアプリケーション構成の変化

テストケースでは MySQL を利用してテストを行った方が良いでしょう。そこでリスト 10.1 に示すように、.gitlab-ci.yml ファイルを修正しました。

リスト 10.1: MySQL に対応した.gitlab-ci.yml の抜粋（変更のある部分のみ）

```
todoserver_test:
  stage: test
  services: # MySQL を立ち上げて利用する
    - name: mysql:5.7
      alias: todo-mysql
      command:
        - mysqld
        - --character-set-server=utf8
        - --collation-server=utf8_unicode_ci

  variables:
    # MySQL 関連の設定
    MYSQL_USER: test #ユーザ
    MYSQL_PASSWORD: test #ユーザパスワード
    MYSQL_ROOT_PASSWORD: test  #MySQL の root パスワード
    MYSQL_DATABASE: test #データベース名
    MYSQL_HOST: todo-mysql #データベースホスト名
    # 動作環境設定
    TODO_SERVER_ENVIRONMENT: production
    # 利用する Django の設定ファイル
    DJANGO_SETTINGS_MODULE: sampleapp.settings_mysql

  image:
registry.gitlab.com/fufuhu/ti_rancher_k8s_sampleapp/todo/server:${CI_COMMIT_SHA}
  script:
    - |
      cd server/sampleapp
      python manage.py test -v 2 --noinput
```

サーバアプリケーションのテストは todoserver_test ジョブで実行しています。そこで、todoserver_test ジョブのなかで services 句を使って MySQL を立ち上げてテストを行っています。

このように、実際のシステム構成に合わせて services 句を使ってテスト対象を本番稼働する際の環境に可能な限り近づけて、テストをしたほうが良いでしょう。

例えば今回の例ですと、SQLite と MySQL では文字コードの取り扱い方に大きな違いがあります*1。SQLite ではデフォルトの文字コードは UTF-8 ですが、MySQL は特に何も指定していない場合は、latin1 など、マルチバイト文字列に対応していない文字コードを利用しています。ここではテスト時に SQLite ではなく、MySQL を使うことで、文字コードの取り扱いに関する不具合を意図せず発見することができました。

これで、サーバアプリケーションの CI についてはテストが完了しました。

## クライアントアプリケーションのテスト構成の変更

一方、クライアントアプリケーションの自動テストジョブ（todoclient_test ジョブ）では MySQL を導入していません。 これは todoclient_test ジョブでは、クライアントサプリケーションとサーバアプリケーションの間のインタフェースのテストを意図しているため、サーバアプリケーションと MySQL のつなぎこみは範疇外であるという判断に基づいています。ここに関しては、組織やプロジェクトごとのテストにおけるポリシーに沿って、適宜判断してもらえればと思います。

クライアントアプリケーションのテストにおいては、docker-compose.yaml と .gitlab-ci.yml の両方に変更を加えています。

docker-compose.yaml については少し方針がブレている印象を受けるかもしれませんが、本番環境に可能な限り寄せることを目的として、MySQL を含めた構成に変更しています（リスト 10.2）。

リスト 10.2: docker-compose.yaml

```
version: '3.4'
services:
  todo-client:
    build:
      context: client/gopath/src
      target: builder
    environment:
      TODO_TESTSERVER: todo-server
```

*1 知っている人にとっては当たり前のことです。

```
    command:
      - /bin/bash
      - -e
      - -c
      - |
        # todo-server の起動待ち
        sleep 20

        # コードテストの実行
        go test -v ./...
        echo $TODO_TESTSERVER

        # ビルド済みバイナリのテストの実行
        echo `date +"%Y/%m/%d %H:%M:%S"`" 生成したバイナリから ping サブコマンドを実行しま
す。"
        ./todo ping --host todo-server --protocol http --port 8000
        echo `date +"%Y/%m/%d %H:%M:%S"`" 生成したバイナリから login サブコマンドを実行しま
す。"
        ./todo login --username test_user --password test_password --host
todo-server --protocol http --port 8000
        echo `date +"%Y/%m/%d %H:%M:%S"`" 生成したバイナリから create サブコマンドを実行し
ます。"
        ./todo create --title "todo" --description "todo-description"
        echo `date +"%Y/%m/%d %H:%M:%S"`" 生成したバイナリから get サブコマンドを実行します。
(全タスク取得) "
        ./todo get
        echo `date +"%Y/%m/%d %H:%M:%S"`" 生成したバイナリから get サブコマンドを実行します。
(単一タスク取得) "
        ./todo get --id `./todo create --title "todoGet" --description "Get"| grep
"ID" | sed -e 's/ID: //'`
        echo `date +"%Y/%m/%d %H:%M:%S"`" 生成したバイナリから delete サブコマンドを実行し
ます。"
        ./todo delete --id `./todo create --title "todoGet" --description "Get"|
grep "ID" | sed -e 's/ID: //'`
        echo `date +"%Y/%m/%d %H:%M:%S"`" 生成したバイナリから update サブコマンドを実行し
ます。"
        ./todo update --id `./todo create --title "todoGet" --description "Get"|
grep "ID" | sed -e 's/ID: //'` --title "updated" --description "updated description"
--status "RUNNING"

  todo-server:
    build:
      context: server/
    environment:
      MYSQL_USER: test
      MYSQL_PASSWORD: test
      MYSQL_DATABASE: sampleapp
      MYSQL_HOST: todo-mysql
    command:
      - /bin/sh
      - -e
      - -c
      - |
```

```
      # MySQL の起動まち
      sleep 5

      # テスト用のデータベースの準備
      python manage.py migrate
      python manage.py loaddata sampleapp/fixtures/test_user
      python manage.py loaddata task_status

      # サーバアプリケーションの起動
      gunicorn -w 2 -b 0.0.0.0:8000 sampleapp.wsgi

  todo-mysql:
    image: mysql:5.7
    environment:
      MYSQL_ROOT_PASSWORD: root
      MYSQL_USER: test
      MYSQL_PASSWORD: test
      MYSQL_DATABASE: sampleapp
    expose:
      - 3306
```

テスト対象となる機能の追加に伴って、todo-client の command の内容が増えていますが、これはビルト済みバイナリのテストが追加になっているためです。一方 todo-server には、MySQL にテスト用のテーブルを作成したり、テストデータをロードしたりといった作業が追加になっています。そして、最後に todo-mysql として、MySQL のテストを追加しています。それぞれのサービスにおいて、必要となる環境変数なども追加されています。

次に、CI 環境におけるクライアントアプリケーションのテスト（todoclient_test ジョブ）がデータベースの追加によってどう変わったかを確認しましょう。

services の中で起動を指定しているサーバアプリケーションについては、docker-compose.yaml の場合と同様にテーブルの作成や、テストデータのロードといった処理を行っています。クライアントアプリケーション側についても docker-compose.yaml とほぼ同等の指定になっています。あとはジョブの中で環境変数として、MySQL ではなくデフォルトの SQLite を利用するように環境変数を指定している程度です (variables の DJANGO_SETTINGS_MODULE、実装についての詳細はサンプルアプリケーションのコードを見てください)。

リスト 10.3: .gitlab-ci.yml のクライアントテスト部分抜粋（変更のある部分のみ）

```
todoclient_test:
  stage: test
  services:
    - name:
registry.gitlab.com/fufuhu/ti_rancher_k8s_sampleapp/todo/server:${CI_COMMIT_SHA}
      alias: todo-server
```

```
      command:
        - /bin/sh
        - -e
        - -c
        - |
          python manage.py migrate
          python manage.py loaddata sampleapp/fixtures/test_user
          python manage.py loaddata task_status
          gunicorn -w 2 -b 0.0.0.0:8000 sampleapp.wsgi
  image:
registry.gitlab.com/fufuhu/ti_rancher_k8s_sampleapp/todo/client-builder:${CI_COMMIT_SHA}
  variables:
    TODO_TESTSERVER: "todo-server"
    TODO_SERVER_ENVIRONMENT: "ci"
    DJANGO_SETTINGS_MODULE: "sampleapp.settings" #ローカルの SQLite を使うように指定
  script:
    - |
      go test -v ./...
      cd /go/src/gitlab.com/fufuhu/ti_rancher_k8s_sampleapp
      echo `date +"%Y/%m/%d %H:%M:%S"`" 生成したバイナリから ping サブコマンドを実行しま
す。"
      ./todo ping --host todo-server --protocol http --port 8000
      echo `date +"%Y/%m/%d %H:%M:%S"`" 生成したバイナリから login サブコマンドを実行しま
す。"
      ./todo login --username test_user --password test_password --host todo-server
--protocol http --port 8000
      echo `date +"%Y/%m/%d %H:%M:%S"`" 生成したバイナリから create サブコマンドを実行しま
す。"
      ./todo create --title "todo" --description "todo-description"
      echo `date +"%Y/%m/%d %H:%M:%S"`" 生成したバイナリから get サブコマンドを実行します。
(全タスク取得)"
      ./todo get
      echo `date +"%Y/%m/%d %H:%M:%S"`" 生成したバイナリから get サブコマンドを実行します。
(単一タスク取得)"
      ./todo get --id `./todo create --title "todoGet" --description "Get"| grep
"ID" | sed -e 's/ID: //'`
      echo `date +"%Y/%m/%d %H:%M:%S"`" 生成したバイナリから delete サブコマンドを実行しま
す。"
      ./todo delete --id `./todo create --title "todoGet" --description "Get"| grep
"ID" | sed -e 's/ID: //'`
      echo `date +"%Y/%m/%d %H:%M:%S"`" 生成したバイナリから update サブコマンドを実行しま
す。"
      ./todo update --id `./todo create --title "todoGet" --description "Get"| grep
"ID" | sed -e 's/ID: //'` --title "updated" --description "updated description"
--status "RUNNING"
```

これで、サーバ・クライアントアプリケーション両方に対するデータベースの追加に伴うテスト構成の変更対応が終わりました。では、サーバアプリケーションのカタログアプリケーションを作成して、CD の実現に向けた準備を整えましょう。

# 10.2　サーバアプリケーションのカタログアプリケーション作成

ここまででRancherのカスタムカタログを提供するためのHelmチャートについては、CDも含めて解説しました。Rancherのカスタムカタログを含んだチャートは、動的に変化するようなデータも内部に抱えておらず、静的なWebホスティングに過ぎないものでした。ここでは、サーバアプリケーションのカタログアプリケーションの作成について解説します。

## カタログアプリケーションのファイル構成

カタログアプリケーションのファイルおよびディレクトリ構成は以下のようになります。

表10.1　カタログサプリケーションを構成するファイル・ディレクトリ

| ファイル・ディレクトリ名 | 内容 |
|---|---|
| charts/ | 依存しているチャートを格納するディレクトリ |
| templates/ | Kubernetesのリソースのテンプレートを格納している values.yamlと合わさってKuberenetesのリソースになる |
| app-readme.md | RancherのUI上でヘッダに表示されるテキスト |
| Chart.yaml | チャートのメタデータを記述したファイル |
| questions.yaml | Rancher UIからvalues.yamlの値を上書きする際のフォーム表示の補助ファイル |
| README.md | （オプション）Helmチャートしての Readmeファイル。Rancher UI上でも表示される |
| requirements.yaml | （オプション）チャートの依存関係を記述したファイル |
| values.yaml | チャートのデフォルトの値を記述したファイル |

ほとんどはHelmチャートの定義でも利用するファイルであり、カタログアプリケーション独自のファイルは、`questions.yaml`と`app-readme.yaml`のみです。

以降では、今回作成しているサーバアプリケーションを題材に、必要となるファイルを作成していきます。

## サーバアプリケーションのカタログアプリケーション雛形作成

ここでは実際のWebアプリケーションのチャートを作るに当たって、具体的にどのように設定するのかについてと、個々の設定項目の意味合いについて、作業を実施する範囲内で解説します。

リスト 10.4: todoserver のカタログアプリケーション（チャート）の雛形作成

```
$ cd chart
$ helm create todoserver
```

今回は下図に示すような形の構成でカタログアプリケーションを構成します。これに合わせたテンプレート構成を準備する必要があります。

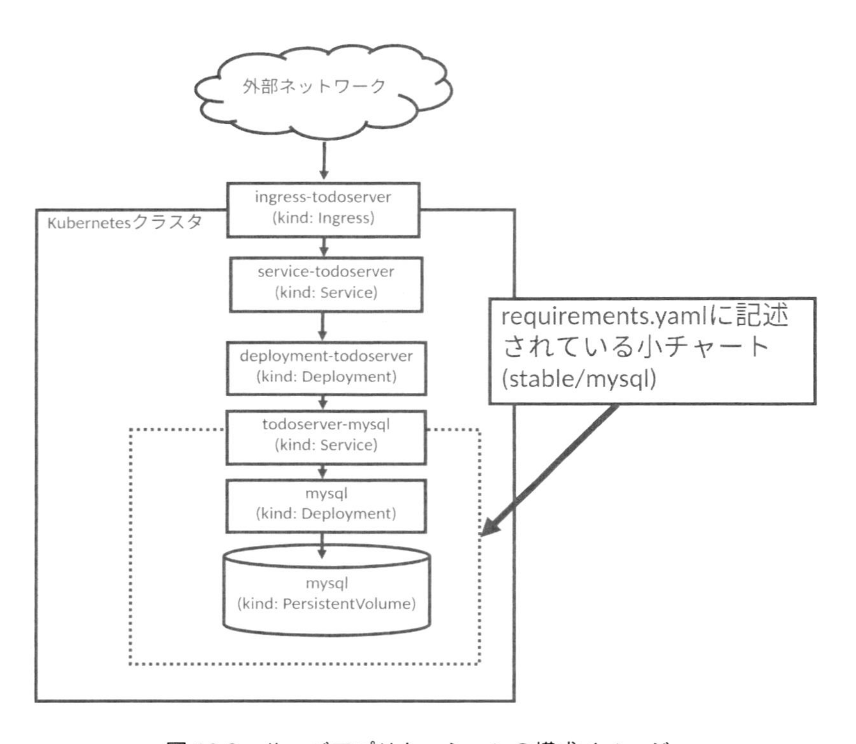


図 10.2　サーバアプリケーションの構成イメージ

template ディレクトリ以下のファイルは一旦削除し、図 10.2 の構成に合わせて以下のディレクトリ・ファイル構成とします。

リスト 10.5: todoserver のカタログアプリケーションのディレクトリおよびファイル構成 console

```
charts/todoserver
|--- Chart.yaml
|--- charts
|    |--- mysql-0.15.0.tgz
|--- questions.yaml
|--- requirements.yaml
|--- templates
|    |--- _helpers.tpl
```

```
|    |--- todoserver-app-secret.yaml
|    |--- todoserver-configmap.yaml
|    |--- todoserver-deployments.yaml
|    |--- todoserver-ingress.yaml
|    |--- todoserver-secret.yaml
|    |--- todoserver-service.yaml
|--- values.yaml
```

## カタログアプリケーションのメタデータ記述

カタログアプリケーションのメタデータとしてChart.yamlが必要です。以下の通りチャートを準備しました（リスト10.6）。

リスト10.6: chart/todoserver/Chart.yaml

```
apiVersion: v1
appVersion: "1.0"
description: A Helm chart for Kubernetes
name: todoserver
version: 0.2.0
```

実際にカタログアプリケーションが完成した際には、Chart.yamlの記述内容は以下のように反映されます（図10.3）。

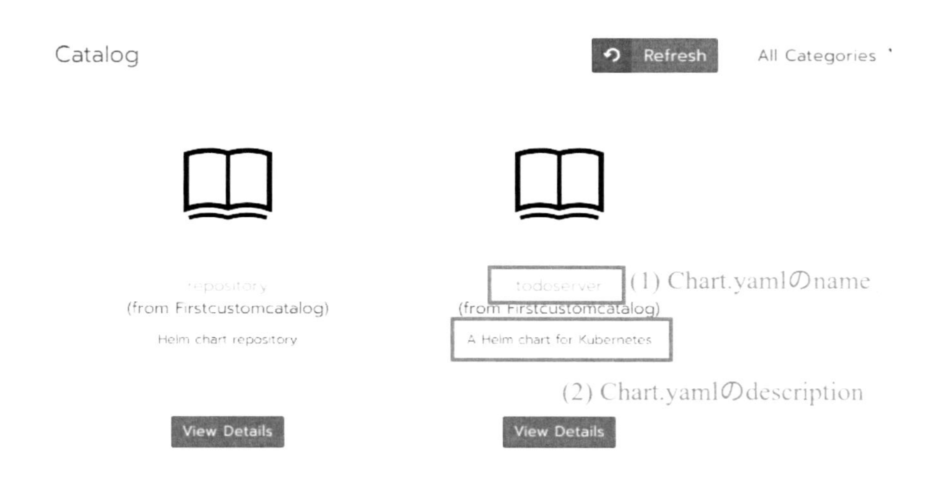


図10.3　サーバサイドアプリケーションのカタログアプリケーション表示

## （補足）データベースのチャートは別途定義したものを利用する

Web アプリケーションにおいて「永続化データをどうするか」という問題は、ずっとつきまとってくる問題です。例えば RDB を利用する場合、Amazon Web Service のようなパブリッククラウドサービスであれば、RDS（Relational Database Service）などの PaaS が提供されています。おそらく 2019 年時点では、そのような PaaS を利用できる環境であれば、それを利用するほうがベターでしょう。

では、そのような PaaS が準備されていない環境ではどうでしょう？　環境が少数であれば都度サーバーを準備して RDBMS を設計、インストールしても良いかも知れません。しかし適切に RDBMS を設定、構築できるメンバー（DBA：DataBase Administrator）は、組織内でもそこまで多くはないはずです。

そこでコンテナを利用する方法が浮かびます。コンテナと kubernetes（+ helm）を組み合わせることで、必要な設定を作り込みながらも、デプロイを容易な状態に保つための方法を提供することができます。

このような目的で存在するのが、チャート間の依存関係の定義です。単一の適切に設定された RDBMS のチャート（今回の場合は MySQL のチャート）を準備して利用することで、DBA が不足しがちな組織であっても、実行に際しては最低限必要な設定がなされた RDB を利用することができるようになります。イメージ的には図 10.4 のような形になります。

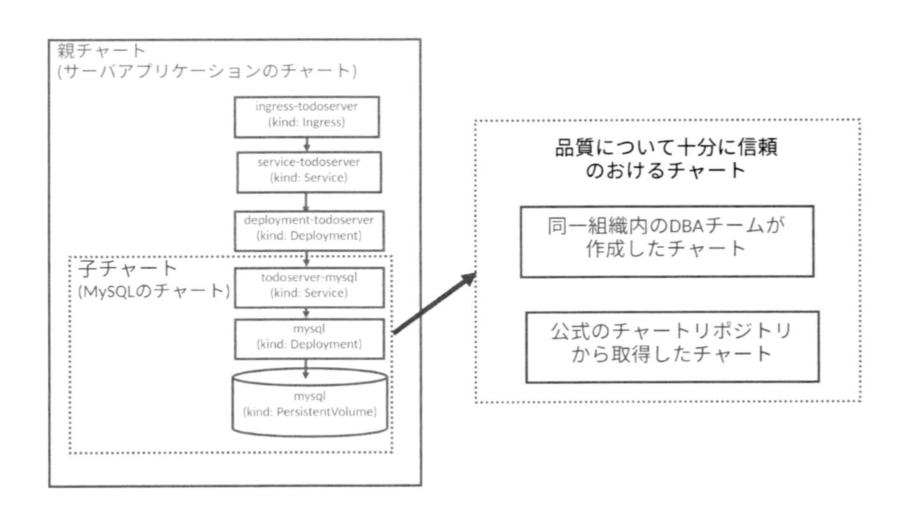


図 10.4　品質面で信頼のおける子チャートの利用

このように特定のミドルウェアについて深い知識が求められる場合などに、**適切な設定が施さ**

**れたチャートを用意し、子チャートとして依存関係に含めることで、高い品質の設定が加えられたミドルウェアを利用しつつ、自分たちは自身のシステムのチャート設計に集中することができます**。チャートの間の依存関係を用いることで、高い技能を持つメンバーの知見を組織内でスケールさせることができるようになります。

今回は、公式の Helm チャートリポジトリに含まれているチャートを利用します。そこで、helm search mysql などのコマンドを利用して、適切な MySQL のチャートを探してみましょう。すると、ちょうど stable/mysql チャートが見つかったので、これを利用することとします。

サーバサイドアプリケーションのカタログアプリケーションの requirements.yaml に、子チャートとして mysql チャートを追加します。

リスト 10.7: チャートの依存関係を requirements.yaml に記述（chart/todoserver/requirements.yaml）

```
dependencies:
  - name: mysql # チャートの名前
    version: 0.15.0 # チャートのバージョン
    repository: https://kubernetes-charts.storage.googleapis.com # チャートリポジトリの
URL
```

requirements.yaml 記載のチャートを常に取得できるわけではないので、予め chart ディレクトリ配下に MySQL のチャートを tgz ファイル形式で取得しておきましょう（なお、chart ディレクトリ配下に tgz ファイルまたは helm チャートの yaml ファイル群を配置した場合は requirements.yaml の dependencies の配列は空配列でも問題ありません）。

リスト 10.8: カタログアプリケーションへの MySQL チャートの事前配置

```
$ cd chart/todoserver/charts
$ helm fetch stable/mysql
```

## values.yaml の記述

データベースなどの深い知識が必要なチャートは、子チャートとして別途準備してもらう旨については、先ほど解説しました。一方で、あらゆる環境にフィットする最適な設定などはありません。また、DB のユーザ名とパスワードなどのように、環境によって必ず変更すべきパラメータが存在します。

values.yaml（または questions.yaml（後述））では、親チャートに対する各種設定の投入だけではなく、子チャートへの設定の投入も可能になっています*2。

values.yaml に、MySQL チャートの設定項目を追加するための記述を追加していきます。とはいえ、現時点では MySQL のチャートに与えるべき情報について把握できていないので、確認しましょう。helm inspect コマンドを用いて特定のチャートの説明を確認することができます*3。

リスト 10.9: MySQL のチャートの詳細確認

```
$ helm inspect stable/mysql
```

出力結果が非常に長いので、出力結果のうち、values.yaml、questions.yaml で MySQL を設定する上で必須となるパラメータの一覧の部分のみを下に示します。

表 10.2　stable/mysql のチャートの設定パラメータ一覧（helm inspect の結果から必須なもののみ抜粋）

| パラメータ名 | 説明 | デフォルト値 |
|---|---|---|
| mysqlUser | アクセス用に作成するユーザ名 | nil |
| mysqlPassword | 上記で作成したユーザのパスワード | ランダムに 10 文字 |
| mysqlDatabase | 新しく作成するデータベース | nil |

今回作成しているカタログアプリケーションにおけるこれらの値のデフォルト値を values.yaml に記述します。このようにして記述していった結果、できあがった values.yaml がリスト 10.10 になります*4。

リスト 10.10 で特に解説すべきポイントは、mysql キーの配下の値です。子チャートのテンプレートの値を上書きしたい場合は、チャート名を指定した後に実際に設定したいキーと値を指定します。例えば、mysql 配下の mysqlUser の値は子チャートである mysql チャートのテンプレート内の{{ .Values.mysqlUser }}のプレースホルダに代入されます。

リスト 10.10: chart/todoserver/values.yaml

```
imageCredentials:
  registry: registry.gitlab.com
  username: registry_user

host: todo
domain: web.ryoma0923.work

todo:
  server:
    image: registry.gitlab.com/fufuhu/ti_rancher_k8s_sampleapp/todo/server
    tag: latest
    replicas: 1
# MySQL 対応のための Values 部分
mysql:
  mysqlUser: todo
  mysqlPassword: todo
  mysqlDatabase: todo
  configurationFiles:
    mysqld_custom.cnf: |-
      [mysqld]
      pid-file          = /var/run/mysqld/mysqld.pid
```

```
    socket          = /var/run/mysqld/mysqld.sock
    datadir         = /var/lib/mysql
    log-error       = /var/log/mysql/error.log
    # Disabling symbolic-links is recommended to prevent assorted security risks
    symbolic-links=0
    character-set-server=utf8
    collation-server=utf8_unicode_ci
```

また、今回は日本語文字列も許容するため、文字コードとして「utf8」を利用するためにconfigurationFilesでmysqldの設定ファイルのカスタマイズも行っています。

values.yamlで指定している他の値については、後ほどテンプレートの作成の際に解説します。

## テンプレートの記述

今回作成するカタログアプリケーションは以下のような構成をとります。

これを実現するためのテンプレートとして、charts/todoserver/templatesディレクトリの配下は以下のようなファイル構成を取っています（リスト10.11）。

リスト10.11: templatesディレクトリ配下の構成

```
templates/
|--- _helpers.tpl
|--- todoserver-app-secret.yaml
|--- todoserver-configmap.yaml
|--- todoserver-deployments.yaml
|--- todoserver-ingress.yaml
|--- todoserver-secret.yaml
|--- todoserver-service.yaml
```

それでは個別のテンプレートの内容の解説をしましょう。図10.5記載のイメージの上から順に解説していきます。

### todoserver-ingress.yaml

1つめはtodoserver-ingress.yaml（リスト10.12）です。ここで外部からのアクセスを受け入れます。ingress-todoserverに相当するリソースを定義しています。{{ .Release.Name }}タグは、カスタムカタログを起動する際に指定する名前です（helmチャートとしてはhelm install

＊2　helm install時の--setでも同様です。
＊3　なお、helm inspectの表示内容は、自分で作成したチャートについても記述可能です。基本的には、values.yamlとREADME.mdに記述した内容が表示されるようになります。
＊4　実際には、テンプレートも作成しながらhelm templateなどを実行して確認しつつ試行錯誤を重ねた結果のものです。一発で仕上げているわけではないので、ご安心ください。

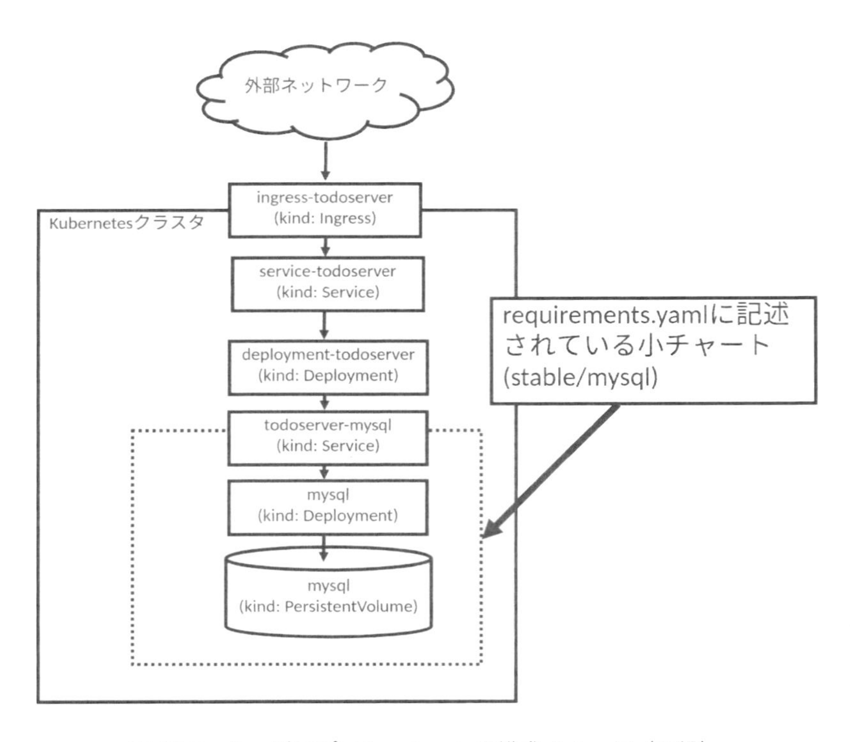


図 10.5　サーバアプリケーションの構成イメージ（再掲）

時に--name オプションで指定する値に相当します)。また、.Values.host、.Values.domain は values.yaml からデフォルト値が指定されます。デフォルトの値から変更することで、任意の FQDN でアクセスを受け付けることができるようになります。

リスト 10.12: chart/todoserver/templates/todoserver-ingress.yaml

```
apiVersion: extensions/v1beta1
kind: Ingress
metadata:
  name: ingress-todoserver-{{ .Release.Name }}
  labels:
    app: todoserver-{{ .Release.Name }}
spec:
  rules:
  - host: {{ .Values.host }}.{{ .Values.domain }}  # 外部からアクセスする際の FQDN
    http:
      paths:
      - path: / # HTTP リクエストのパス設定
        backend: # 背後にぶら下がる Service リソースの情報
          serviceName: service-todoserver-{{ .Release.Name }}
          servicePort: 8000
```

### todoserver-service.yaml

2つめは`todoserver-service.yaml`（リスト10.13）です。図10.5の`service-todoserver`に相当するリソースを定義しています。リスト10.12に記載のIngressリソースからのアクセスを受け付けます。

ここで一点注意することとしては、typeとして`ClusterIP`を指定している点です。今回はIngressリソースに`NGINX Ingress Controller`を用いています。一方で、パブリッククラウド上で利用する場合は、デフォルトではパブリッククラウド固有のマネージドロードバランサーが用いられることもあります。そのような環境では、`ClusterIP`ではなく、`NodePort`を指定する場合もある点には注意してください。*5

リスト10.13: chart/todoserver/templates/todoserver-service.yaml

```
apiVersion: v1
kind: Service
metadata:
  name: service-todoserver-{{ .Release.Name }}
  labels:
    app: todoserver-{{ .Release.Name }}
spec:
  type: ClusterIP
  selector: # Serviceにぶら下がるPodのラベル（labels）設定
    app: todoserver-{{ .Release.Name }}
  ports: # ServiceのTCP設定
  - name: http
    port: 8000 # Service自体がクラスタ内部に対してListenする（TCP）ポート番号
    protocol: TCP # 利用するプロトコル（TCP/UDP）
    targetPort: 8000 # Serviceが配下のPodにアクセスする際の（TCP）ポート番号
```

selectorで`app: todoserver-{{ .Release.Name }}`を指定していることからわかる通り、このServiceリソースにぶら下がるPodリソースはラベルとして`app: todoserver-{{ .Release.Name }}`を持っている必要があります。特に`{{ .Release.Name }}`などを利用している場合は、間違って指定することが多くなりがちなので、注意してください。

### todoserver-deployments.yaml

3つめが`todoserver-deployments.yaml`（リスト10.14）です。図10.5の`deployment-todosever`に相当するリソースを定義しています。`todoserver-service.yaml`記載の通り、ラベルとして`app: todoserver-{{ .Release.Name }}`を持っている必要があり、ラベルとしてこれを与えて

*5 広く配布されているチャートでは、`helm install`時の`--set`オプションなどで細かく切り替えられるように記述されている場合などがあります。しかし、可読性や今回利用する範囲・用途などを鑑みて、そこまでの柔軟性を備えるテンプレートは定義していません。

います。

本 Deployment リソース定義のポイントとしては 3 点あります。

1. configMapRef、secretRef を用いた環境変数の読み込み
2. initContainers を用いたコンテナ起動前の準備
3. imagePullSecrets を使ったプライベートリポジトリからのイメージ取得

リスト 10.14: chart/todoserver/templates/todoserver-deployments.yaml

```
apiVersion: apps/v1
kind: Deployment
metadata:
  name: deployment-todoserver-{{ .Release.Name }}
  labels:
    app: todoserver-{{ .Release.Name }}
spec:
  replicas: {{ .Values.todo.server.replicas }}
  selector:
    matchLabels:
      app: todoserver-{{ .Release.Name }}
  template:
    metadata:
      labels:
        app: todoserver-{{ .Release.Name }}
    spec:
      containers:
      - name: todoserver
        image: {{ .Values.todo.server.image }}:{{ .Values.todo.server.tag }}
        envFrom:
        - configMapRef:
            name: configmap-todoserver
        - secretRef:
            name: secret-todoserver-app
      initContainers:
      - name: mysql-ping
        image: mysql:5.7
        command:
          - /bin/sh
          - -c
        args:
          - |
            i=1
            while [ $i -lt 6 ]; do
              mysqladmin ping -h ${MYSQL_HOST} -u${MYSQL_USER} -p${MYSQL_PASSWORD}
              ret=$?
              echo $ret
              if [ $ret -eq 0 ]; then
                echo "MySQL is running"
                exit 0
              fi
```

```
                echo "MySQL is preparing now. Wait 10 sec."
                sleep 10
                i=`expr $i + 1`
              done
          envFrom:
          - configMapRef:
              name: configmap-todoserver
          - secretRef:
              name: secret-todoserver-app
        - name: todoserver-migration
          image: {{ .Values.todo.server.image }}:{{ .Values.todo.server.tag }}
          command:
            - /bin/sh
            - -c
          args:
            - |
              python manage.py migrate
          envFrom:
          - configMapRef:
              name: configmap-todoserver
          - secretRef:
              name: secret-todoserver-app

        imagePullSecrets:
          - name: secret-todoserver-{{ .Release.Name }}
```

configMapRef、secretRefを用いた環境変数の読み込みについては、指定したConfigMapおよびSecretリソースに含まれるキーと値を環境変数としてまとめて読み込んでいるだけです。読み込まれているConfigMap、Secretリソースをリスト10.15およびリスト10.16に示します。

リスト10.15: ConfigMapリソース（chart/todoserver/templates/todoserver-configmap.yaml）

```
apiVersion: v1
kind: ConfigMap
metadata:
  name: configmap-todoserver
data:
  MYSQL_HOST: {{ .Values.mysql.mysqlHost }}
  MYSQL_USER: {{ .Values.mysql.mysqlUser }}
  MYSQL_DATABASE: {{ .Values.mysql.mysqlDatabase }}
  MYSQL_HOST: {{ .Release.Name }}-mysql
  TODO_SERVER_ENVIRONMENT: {{ .Values.todo.environment }}
  DJANGO_SETTINGS_MODULE: {{ .Values.todo.django.settings }}
```

ConfigMapには、特に秘密にする必要のない情報を格納します。

リスト10.16: Secretリソース（chart/todoserver/templates/todoserver-app-secret.yaml）

```
apiVersion: v1
kind: Secret
metadata:
  name: secret-todoserver-app
```

```
data:
  MYSQL_PASSWORD: {{ .Values.mysql.mysqlPassword | b64enc }}
```

Secret にはこのように、データベースのパスワードなど公開したくない情報を含めます。リソースの文字列としては、b64enc 関数を使って BASE64 エンコードします。コンテナ内部ではデコードされた状態で展開されます。

initContainers は、メインのコンテナが起動する前の前提条件や準備を行うためのものです。当該部分を todoserver-deployments.yaml から抜粋します（リスト 10.17)。

リスト 10.17: todoserver-deployments.yaml の initContainers 部分を抜粋

```
      initContainers:
      - name: mysql-ping
        image: mysql:5.7
        command:
          - /bin/sh
          - -c
        args:
          - |
            i=1
            while [ $i -lt 6 ]; do
              mysqladmin ping -h ${MYSQL_HOST} -u${MYSQL_USER} -p${MYSQL_PASSWORD}
              ret=$?
              echo $ret
              if [ $ret -eq 0 ]; then
                echo "MySQL is running"
                exit 0
              fi
              echo "MySQL is preparing now. Wait 10 sec."
              sleep 10
              i=`expr $i + 1`
            done
        envFrom:
        - configMapRef:
            name: configmap-todoserver
        - secretRef:
            name: secret-todoserver-app
      - name: todoserver-migration
        image: {{ .Values.todo.server.image }}:{{ .Values.todo.server.tag }}
        command:
          - /bin/sh
          - -c
        args:
          - |
            python manage.py migrate
        envFrom:
        - configMapRef:
            name: configmap-todoserver
        - secretRef:
            name: secret-todoserver-app
```

このコード内で行っている事柄はシンプルです。まず mysql-ping コンテナでバックエンドに立ち上がっている MySQL コンテナへのアクセス可否を確認し、アクセスが確立できた時点で todoserver-migration コンテナが立ち上がります。todoserver-migration コンテナでは、python manage.py migrate コマンドでデータベースへのマイグレーションを行っています。ただし、そこまで自動でやるかどうかは、開発・運用のポリシー次第になります。todoserver-migration は initContainers 内部では実装せずに、Job リソースなどに別に切り出すといったことも可能です。

imagePullSecrets を使ったプライベートリポジトリからのイメージ取得は、少し複雑です。指定されているリソース（secret-todoserver-{{ .Release.Name }}）に対応するコードを見てみましょう。

リスト 10.18: chart/todoserver/templates/todoserver-secret.yaml

```
apiVersion: v1
kind: Secret
type: kubernetes.io/dockerconfigjson
metadata:
  name: secret-todoserver-{{ .Release.Name }}
data:
  .dockerconfigjson: {{ template "imagePullSecret" . }}
```

imagePullSecret のためのリソースなので、type として kubernetes.io/dockerconfigjson を指定しています。さらに.dockerconfigjson の値として{{ template "imagePullSecret" .}}が指定されています。この値を設定しているのがテンプレートヘルパーである_helpers.tpl です。ではこのファイルの中身を見てみましょう（リスト 10.19）。

リスト 10.19: chart/todoserver/templates/_helpers.tpl

```
{{- define "imagePullSecret" }}
{{- printf "{\"auths\":{\"%s\":{\"auth\":\"%s\"}}}"
.Values.imageCredentials.registry (printf "%s:%s" .Values.imageCredentials.username
.Values.imageCredentials.password | b64enc ) | b64enc }}
{{- end }}
```

テンプレートヘルパーは、Values.yaml などから受け取った値に対して複雑な処理を行って適用する場合に設定するものです。リスト 10.18 に示した例の場合、{{ template "imagePullSecret" . }}で得られる内容は、以下のリスト 10.20 に示す内容を BASE64 エンコードした内容になります。

リスト 10.20: この内容を BASE64 エンコードしたものが{{ template "imagePullSecret" . }}で呼び出される

```
{
  "auths": {
    "{{ .Values.imageCredentials.registry }}" : {
      "auth": "{{ .Values.imageCredentials.username }}:{{
.Values.imageCredentials.password }}
                を BASE64 エンコードした値"
    }
  }
}
```

## questions.yaml の記述（Rancher での GUI 対応）

ここまでで、カタログアプリケーションに必要なリソースについてはすべて記述し終わりました。最後に Rancher の GUI から入力フォームを使ってカタログアプリケーションのテンプレートのプレースホルダに値を設定できるように、questions.yaml を設定しましょう。

リスト 10.21 のように questions.yaml を記述すると、GUI 上の表示は図 10.6 のようになります。

リスト 10.21: chart/todoserver/questions.yaml

```
questions:
- variable: imageCredentials.registry
  type: string
  label: "Image Registry domain"
  group: "Registry Information"
  description: "Image registry domain"
  default: registry.gitlab.com
- variable: imageCredentials.username
  type: string
  label: "Registry user name"
  group: "Registry Information"
  description: "Registry user name"
  default: registry_user
- variable: imageCredentials.password
  type: password
  label: "Registry user password"
  group: "Registry Information"
  description: "Registry user password"
- variable: host
  type: string
  label: "Domain host"
  group: "Domain information"
  description: "Host part of FQDN"
- variable: domain
  type: string
  label: "Domain"
  group: "Domain information"
```

```
  description: "Domain part of FQDN"
- variable: todo.server.image
  type: string
  label: "Todo server image repository"
  group: "Todo server image information"
  default: registry.gitlab.com/fufuhu/ti_rancher_k8s_sampleapp/todo/server
- variable: todo.server.tag
  type: string
  label: "Todo server image tag"
  group: "Todo server image information"
  default: latest
- variable: todo.server.replicas
  type: int
  label: "Todo server image replica number"
  group: "Todo server image information"
  default: 1
- variable: mysql.mysqlUser
  type: string
  label: "MySQL Username"
  group: "MySQL information"
- variable: mysql.mysqlPassword
  type: password
  label: "MySQL User Password"
  group: "MySQL information"
- variable: mysql.mysqlDatabase
  type: string
  label: "MySQL Database"
  group: "MySQL information"
```

このままではわかりづらいので、リスト 10.21 から一部を抜粋したものをリスト 10.22 に示します。

リスト 10.22: chart/todoserver/questions.yaml（抜粋）

```
questions:
- variable: imageCredentials.registry
  type: string
  label: "Image Registry domain"
  group: "Registry Information"
  description: "Image registry domain"
  default: registry.gitlab.com
- variable: imageCredentials.username
  type: string
  label: "Registry user name"
  group: "Registry Information"
  description: "Registry user name"
  default: registry_user
- variable: imageCredentials.password
  type: password
  label: "Registry user password"
  group: "Registry Information"
  description: "Registry user password"
```

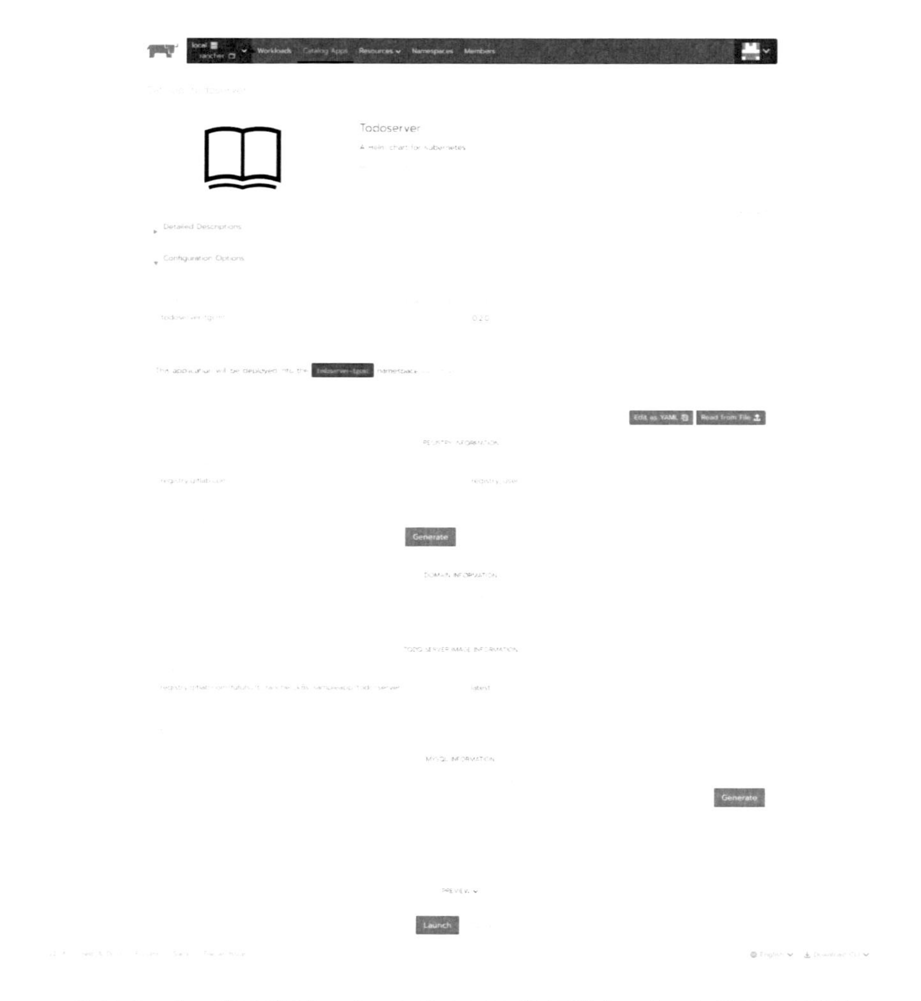


図 10.6　サーバアプリケーションのカタログアプリケーションデプロイ画面

このリスト 10.22 に対応する Rancher の GUI 上の表示が図 10.7 です。リスト 10.22 記載のキーおよび値と、GUI 上の表示項目についても図 10.7 上に表示しています。対応関係については今後自身のカタログアプリケーションを作る際に役立つと思うので、ある程度覚えておくと良いでしょう。

また今回は利用していませんが、フォームの入力内容に応じて周辺の入力フォームの内容を変更することも可能です。今回は、その辺りの応用的な内容については解説していません。詳細については公式ドキュメントの当該項目*6を確認すると良いでしょう。また実装例として、Github に Rancher カタログのリポジトリ*7を参考としつつ実装してみても良いでしょう。

図 10.7　Rancher GUI 上における questions.yaml の表示（抜粋）

# 10.3　カスタムカタログの更新

サーバサイドアプリケーションのカタログアプリケーションのパッケージ作成（リスト 10.23）と、Helm チャートリポジトリ（= Rancher カスタムカタログ）のメタデータ（index.yaml）の更新を行います（リスト 10.24）。

リスト 10.23: サーバアプリケーションのカタログアプリケーションのパッケージ作成

```
$ cd chart
$ helm package todoserver
```

リスト 10.24: カスタムカタログの index.yaml 更新

```
$ helm repo index --url http://repository.web.ryoma0923.work .
```

*6　https://rancher.com/docs/rancher/v2.x/en/catalog/custom/creating/#question-variable-reference
*7　https://github.com/rancher/charts

## 最新のカスタムカタログのデプロイ

Rancher Pipeline でカスタムカタログのデプロイが組まれているので、パイプラインを実行すればリポジトリがアップデートされます。

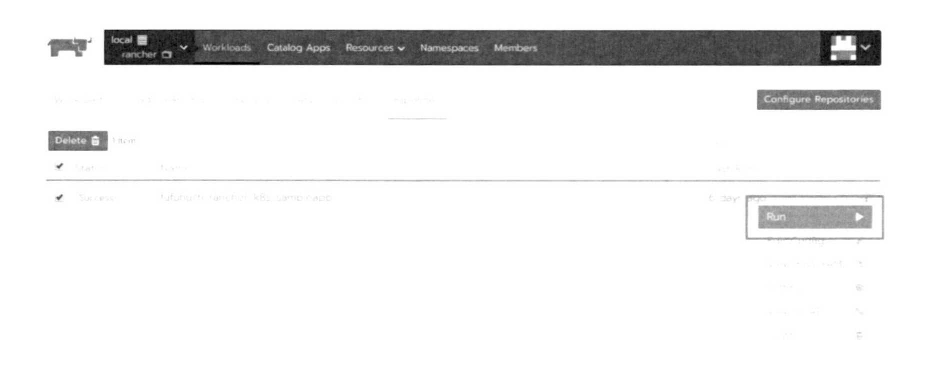


図 10.8　Rancher Pipeline の実行

## サーバアプリケーションのデプロイ

サーバサイドアプリケーションのデプロイを行います。`Catalog Apps` メニューを選択、`Launch` ボタンをクリックし、`todoserver` カタログアプリケーションを選択すると図 10.9 に示すような画面が表示されるので必要項目を入力し、アプリケーションを立ち上げます。

ここで、`0.2.0` のテンプレートバージョンが表示されない場合は、カスタムカタログの再登録を試みてください。デプロイが完了したので、図 10.9 で指定した `Domain host`,`Domain` の値に従って `http://todo.web.ryoma0923.work/api/ping` にアクセスします（図 10.10）。無事に Django REST framework の画面が表示されれば問題ありません。

この時点ではアプリケーションにユーザが作成されていないので、準備しましょう。Rancher の GUI からサーバサイドアプリケーションのコンテナシェルにアクセスします。アクセスしたら、`python manage.py createsuperuser` コマンドを実行し、管理用ユーザを作成します（図 10.11）。

local
rancher
Workloads
Catalog Apps
Resources
Namespaces
Members

Todoserver
A Helm chart for Kubernetes

Detailed Descriptions
Configuration Options

todoserver-dlcmk
0.2.0

This application will be deployed into the todoserver-dlcmk namespace

Edit as YAML
Read from File

REGISTRY INFORMATION

registry.gitlab.com
registry_user

Generate

DOMAIN INFORMATION

todo
web.ryoma0923.work

TODO SERVER IMAGE INFORMATION

registry.gitlab.com/fufuhu/ti_rancher_k8s_sampleapp/todoserver
952a3d29d49599bab1d8850b438829aad6d298d4

MYSQL INFORMATION

test
Generate
test

PREVIEW

Launch

図 10.9　サーバアプリケーションのデプロイ

図 10.10　デプロイしたサーバアプリケーションの ping pong API へのアクセス確認

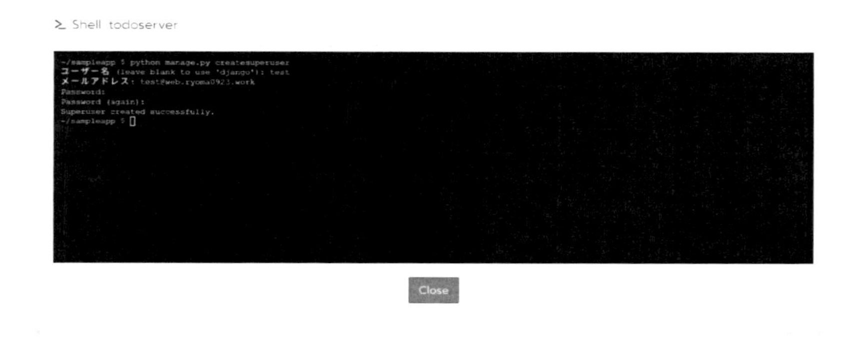


図 10.11　管理用ユーザの作成

次にMySQLコンテナにログインして中身を確認します。図10.9にある通り、アクセス用ユーザ名、パスワード、データベース名すべてtestとしています(図10.12)。

図10.12 MySQLの確認

認証機能はすでに実装済みなので、認証APIのページにアクセスして動作確認をしてみます。図10.11でtestユーザとして管理ユーザを作成しているので、このユーザを使って認証トークンを取得してみましょう[*8]。`api/auth`のURLにアクセスし、`Username`、`Password`を入力して`POST`ボタンをクリックすると、認証トークンが取得できます(図10.13)。

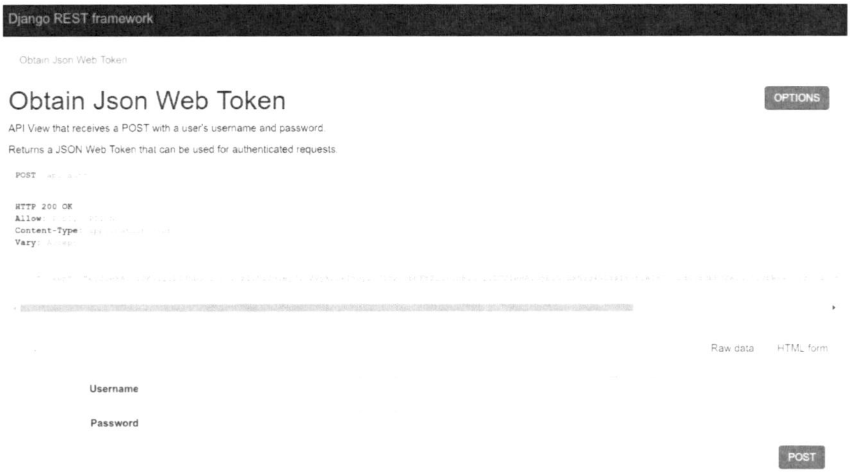

Django REST framework
Obtain Json Web Token
Obtain Json Web Token
OPTIONS
API View that receives a POST with a user's username and password.
Returns a JSON Web Token that can be used for authenticated requests.
POST
HTTP 200 OK
Allow:
Content-Type:
Vary:
Raw data HTML form
Username
Password
POST

図10.13 認証トークン取得の動作確認

図 10.13 のように認証トークンの取得までできれば、意図したとおりの構成でデプロイできたと考えて良いでしょう。

## 10.4　まとめ

本章では、Rancher のカスタムカタログの作成と、その中に含まれるカタログアプリケーションの準備を行いました。並行して、データベースなど追加の構成要素があった場合の CI や、docker-compose の構成への影響についても簡単に解説しました。次章では、ここで作成したサーバアプリケーションの CD について解説します。

*8　このアプリケーションでは、JWT 認証を使っています。

# 第11章 Rancher Pipelineを使ったサーバアプリケーションのCD

この章では、Rancher Pipelineを使ってサーバアプリケーションのCDについて解説します。7章で作成したパイプラインをベースに、少し変更を加えてサーバアプリケーションのCDを実現できるパイプラインを解説します。

本来であれば、カタログアプリケーションをデプロイするパイプラインの解説をしたいところですが、今回題材として利用しているRancher 2.1ではカタログアプリケーションをパイプラインからデプロイする機能を持ち合わせていません[*1]。そこで、`todoserver`カタログアプリケーションがHelmチャートと互換性を持つことを利用して、Helmチャートとして利用することでCDを実現します。

## 11.1 認証情報の取扱

CDを実現する上で問題となるのが、各種機密情報の取り扱いです。例えば、今回課題となるのは、GitLab CRへのアクセストークンです。今回は`chart/todoserver/templates/todoserver-secret.yaml`に記述されています。このファイルは一旦削除し、同等のものをRancherのGUIから予め作成して管理することとします（実際には、パブリッククラウドの暗号化サービス、例えばAWSのKMS、GCPのCloud KMSなどと連携させて管理しても良いでしょう）。リスト11.1からわかるように、`todoserver-secret.yaml`に定義されているリソースは`.Release.Name`に依存しているため、チャートのリリース名に依

---

*1　Rancher 2.2以降ではカタログアプリケーションのデプロイが新機能として追加されています（https://rancher.com/docs/rancher/v2.x/en/k8s-in-rancher/pipelines/#deploy-catalog-app）。

存します。そこで、ここでデプロイするチャートのリリース名は cd とします。

リスト 11.1: chart/todoserver/templates/todoserver-secret.yaml

```
apiVersion: v1
kind: Secret
type: kubernetes.io/dockerconfigjson
metadata:
  name: secret-todoserver-{{ .Release.Name }}
data:
  .dockerconfigjson: {{ template "imagePullSecret" . }}
```

Rancher のメニューから Resources、Registries の順に選択し、Add Registry ボタンをクリックしたら、図 11.1 に示すリソースを作成してください。パスワードには api 権限を付与した GitLab のアクセストークンを利用します。

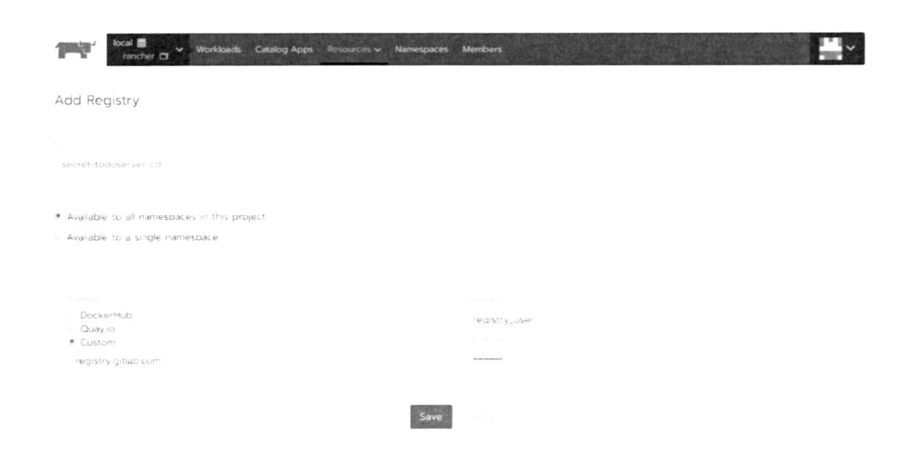


図 11.1　Registry Secret リソースの作成

このように Secret リソースは別途管理するか、暗号化した状態でリポジトリに保管し、必要なときのみ復号して利用すると良いでしょう。

# 11.2　Rancher Pipeline の構築

パイプラインの構成としては、図 11.2 に示すように 7 章で作成した Rancher のカスタムカタログの CD パイプラインと同じです。今回はこれを修正して、サーバサイドアプリケーションの CD パイプラインに修正しています。

Build ステージの Run Script ステップは下の図 11.3 のように内容が少し変わっています。

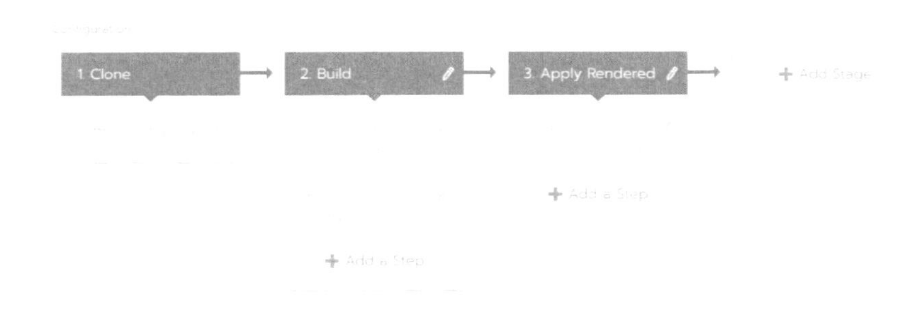


図 11.2 できあがったパイプライン

Helmクライアントのイメージを用いてテンプレートをレンダリングして、Kubernetesのリソースを準備しています。7章では対象が、chart/repositoryでしたが、chart/todoserverへと変更されています。また、helm templateコマンドも--nameでcdが指定されている点や、--set todo.server.tagでイメージのタグを指定しています。また、--set hostでcdを指定することで、このリソースを適用した際のアクセス先のURLがhttp://cd.web.ryoma0923.workとなることがわかります。

図 11.3 BuildステージのRun Scriptステップ

さらに、BuildステージのBuild and Publish Imageステップも見てみましょう。図11.4で指定しているtodo.server.tag=${CICD_EXECUTION_SEQUENSE}に対応するイメージをビルドしています（ただし、${CICD_GIT_COMMIT}をここで指定した場合はGitLab Pipelineでビルドしたイメージを利用できるので、こちらを指定したほうが実用上はそちらの方が良いかもしれません。あくまでもここで上げているパイプラインは一例のため、GitLab Pipelineなしでも動作するようにしてあります)。

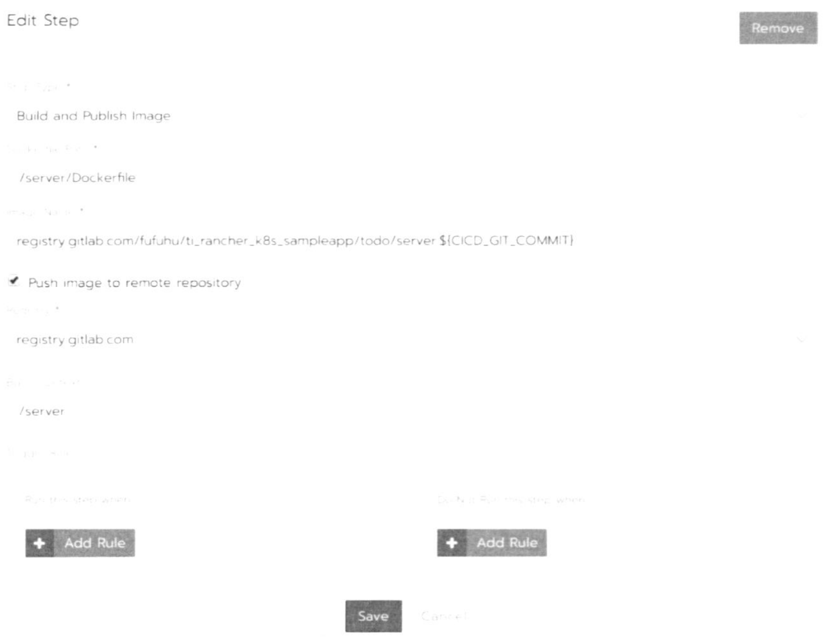

Edit Step

Remove

Build and Publish Image

/server/Dockerfile

registry.gitlab.com/fufuhu/ti_rancher_k8s_sampleapp/todo/server:${CICD_GIT_COMMIT}

Push image to remote repository

registry.gitlab.com

/server

Add Rule

Add Rule

Save

図 11.4　Build ステージの Build and Publish Image ステップ

最後に、Apply Rendered ステージの Deploy YAML ステップ（図 11.5）です。実行している内容はシンプルで、図 11.3 の中で生成されている rendered.yaml を kubectl apply -f しているだけです。

では、これでできあがった.rancher-pipeline.yml を見てみましょう（リスト 11.2）。

リスト 11.2: サーバサイドアプリケーションの CD に対応した.rancher-pipeline.yaml

```
stages:
- name: Build
  steps:
  - runScriptConfig:
      image: alpine/helm:2.14.0
      shellScript: |-
        #! /bin/sh
        cd chart/todoserver
        helm template . --name cd --set host=cd --set
todo.server.tag=${CICD_EXECUTION_SEQUENCE}  > ./rendered.yaml
  - publishImageConfig:
```

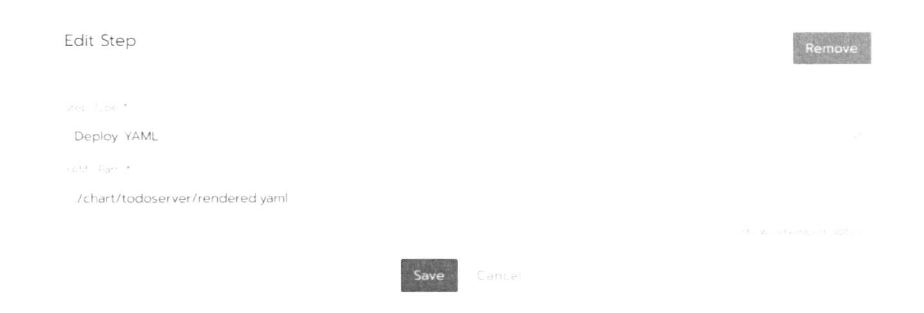


図 11.5　Apply Rendered ステージの Deploy YAML ステップ

```
      dockerfilePath: ./server/Dockerfile
      buildContext: ./server
      tag: registry.gitlab.com/fufuhu/ti_rancher_k8s_sampleapp/todo/server:
${CICD_EXECUTION_SEQUENCE}
      pushRemote: true
      registry: registry.gitlab.com
- name: Apply Rendered
  steps:
  - applyYamlConfig:
      path: ./chart/todoserver/rendered.yaml
timeout: 60
```

GUI で作成したステージおよびステップが、1 対 1 の関係で記述されています。

# 11.3　デプロイとアクセス確認

最後にこのパイプラインを実行してデプロイしてみます。図 11.6 のようにすべてのステップが無事に実行できていることが確認できました。

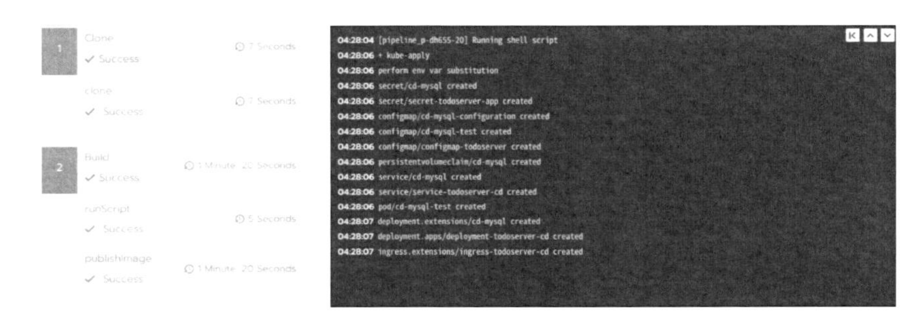


図 11.6　パイプラインの実行結果

では、リソースがデプロイできているかも確認してみましょう。特別な指定をしない場合は、リソースはパイプラインと同じ Namespace にデプロイされます。まずは Deployment などのリソースを見てみましょう（図 11.7）。

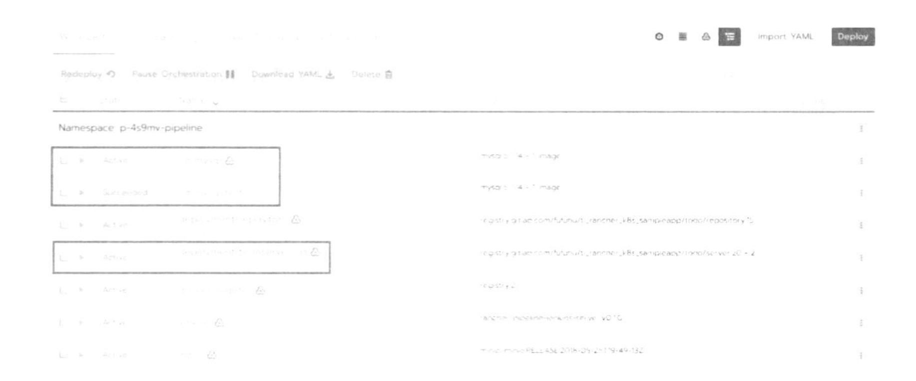


図 11.7　Workloads の一覧

図 11.7 の枠で囲んだ部分が示す通り、サーバサイドアプリケーションおよび MySQL の Pod が正常に立ち上がって動作していることがわかります。

次にブラウザでアクセスする際の入り口となる Ingress です。こちらは Load Balancing から確認できます。図 11.8 に示す通り、cd.web.ryoma0923.work から service-todoserver-cd へのルーティングができるようになっていることが確認できます。

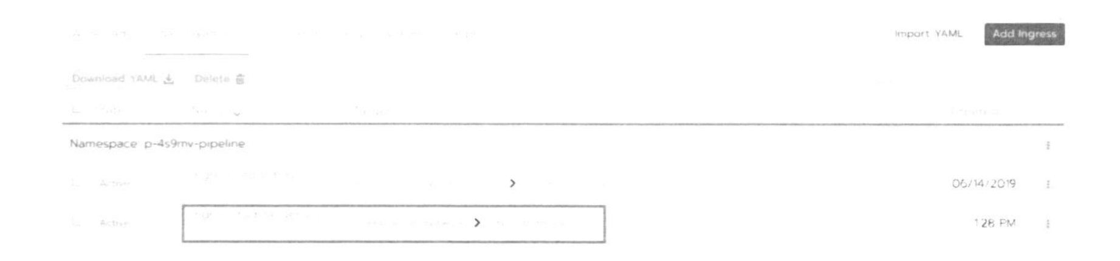


図 11.8　Load Balancing の一覧

さらに Service リソースを確認します（図 11.9）。図 11.8 の ingress-todoserver-cd からのルーティング先となっている service-todoserver-cd も存在していることが確認できます。さらにサーバサイドアプリケーションが MySQL にアクセスする際のアクセス先となる cd-mysql も存在していることが確認できます。

図 11.9　Service Discovery の一覧

最後に、MySQL に割り当てられているボリュームが存在することを確認します。図 11.10 からわかる通り、cd-mysql ボリュームが作成されていることがわかります。

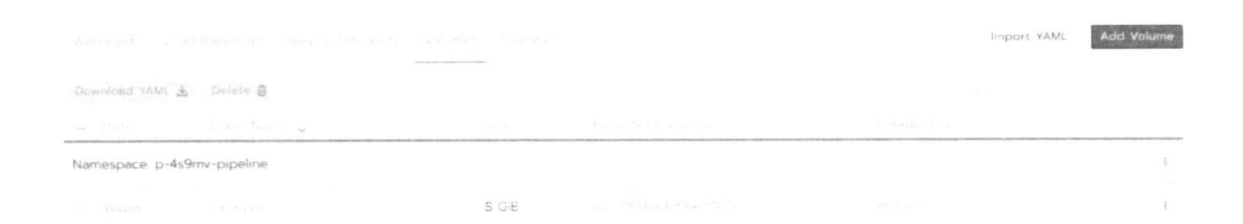


図 11.10　Volumes の一覧

これで、必要な主要リソースが作成されていることが確認できました（実際には ConfigMap と Secret もありますが、省略しています）。最後に、最初に作成した ping pong API を使ってアクセス確認をしてみます。ブラウザで http://cd.web.ryoma0923.work/api/ping にアクセスします（図 11.11）。

Django REST framework

Ping

Ping

OPTIONS　GET

GETアクセスに対してpongの文言をボディに含んだ HTTPレスポンスメッセージを返すAPIです。

GET

HTTP 200 OK
Allow:
Content-Type:
Vary:

図 11.11　ping pong API エンドポイントへのアクセス確認

# 11.4　（補足）継続的デプロイの実現方法

本章で解説したのは継続的デリバリでした。では継続的デプロイを実現するにはどうしたら良いでしょうか。継続的デリバリは手動でパイプラインをトリガーすることをもって、承認プロセスの代替とできます。一方で、継続的デプロイではパイプラインのトリガーも自動化する必要があります。その手順を概要レベルで解説します。

図 11.12 のように、パイプラインの一覧画面でトリガーを設定したいパイプラインのドロップダウンメニューから Setting をクリックします。

図 11.12　パイプラインの一覧画面

すると Setting 画面が表示されます。Pipeline Trigger として、特定のイベントを選択します。図 11.13 の場合は、リポジトリのコミットにタグが付与された場合に実行するようトリガーとして Tag を選択しています（デフォルトは Push です）。

図 11.13　パイプラインのトリガー条件

このようにパイプライン単位で、トリガーを設定することができます。

ただし、これはコードリポジトリで特定のイベントが発生した際に、**コードリポジトリ（今回の場合は gitlab.com）から Rancher サーバに Webhook を行うことで実現している**ため、コードリポジトリから Rancher サーバへの HTTP リクエストのネットワーク到達性が必須になります。

また、複雑なパイプラインを構成している場合は、ステップ単位でも詳細な設定が可能です。パイプラインを構成するステップごとに、実行条件を指定することができます。ステップの画面を開き、Show Advanced Option リンクをクリックすると、図 11.14 に示すような詳細設定オプションが表示されます。ここで Trigger Rules を設定することで、ステップ単位のトリガー条件を指定することができます。

Edit Step

Remove

Run Script

alpine/helm:2.14.0 (Custom)

```
1 #! /bin/sh
2 cd chart/todoserver
3 helm template . --name cd --set host=cd --set todo.server.tag=${CICD_EXECUTION_SEQUENCE} > ./rendered.yaml
```

+ Add Variable

+ Add From Secret

+ Add Rule　　+ Add Rule

Save

図 11.14　詳細設定オプション画面を表示したステップ設定画面例

# 11.5　まとめ

「第 2 部 CI ／ CD 編」を通じて、CI/CD の基本的な考え方、サーバサイド・クライアントアプリケーションの GitLab CI/CD Pipeline を利用した CI 環境の作成、Rancher のカスタムカタログおよびカタログアプリケーションの作成、そして最後に Rancher Pipeline を活用した CD について説明しました。実際のアプリケーション開発においても、CI および CD の準備は開発者が効率的にシステム開発を進めていく上で非常に重要です。今回説明した流れを参考に、実際にご自身のプロジェクト・プロダクトの開発プロセスにおいて活用いただけると幸いです。

# 第 III 部

# Rancher DeepDive編

# 第12章　Rancherを構成するソフトウェア

## 12.1　本章について

ここまでRancherのインストールの仕方や、Rancherを使った開発のベストプラクティスを紹介してきました。本章からは、Rancherをプロダクション環境下で運用するために理解が欠かせない、Rancherのアーキテクチャや、Rancher動作原理について、下記のトピックに沿ってご紹介します。

- バージョンについて
- Rancherを構成する5つのPart
  - 1. Rancher Serverを動かすためのKubernetes
  - 2. Rancher Server
  - 3. Rancher Cluster Agent
  - 4. Rancher Node Agent
  - 5. RancherからDeploy/管理されるKubernetes
- Rancherを構成する5つのPart紹介まとめ

## 12.2　バージョンについて

本章からは、バージョン2.1.5を前提に紹介します。バージョンによって多少の違いはありますが、バージョン2.0以降に全体像が変わるほどの大きな変更はありませんので、2.0以降の他のバージョンを利用している方にも参考になるはずです。

## 12.3　Rancherを構成する5つのPart

Rancherは、大きく分けて下記の5つのPartで構成されています。

1. Rancher Serverを動かすためのKubernetes（Parent Kubernetes）
2. Rancher Server
3. Rancher Cluster Agent
4. Rancher Node Agent
5. RancherからDeploy/管理されるKubernetes（Child Kubernetes）

各Partの関係は、以下の図12.1のようになります。

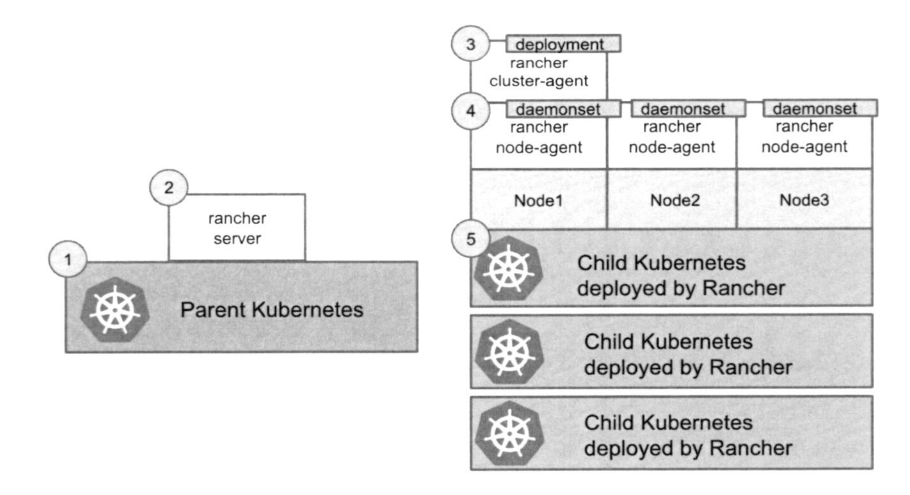


図12.1　RancherのPartの関係図

上記の図12.1を見ると、「Parent Kubernetes」「Child Kubernetes」という2種類のKubernetesクラスタが確認できます。この2つのKubernetesクラスタは、別の責任、ライフサイクルを持ちます。

Parent Kubernetesは、Rancher Serverを動かすために、事前に用意されるべきクラスタです。それに対してChild Kubernetesは、Rancher ServerからDeployされるユーザのワークロードが動くクラスタです。Child Kuberntesのライフサイクルは、Rancher Serverによって管理されます。特に、Rancher の公式ドキュメントや、ソースコードの中でこのような呼び分けはされていないのですが、理解する上で便利な呼び分けなので、本書ではこのように呼び分けをすることにします。

続いて、各 Part ごとにどのような役割を持っているのか紹介します。

## Rancher Server を動かすための Kubernetes

この Kubernetes は、主に Rancher Server が扱うデータの保存先として利用されます。

Kubernetes には、Custom Resource Definition（以下、CRD）というユーザが任意のリソースを定義できる仕組みがあります。この仕組みを利用すると、Kubernetes 上の Pod や Service と同じようにユーザが定義したカスタムリソースを作成することができます。

Rancher は、この CRD を活用し、**Rancher Server が扱うデータをすべて、Kubernetes 上のカスタムリソースとして表現しています。**

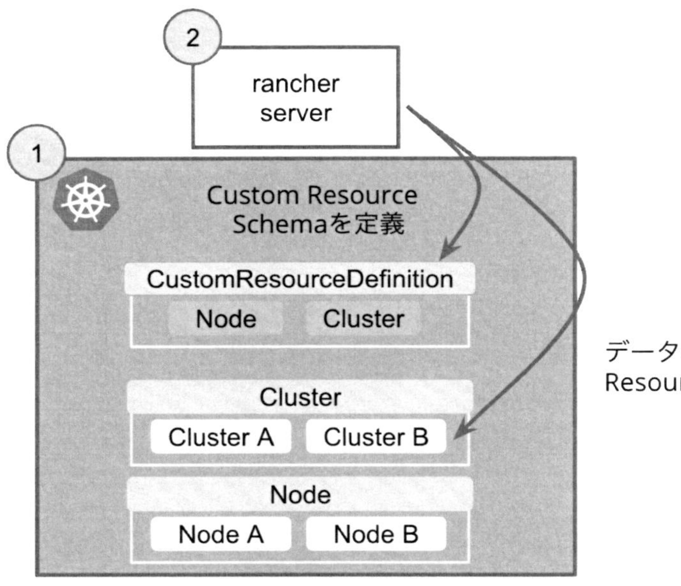


図 12.2　Parent Kubernetes

しかし、Rancher を使って Kubernetes を便利に管理／活用したいのに、Rancher を動かすためにまず Kubernetes を構築しましょうというのは、本末転倒な気もします。そのため、Rancher Server が利用する Kubernetes を準備する方法は、いくつか用意されています。環境の重要度や手軽さを考慮し、それぞれのユーザにあった用意の仕方を選ぶことができます。

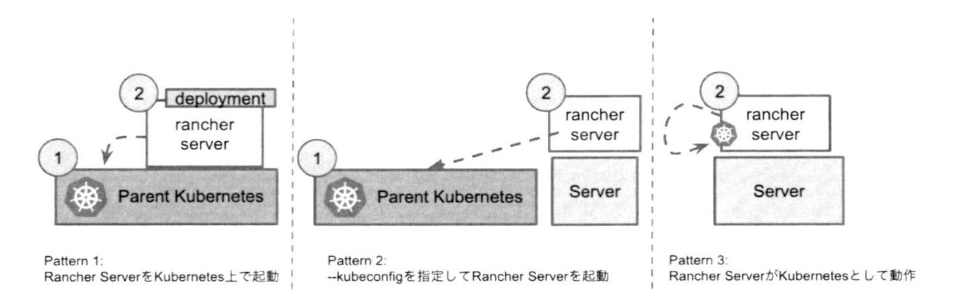


図12.3　Kubernetesを準備する3つの方法

公式ドキュメントのHAインストール(https://rancher.com/docs/rancher/v2.x/en/installation/ha/)は、図12.3のPattern 1に、Single Nodeインストール(https://rancher.com/docs/rancher/v2.x/en/installation/single-node/）は、Pattern 3に該当します。

## Rancher Server

Rancher Serverは、Rancherのコアとも言える重要なPartで、下記に挙げた責任を担っています。

- Rancher API/GUIの提供
- Rancher Resource（データ）をParent Kubernetesに保存
- Kubernetesの構築
- 構築したKubernetesの定期的なステータスのSync
- Kubernetes上のワークロードの管理（ingress、deployment、service......）
- 管理している複数のKubernetesの認証機能／アクセスのプロキシ

### Rancher APIとController

Rancher Serverは、APIを提供しています。API呼び出し後のリソースの作成、削除のロジックは、Kubernetesのリソースの作成、削除のロジックに似ており、実装がAPIとControllerに分かれています。

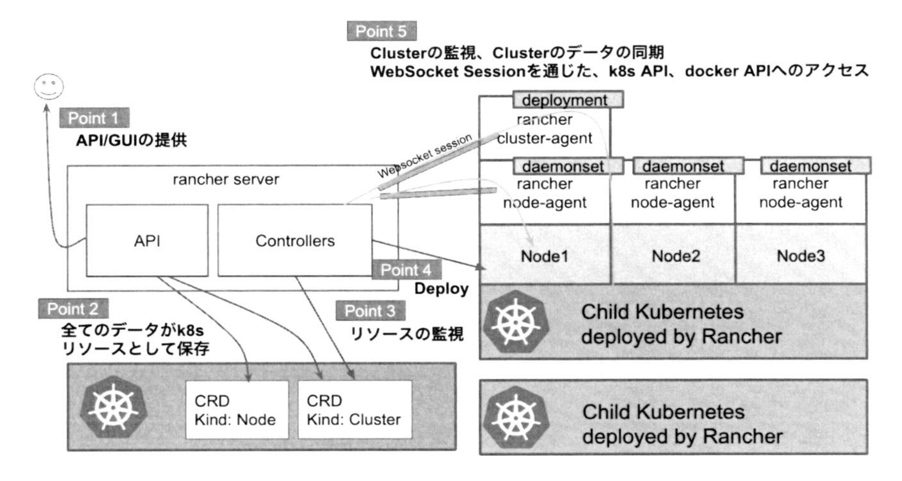


図 12.4 Child Kubernetes の役目その 1

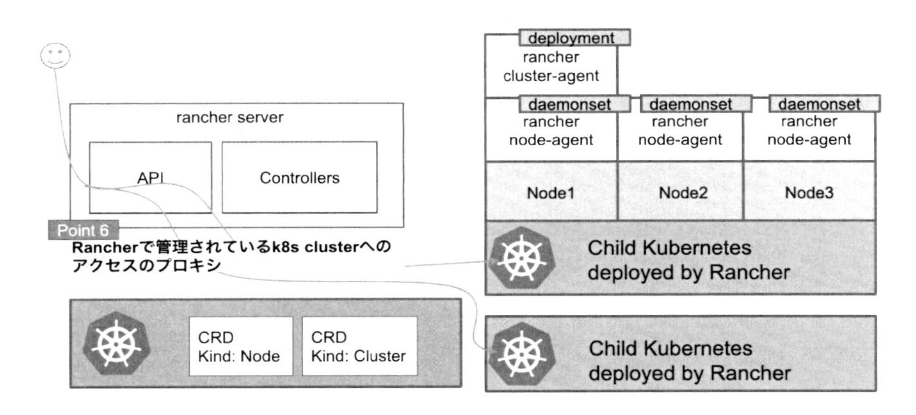


図 12.5 Child Kubernetes の役目その 2

**Rancher API** Rancher API はユーザに公開されており、ユーザは GUI または HTTP クライアントを通して呼び出すことになります。Rancher API は、Rancher が取り扱うリソース、例えばクラスタやノードなどの理想の状態を、Kubernetes のカスタムリソースとして保存します。

POST /v3/nodes、/v3/clusters などノード追加、クラスタ構築用の API を叩いた時に、実行が期待される実際の構築ロジックは、API のロジックとは分離して実装されています。

それらの構築ロジックは Controller として実装されており、API リクエストのハンドリングのロジックの中ではなく、API とは完全に別のライフサイクルを持った Controller が非同期で処理を実施します。

そのためAPIの責任範囲は、ユーザからのリクエストを元にリソースの理想状態をKubernetes上にカスタムリソースとして保存をするところまでとなります。

**Rancher Controller**　Rancher Controllerは、Rancherのカスタムリソースを始めとしたKubernetesのリソースを監視しています。APIまたは他のControllerがリソースを変更したとき、Controllerは、その変更を検知して、変更内容に応じて処理を実施します。

監視対象のリソースごとに、Controllerが実装されています。代表的なものとしてはClusterリソースを監視しているCluster Controllerや、Nodeリソースを監視しているNode Controllerがあります（図12.6）。

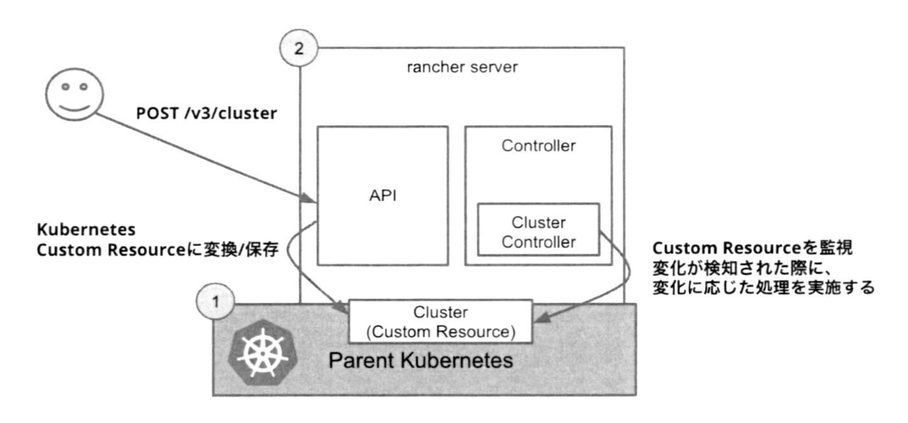


図12.6　Controllerの仕組み

このようにKubernetes上にカスタムリソースを定義しておき、該当のカスタムリソースに変化／追加があった際に、実際のステートが、カスタムリソースで定義されているステートに近づくように、Controllerが処理を実施するようなデザインパターンを「Kubernetes Operatorパターン」と呼び、Rancherもこのデザインパターンを採用しています。

## Embedded Kubernetes

Rancher ServerはAPIやControllerの他に、Embedded Kubernetesというとても重要な機能も提供しています。これは、Parent Kubernetesの準備の方法に関連する機能です。

Rancher Serverは、データの保存先にParent Kubernetesを利用しています。しかし、起動時にParent Kubernetesの情報をRancher Serverに渡さなかった場合、または、まだ構築されていない場合は、Rancher ServerはParent Kubernetesを見つけられません。そのため、データの保存先を確保することができず、きちんと動作しません。

しかし、https://github.com/rancher/rancher/blob/v2.1.5/README.md の Quick Start セクションには、下記のコマンド（リスト 12.1）で Rancher が利用可能になると記述されており、Kubernetes の構築を一切せずとも Rancher Server が利用可能になると記されています。

リスト 12.1: このコマンドで Rancher が利用可能に

```
sudo docker run -d --restart=unless-stopped -p 80:80 -p 443:443 rancher/rancher
```

これは、なぜでしょうか。実は、これを可能にしているのが、Rancher Server の Embedded Kubernetes 機能です。Rancher Server が起動時に、Parent Kubernetes の情報を見つけられなかった場合、Rancher Server 自身が etcd、kube-apiserver、kube-controller-manager と同等の機能を提供し、自身が提供する etcd、kube-apiserver、kube-controller-manager にデータを保存します。

プロダクション環境では、公式ドキュメントの HA インストール（https://rancher.com/docs/rancher/v2.x/en/installation/ha/）に記述されている通り、事前に Kubernetes クラスタを構築することが推奨されているため、この機能を利用する機会はテスト環境などに限られます。

### Rancher Server は 1 つの実行ファイルである

Rancher Server の実装は、Embedded Kubernetes、API、Controller と実装が分かれており、Controller は監視対象のリソースごとに複数用意されていると紹介しましたが、それらの実装は 1 つの実行ファイルにまとまっています。Rancher 本体の開発者でない限り、ユーザが実行ファイルを直接起動することはなく、多くのユーザは、Rancher Server を Docker Image 経由（`rancher/rancher`）で実行しています。

そのため、Kubernetes 上で動かすための Helm チャートも https://github.com/rancher/rancher/tree/master/chart で管理されており、この Helm チャートを使って Rancher Server をデプロイすることが、Rancher の公式ドキュメントでも推奨されています（https://rancher.com/docs/rancher/v2.x/en/installation/ha/helm-rancher/）。

Helm チャートを使ってインストールした場合、Rancher Server（`rancher/rancher`）は、Deployment Resoure として起動されます。

## Rancher Cluster Agent

Rancher Cluster Agent は、Rancher Server とは別の 1 つの実行ファイルです。Rancher Cluster Agent も Rancher Server 同様、基本的には Docker Image 経由

（rancher/rancher-agent）で実行されます。

Rancher Server とは異なり、ユーザが直接 Rancher Cluster Agent を意識してデプロイすることはありません。Rancher Cluster Agent は、Child Kubernetes を構築後、クラスタの状態を管理するために、Rancher Server がクラスタに 1 つだけ起動します。

クラスタの状態を管理するために、下記のような責任を持ちます

- Rancher Server へクラスタ情報の登録
- WebSocket を利用した TCP、Unix Socket Proxy 機能を Rancher Server に提供

Rancher Server が、Rancher ビルトイン Alert 機能や、Log Aggregation 機能、クラスタのステータスの定期的な同期の実現のため、クラスタの Kubernetes API を呼ぶ必要があるときがあります。その際は、基本的にこの TCP Proxy を経由して通信します。

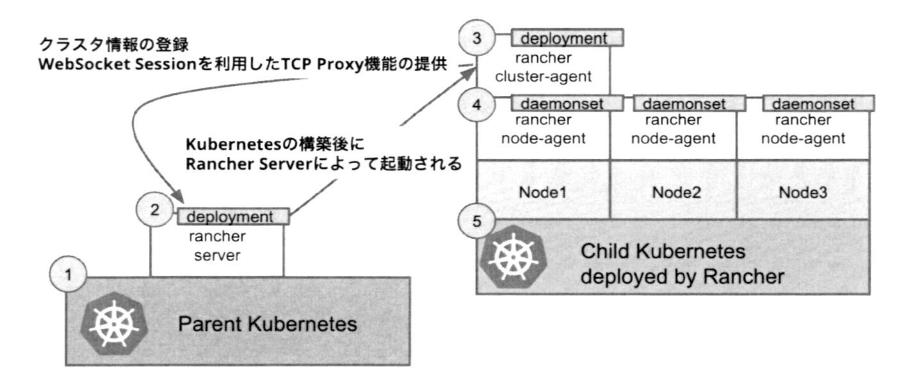


図 12.7　Rancher Cluster Agent の働き

## Rancher Node Agent

Rancher Node Agent は、Rancher Server とは別の 1 つの実行ファイルであり、Rancher Cluster Agent と同じ実行ファイルを利用しています。そのため、基本的には Rancher Cluster Agent と同じく、Docker Image 経由（rancher/rancher-agent）で実行されます。

Rancher Node Agent も Rancher Cluster Agent と同じく、Rancher Server によって起動されます。しかし Rancher Node Agent は、Daemonset として全ノードで起動されます。

Rancher Node Agent は各ノードのステート、各ノードで動く Kubernetes Process の状態管理のために、起動後次のような責任を持ちます。

- Rancher Server へノード情報の登録
- 起動しているノードで動かすべきコンテナ（kubelet などの Kubernetes Process）を定期的に取得し、起動
- 起動しているノードに配置すべきファイルを定期的に取得し、配置
- WebSocket を利用した TCP、Unix Socket Proxy 機能を Rancher Server に提供

Rancher Node Agent が提供する Proxy 機能は、該当ノードで起動されている dockerd の API を呼び出すために利用されます。この際 dockerd には、TCP ではなく Unix socket 経由で接続します。Rancher Server は、Docker API を使うことで、Kubernetes を構成するための管理プロセスをコンテナとして立ち上げたり、コンテナを新しいものにアップグレードしたりしています。

ここで注意したいのが、Rancher Server からデプロイされる Kubernetes クラスタが GKE や Public Cloud の Managed Kubernetes Service であった場合の挙動です。Kuberneetes のノード上で動く Kuberntes Process（kubelet など）の状態管理やアップグレードなどは、Public Cloud 側で実施してくれるため、Node Agent はノードで動かすべきコンテナや配置すべきファイルの定期的な確認は実施しません。

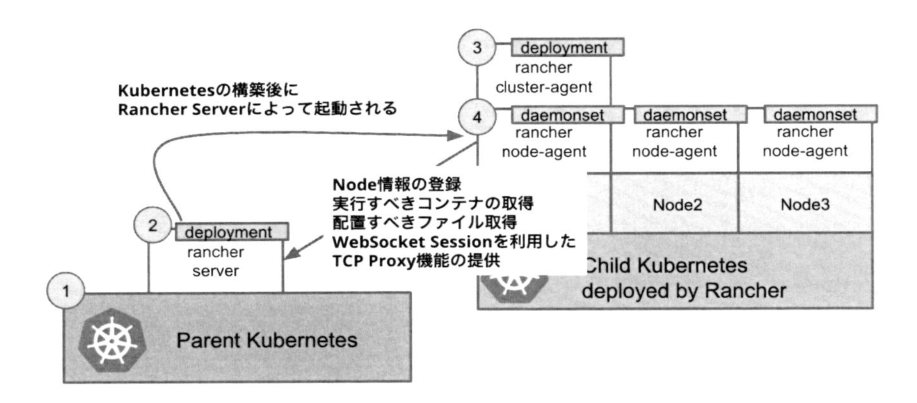


図 12.8　Rancher Node Agent の働き

## Rancher から Deploy ／管理される Kubernetes

最後は、Rancher から Deploy ／管理される Kubernetes クラスタです。Rancher のユーザは、この Kubernetes クラスタ上に Application や、その他ワークロードを動かすことになります。

Rancher から管理できる Kubernetes クラスタには、大きく分けて 3 つの種類があります。

- GKE、EKS などの Public Cloud の Managed Kubernetes Service
- RKE（Rancher Kubernetes Engine）を利用して構築した Kubernetes
- 構築済みの Kubernetes のインポート

これらのどの Kubernetes クラスタも、Rancher の特別なロジックが含まれたものではありません。そのため一般的な Kubernetes として、Operator Hub（https://operatorhub.io/）で公開されている Kubernetes Operator なども利用可能です。

## 12.4　まとめ

ここまで Rancher Server、Rancher Cluster Agent、Rancher Node Agent、Parent Kubernetes、Child Kubernetes の各々の概要と役割を紹介してきました。

いくつかの重要なポイントをここでおさらいしておきます。

- Rancher Server の実装は、API と Controller に分かれている
- Rancher API は Kubernetes の Proxy にようにふるまい、Rancher のデータは、Parent Kubernetes のリソースとして保存される。
- Rancher Controller は、Parent Kubernetes、Child Kubernetes のリソースを監視しており、変更を検知した際に、変更内容に沿った処理を実施する
- Rancher Server は、ほとんどのビジネスロジックを実装しており、Child Kubernetes と通信が必要な際は、Agent が WebSocket 経由で提供する TCP、Unix Socket Proxy を通じて通信する
- Rancher Cluster/Node Agent は、WebSocket 経由で TCP、Unix Socket Proxy 機能を Rancher Server に提供するだけで、多くのビジネスロジックは、Agent 側には実装されていない

# 第13章　Embedded Kubernetes

## 13.1　本章について

前章では、Rancher を構成する 5 つの Part を紹介しました。Rancher の機能のほとんどが Rancher Server 内に実装されていることがわかると思います。

そのため Rancher を理解することは、Rancher Server を理解することと言っても過言ではありません。この章からは、Rancher Server がどのように実装されているのか、Rancher Server がどのようなデータを持っているのか、もう少し細かく各機能ごとに紹介していきます。

この章では、次のトピックに沿って Embedded Kubernetes の機能を紹介します。

- Embedded Kubernetes の実装の詳細
- Embedded Kubernetes を利用した時の Kubernetes API へのアクセスの仕方

## 13.2　Embedded Kubernetes の実装の詳細

前の章で、Rancher が Parent Kubernetes を発見できなかった場合、Rancher Server 自身が etcd や kube-apiserver としてふるまうと解説しましたが、今ひとつピンとこない方もいらっしゃると思うので、実際のコードも交えながらどのように実装されているのかを紹介します。

Rancher Server の下記のソースコードを見てみます。これは、Rancher Server が利用可能な Kubernetes を発見できなかったときに、Rancher Server が Kubernetes、Etcd の機能を実行する部分のコードです（リスト 13.1）。https://github.com/rancher/rancher/blob/v2.1.5/pkg

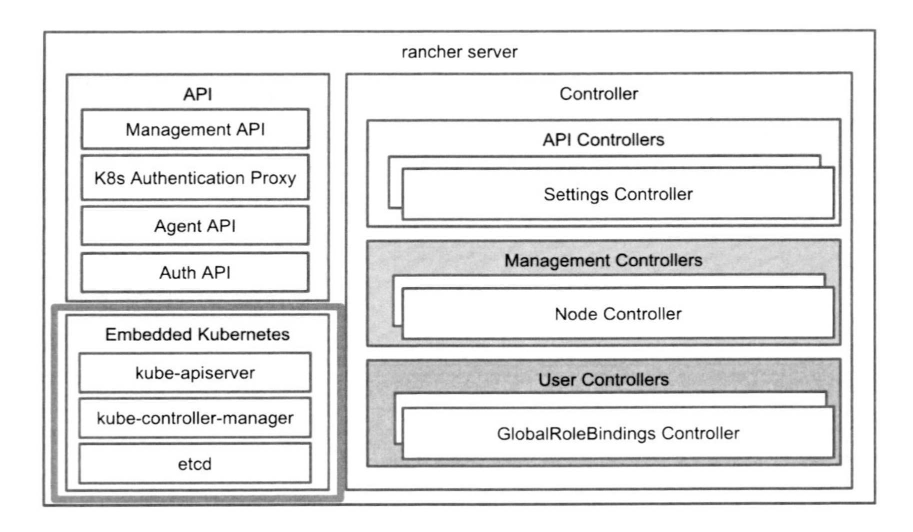


図 13.1　Embedded Kubernetes

/embedded/embedded.go#L15

リスト 13.1: Rancher Server の Embedded Kubernetes 関連のソース（抜粋）

```
12  "strings"
13  "time"
14
15  "github.com/coreos/etcd/etcdmain"
16  "github.com/pkg/errors"
17  "github.com/rancher/rancher/pkg/hyperkube"
```

ここで、Rancher Server の embedded.go の 15 行目をみてみると、etcdmain の package を import していることがわかります。この etcdmain は、下記の 54 行目の runEtcd 関数の中で評価されています（リスト 13.2）。https://github.com/rancher/rancher/blob/v2.1.5/pkg/embedded/embedded.go#L54

リスト 13.2: runEtcd 関数（抜粋）

```
36 func Run(ctx context.Context) (context.Context, string, error) {
37     rkeConfig, err := localConfig()
38     if err != nil {
39       return ctx, "", err
40     }
～省略～
52     processes := getProcesses(plan)
53     eg, resultCtx := errgroup.WithContext(ctx)
54     eg.Go(runProcessFunc(ctx, "etcd", processes["etcd"], runEtcd))
```

runEtcd の定義はリスト 13.3 のようになっており、etcdmain.Main() を Rancher Server

内で実行していることがわかります。https://github.com/rancher/rancher/blob/v2.1.5/pkg/embedded/embedded.go#L137-L141

リスト 13.3: runEtcd の定義

```
137 func runEtcd(ctx context.Context, args []string) {
138   os.Args = args
139   logrus.Info("Running ", strings.Join(args, " "))
140   etcdmain.Main()
141   logrus.Errorf("etcd exited")
142 }
```

この etcdmain.Main() は、etcd を起動する際に実行される関数と同じであり、Rancher Server 自身が etcd としてもふるまっていることがわかります。参考までに etcd のソースコードもここに載せておきます。https://github.com/etcd-io/etcd/blob/master/main.go

リスト 13.4: etcd のソース（抜粋）

```
23 package main
24
25 import "go.etcd.io/etcd/etcdmain"
26
27 func main() {
28   etcdmain.Main()
29 }
```

import している package への path は異なるものの、同じ関数を呼び出していることがわかります。kube-apiserver、kube-controller-manager など Kubernetes の機能についても、同じような方法で Rancher Server が Rancher Server の一部として実行しています。

## 13.3　Embedded Kubernetes を利用した時の Kubernetes API へのアクセスの仕方

本書を読み進めて、実際に Kubernetes API を叩いて Rancher が作成した CRD、カスタムリソースを確認したいという方も少なくないでしょう。

Parent Kubernetes を事前に準備されている方は、事前に準備した Parent Kubernetes の API を呼び出す準備は、言わずともできていると思います（そもそも API 呼び出しができないと、Parent Kubernetes 上に Rancher Server を Deploy できません）。

しかし Rancher の Embedded Kubernetes を利用した際は、アクセスするのに少し工夫が必要です。先ほど説明した通り、Rancher Server のバイナリが kube-apiserver としてふるまうため、Kubernetes の API Endpoint は、Rancher Server の IP に設定する必要があります。その際、認証のためのクライアント証明書はRancher Serverが自動生成するため、自動生成されたクライアント証明書を利用する必要があります。

また、アクセス元にも制約があります、Rancher Serverは、127.0.0.1:6443にTCPソケットをbindするため、127.0.0.1でRancher Serverにアクセスできるサーバからアクセスする必要があります。

そのため、次のようなコマンドでRancher Serverを起動した場合は、Dockerコンテナを立ち上げたServerからアクセスが可能です（リスト13.5）。

リスト13.5: Dockerコンテナを立ち上げたServerからアクセス可能な例

```
$ docker run -d --restart=unless-stopped  --network host rancher/rancher
$ curl https://127.0.0.1:6443 -k
{
  "kind": "Status",
  "apiVersion": "v1",
  "metadata": {

  },
  "status": "Failure",
  "message": "forbidden: User \"system:anonymous\" cannot get path \"/\"",
  "reason": "Forbidden",
  "details": {

  },
  "code": 403
}
```

一方、https://github.com/rancher/rancher/blob/master/README.mdのQuick Startで紹介されているように、次のコマンドで起動した場合は、Rancher Serverコンテナ内からのみアクセスが可能になります（リスト13.6）。

リスト13.6: Rancher Serverコンテナ内からのみアクセス可能な例

```
$ docker run -d --restart=unless-stopped -p 80:80 -p 443:443 rancher/rancher
$ docker exec -it 18f2e7524ac6 bash
root:/var/lib/rancher# curl https://127.0.0.1:6443 -k
{
  "kind": "Status",
  "apiVersion": "v1",
  "metadata": {

  },
  "status": "Failure",
  "message": "forbidden: User \"system:anonymous\" cannot get path \"/\"",
  "reason": "Forbidden",
  "details": {

  },
```

```
  "code": 403
}
```

API の呼び出し方法がわかったところで、早速 kubectl をダウンロードし、kubeconfig を用意して Kuberenetes API を利用しましょうといきたいところですが、実は Rancher Server コンテナは、予め Rancher Server が利用している Kubernetes API へのアクセスするための準備、例えば kubectl のインストール、kubeconfig の生成などが実施済みです。そのため、Kubernetes の準備方法に関わらず、Rancher Server コンテナ内に新しく shell を起動することで、即座に Kubernetes API を利用することが可能です。

リスト 13.7: Rancher Server からは直ちに Kubernetes API を利用できる

```
$ docker exec -it 18f2e7524ac6 bash
root:/var/lib/rancher# kubectl get crd
NAME                                                            AGE
apprevisions.project.cattle.io                                  13m
apps.project.cattle.io                                          13m
～省略～
```

# 第14章　Rancherのリソースモデルについて

## 14.1　本章について

Rancher API、Rancher Controllerともにデータが中心になるため、それらの解説に入る前に、Rancherが扱うデータについて説明したいと思います。

この章では、Rancherがどのようなデータ（= Custom Resource）を持っていて、それがどのように使われているのかというところを下記のトピックに沿って紹介します

- Rancherユーザが意識するクラスタを取り巻く概念
    - Rancherを通してKubernetesを利用する際のクラスタの構成要素
- RancherのリソースモデルのCRDマッピング
    - Rancherの機能を実現するための5種類のResource
    - Rancher Server全体に影響するGlobal-Level Resource
    - 1つのCluster全体に影響するCluster-Level Resource
    - 1つのProject全体に影響するProject-Level Resource
    - 1人のUserに影響するUser-Level Resource

## 14.2　Rancherユーザが意識するクラスタを取り巻く概念

RancherのCustom Resource Definition（以下、CRD）は40種類以上存在するため、いき

なり各CRDの関係図を持ち出して説明を始めても、なかなか理解しづらいでしょう。そこで、最初は全体像の説明から入ります。

## Rancherを通してKubernetesを利用する際のクラスタの構成要素

まずは、Kubernetesクラスタの構成要素にトピックを絞って、Rancherがどのような概念をKubernetesクラスタに持ち込んでいるのかを説明します。

Rancherを用いずKubernetesクラスタをご自身で管理される場合、Kubernetesクラスタは大きく3つの概念で構成されています。それらはクラスタを構成するためのKubernetes Node、クラスタ自身、そしてクラスタ上でWorkload（Secret、Deployment、Serviceなど）の分離を実現するNamespaceです。

リソースによっては、Namespace上ではなくClusterに直接所属するものもありますが、基本的には、ユーザはこの時一番上位に位置するNamespaceに対して、Workloadの起動や操作を実施します（図14.1）。

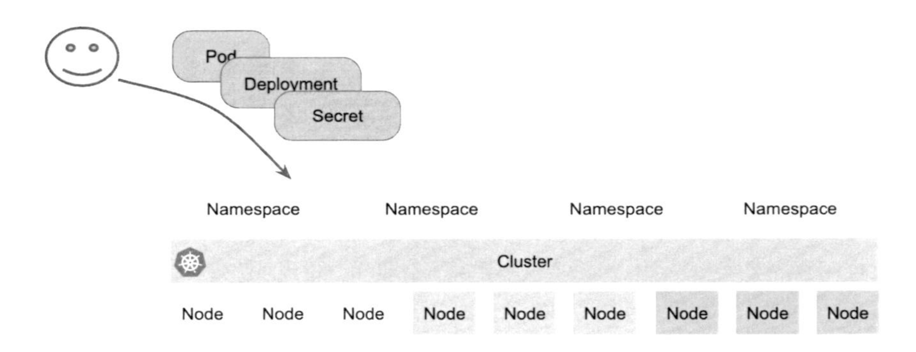


図14.1　ユーザはNamespaceに対して操作を行うのが基本

しかし、RancherでKubernetesクラスタを構築・管理する場合、Rancherは上記の3つに加えて「Project」と「NodePool」という2つの新しい概念を取り込みます。

Projectは、Namespaceの1つ下の階層に位置し、複数のNamespaceを含有します。ユーザはProjectに所属し、Projectに含まれるNamespace上で、Workloadの起動や操作を実施します。Rancherは、複数のNaemespaceを1つのグループとして扱うProjectという新しい概念を持ち込み、Userや権限の管理を容易にしています。

NodePoolは、Nodeの1つの上の階層に位置し、複数のNodeを含有しています。このNodePoolは、RancherでKubernetesクラスタを構築する際に利用されます。

Rancher で Kubernetes クラスタを構築する際、ユーザは Role、理想の Node 数、Node の Spec を定義する NodePool をまず作成します。Rancher は、その定義に沿って、Node の数が NodePool の定義と違う場合は、NodePool が Node の作成/削除を実施します。このようにして、Rancher は Kubernetes クラスタの Node 管理を容易にしています（図 14.2）。

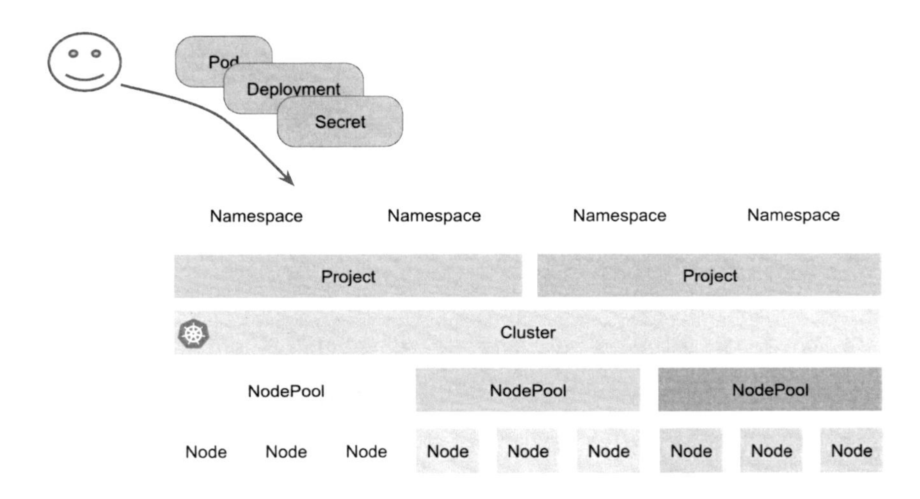


図 14.2　Rancher は Project、NodePool という概念を取り込む

また Rancher は、Kubernetes クラスタの管理を容易にするための Project や NodePool だけでなく、Kubernetes クラスタをより便利に使うための付加機能も提供しています。例えば、簡単にミドルウェアや開発支援ツールがデプロイできるカタログ機能や、Github と連携して CI/CD を実現するための Pipeline 機能などです。これらの機能は、設定や実態などが Pod や Deployment などと同じように、Project や Cluster 上に展開されることになります。

# 14.3　Rancher のリソースモデルの CRD マッピング

## Rancher の機能を実現するための 5 種類の Resource

先ほど紹介した機能を実現するために、Rancher はこれらの機能に紐付くデータを保存する必要があります。前の章でも紹介した通り、Rancher はそれらすべてのデータを Kubernetes の Custom Resource として表現しています。それらの Resource は、Resource の影響範囲によって 5 種類の Resource に分けられます図 14.3。

Cluster-Level Resource、Project-Level Resource など、特定の Cluster、Project に所有される Resource の場合は、所有関係を表現する必要がありますが、Rancher は、Kubernetes の Namespace をうまく利用し、XXXX-Level Resource は、XXXX の ID の Namespace 内に Resource を作成することで、Resource の含有／所有関係を表現しています。

- Rancher Server 全体に影響する Global-Level Resource
  - リソース例: Cluster、Catalog、Setting（Rancher Server の設定）
  - Namespace に紐付かない（Scope Cluster）CRD として定義
- 1 つの Cluster 全体に影響する Cluster-Level Resource
  - リソース例: Project、Node、NodePool
  - Namespace の中に作成される（Scope Namespace）CRD として定義
  - Cluster-Level Resource は、紐付く Cluster を示すため、Cluster ID の Namespace 内に作成されます
  - 例えば、Cluster A の NodePool（Cluster-Level Resource）は、Cluster A という Namespace 内に NodePool Resource が作成されます
- 1 つの Project 全体に影響する Project-Level Resource
  - リソース例: Apps（カタログがデプロイする Application）、Pipeline
  - Namespace の中に作成される（Scope Namespace）CRD として定義
  - Project-Level Resource は、紐付く Project を示すため、Project ID の Namespace 内に作成されます
- 1 つの Project 内の 1 つの Namespace 内に存在する User の Workload
  - リソース例: Deployment、Secret、Pod など
  - Rancher Server が管理する Child Kubernetes 上に一般的な Kubernetes リソースとして作成されるため、Rancher として特別なデータは持ちません
- 1 人の User に影響する User-Level Resource
  - リソース例: Preference（GUI 上の設定）、NodeTemplate など
  - Namespace の中に作成される（Scope Namespace）CRD として定義
  - User-Level Resource は、紐付く User を示すため、User ID の Namespace 内に作成されます

続いて、Rancher が利用しているすべての CRD について、関係性と用途を解説していきます。

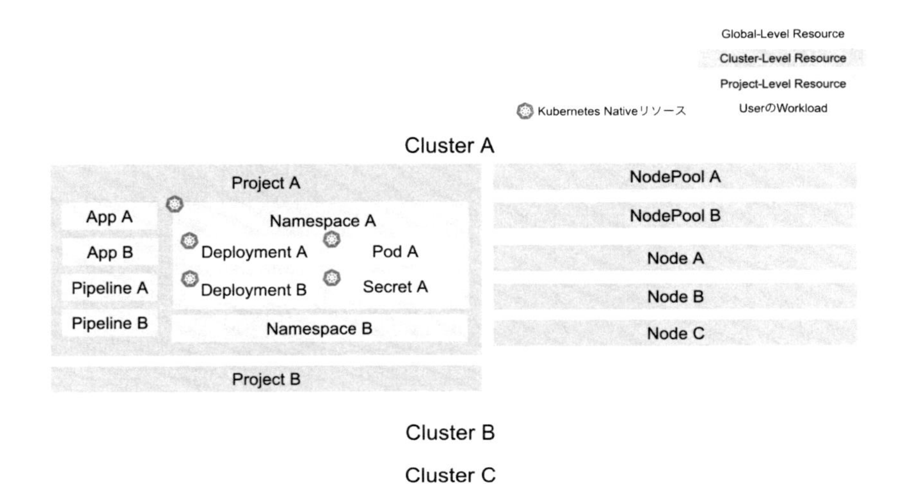


図 14.3　5 種類の Resource の相関関係

## Rancher Server 全体に影響する Global-Level Resource

この Resource は Rancher Server 全体に影響を与えるような Resource で、Namespace に所属しない CRD として実現されています（図 14.4)。

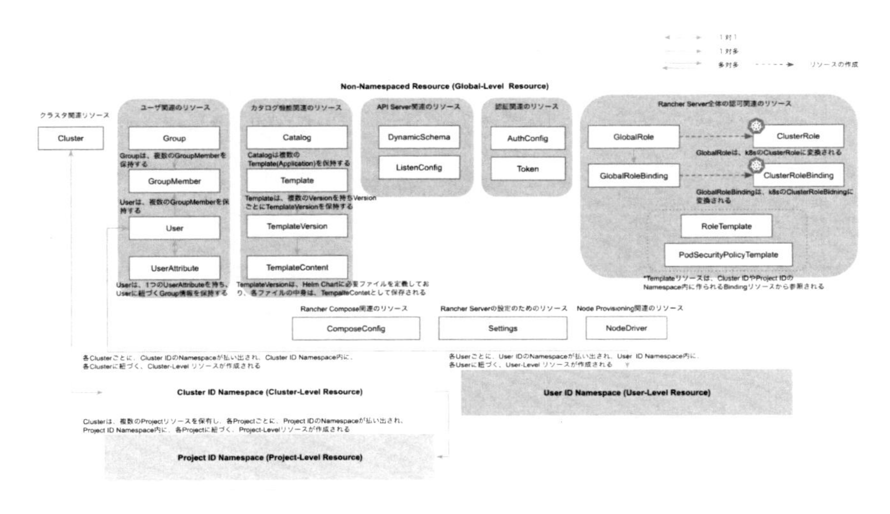


図 14.4　Global-Level Resource

## Cluster 関連のリソース

- clusters.management.cattle.io
    - Rancher が管理する Kubernetes クラスタを示す CRD
    - Kubernetes クラスタのあるべき姿（Spec）と実際の設定（Status）がこのリソースで管理されます

## User 関連のリソース

- users.management.cattle.io
    - Rancher 内のユーザを示す CRD
- userattributes.management.cattle.io
    - Rancher 内のユーザの付加情報を示す CRD
    - user リソース 1 つに対して、1 つの userattributes が作成されます
    - 現在 attribute は、GroupPrincipals のみ対応しており、ユーザが所属しているグループ情報が userattributes に保存されています
- groups.management.cattle.io
    - Rancher の Local 認証プロバイダのグループを示す CRD
    - その他の認証プロバイダについても group 機能はサポートされていますが、認証プロバイダ自身が持っているグループ相当の機能（Github における Organization など）をプロバイダの Driver コードが group 相当に動的に変換しています。そのため、Rancher のリソースとしてはそれらの group 情報を永続化していません
    - グループに権限を付与する際などは、groups のリソースではなく userattributes の GroupPrincipals が参照されるため、groups リソースにその他の認証プロバイダのグループ相当の概念を変換、保存する必要はありません
- groupmembers.management.cattle.io
    - Rancher の Local 認証プロバイダのグループのメンバ情報を示す CRD

## Catalog 関連のリソース

- catalogs.management.cattle.io
    - Rancher のカタログを示す CRD
    - Rancher Server 起動時に、Rancher がデフォルトでサポートしている library という名前のリソースが追加されます

    - GUI から（https://< Rancher Server >/g/catalog）ユーザがカタログを追加すると、内部的にこの CRD のリソースが新たに作成されます
    - このリソース自身は、カタログの情報が保存されている URL とカタログのタイプ（native か helm）の 2 つの情報を Spec に指定する必要があります
    - 一度リソースが作成されると、Controller が該当カタログに含まれているアプリケーションの一覧を取得し、Status を更新します
- templates.management.cattle.io
    - カタログ内のアプリケーションを示す CRD
    - アプリケーションのアイコンイメージ URL や description を指定し、複数の templateversions リソースへの参照を保持します
- templateversions.management.cattle.io
    - カタログ内のアプリケーションの特定のバージョンを示し、1 つの Helm Chart を示す CRD
    - Helm Chart 内のファイルと Value を設定するための質問リストを管理しています
    - ファイルの実体は、templatecontents リソースに保存されています
- templatecontents.management.cattle.io
    - templateversions に含まれるファイルの実体を保存している CRD
    - templatecontents リソースは、ファイルの実体を gzip で圧縮し、gzip ファイルを base64 で encode して保存しています

## API Server 関連のリソース

- dynamicschemas.management.cattle.io
    - Rancher API を拡張するための Schema を示す CRD
    - Rancher API は、Norman（https://github.com/rancher/norman）という Rancher Lab 社が開発したフレームワークをベースに実装されています
    - Norman では API Server に API 仕様を示す Schema というオブジェクトを登録することで、API Server が処理できる API を定義しています
    - 前の章で紹介した、Rancher API は Rancher Server が起動時に Schema オブジェクトを生成し、Norman API Server に設定をしています。これらの Schema は、このリソースとしては表現されていませんが、このリソースを用いることで Rancher API を拡張することができます

    - 実際にどのように使われているかというと、GUI より nodetemplate を作成する際、プロバイダごとに異なる入力項目を Schema として定義し、GUI でどのような項目を入力させるべきか定義するために利用しています
    - 実際に、起動時に作成されている dynamicschema リソースを見てみると、プロバイダごとに Schema が定義されていることがわかります（リスト 14.1）

リスト 14.1: dynamicschema リソース

```
kubectl get dynamicschemas.management.cattle.io
NAME                   AGE
aliyunecsconfig        16d
amazonec2config        102d
azureconfig            102d
digitaloceanconfig     102d
nodeconfig             102d
nodetemplateconfig     102d
openstackconfig        58d
vmwarevsphereconfig    102d
```

- listenconfigs.management.cattle.io
    - Rancher API Server が Listen するプロトコルとその設定を示す CRD
    - 現在 https、acme の 2 つの Mode に対応しています
    - https の場合、Rancher Server に設定された CA 証明書と CA 鍵を元にアクセスされたドメインをベースに証明書を自動生成し、生成された証明書を generatedCerts フィールドに保存します。次回以降同じドメイン名でアクセスされた場合は、generatedCerts に保存されている証明書を利用します

## 認証関連のリソース

- authconfigs.management.cattle.io
    - 認証プロバイダの設定を示す CRD
    - Rancher Server 起動時に、Rancher がサポートしている認証プロバイダを示すリソースを自動的に作成します
        * activedirectory
        * adfs
        * azuread
        * freeipa

    - github
    - keycloak
    - local
    - openldap
    - ping
  - Rancherを拡張して、新たな認証プロバイダをサポートすることを試みない限り、新しいリソースを追加することはありません
  - GUI（https://< Rancher Server >/g/security/authentication）から認証プロバイダの設定をした際、認証プロバイダのMetadata（連携のためのClientIdやClientSecret）などが、カスタムリソースのフィールドとして追加されます
  - tokens.management.cattle.io
  - Rancher APIを呼び出すためのTokenを示すCRD

### Rancher Server全体の認可関連のリソース

- globalroles.management.cattle.io
  - RancherのGlobal Roleを示すCRD
  - Global Roleは、Rancher Server全体に関わるオペレーション、Global-Level Resourceに対するアクセスコントロールを管理するためのRole
  - 形式は、Kubernetesのclusterrole、roleリソースと同じくapiGroup、resources、verbsになっています
  - globalroleは、Parent Kubernetes上のclusterroleに変換され、1つのglobalroleに対して1つのclusterroleが作成されます
- globalrolebindings.management.cattle.io
  - RancherのGlobal Roleに対するBindingを示すCRD
  - 形式はKubernetes標準リソースのclusterrolebindingと異なり、usernameとrolenameでbindingsを指定します
  - globalrolebindingsは、Parent Kuberntes上のclusterrolebindingsに変換され、RBACを実現しています
- roletemplates.management.cattle.io
  - RancherのCluster RoleとProject RoleのベースとなるRoleを示すCRD
  - Cluster Role、Project Roleは管理しているKubernetesクラスタに対するアクセス

コントロールを管理するための Role
    - 形式は Kubernetes の clusterrole、role リソースと同じく apiGroup、resources、verbs になっています
    - roletemplate リソース 1 つで、Cluster Role と Project Role の両方をサポートしており、roletemplate の context フィールドで roletemplate が Cluster 向けか Project 向けかを判別しています
    - roletemplate は、ユーザが該当の template を利用して bindings を作成する（＝該当の roletemplate を誰かに割り当てる）と、対象となる Child Kubernetes クラスタ上または、Parent Kubernetes 上の clusterrole、role に変換、作成されます
- podsecuritypolicytemplates.management.cattle.io
    - Rancher が Cluster や Project に設定する PodSecurity Policy を示す CRD
    - 形式は、Kubernetes の extensions/v1beta1 API Group の PodSecurity Policy と同じです
    - Cluster ごとにデフォルト PodSecurity Policy を決定すると、Cluster のデフォルトが Project にも引き継がれます。また、Project ごとに別の PodSecurity Policy を上書きすることが可能です
    - PodSecurityPolicy Binding 情報は、＜ Project Id ＞ Namespace の podsecuritypolicy templatesbindings で表現されます

## Node Provisioning 関連のリソース

- nodedrivers.management.cattle.io
    - docker-machine の driver を示す CRD
    - Public Cloud の VM サービスを利用して Kubernetes を構築する際、Rancher Server は、docker-machine を利用して構築します
    - この nodedriver は、docker-machine の driver を示しており、docker-machine の driver のダウンロード URL が指定されています

## Rancher Server 設定関連のリソース

- settings.management.cattle.io
    - Rancher Server の設定を示す CRD
    - Rancher Server の設定が、この CRD のリソースとして表現されています

- 例えば、Telemetry 機能の ON/OFF や、Docker Engine のインストール URL など

### Rancher Compose 関連のリソース

- composeconfigs.management.cattle.io
  - Rancher Compose ファイルを示す CRD
  - Rancher Server 上の Rancher のすべてのリソースの状態を Rancher Compose ファイルで表現することができます。Rancher Compose Yaml ファイルを含んだ composeconfigs を作成すると、Rancher Server は、そこに記述されている Rancher のリソースを Rancher API を呼び出し作成します
  - Rancher Server 間で Rancher リソースの移動をする時などに利用することが考えられます

## 1 つの Cluster 全体に影響する Cluster-Level Resource

この Resource は、Rancher Server で管理されている 1 つの Cluster 全体に影響を与えるような Resource で、Cluster ID の Namespace 内に作成されます（図 14.5)。

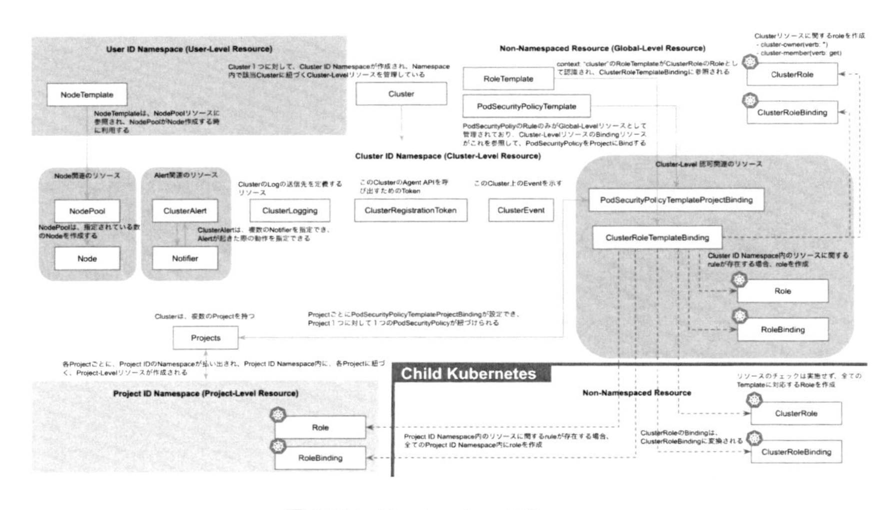


図 14.5 Cluster-Level Resource

## Project 関連のリソース

- projects.management.cattle.io
  - Rancher が実装している Kubernetes クラスタ内の Isolation 単位であるテナントを示す CRD
  - Kubernetes は namespace で Isolation を実現しているが、Rancher は複数の namespace をグルーピングした project という Isolation 単位を提供しており、この project が Rancher 内での最小の Isolation 単位であり、テナントになります
  - Rancher を通して Kubernetes を利用する場合は、クラスタ内に project を作成し、project にユーザを登録し、ユーザは project 内で Deployment、Secret リソースを作成し、利用することになります

## Node 関連のリソース

- nodepools.management.cattle.io
  - 必要な Node 数、NodeTemplate、Node の Role を定義する CRD
  - Rancher では、Node を直接意識するようなモデルにはなっておらず、NodePool を通して Node を作成します
  - NodePool は、Node の Spec を示す NodeTemplate と望ましい Node 数と Role を定義すると、指定された NodeTemplate と Role で指定された数の Node が作成され、エラーなく Node の Provisioning が終わることまでを保証します。仮に Provisioning で失敗すると、Node は削除され再作成されます
- nodes.management.cattle.io
  - Kubernetes を構成する実際の Server を示す CRD
  - 1 つの Server につき、Node リソースが 1 つ存在します

## Cluster-Level Alert 関連のリソース

- clusteralerts.management.cattle.io
  - クラスタに対する Alert を定義する CRD
  - クラスタに対する Alert は、Kubernetes クラスタ自身の Alert、例えば、kube-scheduler の死活監視などが対象になり、実際に Kubernetes クラスタ上にデプロイされる Pod などは Alert の対象外になります
- notifiers.management.cattle.io

  - Alert が起きた際のアクションを定義する CRD
  - clusteralert, projectalert に、この notifier を設定することで Alert が起きた際にどのようなアクションを起こすか定義することができます（例：Webhook エンドポイントの設定や、Slack への通知など）

### Cluster-Level Logging 関連のリソース

- clusterloggings.management.cattle.io
  - クラスタのコンテナの Log をどこに送信するかを定義する CRD
  - 各クラスタは、ElasticSearch、Splunk、Kafka、Fluentd 等から、Log の送信先を 1 つ選ぶことができ、その送信先にアクセスするためのエンドポイントや、認証情報がこのリソースで表現されます

### Cluster-Level 認可関連のリソース

- clusterroletemplatebindings.management.cattle.io
  - Rancher の Cluster Role に対する Binding 情報を定義する CRD
  - Cluster Role は cluster-owner と cluster-member の 2 つに大別されます。cluster-owner は、該当 Cluster リソースへのすべてのオペレーションが許容される clusterole と clusterrolebinding が Parent Kubernetes 上に作成されます。一方 cluster-member の場合は、該当 Cluster リソースへの閲覧（get）権限のみを許容する clusterole と clusterrolebinding を Parent kubernetes 上に作成します
  - cluster-owner という名前の roletemplate 以外を利用する場合は、すべて cluster-member とみなされます
  - Cluster Role は、Cluster Wide で適用されるため、Cluster-Level リソースのアクセスコントロールを設定した場合は、単純に Cluster-Level リソースに対するアクセスコントロールが設定されます。Cluster Role 内で Project-Level リソースのアクセスコントロールを設定した場合は、該当クラスタのすべての Project 内の指定したリソースに対してアクセスコントロールが設定されます
  - Rancher は、この binding 情報を元に Parent Kubernetes 上に、Cluster ID、Project ID Namespace 配下に role、rolebinding を作成します
  - Parent Kubernetes だけでなく、Child Kubernetes 上にも clusterrole、clusterrolebinding を作成し、Cluster に紐付くリソースへの RBAC を実現しています

- podsecuritypolicytemplateprojectbindings.management.cattle.io
  - Project と 1 対 1 で紐付く podsecuritypolicytemplates への参照を定義する CRD
  - Rancher では、1 つの Project に対して、1 つの podsecuritypolicytemplates（PodSecurityPolicy）を定義できます
  - Project に対して、podsecuritypolicytemplates（PodSecurityPolicy）を設定すると、Project に含まれる Namespace 内に各 ServiceAccount 用の rolebinding が作成され、設定された Policy を使うようにしています

### Cluster Event 関連のリソース

- clusterevents.management.cattle.io
  - Rancher で管理している Kubernetes クラスタで作成された Event リソースのミラーのような CRD
  - Rancher で管理している Kubernetes クラスタで Event リソースが作成されると、Rancher は、Event リソース 1 つに対して、この clusterevents リソースを作成し、すべての Kubernetes クラスタの Event を Rancher Server で集中管理しています
  - このリソースを利用する機能は、かなりの負荷を Rancher Server にかけるため、現在 Rancher Server では、コードレベルで Disable されています

### Agent API 関連のリソース

- clusterregistrationtokens.management.cattle.io
  - Agent API を呼び出すための Token を定義する CRD

## 1 つの Project 全体に影響する Project-Level Resource

この Resource は、Rancher Server で管理されている Cluster 内の 1 つの Project 全体に影響を与えるような Resource で、Project ID の Namespace 内に作成されます（図 14.6）。

### Pipeline 関連のリソース

- pipelines.project.cattle.io
  - プロジェクトで設定している Pipeline を定義する CRD
- pipelinesettings.project.cattle.io

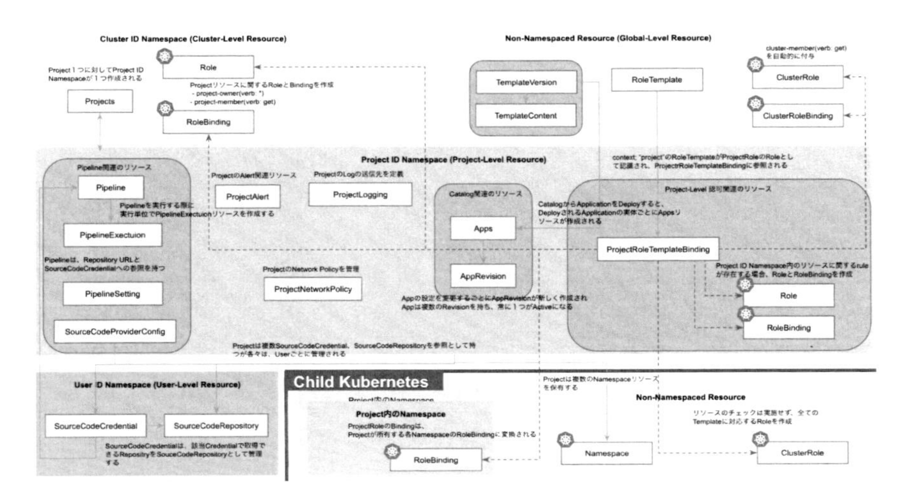


図 14.6　Project-Level Resource

- Pipeline に関する設定を定義する CRD
- 現在は executor-quota と、registry-signing-duration の 2 種類の設定が存在しています
- executor-quota は、同時に実行する PipelineExecution の Quota を設定できます
- registry-signing-duration は、Registry の SSL 証明書の有効期間を設定できます

- pipelineexecutions.project.cattle.io
  - Pipeline の実行を定義する CRD
  - Pipeline が sourcecodeprovider（Github や Gitlab）によって、呼び出されるたびにこのリソースが作成され、実行状態を管理しています
- sourcecodeproviderconfigs.project.cattle.io
  - Pipeline でビルド、テストの対象となるレポジトリを提供する Provider の種類を定義する CRD
  - 現在は Gitlab、Github がサポートされているため、デフォルトでそれらを示す 2 つのリソースが作成されています
  - 基本的には、複数の Provider の中からどれか 1 つを Enabled にして、利用することになります

## Catalog 関連のリソース

- apps.project.cattle.io
  - Catalog 内のアプリケーションをデプロイした時のアプリケーションを実体を定義する CRD
  - Catalog 内のアプリケーションに対する具体的な設定は、apps リソースでは管理しておらず、apps が参照している apprevisions リソースで定義しています
- apprevisions.project.cattle.io
  - Catalog 内のアプリケーションの設定を定義する CRD
  - apprevisions は、1 つの apps に対して複数作成されますが、そのうち 1 つの apprevision リソースだけが app から参照され、Active な状態になります
  - 実際の設定を apprevions として app リソースから分けて複数管理することで、Rollback など前回の設定内容を復元できるようようにしています

## Project-Level Alert 関連のリソース

- projectalerts.management.cattle.io
  - Project に対する Alert を定義する CRD
  - Project に対する Alert の対象は、Kubernetes クラスタ上に実際にデプロイされる Workload、例えば Pod や、Deployment などが対象になります

## Project-Level Logging 関連のリソース

- projectloggings.management.cattle.io
  - Projet に対する Logging の設定を定義する CRD
  - Rancher は、Cluster 全体の Log の送信先と Project ごとの Log の送信先を独立して設定できます。このリソースは、Project 内のコンテナの Log の送信先を定義するものです

## Project Network Policy 関連のリソース

- projectnetworkpolicies.management.cattle.io
  - Project における NetworkPolicy を定義する CRD
  - 現在の Rancher は、Project 内で複数の Network Policy の定義には対応しておりま

せん。現状は Project 間通信を防ぐための Policy のみ対応しており、それが Default Policy として登録されています

### Project-Level 認可関連のリソース

- projectroletemplatebindings.management.cattle.io
  - Rancher の Project Role に対する Binding 情報を定義する CRD
  - Project Role は project-owner と project-member の 2 つに大別されます。project-owner は、該当 Project リソースへのすべてのオペレーションが許容される role と rolebinding が Parent Kubernetes 上の Cluster ID Namespace 内に作成されます。一方 project-member の場合は、該当 Project リソースへの閲覧（get）権限のみを許容する role と rolebinding が Parent kubernetes 上に作成されます
  - また、Project Role が付与されると自動的に cluster-member としても扱われ、該当の Cluster リソースへの閲覧（get）権限を付与する clusterrolebinding も作成されます
  - Rancher Server は、Project Level リソースに対するアクセスコントロールの実現として、Parent Kubernetes 上の Project ID Namespace 配下に Role と Rolebinding を作成します
  - 例外的に、Notifier リソースに関しては、Project Role でも設定が許可されており、Project Role で設定を実施すると、Cluster ID Namespace 配下に Role と Rolebinding が作成されます
  - また、Child Kubernetes 上では、clusterrole の作成、Project に紐付く Namespace 配下に rolebinding が作成され、Project に紐付くリソースへの RBAC を実現しています
  - 例外的に、Child Kubernetes 上の Namspace、Persistent Volume、StorageClass リソースは、Namespace 内に含まれるリソースではないので、アクセスコントロールの実装に clusterrolebinding を利用しています

## 1 人の User に影響する User-Level Resource

この Resource は、Rancher Server 上の 1 人の User に影響を与えるような Resource で、User ID の Namespace 内に作成されます（図 14.7）。

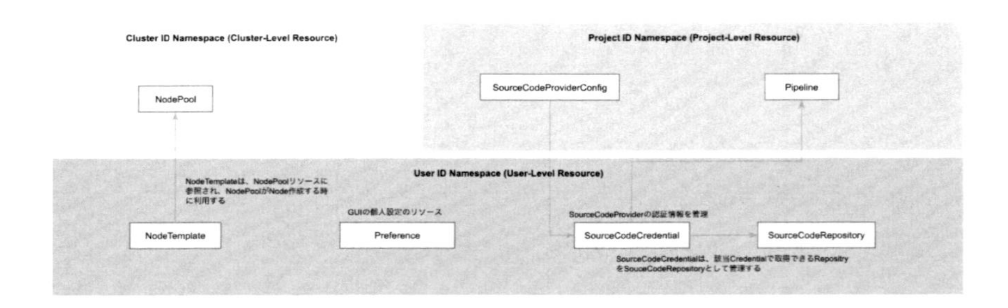


図 14.7　User-Level Resource

- nodetemplates.management.cattle.io
  - Node を作成するための、Node の Spec 情報を定義する CRD
  - Public Cloud などの認証情報や、Public Cloud 上の Server の Spec 情報がここで定義され、Node リソース、NodePool を作成する時は、この nodetemplate を指定して作成します
- preferences.management.cattle.io
  - ユーザごとの設定を定義する CRD
  - 設定の例としては、GUI の言語や GUI のテーマの設定などが存在します
- sourcecodecredentials.project.cattle.io
  - ユーザに紐付いている sourcecodeproviderconfigs の認証情報（例：Github の AccessToken）を定義する CRD
  - GUI（/p/< Project ID >/pipeline）より、Pipeline の設定を実施すると、設定を実施したユーザに設定した認証情報が紐付きます
  - リソースのフィールドに Project Name が含まれるため、複数の Project で Credential を利用する場合は、Project の数だけ sourcecodecredentials リソースが作成されます
- sourcecoderepositories.project.cattle.io
  - ユーザに紐付いている sourcecodecredentials を利用してインポートした Repository を定義する CRD
  - sourcecodecredentials と同じく、リソースのフィールドに Project Name が含まれるため、複数の Project で Credential を利用する場合は、Project の数だけ sourcecodecredentials リソースが作成されます

# 第15章　Rancher API

## 15.1　本章について

本章は、下記のトピックに沿って、Rancher API を紹介していきます。

- Rancher API の概要
- Rancher API の認証
- Rancher API の認可
- 5 つに分類される Rancher API の役割と実装概要
    - Management API（/v3/*）
    - K8s Authentication Proxy（/k8s/clusters/＜ cluster id ＞）
    - Agent API（/v3/connect/*）
    - Auth API（/v3-public/*）
    - その他、分類が難しい API（/meta、/hooks、/v3/import、/v1-telemetry）

## 15.2　Rancher API の概要

Rancher は 100 種類以上の API を提供しています。それらの API は下記のように分類することができます。

- Management API（/v3/*）
    - Rancher のメインとなる API

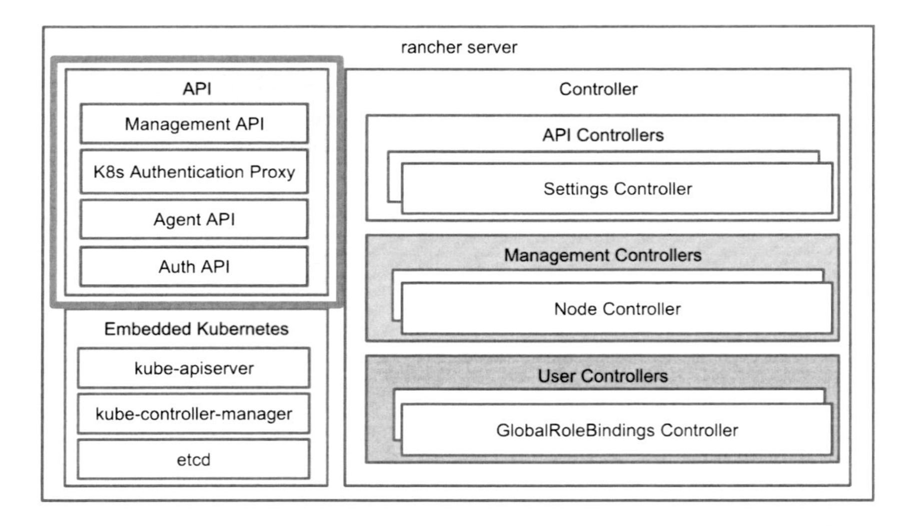


図 15.1　Rancher API

- User が Rancher の提供するリソースを操作するために利用します
- リソースモデルの章で紹介したリソースは、すべてこの API を経由して操作されます
- Management API で作成／取得されるリソース情報は、すべて Kubernetes リソースとして Parent Kubernetes に保存されるため、Kubernetes API Proxy のように考えることができます
- /v3/で始まり、下記の分類で紹介されてない API は基本的にすべて Management API になります

- K8s Authentication Proxy（/k8s/clusters/< cluster id >）
  - Rancher で管理している Kubernetes クラスタへの Proxy API
  - Rancher User が Rancher で管理している Kubernetes クラスタへアクセスするために利用します
  - K8s Authentication Proxy に該当する API
    - /k8s/clusters/< cluster id >
- Agent API（/v3/connect/*）
  - Rancher が内部的に利用する API（Rancher Server、Node Agent、Cluster Agent）
  - Rancher Agent または、Server が WebSocket Session の確立、各 Node のディスカバリーや状態管理に利用します

- Agent API に該当する API
  - /v3/connect
  - /v3/connect/register
  - /v3/connect/config
- Auth API（/v3-public/*）
  - User が Rancher Server にログインして、一時トークンを取得する際に利用します
  - この API は名前の通り、認証なしで API 呼び出しができる数少ない API の一つになります
  - Auth API に該当する API
    - /v3-public/authproviders
    - /v3-public/＜認証プロバイダ＞ Providers/＜認証プロバイダ＞
- その他、分類が難しい API（/meta、/hooks、/v3/import、/v1-telemetry）
  - 上記の 4 つに分類できない、比較的重要度の低い API を「その他」としてここに分類しています
  - ここに分類される API は、特定の用途に特化しているため、Rancher の利用シーンによっては、呼び出すことはありません。そのため、Rancher User 全員がこの API の詳細を理解する必要はないでしょう
  - 例として、Rancher が管理しているリソースの利用状況を返す API や、Rancher GUI が Public Cloud と通信するために利用する Proxy API などが存在します
  - 該当の API
    - /meta/*
    - /hooks
    - /v3/import/{token}.yaml
    - /v1-telemetry

各々の API の紹介に入る前に、API 呼び出しに不可欠である、API ごとの認証方式と認可の実装について紹介します。

## 15.3 Rancher API の認証

Rancher API は、下記の例外を除き、基本的には API 呼び出しに認証が必須です。

## 認証が入らない例外

- /v3-public/*
    - /v3-public/authproviders
        - 現在有効な認証プロバイダの一覧と各プロバイダを使ってログインするためのURL（例：/v3-public/githubProviders/github?action=login）を返す API
        - デフォルトでは、localProvider のみが返されます
    - /v3-public/＜認証プロバイダ＞ Providers/＜認証プロバイダ＞
        - Rancher User 向け Token を取得するための Login API
- /v3/settings/cacerts
    - Rancher API の SSL 証明書の発行元の認証局の証明書を返す API
    - Management API の一種（Kind：Settings の cacerts という名前のリソース）だが、特別に認証なしでアクセスが認められています
    - Agent 起動時に、認証局の証明書インストールが必要な時に利用されます（例：Rancher API の SSL 証明書に自己証明書を使っている場合）
- /v3/settings/first-login
    - Rancher Server に対して、初めてのアクセスかどうかを返す API
    - Management API の一種（Kind：Settings の first-login という名前のリソース）だが、特別に認証なしでアクセスが認められています
    - Rancher GUI は、最初にアクセスされた時にパスワードの設定画面など通常のアクセスとは別のインストラクションを提供します。そのためにログイン前に、アクセス対象の Rancher Server にすでにログインしたことがあるかどうかを判断するために利用されます
- /v3/import/{token}.yaml
    - {token}の文字列を埋め込んだ、Cluster Agent、Node Agent、Service Account など、Cluster Import に必要なリソースを展開するための Kubernetes Manifest を返す API
    - Cluster Import 機能を利用する際に、下記のように利用されます
        - kubectl apply -f https://＜ Rancher Server ＞/v3/import/{token}.yaml

上記で紹介しているものは、API の利用シーンの関係上、認証が必要ありません。その他の API を呼び出す際は、認証のための Token を指定する必要があります。

Rancher は、2 種類の Token を API の種別によって使い分けています。

- Rancher User 向け Token（tokens.management.cattle.io）
    - Management API（/v3/*）
    - K8s Authentication Proxy（/k8s/clusters/＜ cluster id ＞）
    - その他、分類が難しい API（/meta、/hooks、/v3/import、/v1-telemetry）
- Rancher Agent 向け Token（clusterregistrationtokens.management.cattle.io）
    - Agent API（/v3/connect/*）

## Rancher User 向け Token

名前の通り、Rancher User 向け Token は、User 向けの API である Management API（/v3/*）と K8s Authentication Proxy（/k8s/clusters/＜ cluster id ＞）で利用されています。

この Token も他の Rancher リソースと同じように、Kubernetes のカスタムリソースとして保存されているため、下記のコマンドで Token のリストを取得することができます。

```
kubectl get token
NAME                       AGE
agent-u-3d3mop6cm5         7d
agent-u-52f3fycstw         29d
agent-u-q5tnzjw6m6         7d
agent-u-w7twm3gqnf         7d
kubeconfig-user-42t4l      29d
kubectl-shell-user-42t4l   9h
telemetry                  29d
token-h7nmb                16m
token-ktxnk                42m
```

この Token の作成、取得方法には 2 種類あります。

1. Rancher GUI で、設定された認証プロバイダの認証方法でログインすることで有効期間が決まった Token を自動生成する方法（図 15.2）
2. 何かしらの方法で Token を取得後、/v3/tokens API を呼び出すことで任意の有効期間を設定した Token を生成する方法（図 15.3）

1 つめの例は、GUI ログインを想定したものです。2 つめの例は自動化ツールなどソフトウェアから Rancher を利用するために、用意されている方法です。

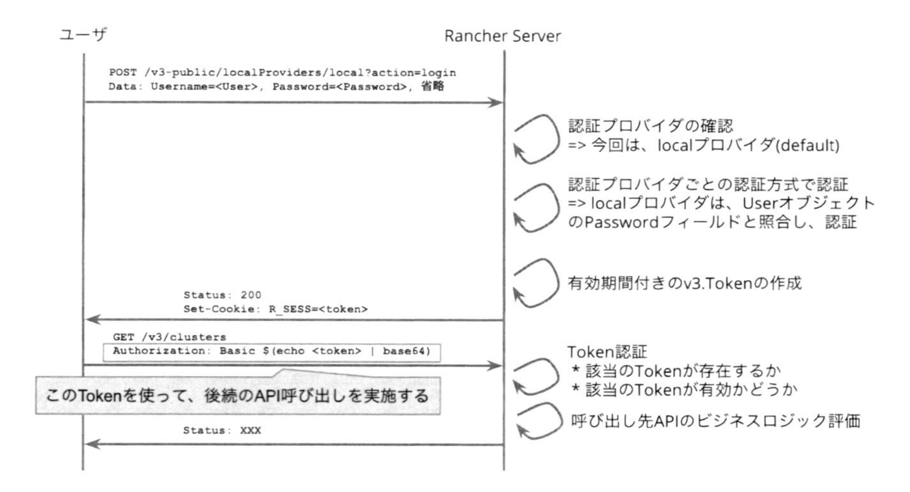


図 15.2　Token の作成、取得その 1

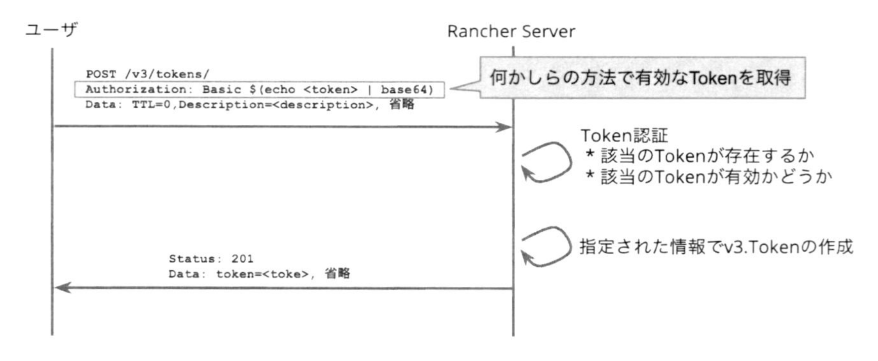


図 15.3　Token の作成、取得その 2

## Rancher Agent 向け Token

Rancher Agent 向け Token は、Agent API（/v3/connect/*）で利用されています。この Token は User 向けの Token とは完全に別物で、この Token を使って Management API や K8s Authentication Proxy を利用することはできません。

この Token も Kubernetes のカスタムリソースとして保存されていため、下記のコマンドで Token のリストを取得できます

```
kubectl get clusterregistrationtoken --all-namespaces
NAMESPACE   NAME        AGE
c-6gb4j     crt-c2tz5   7d
c-gfq8b     crt-qw7xh   4m
c-w7s7k     system      7d
c-zbcf9     system      7d
c-zsgsz     crt-mg7nj   7d
```

この Token は Cluster に紐付いており、Token から Cluster 名（clusterName）と Cluster に Node を参加させる方法（command、nodeCommand）がわかるようになっています。

もう少し具体的なイメージが持てるように、サンプルの clusterregistrationtoken を紹介します。

```
# curl https://<rancher server>/v3/clusterRegistrationTokens/c-gfq8b:crt-qw7xh
{
～省略～
  "name": "crt-qw7xh",
  "namespaceId": null,
  "nodeCommand": "sudo docker run -d --privileged --restart=unless-stopped
--net=host -v /etc/kubernetes:/etc/kubernetes -v /var/run:/var/run
rancher/rancher-agent:v2.1.5 --server https://<rancher server> --token
n74bjg6q5znlrmnvg6nbxw4t8vgs9crsk4246mwr8zllsp4zphps2x --ca-checksum
fe971075121bcf49a317262dea74dea3dd4a875f80b498cf8641a0ac9f4f5cf7",
  "state": "active",
  "token": "n74bjg6q5znlrmnvg6nbxw4t8vgs9crsk4246mwr8zllsp4zphps2x",
～省略～
}
```

これらの情報が 1 つの token（今回の例では、n74bjg6q5znlrmnvg6nbxw4t8vgs9crsk4246mwr8zllsp4zphps2x）に紐付いています。

clusterId で Cluster の特定ができ、nodeCommand には、Cluster に新しく Node を追加するための情報が含まれています。

この Token は、Rancher Agent（Node Agent、Cluster Agent）が Agent API にアクセスする際に必ず必要になるため、Cluster の作成後に必ず作成する必要がありますが、基本的には Rancher Server が内部で自動的に作成します。API にアクセスして直接 Token を作成する必要があるのは、Rancher が Node/Cluster の作成をコントロールできないケースのみとなります。

具体的には、下記の 2 つの方法で Cluster を作成する場合は、API 経由で Token を作成する必要があります。GUI のみを利用している場合は、Cluster を作成したタイミングで GUI が自動的に API 呼び出しを実施し、作成してくれるため、そこまで気にする必要はないでしょう。

Rancher Agent 向け Token の解説は以上になります。

図 15.4　Import または Custom で Cluster を作成

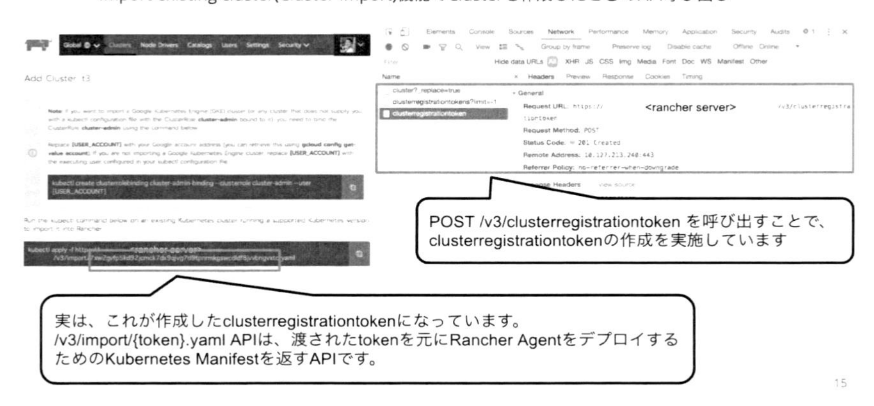


図 15.5　Import で Cluster を作成する際の詳細な流れ

2種類のTokenの使い分けのまとめとして、下記にどのAPIでどのTokenを利用するのか、また Tokenを確認するためのAPI、CRD、GUIについて1つの図にまとめたので、参考にしてください（図15.6）。

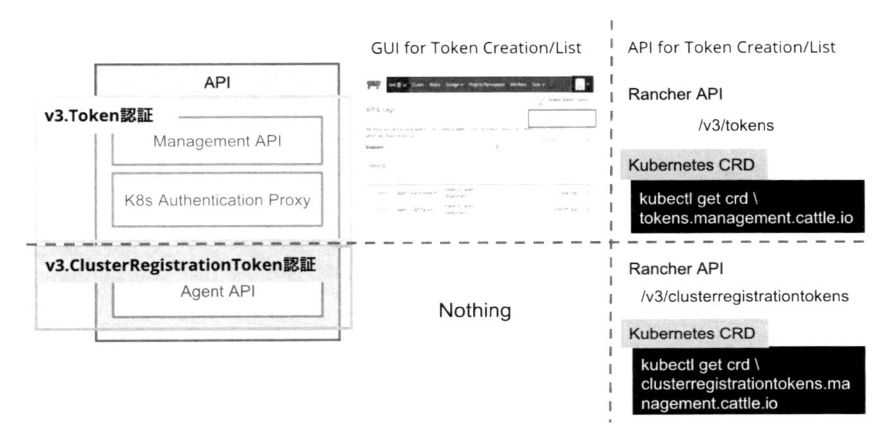


図15.6 Toeknの使い分けに関するまとめ

## 15.4 Rancher APIの認可

RancherはManagement API向けに認証の他、認可の機能も提供しています。そのため、特定のUserには、特定のAPI呼び出しのみを許容するなど、細かいアクセスコントロールが実現可能です。

この実現のため、Rancherは、複数のRoleを予め用意しています。1つのRoleは、利用可能な機能をグルーピングしたものになっているため、これらのRoleを複数組み合わせて目的のアクセスコントロールを実現しています。

Roleは、アクセスコントロールの対象のリソースに応じて、3種類に分けて管理されています。

- Global Role（図15.7）
  - Rancher Server全体に関わるアクセスコントロールのためのRole
  - リソースモデルの章で紹介したGlobal-Level Resourceがアクセスコントロールの対象リソース
  - 例としては、クラスタの作成やカタログの操作などが挙げられます
- Cluster Role（図15.8）

- Rancher Server で管理している 1 つの Kubernetes クラスタ全体に関わるアクセスコントロールのための Role
- リソースモデルの章で紹介した Cluster-Level Resource がアクセスコントロールの対象リソース
- 例としては、新しい Project（Namespace）の作成や、Node の追加、削除などが挙げられます

- Project Role（図 15.9）
  - Rancher Server で管理している 1 つの Kubernetes クラスタ内の 1 つの Project 全体に関わるアクセスコントロールのための Role
  - リソースモデルの章で紹介した Project-Level Resource がアクセスコントロールの対象リソース
  - 例としては、新しい Deployment リソースの作成などが挙げられます

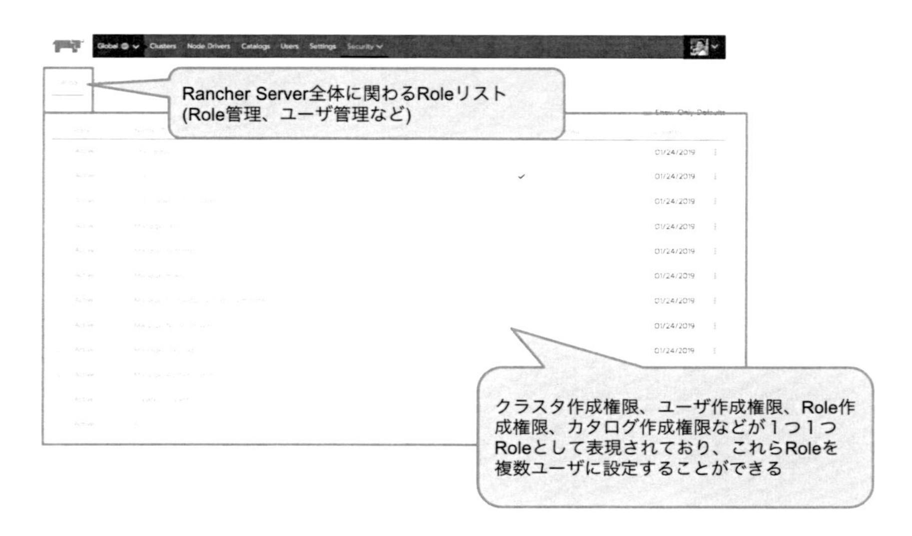


図 15.7　Global Role

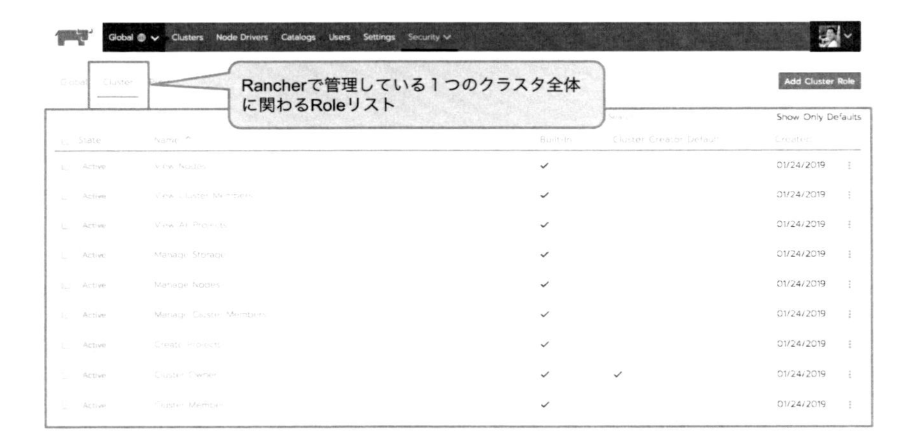


図 15.8　Cluster Role

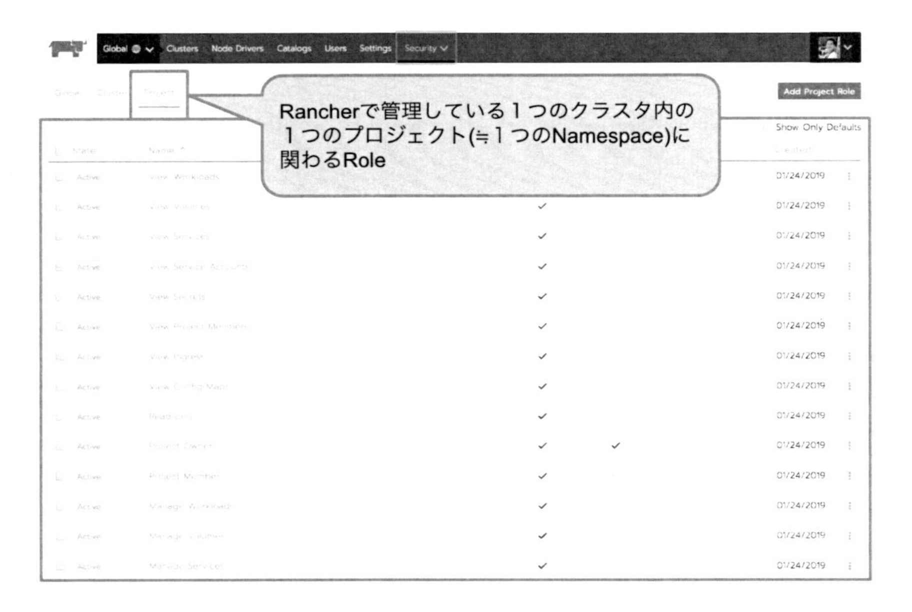


図 15.9　Project Role

これらのRoleは、次のようにUser作成時に指定することや、User作成後にUser管理画面で修正が可能になっております（図15.10）。

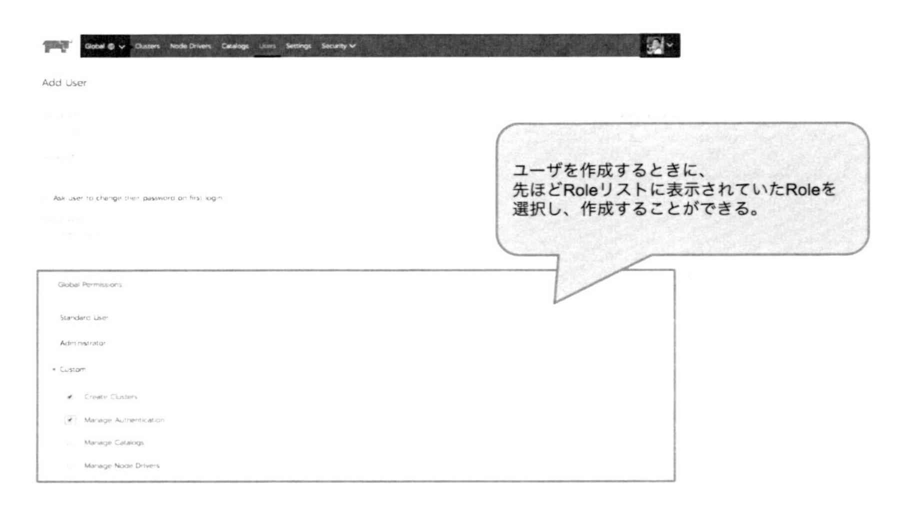


図15.10　RoleはUser作成時に指定したり、User作成後に修正したりできる

ここでは、もう少し踏み込んで、どのように実装されているのか紹介します。実は、これらの認可の処理は、Rancher Server自身が提供しているのではなく、Kubernetesの機能を活用して実現されています。

ここまで紹介したRancherのRoleは、Kubernetesのrole、clusterroleに対応しており、Userとの紐付け情報もKubernetesのrolebinding、clusterrolebindingとして表現されています。

どうしてKubernetesのrole、clusterroleでRancher APIの認可が実現できるかというと、Rancher Management APIは、Kubernetes APIのプロキシのようにふるまうためです。Clusterの作成、Rancher ServerへのUserの追加、Rancher Server上の設定の変更など、これらすべてのRancher APIは、最終的にKubernetesリソースの作成、更新、取得のAPIへとつながります。

そのためUserごとに、Kubernetesリソースへのアクセスコントロールが実現できれば、間接的にManagement APIのアクセスコントロールも同時に実現することができるというわけです。

具体的にRancher Serverがどのように認可の機能を実装しているのか、例としてUser AとUser Bが存在するRancher Serverで、Global Roleの1つであるCluster作成権限をUser Aに付与する際の動作を見ていきます。

Rancher UI で User A に、Cluster 作成権限を付与すると、Rancher Server は、対応する clusterrole を探し、clusterrolebindings リソースを作成します（図 15.11）。

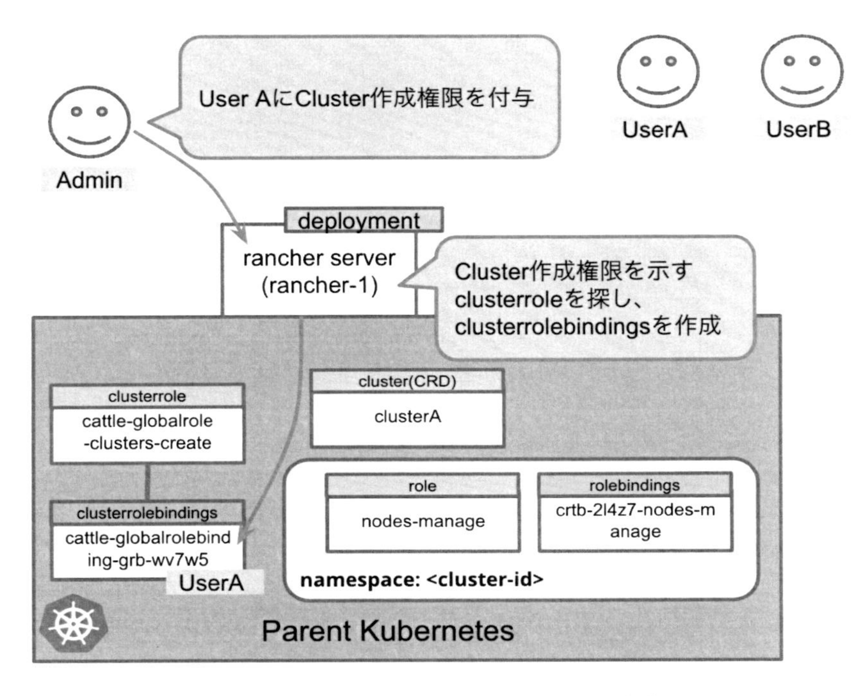


図 15.11　User A に Cluster 作成権限を付与

この状態で、User A が Rancher の Cluster 作成 API（/v3/clusters）を呼ぶと、Rancher Server は、Parent Kubernetes クラスタ上に User A として、Cluster リソースの作成を試みます。

Parent Kuberenetes クラスタは、User A が Cluster リソース作成の権限があるかどうかを調べ、ある場合は、Rancher Server からの要求通り、Cluster リソースを作成します（図 15.12）。

一方、同じ図上の User B が Cluster リソース作成を試みた場合、同じように Rancher Server は、Kubernetes API を呼び出し、Cluster リソースの作成を試みます。しかし Kubernetes は、User B の Cluster リソース作成の権限が確認できないため、Cluster リソースの作成要求に対して、HTTP Status コード 403（Forbidden、閲覧禁止）を返し、要求を却下します（図 15.13）。Rancher Server は、この結果を User にそのまま伝搬するため、User は自身が該当の API の呼び出し権限がないことを正確に知ることができます。

このようにして、Rancher は自身では認可の処理を実装せずに、認可を実現しています。もちろ

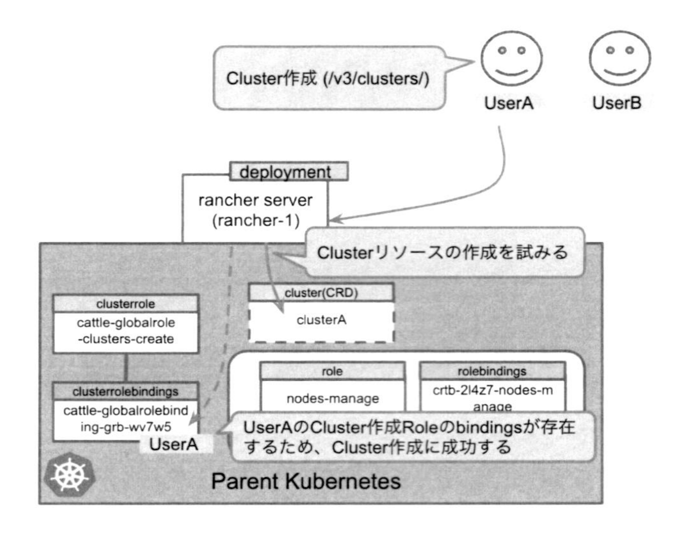


図 15.12　作成権限があるので作成に成功

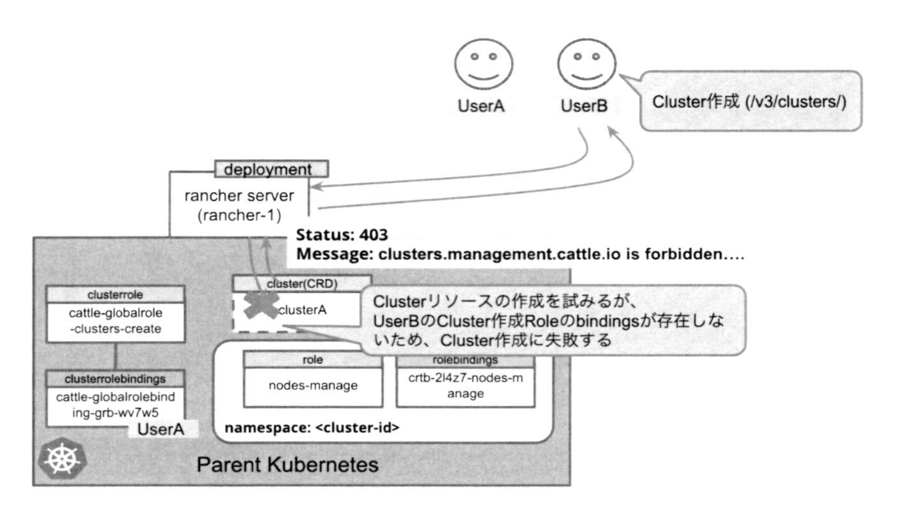


図 15.13　User B は作成権限を持たないので作成に失敗する

ん Kubernetes が適切に認可処理を実現するため、対応する clusterrole、role、clusterrolebinding、rolebinding の作成は、Rancher Server が実施する必要があります。

では、Rancher Server はシンプルに Parent Kubernetes 上の clusterrole としてすべての role が作成／表現できるかというと、残念ながらそうではありません。Kubernetes が認可機能を提供するため、アクセスコントロールを実施したいリソースが作成される Kubernetes クラスタ上に、対応する clusterrole または role が作成される必要があります。

そのため、Role の種類によっては下記のように、どの Kubernetes の、どの Namespace に clusterrolebindings、rolebindings が作成されるかが変わってきます。

Global Role は、Rancher Server 全体に関わるアクセスコントロールであるため、settings、clusters リソースなど Parent Kubernetes 上で namespace で管理されていないカスタムリソースへのアクセスコントロールと解釈することができます。そのため、Global Role は、Parent Kubernetes の clusterrole、clusterrolebindings で実現されています。

一方 Cluster Role は、特定の Kubernetes クラスタ全体に関わるアクセスコントロールであるため、Parent Kubernetes 上のクラスタ ID の Namespace 内の Rancher のカスタムリソース（例：nodes カスタムリソース、nodepools カスタムリソース）や、Child Kubernetes 上の StorageClass リソースなど、Kubernetes 標準リソースへのアクセスコントロールと解釈することができます。そのため、Cluster Role は、Parent Kubernetes のクラスタ ID の Namespace 内の role、rolebindings と、Child Kuberentes 上の clusterrole、clusterrolebindings で実現されます。クラスタに関する CRD は少なくないため、Parent Kubernetes と Child Kubernetes 両方に同じ程度の個数の rolebindings、clusterrolebindings が作成されます。

さらに Project Role は、特定の Kubernetes クラスタ内の Project に関するアクセスコントロールであるため、アクセスコントロールの対象となるリソースは、Parent Kubernetes 上の Project ID の Namespace 内の Rancher のカスタムリソースや、Child Kubernetes の Deployment、Statefulset など、標準の Kubernetes リソースと解釈することができます。そのため、Parent Kubernetes 上の Project ID Namespace 内の role、rolebinding と Child Kubernetes 上の clusterrole、clusterrolebindings で実現されます（図 15.14）。

これらは、User が Rancher API 経由で設定を実施すると、Rancher Controller が適切に Kubernetes の role、clusterrole、clusterrolebinding、rolebinding の作成・削除を実施するため、User はどこにどの rolebindings が作成されているかについて、意識する必要はありません。

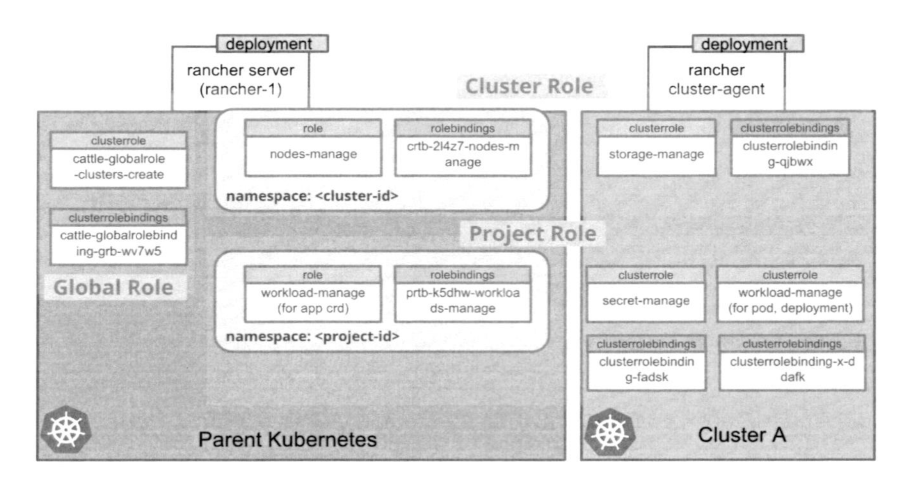


図15.14　Global Role、Cluster Role、Project Role

## 15.5　5つに分類されるRancher APIの役割と実装概要

ここからは、冒頭で紹介した5つに分類されるAPIが、各々どのような役割を持っているのか紹介します。

1. Management API（/v3/*）
2. K8s Authentication Proxy（/k8s/clusters/< cluster id >）
3. Agent API（/v3/connect/*）
4. Auth API（/v3-public/*）
5. その他、分類が難しいAPI（/meta、/hooks、/v3/import、/v1-telemetry）

### Management API（/v3/*）の役割と実装

これらはRancherのメインとなるAPIで、Rancher Userから利用されることが期待されているAPIです。Rancher Userがクラスタを作成したいとき、ノードを追加したいとき、カタログからアプリをデプロイしたいときなど、Rancherで管理されているXXXXを作成、更新、削除したいときに利用されます。

このクラスタ、ノード、アプリ（カタログの）、XXXXの部分は、基本的にKubernetesのリソースとして表現されており、Userがあるべき姿（Spec）をAPI経由で定義することが期待されています。

Management APIのAPIリストは、Rancher GUIから確認可能で、下記に羅列したAPI Endpointに、ブラウザでアクセスすることで確認できます。

- "/v3"
  - Rancher Serverに直接紐付くオブジェクトに関するAPIの一覧
- "/v3/clusters/< cluster id >"
  - Clusterに紐付くオブジェクトに関するAPIの一覧
- "/v3/projects/< cluster id >:< project id >"
  - Projectに紐付くオブジェクトに関するAPIの一覧

試しに、"/v3" APIエンドポイントにブラウザにアクセスしてみます（図15.15）。

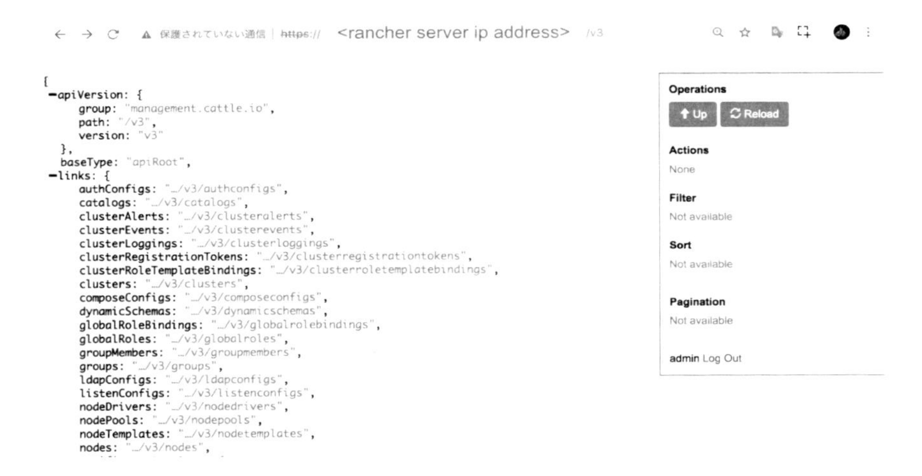


図15.15　/v3 APIエンドポイントにアクセス

`links`フィールドを見ると、Keyにリソース名が、ValueにAPIのリンクを含む辞書オブジェクトが確認できます。ここに羅列されているリソースの一覧が、Rancherにおけるトップレベルオブジェクトに関するAPIの一覧になります。

試しに、この中の1つのAPIを呼び出してみます。APIリストのスクリーンショットの一番下に見える「/v3/nodes」をクリックすると、Rancher Serverで管理されているすべてのNodeがRancher API経由で取得できます（図15.16）。

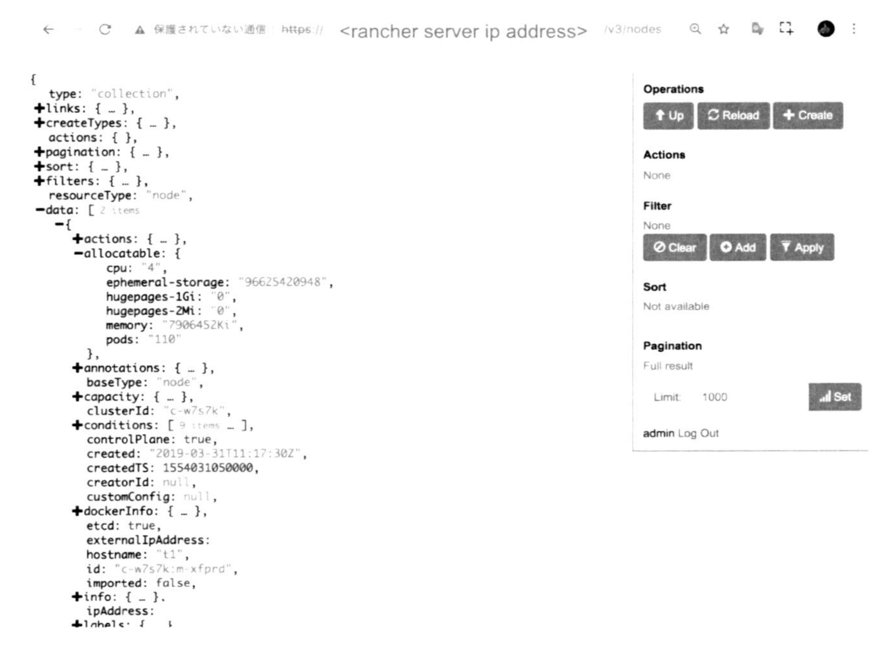

図 15.16　/v3/nodes ですべての Node を取得

これらのリソース情報は、Rancher API を通して取得していますが、それらのリソース情報は、内部的には Kubernetes の Custom Resource として保存されています。

実際に Rancher API 経由で取得した Node リソースを、Rancher API を経由せず直接 Kubernetes API を叩いて確認してみます。

この時、Namespace は Cluster の ID（c-w7s7k）で、Node Name は Node リソースに対してユニークになるように Rancher Server が決定した Node ID（m-xfprd）を指定して Node リソースを取得します。

```
kubectl get nodes.management.cattle.io -n c-w7s7k m-xfprd -o yaml
kind: Node
metadata:
  annotations:
    field.cattle.io/creatorId: user-42t4l
    lifecycle.cattle.io/create.node-controller: "true"
    lifecycle.cattle.io/create.nodepool-provisioner: "true"
    lifecycle.cattle.io/create.user-node-remove_c-w7s7k: "true"
  name: m-xfprd
  namespace: c-w7s7k
  ～省略～
spec: ～省略～
status:
```

```
  conditions:
  ～省略～
  - lastUpdateTime: 2019-03-31T11:24:30Z
    message: registered with kubernetes
    status: "True"
    type: Registered
  dockerInfo: ～省略～
  internalNodeStatus:
    addresses: ～省略～
    allocatable: ～省略～
    capacity: ～省略～
    conditions:
    ～省略～
    - lastHeartbeatTime: 2019-03-31T11:24:48Z
      lastTransitionTime: 2019-03-31T11:24:38Z
      message: kubelet is posting ready status
      reason: KubeletReady
      status: "True"
      type: Ready
    daemonEndpoints: ～省略～
    images: ～省略～
  limits: ～省略～
  nodeAnnotations:
    flannel.alpha.coreos.com/backend-data: '{"VtepMAC":"56:c3:f5:31:3f:91"}'
    flannel.alpha.coreos.com/backend-type: vxlan
    flannel.alpha.coreos.com/kube-subnet-manager: "true"
    flannel.alpha.coreos.com/public-ip: <ip address>
    node.alpha.kubernetes.io/ttl: "0"
    rke.cattle.io/external-ip: <ip address>
    rke.cattle.io/internal-ip: <ip address>
    volumes.kubernetes.io/controller-managed-attach-detach: "true"
  ～省略～
  rkeNode:
    address: <address>
    hostnameOverride: t1
    labels:
      cattle.io/creator: norman
    nodeName: c-w7s7k:m-xfprd
    role:
    - etcd
    - controlplane
    - worker
    sshKey: |
    user: test
```

少し長くなってしまうので、一部のフィールドを省略しています。続いて、Rancher API経由で取得した同じNodeのリソースの情報と比べて見ましょう。

```
{
  "actions": {
    "cordon": ". . . /v3/nodes/c-w7s7k:m-xfprd?action=cordon",
    "drain": ". . . /v3/nodes/c-w7s7k:m-xfprd?action=drain"
```

```
  },
  "allocatable": {～省略～},
  "annotations": {
    "flannel.alpha.coreos.com/backend-data": "{"VtepMAC":"56:c3:f5:31:3f:91"}",
    "flannel.alpha.coreos.com/backend-type": "vxlan",
    "flannel.alpha.coreos.com/kube-subnet-manager": "true",
    "flannel.alpha.coreos.com/public-ip": "<ip address>",
    "node.alpha.kubernetes.io/ttl": "0",
    "rke.cattle.io/external-ip": "<ip address>",
    "rke.cattle.io/internal-ip": "<ip address>",
    "volumes.kubernetes.io/controller-managed-attach-detach": "true"
  },
  "baseType": "node",
  "capacity": {～省略～},
  "clusterId": "c-w7s7k",
  "conditions": [
    ～省略～
    {
      "lastHeartbeatTime": "2019-03-31T11:24:48Z",
      "lastHeartbeatTimeTS": 1554031488000,
      "lastTransitionTime": "2019-03-31T11:24:38Z",
      "lastTransitionTimeTS": 1554031478000,
      "message": "kubelet is posting ready status",
      "reason": "KubeletReady",
      "status": "True",
      "type": "Ready"
    }
  ],
  "controlPlane": true,
  "created": "2019-03-31T11:17:30Z",
  "createdTS": 1554031050000,
  "creatorId": null,
  "customConfig": null,
  "dockerInfo": {～省略～},
  "etcd": true,
  "externalIpAddress": "<ip address>",
  "hostname": "t1",
  "id": "c-w7s7k:m-xfprd",
  "imported": false,
  "info": {～省略～},
  "ipAddress": "<ip address>",
  "labels": {～省略～},
  "limits": {～省略～},
  "links": {～省略～},
  "name": "",
  "namespaceId": null,
  "nodeName": "t1",
  "nodePoolId": "c-w7s7k:np-47bgn",
  "nodeTemplateId": "user-42t4l:nt-mklxw",
  "podCidr": "10.42.0.0/24",
  "requested": {～省略～},
  "requestedHostname": "t1",
  "sshUser": "test",
```

```
  "state": "active",
  "transitioning": "no",
  "transitioningMessage": "",
  "type": "node",
  "unschedulable": false,
  "uuid": "92b4de55-53a6-11e9-b3ec-0242ac110004",
  "worker": true
}
```

表示されている情報に差異があることに気づきましたでしょうか。例えばsshUser、stateのフィールドは、Rancher API経由でNode情報を取得した場合のみ確認でき、Kubernetes上のNode情報には該当のフィールドはありません。またRancher API経由で取得した場合のannotationsの情報は、Kubernetes上で確認できるannotationsの情報と差異があります（図15.17）。

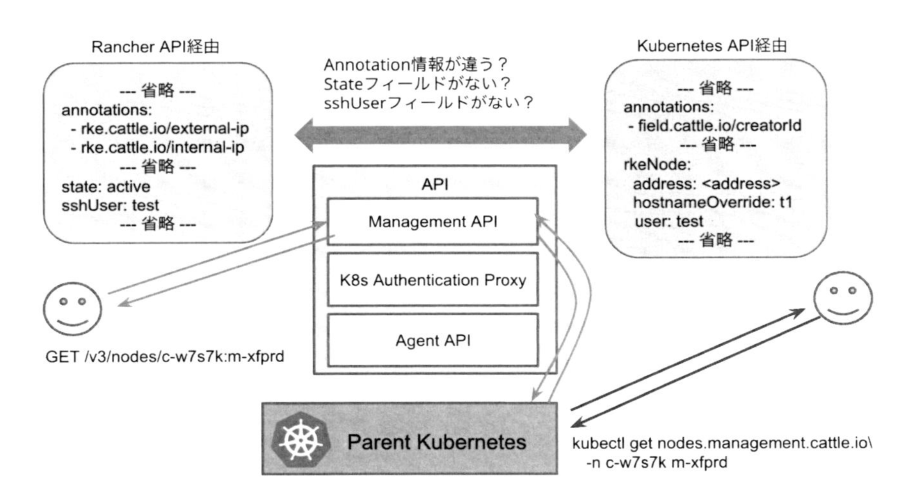


図15.17　Rancher API経由とKubernetes API経由では取得できる情報に差がある

これらの差異は、Rancher APIの内部処理に依存しています。実は、Rancher ServerのManagement APIは、基本的にKubernetes APIのプロキシのようにふるまいますが、操作対象のリソースタイプによっては、Rancherが一部フィールドを書き換えて、Kubernetesに保存したり、逆にKubernetesに保存されているリソースのフィールドを書き換えて、UserにAPIのレスポンスとして返却しています。

ここで例として紹介したsshUser、state、annotationsなどのフィールドは、実際にRancher APIが変換処理を実施している良い例です（図15.18）。

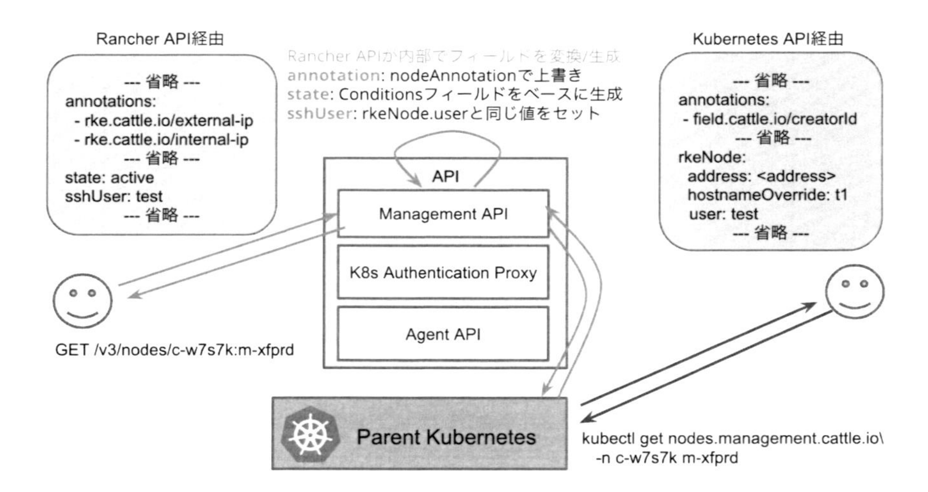


図 15.18　差異は Rancher API が吸収している

## K8s Authentication Proxy（/k8s/clusters/< cluster id >）の役割と実装

Rancher で管理されている Kubernetes クラスタへの API アクセスを Proxy する役割を持つ API です。Rancher で構築／管理されている Kubernetes クラスタは、kubectl などの Kubernetes API クライアントを利用できるように、下記のように Kubernetes の認証情報を提供しています（図 15.19、図 15.20）。

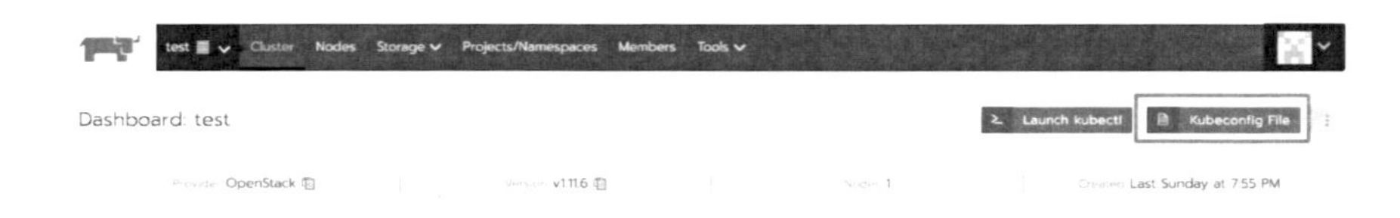


図 15.19　Rancher から Kubeconfig ファイルにアクセス

この時生成される kubeconfig ファイルの server を見てみると、`https://<rancher server's ip>/k8s/clusters/<cluster id>` となっており、Kubernetes クラスタの IP ではなく Rancher の Proxy API を参照していることがわかります。

実は、Rancher で管理されている Kubernetes にアクセスする際は、Kubernetes クラスタに直接アクセスさせるのではなく、必ず Rancher の Kubernetes Authentication Proxy を通してアクセスさせるようにしています。

この実装の背景には、Rancher の機能の一つである複数のクラスタの User 管理、RBAC 管理

図15.20 Rancherから~/.kube/configファイルを扱う

が関係しています。

先ほど認可の節で紹介した通り、Rancherでは、Rancher Serverを通して複数のKubernetesクラスタ上のUserやRBACの設定を、Cluster RoleやProject Roleを使って実施できます。このとき、Roleの情報だけ同期できても、User情報がChild Kubernetesに伝搬されなければ、きちんと動作しません。

そのためRancherは、Kubernetesクラスタ上にUser情報を伝搬する方法として、Kubernetesの「User impersonation」という機能を利用しています。

実際に、Rancherで管理されているKubernetesへアクセスする時のフローを見てみます。

最初に、kubectlなどのKubernetesのクライアントツールを使ってRancher Serverにリクエストを送信します。この時認証情報として渡すのは、Rancher内で管理しているToken情報です（図15.21）。

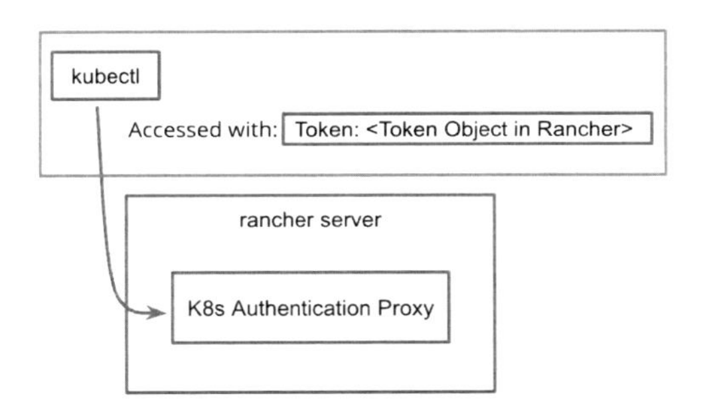


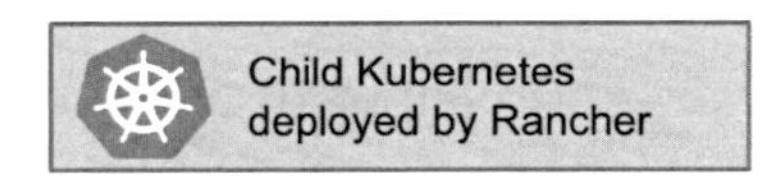


図15.21 kubectlからRancherが管理するTokenが渡される

続いて Rancher Server は、リクエストに添付されている Token の認証をし、User 情報を取得します。その後、アクセス先の Cluster 名をリクエストパスから取得し、該当 Cluster の Cluster オブジェクトを取得します。

Cluster オブジェクトには、netes-default という User 名の ServiceAccount のパスワードが保存されているため、Rancher はこの User で Kubernetes API のリクエストをプロキシします（図 15.22）。

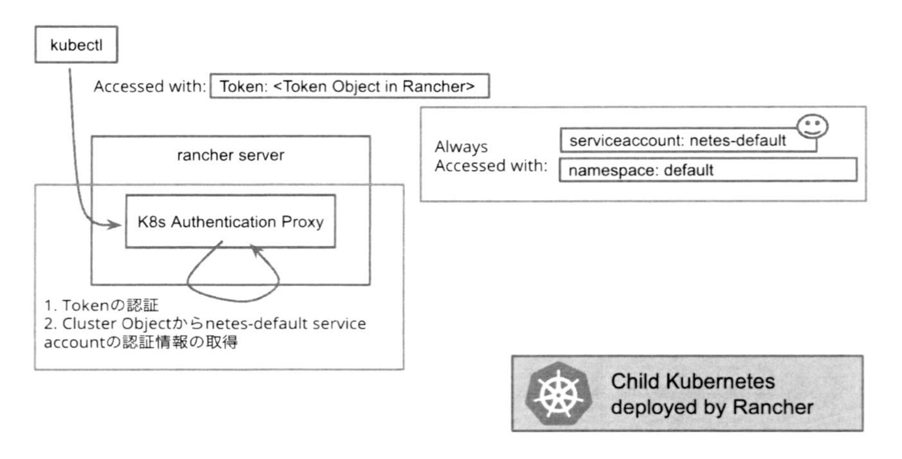


図 15.22　netes-default のアカウントでアクセス

しかし、それではプロキシするリクエストの User が、常に netes-default になってしまいます。そのため、User 情報は Kubernetes の「User impersonation」を利用し、HTTP Header に「Impersonate-User: ＜ Rancher Token に紐付く User 名＞」をセットしてからリクエストをプロキシします（図 15.23）。

「Impersonate-User」を HTTP Header に指定することで、Kubernetes は認証情報に紐付く User ではなく、Header で指定された User でリクエストが実施されたとみなして処理を実施します（図 15.24）。

ここまでで、どのように User 情報が伝搬されているのかおわかりいただけたと思います。

ここで注意しておきたいのは、Kubernetes Proxy API はあくまでも認証機能のみを提供し、RBAC（認可の機能）はリクエスト先の Kubernetes クラスタに任せている点です。

先ほどの認可機能のパートでも紹介しましたが、GUI から作成される RBAC ルールは、Rancher Controller によって、Rancher の Cluster Role や Project Role の RBAC ルール情報を元に、Child Kubernetes クラスタに同期されるため、Rancher より RBAC のルールの作成

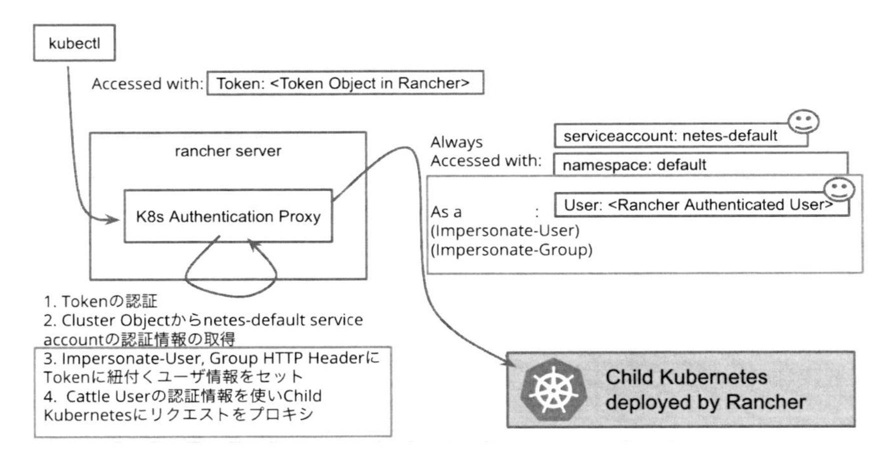


図 15.23　User impersonation を利用して User 名をセット

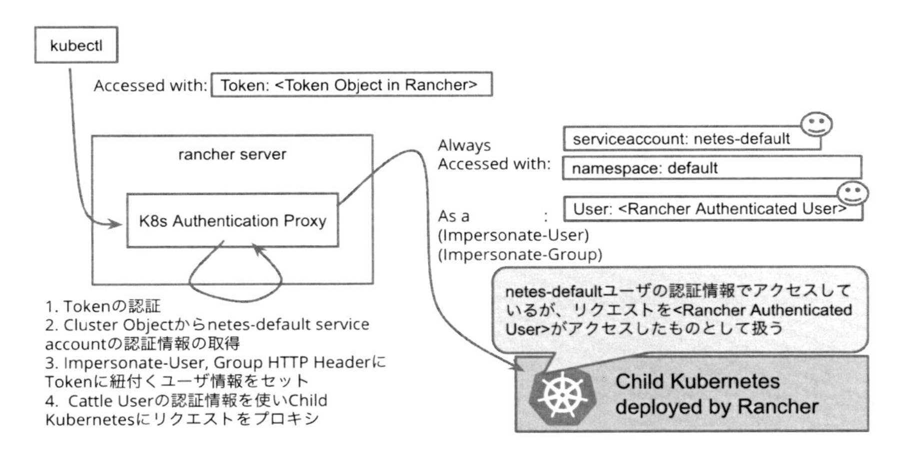


図 15.24　セットされた User 名によるリクエストとして処理される

や削除をすると、それが対象の Kubernetes クラスタに同期され、適切な RBAC の評価がリクエスト先の Kubernetes クラスタで実現可能になっています。

## Agent API（/v3/connect/*）の役割と実装

Agent API は、Rancher Agent（Node Agent、Cluster Agent）がメインで利用する API です。Rancher Server を複数起動している場合のみ、Rancher Server も本 API を利用します。この API は、Rancher の User が GUI などを利用する際に、呼び出すことはありません。

現在（v2.1.5)、Agent API は 2 種類に大別されます。

1. WebSocket 接続用の API（/v3/connect/、/v3/connect/register）
2. NodeConfig API（/v3/connect/config）

### （v2.0.X）WebSocket 接続用の API（/v3/connect/、/v3/connect/register）

WebSocket 接続用の API は、v2.0.X のときは、Agent にのみ利用される API でした。しかし、v2.1.X で実装された Rancher Server の複数台起動機能（負荷分散のため）の実装のため、Rancher Server からも利用されるようになりました。

目的と動作が異なるため、分けて紹介したいと思います。まずは、v2.0.X 時代から残っている Agent 向けの WebSocket 接続用 API について紹介します。

Rancher Agent（Node Agent、Cluster Agent）を紹介した時に、Agent は Rancher Server に WebSocket Session を通じた TCP、Unix Socket Proxy 機能を提供すると説明しました。

WebSocket Session の接続要求（Upgrade 要求）は、Agent が Rancher Server 向けに実施するため、Rancher Server は、接続要求を受けるためのエンドポイントを提供しなくてはなりません。その接続要求先となるエンドポイントが、/v3/connect/と/v3/connect/register になります。

これらの 2 つの API は、下記の 2 つの独自の HTTP Header を受け付けます。

- X-API-Tunnel-Token
  - Agent の認証を行うため、clusterregistrationtoken を指定する
- X-API-Tunnel-Params
  - Agent が起動している環境情報を指定する（Node Agent は Node の情報、Cluster Agent は Cluster の情報）

上記の HTTP Header を受け付け、どちらの API も最終的には、WebSocket Session を確立し、Agent が TCP、Unix Socket Proxy 機能を提供します。さらに/v3/connect/register の場合は、/v3/connect で評価するロジックに加え、Node Discovery の機能も提供します。

### Node Agent の場合

ここから先は、Agent ごとに WebSocket 接続用 API の動作が変わるため、Node Agent と Cluster Agent に分けて説明します。まずは、Node Agent を前提に話を進めます。

Node Agent が /v3/connect/register にリクエストを送信した時の様子を図にまとめました

(図 15.25)。

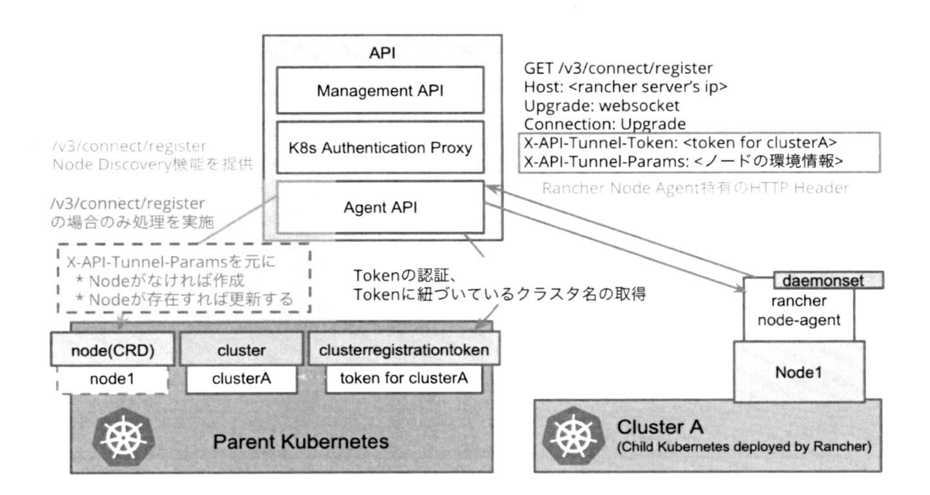


図 15.25　Node Agent から/v3/connect/register へのリクエスト

Rancher Server は、WebSocket Session の接続要求を受けると、HTTP Header で指定されている Token を元に Agent の認証を行い、Token に紐付いてるクラスタ名を取得します。

クラスタ名がわかると、下記のように該当のクラスタ内の Node の一覧を取得することが可能になります。

```
kubectl get nodes.management.cattle.io -n c-w7s7k # cluster A の識別子
NAME      AGE
m-xfprd   13d  # node1 の識別子
```

この一覧から、X-API-Tuneel-Params で指定されている Node の情報 (requestedHostname) を元に、Agent が起動している Node がすでに Rancher の Node Resource として登録されているかどうかを調べます。

X-API-Tunnel-Params は、次のような json 文字列が base64 で encode されたものになっています。

```
{
  "node": {
    "customConfig": {
      "address": <環境変数：CATTLE_ADDRESS >,
      "internalAddress": <環境変数：CATTLE_INTERNAL_ADDRESS >,
      "roles": <環境変数：CATTLE_ROLE >,
      "label": <環境変数：CATTLE_NODE_LABEL >,
    },
```

```
    "etcd": < true or false: CATTLE_ROLE に etcd が含まれるかどうか>,
    "controlPlane": < true or false: CATTLE_ROLE に controlPlane が含まれるかどうか>,
    "worker": < true or false: CATTLE_ROLE に worker が含まれるかどうか>,
    "requestedHostname": <環境変数: CATTLE_NODE_NAME >,
    "dockerInfo": < Docker API Endpoint>/info の結果>
  }
}
```

すでに存在する場合は IP Address や Role（Etcd、Control、Worker）などを更新し、ない場合は、Node Resource を新たに作成し、その後 Agent と WebSocket Session が確立されます。

このようにして、/v3/connect/register では、WebSocket Session の確立と同時に、リクエスト元の Node の情報を Rancher に登録する作業も実施します。

続いて、/v3/connect にリクエストを送信した際の様子を図にまとめました（図 15.26）。

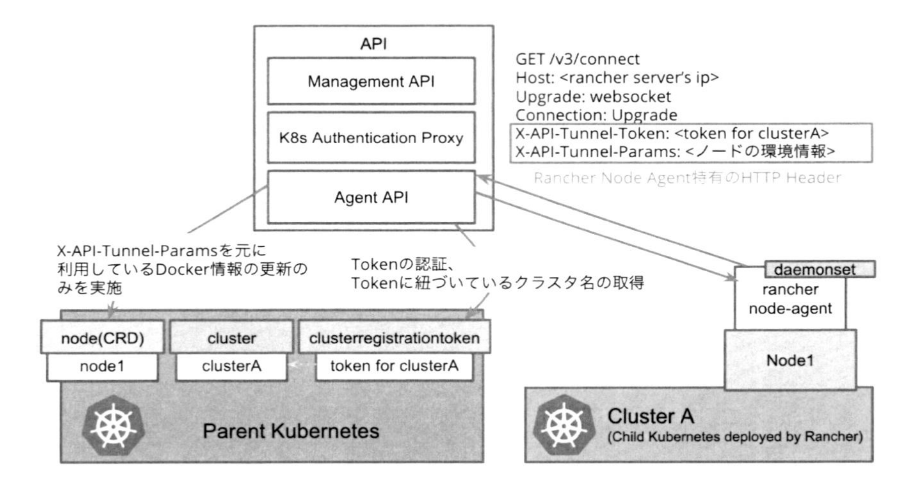


図 15.26　Node Agent から/v3/connect へのリクエスト

基本的には、ほとんど/v3/connect/register の場合と同じですが、/v3/conenct の場合は、Node の作成と Node の Role、IP Address の更新は実施しません。

しかし Docker の情報（Version、LoggingDriver など）については、/v3/connect でも更新を実施します。

Docker の情報については、Node 固有のものではなく、定期的に Update されることが期待されるため、/v3/connect/register の Node Discovery の機能として更新するのではなく、/v3/connect でも/v3/connect/register でも更新するように実装されています。

## Cluster Agent の場合

ここまで、Node Agent が/v3/connect、/v3/connect/register を呼び出した時の動作について紹介しました。続いて Cluster Agent が/v3/connect、/v3/connect/register を呼び出した時の動作について紹介します。

Node Agent の時とは異なり、Cluster Agent の場合は/v3/connect と/v3/connect/register の間に動作の差異はありません（図 15.27）。

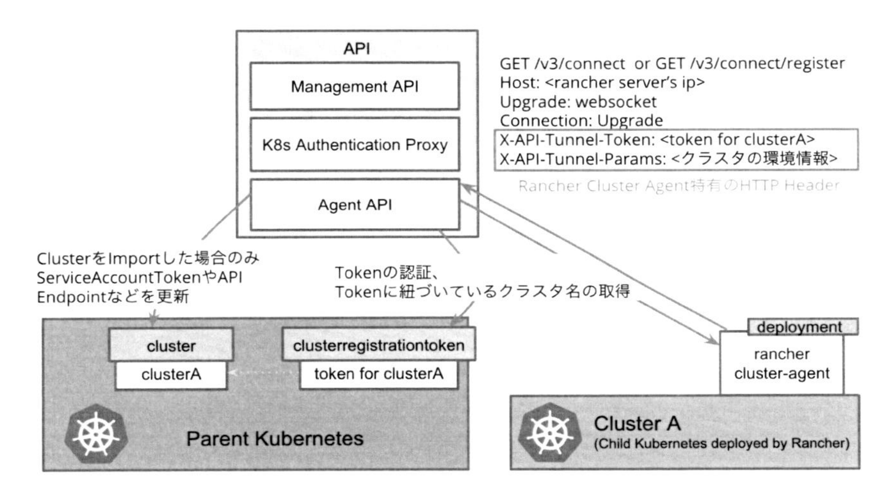


図 15.27　Cluster Agent は Node Agent とは挙動が異なる

Node Agent の時との違いは、リクエストを受けたときに更新する対象のリソースと更新内容です。Cluster Agent の場合は、X-API-Tunnel-Params に、下記のようなクラスタの環境情報が設定されます。

```
{
  "cluster": {
    "address": "＜環境変数：KUBERNETES_SERVICE_HOST ＞:＜環境変数：
KUBERNETES_SERVICE_PORT ＞",
    "token": ＜ Cluster Agent の Service Account に紐付く BearerToken ＞,
    "caCert": ＜ Cluster Agent の Service Account に紐付く CA データ＞
  }
}
```

Rancher Server は、そのクラスタの環境情報をクラスタが Import で構築された場合のみ更新し、その後 WebSocket Session を確立します。

### (v2.1.X) WebSocket 接続用の API (/v3/connect/、/v3/connect/register)

ここまで、v2.0.X 時代から実装されている Agent 向けの/v3/connect/、/v3/connect/register の動作について紹介してきました。

v2.1.0 からは、先ほど紹介した動作に加え、起動中の全 Rancher Server がフルメッシュで WebSocket Session を張るためのエンドポイントとしても利用されています。

このユースケースでは、下記の 2 つの HTTP Header を受け付けます。

- X-API-Tunnel-Token
  - Rancher Server の認証を行うため、接続先の Rancher Server が利用している Service Account を指定する
- X-API-Tunnel-ID
  - WebSocket Session を識別するために、Rancher Server が起動している IP を指定する

X-API-Tunnel-Token は、Agent が認証のために clusterregistrationtoken を指定していたフィールドですが、Rancher Server が他の Rancher Server と接続するこのケースでは、clusterresgistartiontoken ではなく、接続先の Rancher Server が利用している Service Account の token が指定されます（図 15.28）。

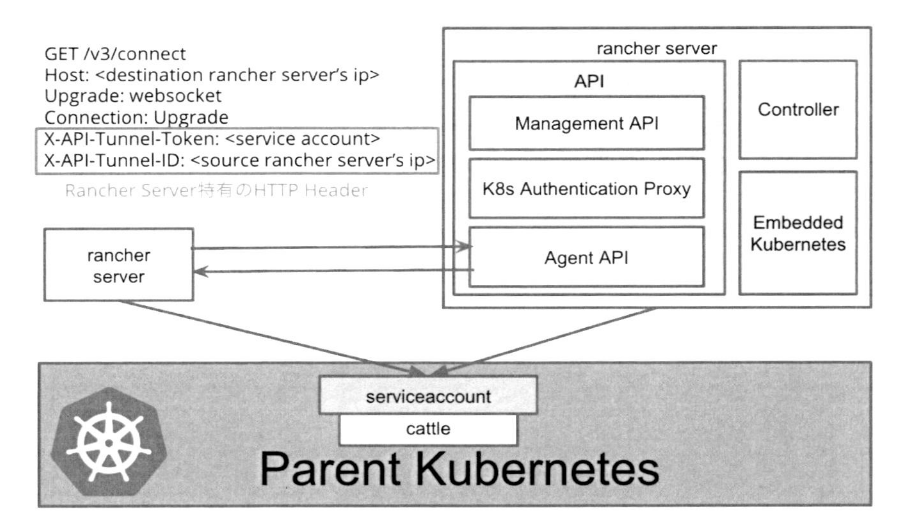


図 15.28　X-API-Tunnel-Token

なぜ Rancher Server の複数台起動が v2.0.X でサポートされていないのか、またなぜ全 Rancher Server がフルメッシュで WebSocket Session を張る必要があるのか、疑問を持たれる方もいらっしゃると思うので、もう少し背景について、紹介します。

v2.0.X では、Rancher Server を複数起動することはできませんでした。正確には、複数の Rancher Server を起動すると、1 つの Rancher Server がリーダとして選出され、リーダでのみ Controller と Agent API が起動されます。それ以外のサーバでは Controller は起動されず、Agent API 機能は意図的に Disable するようなロジックが実装されていました。

Controller については、プロセスをまたいだリソースごとのロックの実装コスト、複雑化を考え、リーダでのみ Controller を起動することは一般的で、v2.1.X でもその実装については変わっていません。しかし Agent API については、Agent がリーダ以外の Rancher Server の Agent API を呼び出してしまうと 503（Service Unavailable、サービス利用不可）が返ってしまいます。そのような事態を防ぐために、Agent API については必ずリーダにリクエストするようなロジックを組む必要がありました。

これらを踏まえると、v2.0.X の段階では複数の Rancher Server を起動することにメリットがないことがわかるかと思います。

では、仮に Agent API を Disable するロジックを取り除き、すべての Rancher Server で Agent API を提供するとどういうことが起こるのでしょうか？（図 15.29）

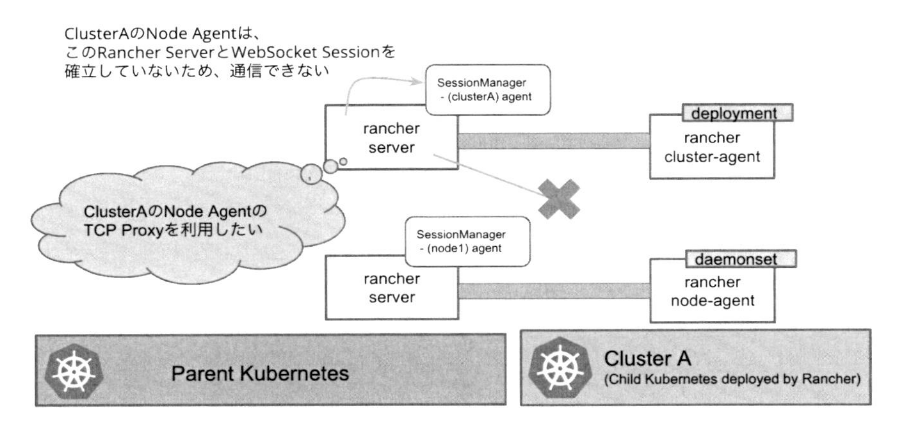


図 15.29　v2.0.X で複数の Rancher Server を起動する

すべての Agent はいずれかの Rancher Server と WebSocket Session を確立することができ、一見うまくいっているように見えるでしょう。しかし、リーダで動いている Controller が、ある Node Agent と WebSocket Session 越しで通信をする必要がある場合に、その Agent が別の Rancher Server と WebSocket Session を張っていたら、リーダは WebSocket Session がないので、通信ができずエラーになってしまい、Controller は処理を完遂することができません。

そのため v2.0.X では、リーダがすべての Active な Agent と WebSocket Session が張れることを保証するために、Agent API を Disable にしており、ドキュメントでも Rancher Server の複数台起動は推奨されていませんでした。

しかし v2.1.0 ではリリースノートにも書かれている通り、これらの制約が改善され、Rancher Server の複数台起動がサポートされました（図 15.30）。

https://github.com/rancher/rancher/releases/tag/v2.1.0

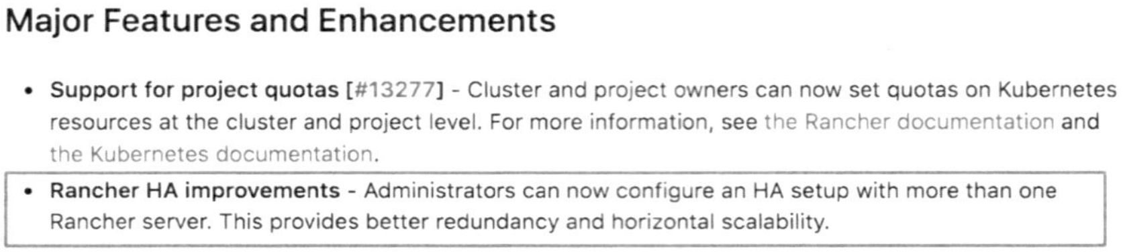

**Major Features and Enhancements**

- **Support for project quotas [#13277]** - Cluster and project owners can now set quotas on Kubernetes resources at the cluster and project level. For more information, see the Rancher documentation and the Kubernetes documentation.
- **Rancher HA improvements** - Administrators can now configure an HA setup with more than one Rancher server. This provides better redundancy and horizontal scalability.

図 15.30　v2.1.0 からは複数の Rancher Server を起動できるように

そしてそれを実現するために、ここで紹介している WebSocket 接続用の API が Rancher Server 間でも利用できるように拡張され、Rancher Server 間でフルメッシュで WebSocket Session が確立されるように変更されました。

これらの Rancher Server 間の WebSocket Session は、互いの確立済みの WebSocket Session 情報を交換し、通信したい Agent が別の Rancher Server と Session を確立していた場合は、該当の Rancher Server を通して通信をできるように動作します（図 15.31）。

v2.1.0 からは、このように Rancher Server 間で WebSocket Session を確立し、互いに Session 情報を交換することで、先ほど指摘した「Controller からいくつかの Agent に WebSocket を介した通信ができない問題」を解決し、Rancher Server の複数台機能のサポートを実現しています。

## Node Config API（/v3/connect/config）

Node Config API は、Rancher Node Agent のみが利用する API です。

GKE、EKS などの Public Cloud の Managed な Kubernetes や、既存のものを Import した Kubernetes 上で動く Node Agent が、Node Config API を呼び出した場合は、404（Not

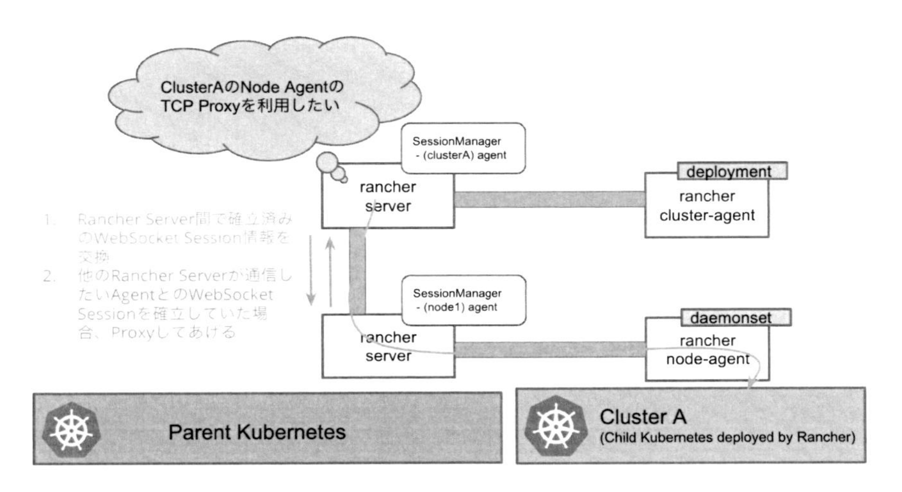


図 15.31　Rancher Server 間の通信の仕組み

Found、未検出）が返ります（下記のスクリーンショットで赤い線で囲まれていない構築オプションで構築した場合）。

それらの Kubernetes クラスタは、すでに Node が Rancher 以外で管理されているため、Node Agent で Node の状態管理をする必要がないので、このような実装になっています。

ここからは、クラスタが Rancher によって構築されたケースを前提に話を進めます。具体的には、下記の赤い線で囲まれている構築オプションで構築した場合です（図 15.32）。

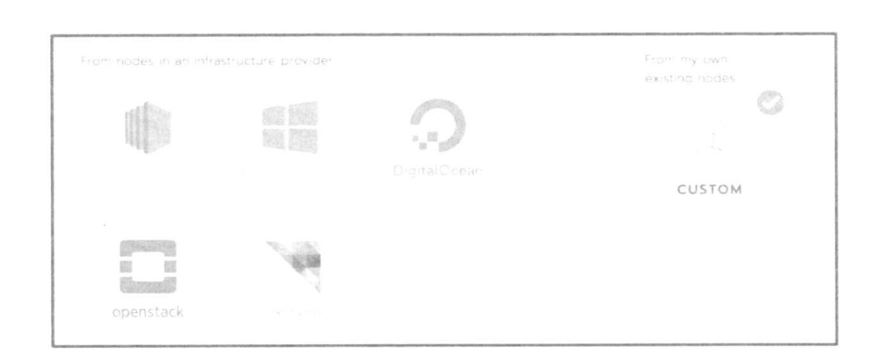


図 15.32　Infrastructure Provider または Custom で構築した場合

Node Config API も Agent API の一つなので、WebSocket 接続用の下記の HTTP Header を受け付けます。

- X-API-Tunnel-Token
  - Agentの認証を行うため、clusterregistrationtokenを指定する
- X-API-Tunnel-Params
  - Agentが起動しているNode情報を指定する

Node Config APIは、Agent認証終了後、X-API-Tunnel-Tokenに指定されているclusterregistrationtoken、X-API-Tunnel-Paramsに渡されているjsonのrequestedHostnameから対象のクラスタ、ノードを特定し、リソース情報を取得します。

```
{
  "node": {
    "customConfig": {
      "address": ＜環境変数：CATTLE_ADDRESS＞,
      "internalAddress": ＜環境変数：CATTLE_INTERNAL_ADDRESS＞,
      "roles": ＜環境変数：CATTLE_ROLE＞,
      "label": ＜環境変数：CATTLE_NODE_LABEL＞,
    },
    "etcd": ＜ true or false: CATTLE_ROLEにetcdが含まれるかどうか>,
    "controlPlane": ＜ true or false: CATTLE_ROLEにcontrolPlaneが含まれるかどうか>,
    "worker": ＜ true or false: CATTLE_ROLEにworkerが含まれるかどうか>,
    "requestedHostname": ＜環境変数：CATTLE_NODE_NAME＞,
    "dockerInfo": ＜ Docker API Endpoint>/infoの結果>
  }
}
```

それらのリソース情報を元に、X-API-Tunnel-Paramsで指定されているノード上で起動すべきコンテナ、作成すべきファイルを算出し、NodeConfig APIのレスポンスとしてAgentに返します（図15.33）。

```
{
  "clusterName": "c-zbcf9",
  "certs": "<certification file to be created>",
  "processes": {
    "kube-proxy": {
      "name": "kube-proxy",
      "command": [
        "/opt/rke-tools/entrypoint.sh",
        "kube-proxy",
      ],
      "image": "rancher/hyperkube:v1.11.6-rancher1",
      "volumesFrom": [
        "service-sidekick"
      ]
    },
    "kubelet": {
      "name": "kubelet",
      "command": [
```

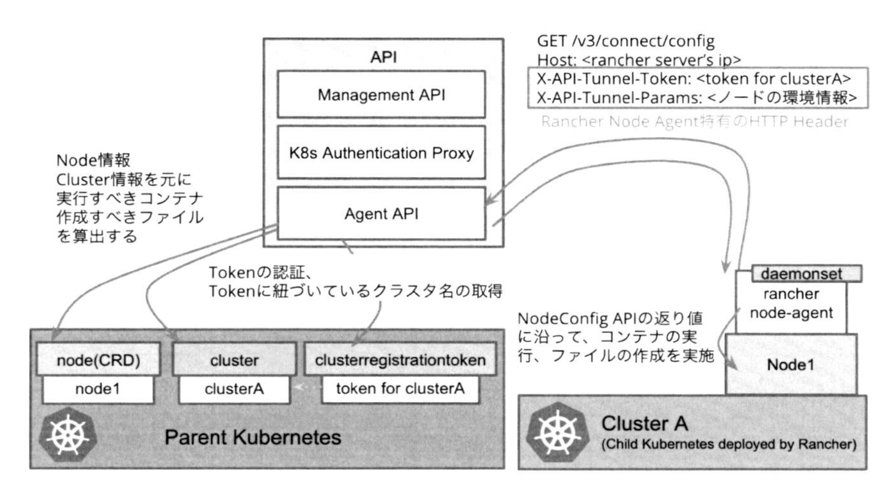


図 15.33　Node Config API レスポンス例（一部 key、value 省略済み）

```
      "/opt/rke-tools/entrypoint.sh",
      "kubelet"
    ],
    "image": "rancher/hyperkube:v1.11.6-rancher1",
    "volumesFrom": [
      "service-sidekick"
    ]
  },
  "nginx-proxy": {
    "name": "nginx-proxy",
    "command": [
      "nginx-proxy"
    ],
    "image": "rancher/rke-tools:v0.1.15",
  },
  "service-sidekick": {
    "name": "service-sidekick",
    "image": "rancher/rke-tools:v0.1.15",
  },
  "share-mnt": {
    "name": "share-mnt",
    "image": "rancher/rancher-agent:v2.1.5",
  }
},
"files": [
  {
    "name": "/etc/kubernetes/cloud-config",
    "contents": ～省略～
  }
]
}
```

このレスポンスには、clusterName、certs、processes、files の 4 つのトップレベルの Key が含まれています。各々どのように Node Agent に解釈されるかを紹介します。

clusterName はクラスタの名前であり、特段何かに利用されることはありません。

certs は、Kubernetes API をアクセスするときの証明書や、Etcd にアクセスするときの証明書など該当のノードで利用すべき証明書が指定され、Node Agent は、この情報を元に証明書データをノード上のファイルに書き込みます。

processes は、該当ノードで起動すべき Kubernetes や Etcd など Kubernetes クラスタを形成するために必要なコンテナの一覧が指定され、Node Agent は、この情報を元にコンテナの起動を実施します。

files は、該当ノードで作成すべきファイルが指定され、Node Agent はこの情報を元にファイルを作成します。

Node Agent は、この API を 2 分間に 1 回呼び出し、Node 上で必要な証明書、ファイル、コンテナが起動されていることを保証します。

## Auth API（/v3-public/*）

API Path から想像できる通り、Auth API は認証が必要のない API の一つです。/v3-public から始まる Auth API は下記の通りです。

- /v3-public/authproviders
- /v3-public/*Providers

### /v3-public/authproviders

/v3-public/authproviders は、現在設定されている有効な認証プロバイダ一覧を返します。このとき、各プロバイダの情報には、ログインするための URL が含まれます

```
"data": [
  {
    "actions": {
      "login": ". . . /v3-public/localProviders/local?action=login"
    },
    "baseType": "authProvider",
    "creatorId": null,
    "id": "local",
    "links": {
      "self": ". . . /v3-public/localProviders/local"
    },
    "type": "localProvider"
```

```
  }
]
```

現在サポートされている認証プロバイダは、下記の9つです。デフォルトの認証プロバイダであるlocalは、disableにすることはできません。Userは、local以外にもう1つの認証プロバイダをenableにすることができます。

- activedirectory
- adfs
- azuread
- freeipa
- github
- keycloak
- local（デフォルト）
- openldap
- ping

### /v3-public/＜認証プロバイダ＞Providers/＜認証プロバイダ＞

/v3-public/＜認証プロバイダ＞Providers/＜認証プロバイダ＞は、認証プロバイダの認証方式に沿って認証処理をし、一時Tokenを取得するために利用されます。

## その他、分類が難しいAPI（/meta、/hooks、/v3/import、/v1-telemetry）

Rancher APIパートの最後として、その他の分類として、どこにも分類できなかった下記のRancher APIもそれぞれ紹介します。

- /meta/*
- /hooks
- /v3/import/{token}.yaml
- /v1-telemetry

## /meta/*

この/metaから始まるAPIは、現在Rancher GUIからPublic Cloudの情報の取得と、Public

Cloud の API 呼び出しに利用されています。

下記の2つに大別されるため、各々紹介していきます。

- /meta/proxy/{Proxy 先ドメイン}
- /meta/gke* 、/meta/aks*
    - /meta/gkeMachineTypes
    - /meta/gkeVersions
    - /meta/gkeZones
    - /meta/aksVersions
    - meta/aksVirtualNetworks

## /meta/proxy/{Proxy 先ドメイン}

この API は、HTTP Proxy 機能を提供します。どうして Rancher Server がわざわざ、HTTP Proxy 機能を提供しているかというと、Rancher が多様な Public Cloud 上で Kubernetes クラスタを構築する必要があり、それに対処するためです。

Public Cloud の VM で Kubernetes クラスタを構築した場合、Rancher UI からその Public Cloud の VM に関連したリソース情報にアクセスしたくなることがあります。例えば、VM の In/Out のトラフィックを制限するセキュリティグループの情報などを知りたい局面が考えられます。その際に Rancher UI から直接 Public Cloud の API を呼び出すのではなく、Rancher Server の Proxy 機能を利用して、Rancher Server を経由して Public Cloud の API を呼び出しています。

こういった背景から生まれた機能であるため、Proxy 先ドメインは、関連 Public Cloud のエンドポイントに制限されています。

厳密にどのドメインが許可されているか確認してみます。下記のコマンドですべての連携している Private、Public Cloud の情報が確認できます（以後 nodedriver と呼びます）。

```
# kubectl get nodedriver
NAME            AGE
aliyunecs       100d
amazonec2       100d
azure           100d
digitalocean    100d
exoscale        100d
openstack       100d
otc             100d
packet          100d
```

```
rackspace       100d
softlayer       100d
vmwarevsphere   100d
```

このうちの1つをyaml形式で見てみると、whitelistDomainsというフィールドが発見できます。このwhitelistDomainsに指定されているDomainが/meta/proxy APIでProxyを許可しているDomainです。

```
# kubectl get nodedriver digitalocean -o yaml
apiVersion: management.cattle.io/v3
kind: NodeDriver
metadata:
  annotations:
    lifecycle.cattle.io/create.node-driver-controller: "true"
  clusterName: ""
  creationTimestamp: 2019-01-23T17:05:06Z
  finalizers:
  - controller.cattle.io/node-driver-controller
  generation: 1
  labels:
    cattle.io/creator: norman
  name: digitalocean
  namespace: ""
  resourceVersion: "487"
  selfLink: /apis/management.cattle.io/v3/nodedrivers/digitalocean
  uid: 0852f3ab-1f31-11e9-8015-0242ac110004
spec:
  active: true
  builtin: true
  checksum: ""
  description: ""
  displayName: digitalocean
  externalId: ""
  uiUrl: ""
  url: local://
  whitelistDomains:
  - api.digitalocean.com
status:
  conditions: ～省略～
```

本当にProxy先ドメインが制限されているか、試しに変更を加えていない状態でwww.google.comにアクセスしてみます。

```
$ curl https://<Rancher Server>/meta/proxy/www.google.com -u
token-55bdl:sqh7v2x99jlg6sq8bj2dxcsvj5f4scw8wg575wmzgwqjl2q9jwnlkh  -v
*   Trying <Rancher Server IP>...
* TCP_NODELAY set
* Connected to <Rancher Server> () port 443 (#0)
* TLS 1.2 connection using TLS_ECDHE_RSA_WITH_AES_128_GCM_SHA256
* Server certificate: <Rancher Server>
```

```
* Server auth using Basic with user 'token-55bdl'
> GET /meta/proxy/www.google.com HTTP/1.1
> Host: <Rancher Server>
> Authorization: Basic
dG9rZW4tNTViZGw6c3FoN3YyeDk5amxnNnNxOGJqMmR4Y3N2ajVmNHNjdzh3ZzU3NXdtemd3cWpsMnE5andubGto
> User-Agent: curl/7.54.0
> Accept: */*
>
< HTTP/1.1 502 Bad Gateway
< Date: Sat, 04 May 2019 15:27:41 GMT
< Content-Length: 0
<
* Connection #0 to host <Rancher Server> left intact
```

www.google.com はどの nodedriver の `whitelistDomains` にも登録されていないので、アクセスすることができません。

続いて、どれか 1 つの nodedriver の `whitelistDomains` に www.google.com を足して、更新してみます。

```
$ diff -u packet_org packet_new
--- packet_org  2019-05-05 00:33:44.000000000 +0900
+++ packet_new  2019-05-05 00:33:35.000000000 +0900
@@ -25,6 +25,7 @@
   uiUrl: ""
   url:
https://github.com/packethost/docker-machine-driver-packet/releases/download/v0.1.4/docker-mach
   whitelistDomains:
   - api.packet.net
+  - www.google.com
 status:
   conditions:
$ kubectl apply -f packet_new
nodedriver.management.cattle.io "packet" configured
```

その後再び、www.google.com にアクセスしてみると、今度はアクセスできることが確認できると思います。

```
$ curl https://<Rancher Server>/meta/proxy/www.google.com -u
token-55bdl:sqh7v2x99jlg6sq8bj2dxcsvj5f4scw8wg575wmzgwqjl2q9jwnlkh
<!doctype html><html itemscope="" itemtype="http://schema.org/WebPage" ～省略～
```

このことからも、nodedriver の `whitelistDomains` フィールドで Proxy 先 Domain が管理されていることがわかります。

この機能は、オフィス内 FW などの存在で手元の PC から Public Cloud API が直接呼び出せない場合のための回避策として利用可能です。また、そもそも Rancher Server が該当の Public Cloud API への到達性があるかどうか、入力された Public Cloud の認証情報が有効かどうか

を、リソース作成の前に確認するというシーンでRancher GUIに利用されています

### /meta/gke*、/meta/aks*

/meta/gke または、/meta/aks から始まる API、例えば/meta/gkeVersions なども /meta/proxyと同じように、GUIからPublic Cloudの情報を取得するために利用されます。

/meta/proxyとの違いは、API Pathを見てもわかる通り、Rancher ServerがGKE（Google Cloud）やAKS（Azure）のAPIを呼び出すのに利用される点です。またレスポンスも、Public Cloudベンダのフォーマットではなく、Rancher Serverが整形したものをAPIクライアントに返します。

/meta/proxyの場合は純粋なHTTP Proxyとして働くため、GUI側でPublic CloudのAPIレスポンスを整形し、利用する必要がありました。しかしベンダ共通で呼び出す必要のあるAPI（例：Kubernetes対応バージョンの取得など）については、このようにRancher Server側でベンダ間の差異を吸収しています。

## /hooks

このAPIは、RancherのPipeline機能によって利用されているAPIです。Pipelineでは、設定されたレポジトリに対する変更をイベントとして収集する必要があります。そのため、Pipelineが作成されると、Rancher Serverは自動的に対象のレポジトリに対して、/hooks API Endpointを設定します（図15.34）。

図15.34　Pipeline機能によって利用されている/hooks

この際、/hooks API Endpoint の Query Parameter に、pipelineId を指定しています。この Query Parameter のおかげで、Rancher Server は/hooks API Endpoint が呼ばれると紐付く Pipeline を特定でき、Pipeline で予め指定された Event であれば、Pipeline はビルドやテストなどレポジトリ内の.rancher-pipeline.yml ファイルで指定された処理を実施します。

## /v3/import/{token}.yaml

この API は、API Path だけを見ると、Management API の一種のようですが、この API Path に紐付く Rancher リソースは存在しないため、Management API の一種ではありません。

この API は、クラスタをインポートする際に利用されます。この API が実施することはとてもシンプルで、クラスタインポートのために作成する必要のある Kubernetes リソース（例：Cluster Agent の Deployment、Node Agent の Deamonset、Service Account 等）を記述した Kubernetes Manifest ファイルをレスポンスとして返します。

この時に Cluster Agent の Deployment などは、clusterregistration token に依存しているため、生成される Secret リソースの value は、API Path 内の{token}に置き換えられます。そしてその Secret リソースが、Cluster Agent の Deployment に Mount されています（図 15.35）。

図 15.35　Secret リソースの value が{token}に置き換えられる

## /v1-telemetry

この API は、少し特殊なものになっています。Rancher UI の設定で、下記の telemetry-opt を in に設定すると、有効になります（図 15.36）。

図15.36　telemtry-optを設定すると有効になるAPI

このAPIを有効にすると、Rancher Serverの利用状況が確認できる/v1-telmetryが利用できるようになります。また、このAPIで取得できる利用状況情報は、定期的にRancher Labが管理しているServerに送信されています。このことは、Rancherの公式ページでも案内されています（https://rancher.com/docs/rancher/v2.x/en/faq/telemetry/）。

このAPIからは、下記のような情報を取得することができます。

- クラスタの数
- プロジェクトの数
- Nodeの数
- Rancher Serverのバージョン情報

すべての情報は、/v1-telemetry API内部でRancher APIを呼び出して取得しているため、Rancher APIで取得できる情報と同じデータをソースとしています。

試しに/v1-telemetry APIを呼び出し、レスポンスからクラスタの情報だけを抽出した例を紹介します

```
$ curl https://< Rancher Server >/v1-telemetry -u
token-t9mkn:drcpbn8zgd8kbnv6t8h8jh65vl9pbthrvmxbtkmkmz5r2ffz78t6xd | jq '.cluster'
  % Total    % Received % Xferd  Average Speed   Time    Time     Time  Current
                                 Dload  Upload   Total   Spent    Left  Speed
100  2100    0  2100    0     0   3162      0 --:--:-- --:--:-- --:--:--  3157
{
  "active": 3,
  "total": 13,
  "namespace": {
    "min": 5,
    "max": 5,
    "total": 15,
    "avg": 5
  },
  "cpu": {
    "cores_min": 4,
    "cores_max": 8,
```

```
    "cores_total": 20,
    "util_min": 10,
    "util_avg": 13,
    "util_max": 15
  },
  "mem": {
    "mb_min": 7721,
    "mb_max": 15442,
    "mb_total": 38605,
    "util_min": 1,
    "util_avg": 2,
    "util_max": 3
  },
  "pod": {
    "pods_min": 110,
    "pods_max": 220,
    "pods_total": 550,
    "util_min": 6,
    "util_avg": 7,
    "util_max": 7
  },
  "driver": {
    "rancherKubernetesEngine": 3
  }
}
```

このAPIは、実は他のAPIとは違った形で実装されています。Telemetry用のAPI Serverは、Rancher Serverとは別の実行ファイルになっており、ソースコードもRancher Serverとは別のレポジトリで管理されています（https://github.com/rancher/telemetry/）。

Rancher Serverは、Settingsのtelemetry-optが「in」に設定されていることを確認すると、Rancher Serverの子プロセスとして、`telemetry client --url https://localhost:443 --token-key <token>`を実行します。

telemetry clientは、実行されると8114ポートをListenするAPI Serverとしてふるまいます。このAPI Serverが、引数で渡されたTokenを用いてRancher APIを呼び出し、利用状況を集計して、先ほど紹介したようなレスポンスを返しています。

Rancher Serverの/v1-telemetry API Pathは、このTelemetry API Serverに対する純粋なHTTP Proxyとして動作しているため、Rancher Userは、このTelemetry API Serverが別の実行ファイルで起動されていることを気にせず、利用できます。

# 第16章　Rancher Controller

## 16.1　本章について

本章は、下記のトピックに沿って、Rancher Controller を紹介していきます。

- Rancher Controller 概要
- Management Controller を起動する Leader を決める仕組み
- クラスタごとの User Conrtoller を実行する Rancher Server を決める仕組み
- Rancher Server の Web Socket Session の管理の仕組み
- 複数台 Rancher Server を起動した時の WebSocket Proxy
- Rancher のコントローラ実装のベースとなる GenericController の仕組み
- 3 種類に分けられる各コントローラの実装

## 16.2　Rancher Controller 概要

Rancher Controller は、必要に応じて Parent Kubernetes、Child Kubernetes 両方の Kubernetes リソース（カスタムリソース含む）を監視し、変更があった場合にはその内容に沿って、新しく Kubernetes クラスタを構築したり、ノードを追加したり、新しく Deployment リソースを作成したりします。

現在、40 種類以上の Controller が Rancher Server 内に実装されています。

Rancher Controller は、ライフサイクルや管理対象によって、3 種類に分類されます。

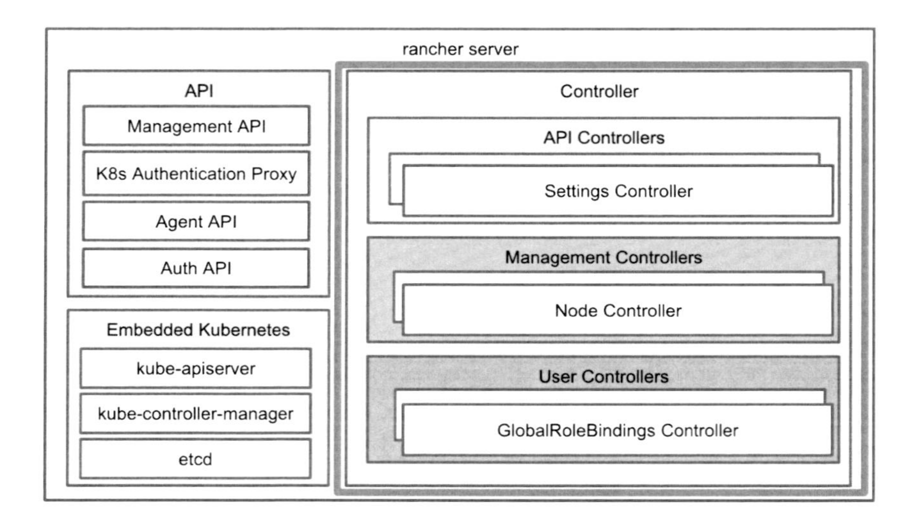


図16.1　Rancher Cotroller

- API Controllers（https://github.com/rancher/rancher/tree/v2.1.5/pkg/api/controllers）
  - Leaderを含むすべてのRancher Serverで起動される
  - 1台のコントローラで1つのRancher Serverの状態管理をするため、同一Rancher Server内で複数の同じコントローラは起動されない
  - Rancher API Serverの設定や、Rancher API関連の処理に責任を持つコントローラ
  - Parent Kubernetes上のリソースのみを監視する
- Management Controllers（https://github.com/rancher/rancher/tree/v2.1.5/pkg/controllers/management）
  - Leaderに選ばれたRancher Serverでのみ起動される
  - 1台のコントローラでRancher Serverクラスタの状態管理をするため、クラスタ全体で同一のコントローラが複数起動されることはない
  - 特定のKubernetesクラスタに縛られないRancher Serverクラスタ（同じParent Kubernetesで起動する複数のRancher Serverをクラスタと一括りで表現している）内の状態に責任を持つコントローラ
  - Parent Kubernetes上のリソースのみを監視する
- User Controllers（https://github.com/rancher/rancher/tree/v2.1.5/pkg/controllers/user）
  - 各Kubernetesクラスタに対して、Owner Rancher Serverが決定され、Owner Rancher Serverのみで起動される

- コントローラ 1 台は、1 つの Kubernetes クラスタの専属コントローラになるため、複数の Kubernetes クラスタを管理している場合は、複数のコントローラが起動される
- Rancher で管理している各 Kubernetes クラスタの状態管理と、Kubernetes をより便利に使うための付加機能に責任を持つコントローラ
- Parent Kubernetes 上のリソースと Child Kubernetes のリソース、必要に応じて両方を監視する

3 台の Rancher Server を起動した際のイメージを図示化してみました（図 16.2）。

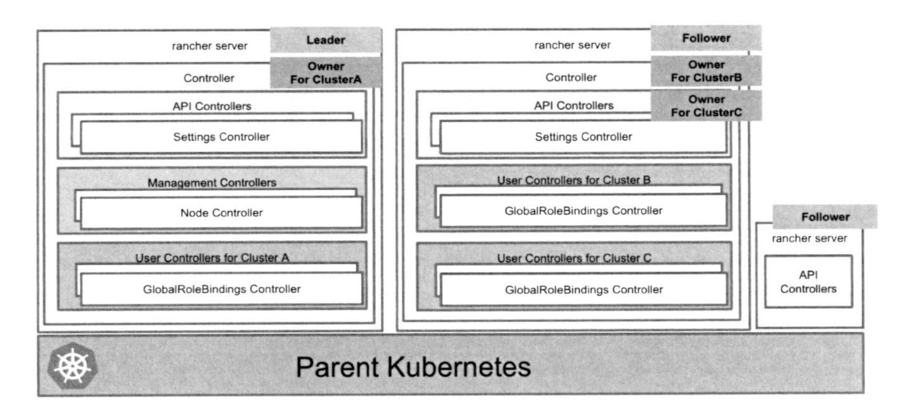


図 16.2　3 台の Rancher Server を起動した際のイメージ

Leader の Rancher Server では、API Controllers、Management Controllers、User Controllers（For Cluster A）が起動されています。

真ん中の Follower の Rancher Server は、二つの Cluster B、C のオーナーに選ばれているため、API Controllers、User Controllers（For Cluster B、C）が起動されています。

一番右の Rancher Server は、Follower かつ Cluster のオーナーでもないため、API Controllers のみが起動されています。

## 16.3 Management Controller を起動する Leader を決める仕組み

Rancher Server を Parent Kubernetes 上で複数起動した場合、Rancher Server は Leader を

1 台決定します。Managemenet Controller は、Leader でのみ起こされます。Leader 以外の Rancher Server は Follower として動作し、API Controller と User Controller を必要に応じて起動します。

Rancher Server は、この Leader を決めるロジックの実装に client-go の leaderelection 機能を利用しています（https://godoc.org/k8s.io/client-go/tools/leaderelection）。

client-go の leaderelection では、Leader は基本的に早い者勝ちで決まります。Leader を表現するためのデータとして、Kubernetes の Endpoint、または ConfigMap リソースと該当のリソースの Annotation を利用します。Rancher は、ConfigMap リソースを利用しています。

最初は、誰が一番最初に該当リソースを作成するかで Leader が決定されます。leaderelection に利用されるリソースは、下記の図 16.3 のような情報を持ちます。

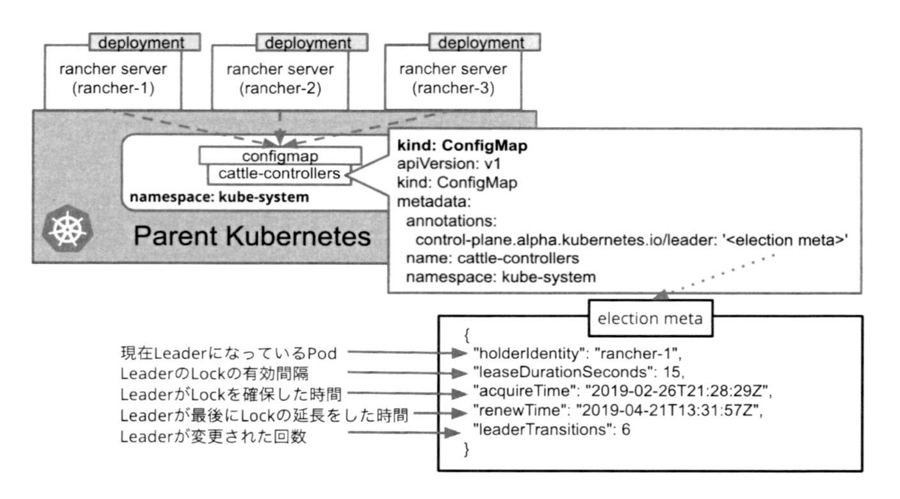


図 16.3　Leader 決定の手順

ここで重要なのは、control-plane.alpha.kubernetes.io/leader Annotation に保存されている JSON データです。一度このリソースが作成されると、その後はこのリソースの Annotation の情報をベースに、Leader の再選定や Leader の継続が実施されます。

具体的には、最初の Leader が決まると、Leader は、10 秒ごとに renewTime を更新し、Follower は 2-4 秒ごとに該当のリソースを確認し、renewTime が 15 秒以上更新されていないかどうかを確認します。renewTime が 15 秒以上更新されていなかった場合、Follower は、Leader を示す holderIdentity を更新し、Leader に昇格します（図 16.4）。

ロジックを見ていただいてもわかる通り、client-go の leaderelection 機能は、Leader Election

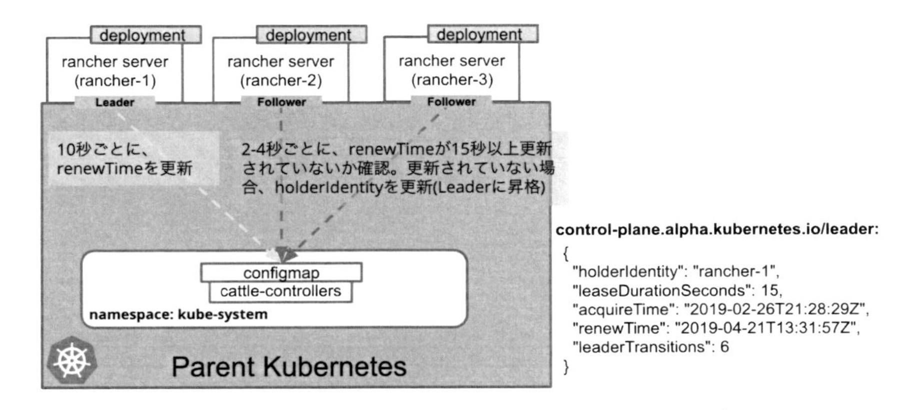


図16.4　FollowerからLeaderへ昇格

の結果、Leaderが変わっても特に旧Leaderに対して、何らかのアクションを起こすことはありません（例えば、旧LeaderのPodが止まっていること保証するために、Nodeの電源をOFFにするなど）。単にこれまでのFollowerが、新しくLeaderとしてふるまうようになるだけです。

そのため、何らかの原因で旧LeaderがKubernetesのリソースの更新に失敗しただけで、Leaderとしてずっと動き続けてしまい、同時に複数のLeaderが動いてしまうというリスクはありえます。そのため、client-goのleaderelectionを利用する場合は、そのリスクを理解しながら利用する必要があるでしょう。

Rancherに関しては、LeaderはParent Kubernetesのリソース情報を元に動作するため、リソース更新に失敗しつつも、Leaderとして動き続けるようなリスクはとても低いと言えるでしょう。

## 16.4　クラスタごとのUser Conrtollerを実行するRancher Serverを決める仕組み

Rancher Serverは、作成されたクラスタ1つに対してOwnerのRancher Serverを1台決定します。Ownerに選ばれたRancher Serverのみが、Ownerであるクラスタに対するUser Controllerを起動します。

ここで一点注意したいのが、Leader Electionで決定されたLeaderと、クラスタのOwner決定ロジックに相関がないということです。そのため、Leaderが特定のクラスタのOwnerになることもあれば、Followerが特定のクラスタのOwnerになることもありえます。ただし2台以上のRancher Serverが同時にOwnerになることはありません。

Rancher Server は、この Owner 決定を下記のように実施します。

1. Rancher Server は、起動しているすべての Rancher Server の IP アドレス情報を収集し、配列として管理する
2. 収集した IP アドレスをソートする（この時、自分自身の IP アドレスも含める）
3. Cluster の UID の CRC32 を計算する
4. CRC32 の計算結果 ×Rancher Server の個数 / 4294967295（UnsignedInt32 の最大値）を算出
5. 4 の計算結果を、IP アドレスの配列の Index とみなし、該当の Index の IP アドレスが Owner となる

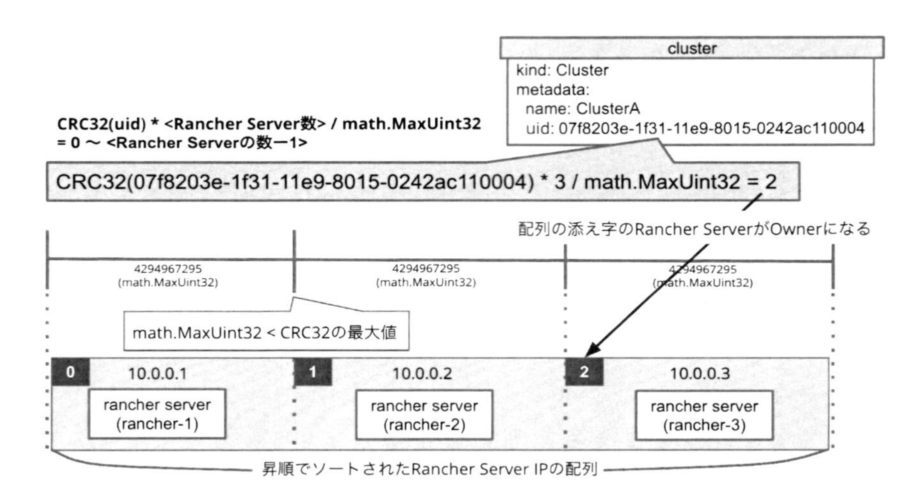


図 16.5　Owner 決定の手順

Leader Election の時は、Kubernetes の特定のリソースを一番早く作成できた人が Leader になり、誰が Leader になっているのかを Kubernetes リソースを通して、他の Rancher Server と共有していました。

しかし上記に記した通り、クラスタの Owner の決定ロジックは、Leader Election の時とは異なり、誰が該当クラスタの Owner になっているのかを、他の Rancher Server とは特に共有しません。

その代わり、すべての Rancher Server がクラスタの UID から、共通の Owner を導き出せるような計算式を用いて、Owner の決定を実施しています。

この計算式でなぜ共通のOwnerが導き出せるのでしょうか？　もう少し詳しく紹介します。

- CRC32を利用し、クラスタのUIDを0から4294967295の整数に変換する
    - CRC32は、Ethernetの誤り検出で利用される誤り検出符号です
    - 32ビットの特定のビット列で、対象となるビット列（今回はUID）を除算した余りをCRC32の計算結果とします
    - 32ビットのビット列で除算するため、当然余りは32ビット以下になり、0から4294967295の間の整数で表現できます
- CRC32の計算結果は、計算対象の値のみで定まるため、すべてのRancher Serverで同じ計算結果を取得できます
- 計算した後、Rancher Serverの数を掛け算することで、(0から4294967295）×（Rancher Serverの数）の整数を取得できます
- （0から4294967295）×（Rancher Serverの数）の値を4294967295で割ることで、0からRancher Serverの数の整数を取得できます
- すべてのRancher Serverにおいて、同じルールでソートしたRancher ServerのIPアドレス配列の添え字として、先ほどの計算結果を利用すれば、すべてのRancher Serverで同じRancher Serverを導き出すことができます

Rancher ServerのIPアドレス配列がきちんと更新されていることと、Rancher ServerのIPアドレス配列に変更があった際に、すべてのRancher ServerがOwnerの再計算をすることが保証できれば、Owner情報を互いに共有しなくても、すべてのRancher Serverで正しくOwnerを決定できることがわかります（図16.6)。

では、各Rancher ServerはどのようにIPアドレス配列の更新、配列更新時の再計算を実施しているのでしょうか？　これは、Rancher Serverがどのように他のRancher Serverを発見するかという話と同じ意味合いを持ちます。これについては、複数台起動した際のRancher Server間のWebSocket Session情報の交換ロジックと同じ仕組みで実現しています。詳細は、以降の章で紹介いたします。

まず前提として、Rancher Serverを複数台起動する際、Rancherのユーザーまたはオペレータの方は、Rancher Server用のDeploymentリソースとともに、Rancher ServerのDeploymentリソースがマッチするようなSelectorが指定されたServiceリソースを作成します。

こうすると、KubernetesはServiceリソースに紐付くEndpointリソースを作成し、SelectorにマッチするすべてのPodのIPをEnpointのSubsetにセットします。またRancher Server用のPodが増減した場合、KubernetesがきちんとEndpointのSubsetを更新してくれます。

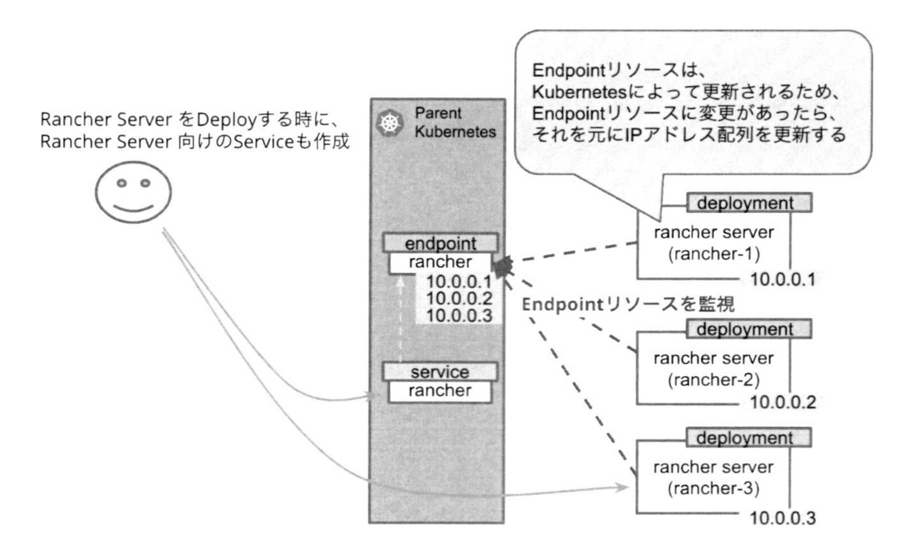


図16.6 すべてのRancher ServerがOwnerを決定できる

Rancher Serverは、このEndpointリソースの変更を常に監視することで、他のRancher Serverを発見しています。

EndpointリソースのIPの増減を検知すると、先ほどのロジックの説明に出てきたRancher ServerのIPアドレス配列を更新し、Ownerの再計算を行います。

このようにしてRancher Serverは、クラスタのOwnerを決定しています。

## 16.5 Rancher ServerのWeb Socket Sessionの管理の仕組み

続いて、Management ControllerとUser Controllerが共通して依存しているAgentのTCP、Unix Socket Proxy機能について紹介します。

API Controllersは、基本的にChild Kubernetesと通信することはありませんが、Management ControllersとUser Controllersは、Child KubernetesまたはChild Kubernetesノード上のDockerと頻繁に通信します。

例えば、User ControllerがChild Kubernetes上のServiceリソースを監視（Watch）する必要があれば、User Controllerは、Child KubernetesのAPIにアクセスする必要があります。他にも、Management ControllerがKubernetesクラスタを構築するために、Etcdプロセスなどのkubernetesの管理プロセスをコンテナとして起動する際にも、Docker APIにアクセスする必要があります。

これらの通信は、基本的には、Cluster Agent、Node Agent が提供している WebSocket Session を利用した Proxy 機能に依存しています。

先ほど、API Part で WebSocket Session 接続用の API については紹介しましたが、確立された Web Socket Session が具体的に内部でどのように利用されるかは、紹介しませんでした。

Controller は、WebSocket Session によくお世話になるため、ここで紹介したいと思います。

接続時の認証処理などは、先ほど API の Part で紹介したため、WebSocket Session が確立された後に焦点を当てて紹介します

WebSocket Session が確立されると、Session 情報が接続元の識別子とともに Rancher Server 内の Session Manager に登録されます（図 16.7）。

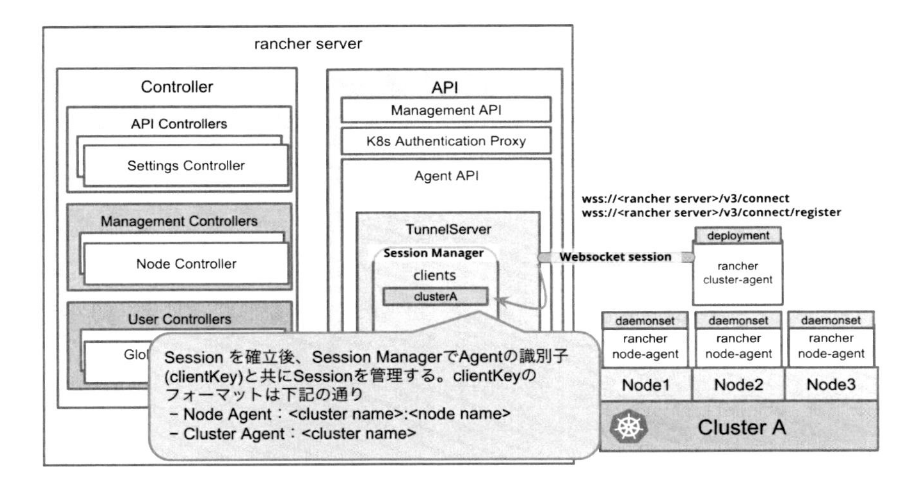


図 16.7　Session 情報を Session Manager に登録

こうすることで、Rancher の Management Controller や User Controller が特定の Kubernetes クラスタの API を呼び出したいとき（例えば、Service リソースを監視したいとき、Pod リソースを作成したいときなど）、Session Manager から Cluster Agent の Session をクラスタ名を Key に探し、発見した場合に http.Client で利用する http.Transport.Dial を、Agent の TCP Proxy Server を利用するものに差し替えています。

そのため、Controller 側のコードでは、一見直接 Kubernetes クラスタの API を呼び出しているように見えますが、実際は透過的に Proxy Server を利用して、Kubernetes API を呼び出しています（図 16.8）。

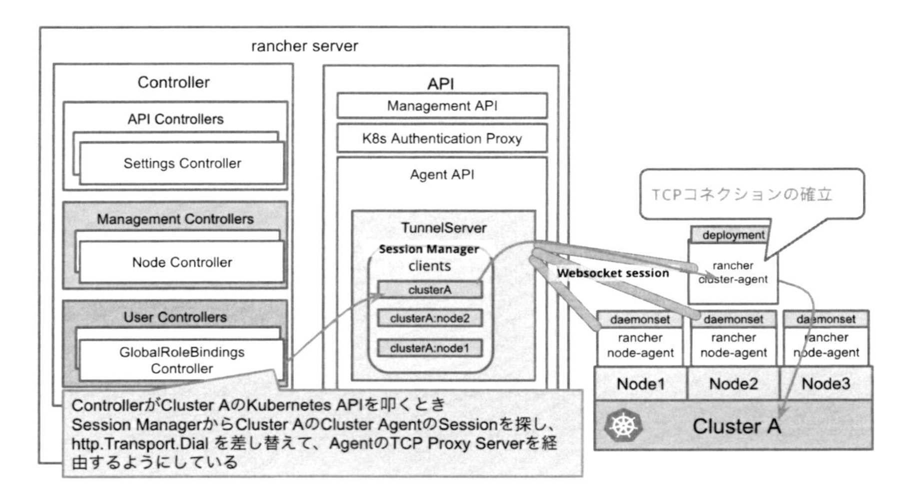


図 16.8　Proxy 経由で Kubernetes API を呼び出す

Kubernetes API の場合は、基本的には Cluster Agent の Web Socket Session が利用されますが、Docker API にアクセスする場合は、呼び出したい Dockerd が動いているノード上の Node Agent の Web Socket Session が利用されます。なぜこのような実装になっているのかというと、Rancher Server は Docker API にアクセスする際に、Unix Socket Proxy を利用しているからです。そのため接続先の Proxy Server（Agent）は、接続したい Dockerd の Unix Socket ファイルにアクセスできないと、通信を Proxy することができません。

そのため Rancher Server は、接続したい Dockerd が動いているノード上の Node Agent の WebSocket Session を探して、利用します（図 16.9）。

Rancher Server が 1 台の場合は、ご覧いただいてきたように、そこまで複雑でないのですが、Rancher Server を複数起動する場合は、もう少し話が複雑化します。

## 16.6　複数台の Rancher Server を起動した時の WebSocket Proxy

先ほど API Part の紹介の際に、Rancher Server 間で確立済みの WebSocket Session 情報を交換することで、他の Rancher Server が WebSocket Session を確立していても、その Rancher Server を通じて目的の Agent に到達することができると紹介しました。

概要は、その通りなのですが、実際に Rancher Server がどのようにそれを実現しているのか、もう少し実装に踏み込んでみたいと思います。

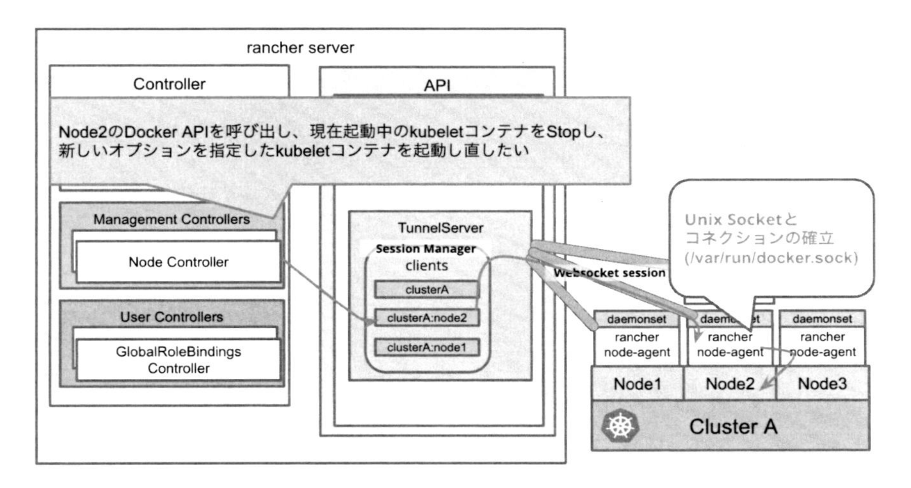


図 16.9　Rancher Server が接続したいノードを探す仕組み

まずは、実装を理解する上で重要な概念を紹介します。

- Tunnel Server（Struct）
  - WebSocket Session の確立、管理
  - Controller や API など、他のモジュールに WebSocket Session を利用した TCP、Unix Socket Proxy 用の Dailer の提供
- Peers（Array）
  - Tunnel Server のフィールドの 1 つ
  - 起動中の Rancher Server が Peer を張っている Rancher Server 一覧を保持しています
- Session Manager（Struct）
  - Tunnel Server のフィールドの 1 つ
  - 3 種類の WebSocket Session を用途別に管理している。
    - Listeners（Array）
    - Peers（Map）
    - Clients（Map）

Session Manager に含まれる 3 つのフィールド（Listners、Peers、Clients）については、次の図を参考にしてください（図 16.10、図 16.11）。

本題に戻り、Rancher Server が他の Rancher Server を発見する方法と、WebSocket Session

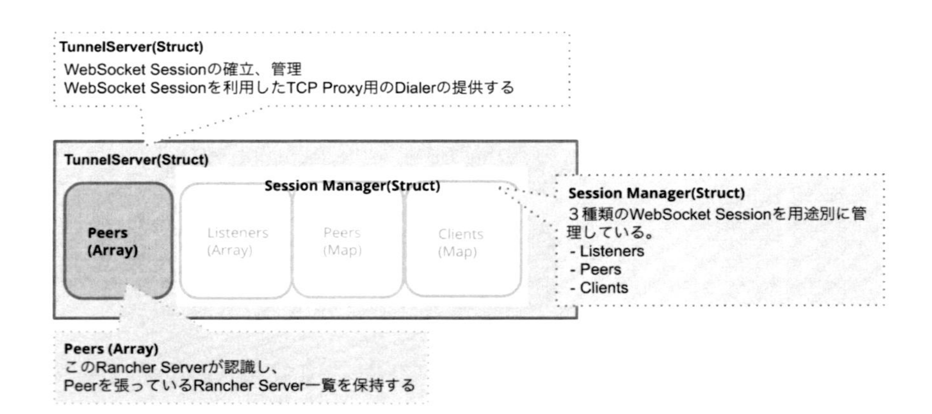


図 16.10　Listners、Peers、Clients

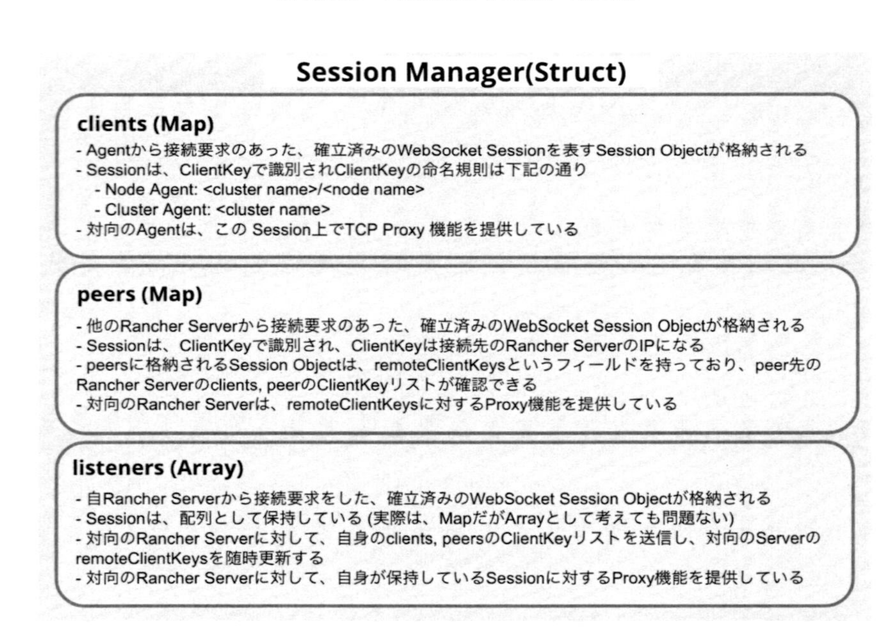


図 16.11　3 つのフィールドそれぞれの特徴

を確立後、お互いの確立済みの Session 情報を交換するロジックについて紹介します (図 16.12)。

まず、複数台の Rancher Server を構築する際は、Parent Kubernetes 上に Service リソースを作成します。この時、Service の Selector を Rancher Server の Deployment にマッチするようにします。

こうすることで、該当の Service の Endpoint リソースの Subsets に Rancher Server の Pod

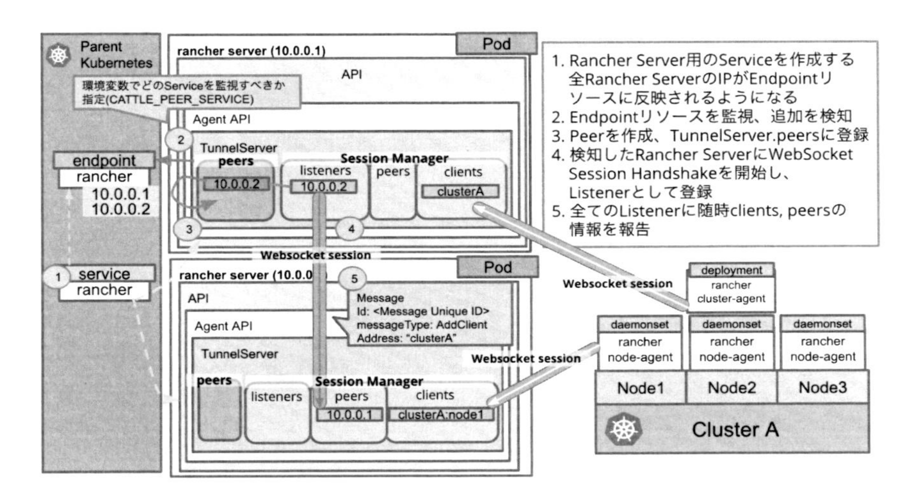


図 16.12　Rancher Server が他の Rancher Server を見つけ、情報交換する仕組み

の IP が自動的に反映されます。

Rancher Server はこの Endpoint リソースを監視することで、新しい Rancher Server の発見と、すでに削除された Rancher Server の検知をします。

Rancher Server は、新しい Rancher Server を検知すると、該当の Rancher Server を Peer として TunnelServer に登録し、WebSocket Session の接続要求を実施します。

WebSocket Session が確立されると、Session Manager に Listener として登録されます。Listener として登録されると、Rancher Server は随時自身の clients、peers の clientKey を送信し、Peer 先の remoteClientKey を更新します。そして、接続先からの Proxy 要求を待ちます。

この図では、10.0.0.1 の Rancher Server が 10.0.0.2 の Rancher Server に向けて WebSocket 接続要求を行っていますが、10.0.0.2 の Rancher Server も同じように、10.0.0.1 の Rancher Server を Endpoint リソース経由で発見し、WebSocket 接続要求を行い、互いが WebSocket Session 情報を交換します。

WebSocket Session 情報の交換が終わると、最終的に下記のような状態になります（図 16.13）。

この図では、10.0.0.1 の Rancher Server は Follower で、10.0.0.2 の Rancher Server は Leader でかつ Cluster A の Owner になります。

10.0.0.2 の Rancher Server の Session Manager を見ると、listeners、peers ともに 1 つの WebSocket Session が存在していることがわかります。

また、peers の中の 10.0.0.1 の Session の remoteClientKeys を見ると、10.0.0.1 の Rancher Server で終端している Cluster Agent の clientKey である cluster A が確認できます。

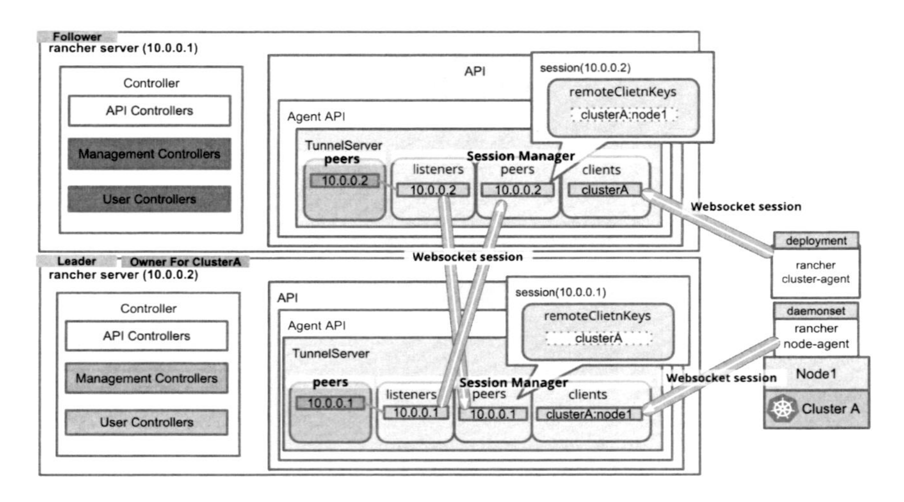


図 16.13　Session 情報の交換後の状態

この時、仮に 10.0.0.2 の Rancher Server 上で動く User Controller が Cluster A の Kubernetes API を呼び出すときに、どのようなプロセスを踏むのか紹介します（図 16.14）。

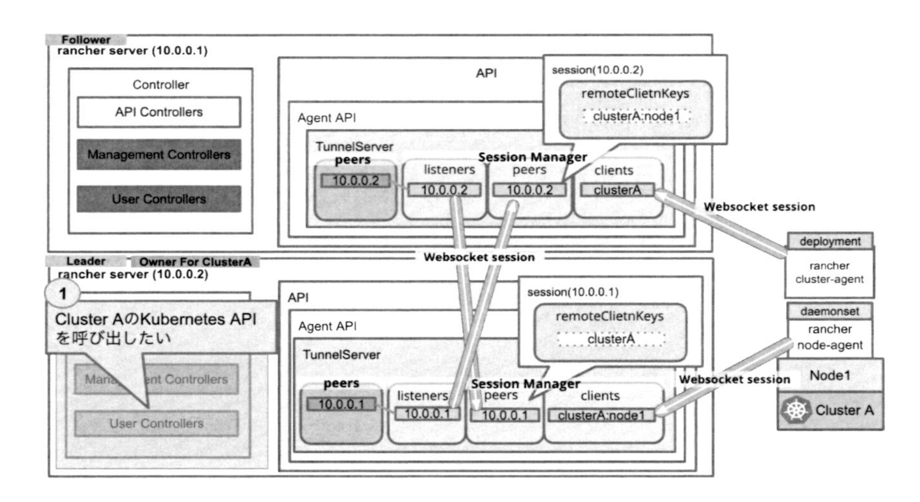


図 16.14　Rancher Server 間の Kubernetes API 呼び出しのプロセス

まずは、1 台構成の時と同じく Session Manager に Cluster A の Cluster Agent の Session があるかどうか問い合わせをします。

このとき、Session が見つからなかった場合は、peers の中に Cluster A の Cluster Agent の

Session を持っているかどうかを調べます。

この図 16.15 では、10.0.0.1 の Peer が持っていることが remoteClientKeys よりわかるため、10.0.0.1 のに Proxy 要求をします。

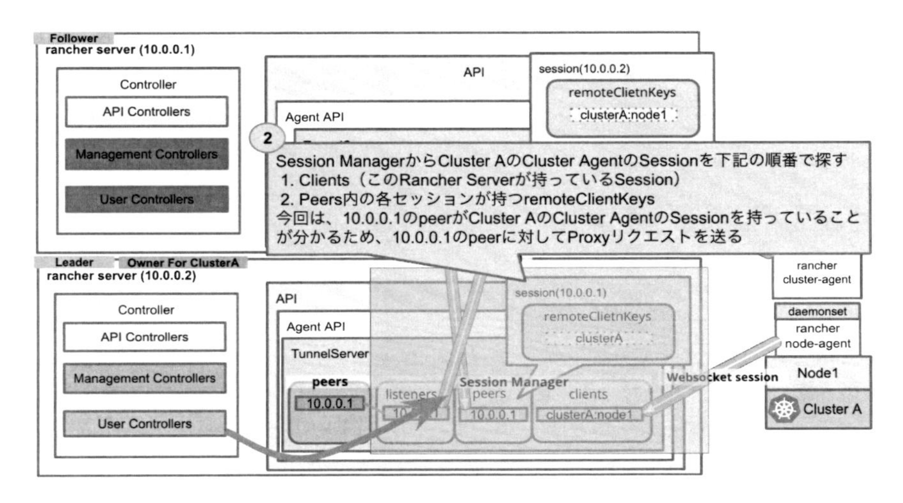


図 16.15　Peer を持っている相手に対して Proxy 要求

10.0.0.1 の Rancher Server は、Proxy 要求を受け取ると、Proxy 先の WebSocket Session を proto フィールドより判別し、該当の WebSocket Session を利用し、再び Proxy 要求を送信します（図 16.16）。

Proxy 要求を Cluster Agent に送信すると、Cluster Agent は、要求内容より Proxy するアドレスとプロトコル（基本的には TCP）を確認し、TCP の場合は TCP セッションを確立し、Proxy として動作します（図 16.17）。

ここまでで準備は整いましたので、User Controller から無事 Kubernetes API を呼ぶことできるようになりました。今回のこの構成では、User Controller が Kubernetes API を呼ぼうとすると、図 16.18 の赤い矢印の通り、Rancher Server（10.0.0.1）、Rancher Server（10.0.0.2）、Rancher Cluster Agent を通してから、実際の kube-apiserver にリクエストが届きます。

# 16.7　Rancher のコントローラ実装のベースとなる GenericController の仕組み

各 Rancher のコントローラの説明に入る前に、Rancher のコントローラの実装に用いられてい

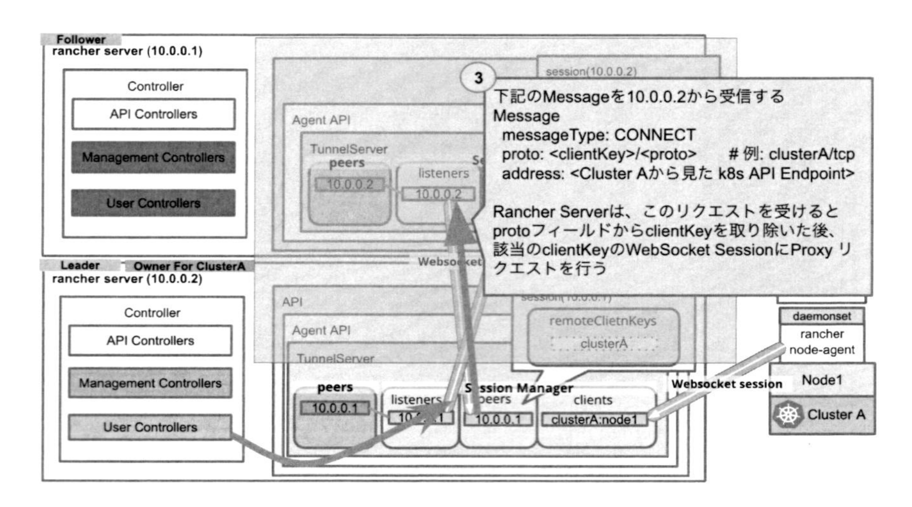


図 16.16　再び Proxy 要求を送信

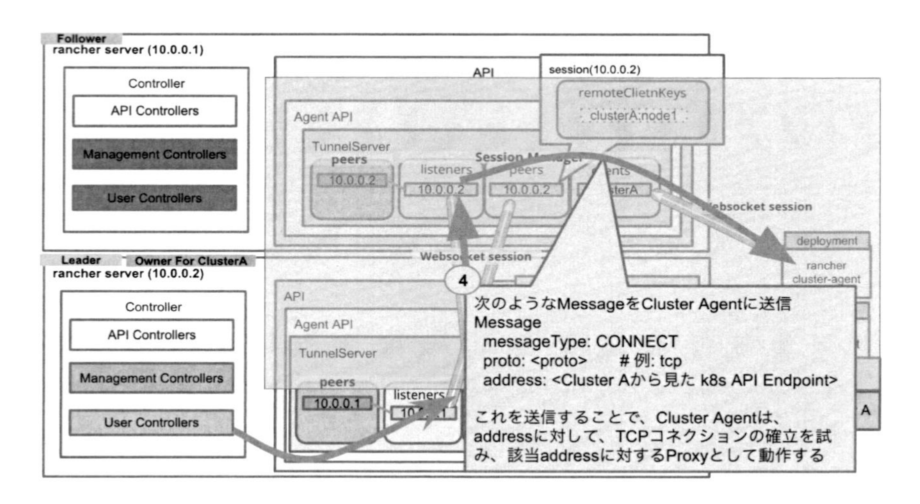


図 16.17　セッションを確立し Proxy として動作

る Framework である Norman（https://github.com/rancher/norman）の GenericController コントローラについて少し紹介します。

Rancher は、たくさんのコントローラの実装の集合体としてできています。そのため Rancher は、すべてのコントローラに共通するような部分を共通化した GenericController というものを利用しています。

GenericController は、下記のような構造になっています（図 16.19）。

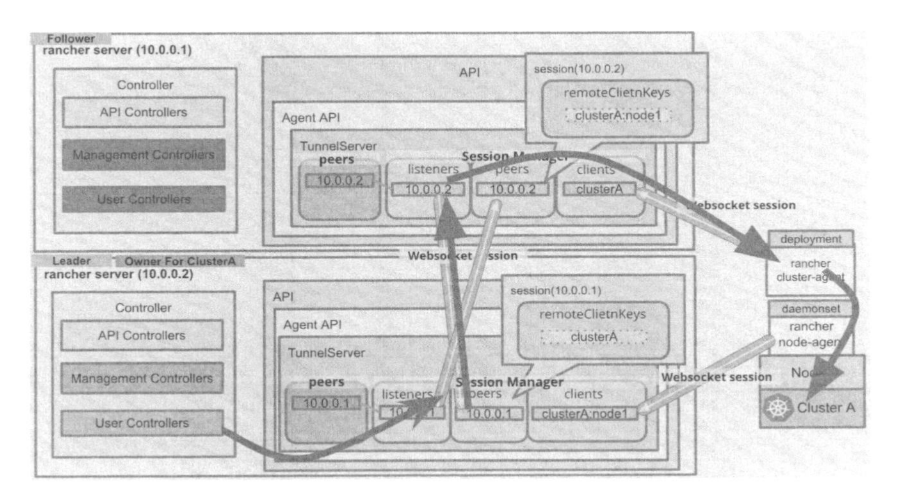


図 16.18　リクエストが届くまでの流れ

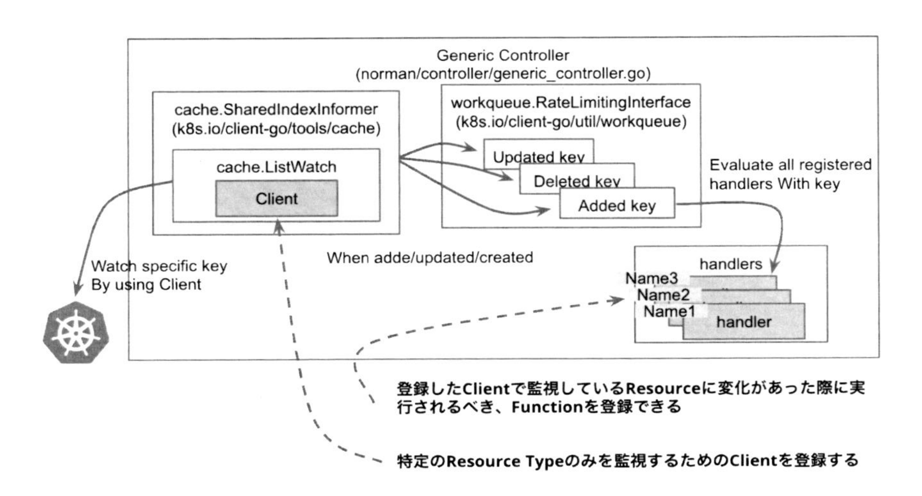


図 16.19　GenericController の構造

SharedIndexInformer は、Kubernetes の client-go(https://github.com/kubernetes/client-go) ライブラリ内の構造体です。GenericController は、初期化時に渡される Kubernetes Client を利用して、SharedIndexInformer を初期化しています。

SharedIndexInformaer は、Index 機能付きの共有 Cache ストレージで、初期化時に渡された Kubernetes Client を利用して、取得できる Kubernetes のリソースをオンメモリに Cache します。Index 機能を持っているため、リソースが新しく検知された時に評価される Index Function も複数登録することができます。Index Function は、リソースを引数に取り、文字列の配列を返り値とする必要があり、この返り値でリソースを検索可能にします。

また、このSharedIndexInformerは、共有Cacheストレージに対する追加、変更、削除のEventでトリガーされるFunctionを、cache.ResourceEventHandlerFuncs（k8s.io/client-go/tools/cache）として登録することができます。

GenericControllerではcache.ResourceEventHandlerFuncsで、すべてのEventを同じくclient-goライブラリのRate Limit機能付きのQueueに伝搬しています。抽象的にEvnetと表現していますが、実際には変更のあったObjectが伝搬されています。

GenericControllerは、このQueueからひたすらEvent（変更のあったObject）を取得し、そのEventに対して特定の処理を実施するためのHandlerを実行するgoroutineを複数起動しています。この時Handlerの実行に失敗すると、該当のEventは再度Queueに戻されます。

GenericControllerを使うと、このKubernetes ClientとHandler部分だけを用途ごとに差し替えるだけで、簡単にKubernetesのコントローラを実装できます。

Rancherは、コントローラを通じて監視したいリソースタイプ（Node、Cluster、Catalog......）ごとに、1つのGenericControllerを作成しています。そのGenericControllerに対して、様々なHandlerを登録する形で、Rancherに必要なコントローラの実装をしています。

Rancherの実装では、1つのGenericControllerに複数の意味を持つHandlerが登録されることになるので、GenericControllerとは言いつつも、コントローラとして考えると何を実現するためのコントローラなのか理解が難しくなります。そのため、「pkg/api/controllersの配下のディレクトリ名」「pkg/controllers/managementの配下のディレクトリ名」「pkg/controllers/userの配下のディレクトリ名」をコントローラとして捉える対象とみなすと、理解しやすいでしょう（図16.20）。

これらのディレクトリは、意味のある単位で分けられています。例えば、pkg/controllers/management/clusterprovisionerは、Kubernetesクラスタの構築に責任を持ち、NodeリソースのGenericControllerとClusterリソースのGenericControllerに、node-controllerという名前のHandlerを登録しています。

リスト16.1: pkg/controllers/management/clusterprovisioner/provisioner.go

```
    44  func Register(management *config.ManagementContext) {
                ～省略～
    53
    54          // Add handlers
    55          p.Clusters.AddLifecycle("cluster-provisioner-controller", p)
    56
management.Management.Nodes("").AddHandler("cluster-provisioner-controller",
p.machineChanged)
    57
```

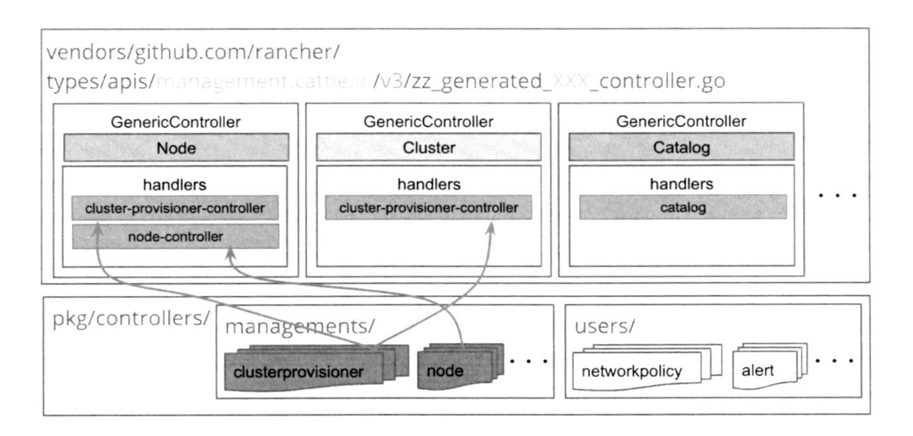


図 16.20　理解を助けるコントローラの捉え方

```
              ～省略～
 71   }
```

上記内で p.Clusters は Cluster リソースの GenericController で、management.Management.Nodes("") は、Node リソースの GenericController になります。

さて、ここで「LifeCycle」というまだ解説していない概念が出てきました。LifeCycle は、Handler のための Framework のようなものです。

Handler は単純な Function を登録しますが、LifeCycle の場合は Create、Finalize、Updated を実装した構造体を登録します。それぞれ、作成時に評価される Function、常に評価される Function、削除時に評価される Function であり、リソースの LifeCycle を容易に Handler として実装することができます。

また Norman のレイヤでは、Create、Finalize、Updated を実装した構造体ですが、Rancher が LifeCycle の登録をするときは、Create、Remove、Updated を実装した構造体になっています。内部的に、Rancher が LifeCycle オブジェクトを変換しているので、ここの違いは特に意識する必要はありません。

AddLifecycle をすると、最終的には lifecycle.NewObjectLifecycleAdapter(github.com/rancher/norman/lifecycle) に Create、Finalize、Updated を実装した LifeCycle オブジェクトが渡され、NewObjectLifecycleAdapter の返り値である objectLifecycleAdapter の sync 関数が、Handler として登録されます（図 16.21）。

そのため、GenericController で変更を検知した際に呼ばれる Handler は、objectLifecycleAdapter の sync 関数になります。どのように登録した LifeCycle オブジェクトが評価されるのか、どの

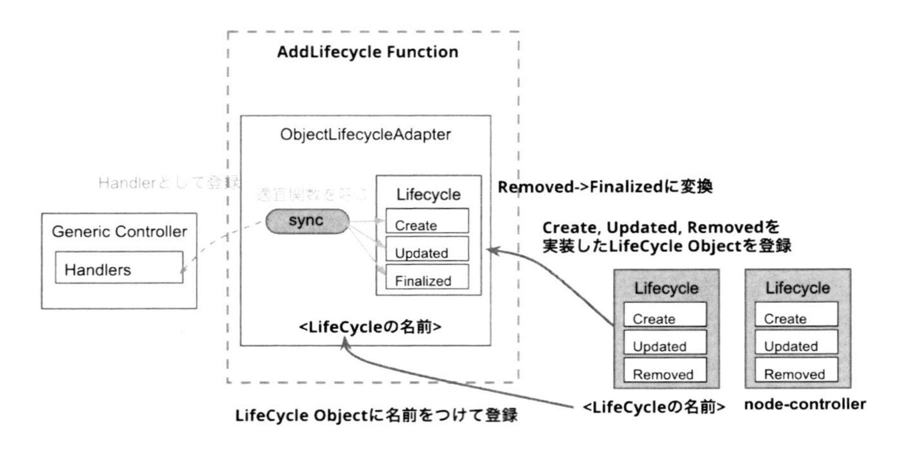


図 16.21　AddLifecycle を行った結果

ように作成時、削除時などの判断をしているのか、もう少し詳しく見ていきます。

Handler に登録される objectLifecycleAdapter の sync 関数は、次のようになっています

リスト 16.2: vendor/github.com/rancher/norman/lifecycle/object.go

```
43 func (o *objectLifecycleAdapter) sync(key string, obj runtime.Object) error {
44         if obj == nil {
45                 return nil
46         }
47
48         metadata, err := meta.Accessor(obj)
49         if err != nil {
50                 return err
51         }
52
53         if cont, err := o.finalize(metadata, obj); err != nil || !cont {
54                 return err
55         }
56
57         if cont, err := o.create(metadata, obj); err != nil || !cont {
58                 return err
59         }
60
61         copyObj := obj.DeepCopyObject()
62         newObj, err := o.lifecycle.Updated(copyObj)
63         if newObj != nil {
64                 o.update(metadata.GetName(), obj, newObj)
65         }
66         return err
67 }
```

sync 関数の中で、o.finalize、o.create、o.update を呼び出しています。これらの関数を 1 つ

ずつ紹介していきます。最初に評価されるのは、o.finalize 関数です。

```
 76 func (o *objectLifecycleAdapter) finalize(metadata metav1.Object, obj
runtime.Object) (bool, error) {
 77         // Check finalize
 78         if metadata.GetDeletionTimestamp() == nil {
 79                 return true, nil
 80         }
 81
 82         if !slice.ContainsString(metadata.GetFinalizers(),
o.constructFinalizerKey()) {
 83                 return false, nil
 84         }
 85
 86         copyObj := obj.DeepCopyObject()
 87         if newObj, err := o.lifecycle.Finalize(copyObj); err != nil {
 88                 if newObj != nil {
 89                         o.update(metadata.GetName(), obj, newObj)
 90                 }
 91                 return false, err
 92         } else if newObj != nil {
 93                 copyObj = newObj
 94         }
 95
 96         return false, o.removeFinalizer(o.constructFinalizerKey(), copyObj)
 97 }
```

この関数は、クリーンナップ処理に責任を持ち、リソースに DeletionTimestamp が設定されている場合のみ lifecycle.Finalize を評価します。そして lifecycle.Finalize が err を返さなかった場合のみ、Finalizer から自分の Lifecycle に対応する Finalizer を削除します（図 16.22）。

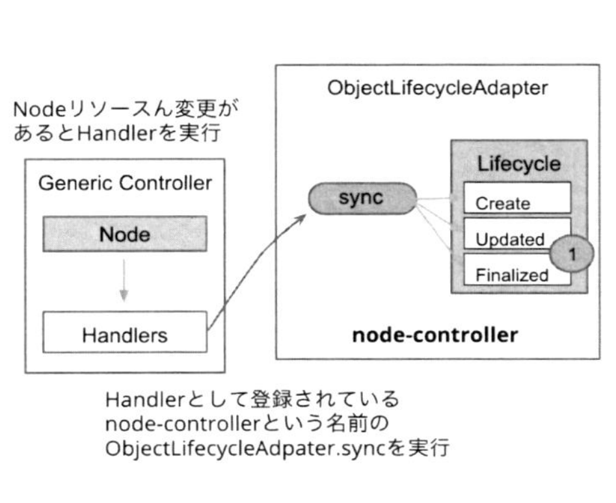


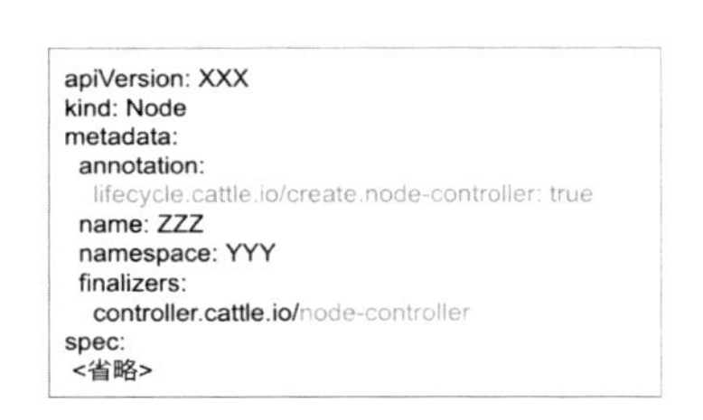


まず評価されるのは、Finalized関数でこの関数は、リソースのDeletionTimestampが設定されていうかどうかを調べ、設定されていた場合、リソースの削除オペレーションが実行中であるためfinalizersに自分のLifecycleが登録されているか調べ、登録されていた場合、Lifecycle.Finalized関数を評価し、クリーンナップ処理を実行します。

成功した場合は、finalizersから自分のLifecycleを削除します

図 16.22　o.finalize 関数の動作

続いて評価される関数は、o.create関数です。

```
147 func (o *objectLifecycleAdapter) create(metadata metav1.Object, obj
runtime.Object) (bool, error) {
148         if o.isInitialized(metadata) {
149                 return true, nil
150         }
151
152         copyObj := obj.DeepCopyObject()
153         copyObj, err := o.addFinalizer(copyObj)
154         if err != nil {
155                 return false, err
156         }
157
158         if newObj, err := o.lifecycle.Create(copyObj); err != nil {
159                 o.update(metadata.GetName(), obj, newObj)
160                 return false, err
161         } else if newObj != nil {
162                 copyObj = newObj
163         }
164
165         return false, o.setInitialized(copyObj)
166 }
```

この関数は、Annotation（lifecycle.cattle.io/create.＜LifeCycleの名前＞）をベースに、すでにlifecycle.Create関数の処理に成功しているかどうかを調べます。もし、lifecycle.cattle.io/create.＜LifeCycleの名前＞: trueのAnnotationが存在した場合、lifecycle.Create関数は評価されません。Annotationが見つからなかった場合はlifecycle.Create関数を実行し、リソースの初期化処理をを実施します。

また、この関数は、リソースの削除前にlifecycle.Finalizeでリソースクリーンナップ処理が実施できるように、自分のLifeCycleに対応するFinalizer（controller.cattle.io/＜LifeCycleの名前＞）を追加します（図16.23）。

最後に評価されるのは、lifecycle.Updatedになります。これはsync関数から直接実行され、状況に関わらず常に実行されます（図16.24）。

紹介したように、LifeCycleを利用するとFinalizerや初期化処理のロジックを意識せずHandlerを実装することができます。

Rancherは、このLifeCycleとHandlerをうまく組み合わせて利用しています。一度だけ成功するまで実行したい初期化処理、リソース削除前に必ず実施したいクリーンナップ処理がある場合はLifeCycle、シンプルなロジックの場合はHandlerと使い分けをしています。

ここからRancherの各コントローラを紹介していきます。各コントローラごとに、「どこの」「どのようなリソース」を監視しているGenericControllerに、「どのような名前のHandler、

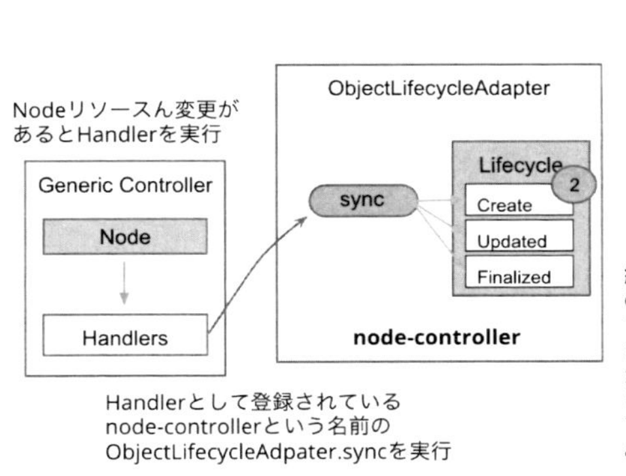


図 16.23　o.create 関数の動作

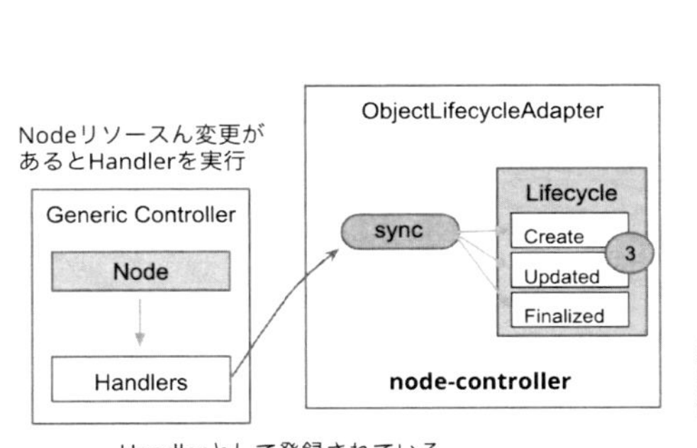


図 16.24　o.lifecycle.Updated 関数の動作

LifeCycle」を登録しているかについて、以下のフォーマットで記述しているため、そこについても注目してみてください。

関連 Handler: < Handler 名>（<リソースタイプ>@<どの Kubernetes Cluster のリソースか>）

関連 LifeCycle: < LifeCycle 名>（<リソースタイプ>@<どの Kubernetes Cluster のリソースか>）

Handler 名と LifeCycle 名については、Finalizer 名、Annotation 名、Log に現れることがあるため、各コントローラにどのような Handler や LifeCycle が存在するのか意識しておくと、運用時に便利です。

## 16.8　3種類に分けられる各コントローラの実装

紙面の都合上、本書ですべてのコントローラを紹介することはできません。各種類のコントローラから 1 つずつ紹介しますので、それぞれのコントローラのイメージをつかんでいただきたいと思います。

### API Controllers（pkg/api/controllers）

冒頭でも紹介しましたが、API Controllers は、すべての Rancher Server で起動されるコントローラで、Rancher API に関連する処理を中心に実施します。API Controllers の中から、dynamiclistener コントローラを紹介します。

#### dynamiclistener（pkg/api/controllers/dynamiclistener）

関連 Handler: listener（ListenConfig@Parent Kubernetes）

dynamiclistener コントローラは、API Server が利用する SSL 証明書の生成方法の設定に責任を持つコントローラで、listenconfig リソースを監視しています。

listenconfig リソースは、認証局の証明書や認証局の鍵、または認証局より発行された証明書を記述したリソースになります（図 16.25）。

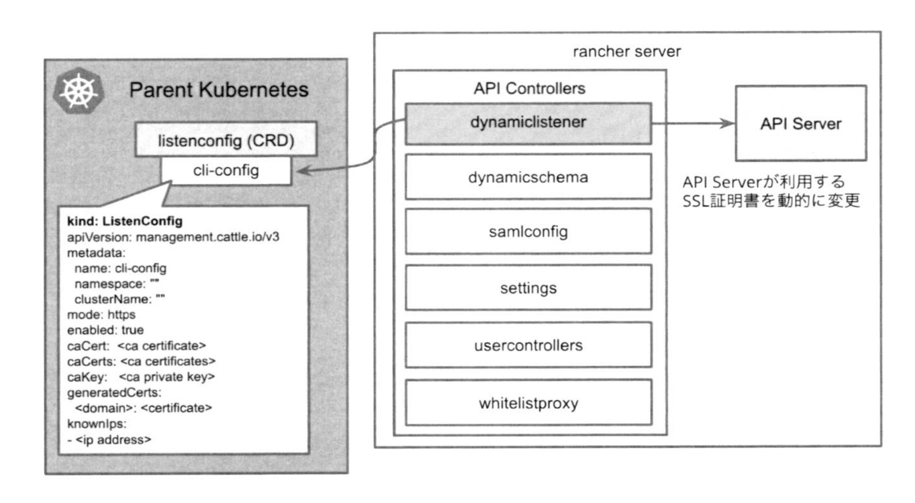


図 16.25　dynamiclistener コントローラと listenconfig リソース

listenconfig リソースが変更されると、このコントローラは listenconfig リソースの中身を確認します。リソース内に認証局の証明書や鍵を発見した場合は、API サーバを SSL 証明書の自動発行モードとして設定をします。そのため、Client が SSL 証明書を要求してきた場合、証明書を自動生成し、generatedCerts にドメインごとに、生成した SSL 証明書を保存し、生成された SSL 証明書を返却します。

このコントローラが listenconfig リソース内に SSL 証明書や鍵を発見した場合は、API サーバを指定された SSL 証明書のみ使うように設定します。そのため、Client が SSL 証明書を要求してきた場合、設定されている SSL 証明書を常に返却します。

このように dynamiclistener コントローラは、Rancher Server を再起動することなく SSL 証明書の生成方法、SSL 証明書自身の変更を実現しています。

API Controllers は、このようにすべての Rancher Server で起動が必要な Rancher API Server に関連する処理をメインに実施しています。

## Management Controllers（pkg/controllers/management/）

Management Controllers は、Leader に選出された Rancher Server でのみ起動され、Rancher Server クラスタ（ここでは同じ Parent Kubernetes で起動する複数の Rancher Server をクラスタと呼んでいます）全体にまたがる処理を実施します。Management Controllers からは、clusterdeploy コントローラを紹介します。

### clusterdeploy（pkg/controllers/management/clusterdeploy）

関連 Handler: cluster-deploy（Cluster@Parent Kubernetes）

clusterdeploy コントローラは、Rancher で管理しているクラスタ上で動く Rancher Node Agent や Cluster Agent の状態について責任を持つコントローラで、このコントローラは、cluster リソースを監視しています。

cluster リソースは、Rancher で管理しているクラスタの状態を示したリソースです。図 16.26 に動作イメージを示した図を表示しています（Cluster リソースはとても多くのフィールドを含むため、今回参照の必要のないフィールドは図に含んでいません）。

Rancher Server は、すべての管理している Kubernetes クラスタ上で Rancher Node Agent や Cluster Agent が指定されたバージョンで動いていることを保証したいため、それをこのコントローラで実現しています。

このコントローラは cluster リソースを監視しており、cluster リソースに変更があった際に、該当のクラスタがすでに構築済みかどうかを cluster リソースの "Provisioned" Condition

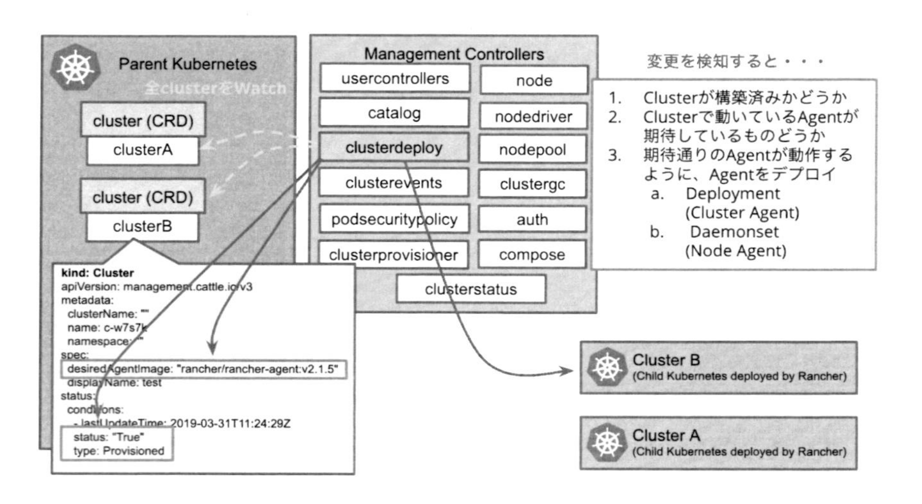


図 16.26　clusterdeploy コントローラ

フィールドを見て判断します。

すでに構築済みであった場合、該当のクラスタで Cluster Agent、Node Agent を起動するために、Kubernetes Manifest ファイルを作成し、該当クラスタ上で適用します。こうすることで、Rancher Server は、管理している Kubernetes クラスタ上で Cluster Agent、Node Agent を起動します。

また、すでに構築済みであり、Agent も起動済みであった場合は、起動している Agent が cluster リソース内に記述されているバージョンと同じかどうかを調べ、同じでなかった場合は、新しく Kubernetes Manifest を作成・適用し、期待しているバージョンになるようにします。

こうすることで、Rancher Node Agent、Cluster Agent の状態管理を実現しています。

Management Controllers では、このように Kubernetes クラスタの構築や構築後のクラスタを Rancher に取り込むための処理、または特定のクラスタに縛られない概念である Catalog や User に関する処理に責任を持っています。

## User Controllers（pkg/controllers/user）

User Controllers は、クラスタの Owner Rancher Server のみで起動され、特定の Kubernetes クラスタ特有の処理を実施します。User Controllers からは、性質の違う 2 つのコントローラ nodesyncer、dnsrecord を紹介します。

### nodesyncer（pkg/controllers/user/nodesyncer）

関連Handler: nodesSyncer（Node@Child Kubernetes）、machinesSyncer（Node CRD@Parent Kubernetes）、machinesLabelSyncer（Node CRD@Parent Kubernetes）、cordonFieldsSyncer（Node CRD@Parent Kubernetes）、drainNodeSyncer（Node CRD@Parent Kubernetes）

このコントローラは、「RancherのNode情報とクラスタのNode情報を同期」と「クラスタのNodeが理想状態であることを保証する」という2つの責任を持ちます。

まずは、Node情報の同期処理から紹介します。

nodesyncerコントローラはUser Controllerなので、監視対象のクラスタを1つ持ちます。下記の図16.27では、Cluster Aを監視しているという前提で話を進めています。

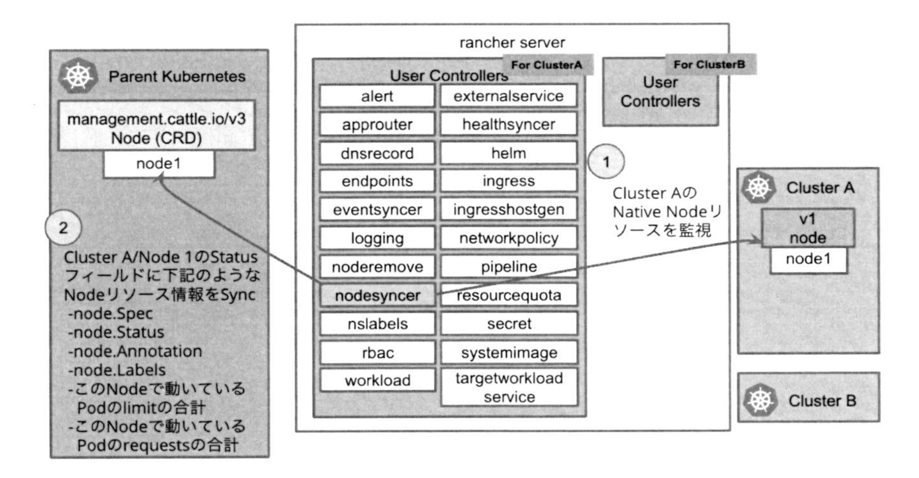


図16.27　nodesyncerコントローラ

同期機能の実現のために、nodesyncerはCluster AのKubernetes NativeリソースであるNodeリソースを監視しています。Nodeリソースが追加されたり、変更されたりするとnodesyncerはその変更を、Parent Kubernetes上のRancherのカスタムリソースであるNodeリソースに、Spec情報やStatus情報また、該当Node上で動いてるPodのlimits、requestsの合計を反映させます。

こうすることで、Rancher Serverは管理している各Nodeのステータスや、設定を確認することができます。

nodesyncerの機能は、Node情報の同期だけでなく、Rancherを通してクラスタのNodeの状態をコントロールするためにも使われます。

そのため、nodesyncer は Rancher のカスタムリソースである Node リソースも監視をしており、Node リソースに変更があった場合は、それに応じて、クラスタの Node の状態を変更します（図 16.28）。

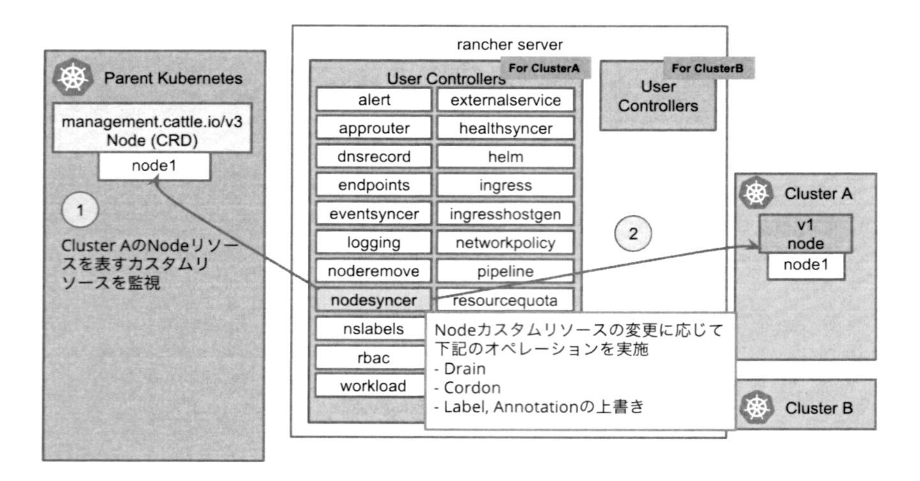


図 16.28　nodesyncer による Node リソースの監視

具体的には Label や Annotation の上書きや、Drain、Cordon などのオペレーションを実施します。User Controllers の中には、このように Parent Kubernetes 上のリソース情報を元に Child Kubernetes 上のリソースを更新するコントローラや、Child Kubernetes 上のリソース情報を元に、Parent Kubernetes 上のリソースの Status を更新するコントローラが含まれます。

## dnsrecord（pkg/controllers/user/dnsrecord）

関連 Handler: dnsRecordController（Service@Child Kubernetes）、dnsRecordEndpointsController（Endpoint@Child Kubernetes）

dnsrecord コントローラは、nodesyncer とは少し性質の異なるコントローラで、Parnet Kuberntes のリソース情報には一切アクセスせず、Child Kubernetes の Service、Endpoint リソースのみを監視し、新しい Service Type Alias の実装に責任を持っています。

初めに、図 16.29 の GUI の機能を見てください。これは、Rancher UI から Kubernetes の Service リソースを作成するための GUI です。Rancher UI 上では Record と表示されていますが、裏側では単純に Service リソースを作成しています。

すでに Kubernetes と Rancher を利用されたことのある方は、Kubernetes ではサポートされ

図 16.29　Rancher UI から Kubernetes の Service リソースを作成する

ていないタイプの Service があることに気づいているかと思います。

実は Rancher UI からは、下記の図 16.30 のような他の Service の Alias として動く Service を作成することができます。

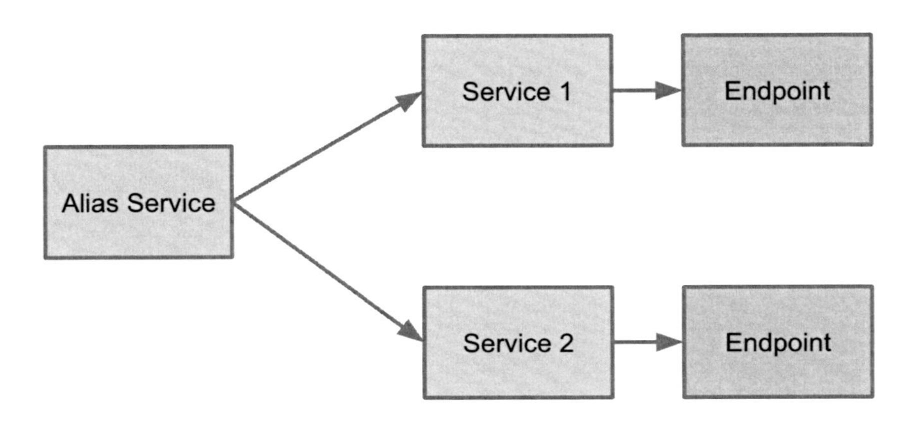


図 16.30　Alias として機能する Service

この機能を実現可能にしているのが、dnsrecord コントローラです。dnsrecord コントローラは、起動すると Parenet Kubernetes 上のリソースには一切触れず、Child Kubernetes 上の Service リソースを監視します。

Service リソースの変更や、追加を検知すると、このコントローラは、field.cattle.io/targetDnsRecordIdsAnnotations をチェックします。

この Annotation は、Alias として動く Service のみに存在しており、先ほどの GUI から Service を作る時に、指定されます。

このAnnotationのValueにはAlias対象Serviceの名前が記述されているので、該当のServiceのEndpointリソースを調べ、IPアドレスを特定したのちに、それらのIPアドレスを元に、Alias ServiceのEndpointを作成します（図16.31）。

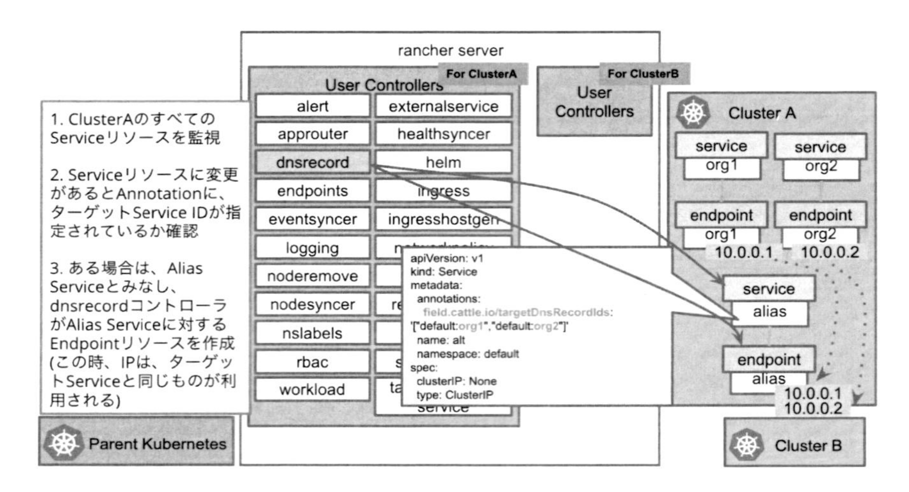


図16.31 dnsrecordコントローラによるAlias Serviceに対するEndopointの作成

User Controllersの中には、nodesyncerのようなコントローラとは異なり純粋にChild Kubernetesのみを監視し、標準のKubernetesでは提供していないような機能を拡張機能として実現するようなコントローラも実装されています。

# 第17章　Rancher 2.2の変更点について

## 17.1　本章について

本書の執筆を開始した時、Rancher 2.2 の全貌はまだ明らかになっていませんでしたが、執筆を進めていく途中で 2.2 が正式リリースされました。Rancher 2.2 は、Child Kubernetes の管理機能をより充実させるための新機能や、スケーラビリティにおける改善など、いくつかの大きい変更も実施されています。この章では、Rancher 2.2 でどのような機能が追加され、どのような変更がされたのか、Release Note では表現されていない部分も含めて紹介していきます。

- Rancher 2.2 のリリース概要
  - クラスタ管理機能の強化
  - サポート周辺ツール、Cloud Provider の強化
  - クラスタの活用機能の強化
- 実装観点の変更
  - CRD に関する変更
  - コントローラに関する変更
  - Rancher Cluster Agent を用いたスケーラビリティに関する改善

## 17.2　Rancher 2.2のリリース概要

Rancher 2.2 では、クラスタ管理機能の強化、サポート周辺ツール、Cloud

Provider の強化、クラスタの活用機能の強化が実施されました。Release Note (https://forums.rancher.com/t/rancher-release-v2-2-)) で紹介されている項目を、次のように 3 種に分類してみました。

- クラスタ管理機能の強化
  - Rancher Advance Monitoring
  - Cluster Backup and Restoration
  - Support for Certificate Rotation for Kubernetes Components
  - Support for accessing clusters without proxying through Rancher
- サポート周辺ツール、Cloud Provider の強化
  - Support for Linode and Cloud.ca as optional node providers
  - Support for Bitbucket in pipelines
  - Support for selecting Weave as a networking provider
  - Support for Okta authentication
  - Expanded support for hosted Kubernetes offerings
  - Enhanced support for GKE, EKS, and AKS cluster provisioning
- クラスタの活用機能の強化
  - Multi-Cluster Apps
  - Global DNS
  - Multi-Tenant Catalogs
  - Support for managing node template credentials

それぞれ、どのような変更なのか簡単に紹介していきます。

## クラスタ管理機能の強化

### Rancher Advance Monitoring

Rancher 2.1.X では、Rancher 標準のモニタリング機能は、定期的な Comoponent Status API でのチェックと kubelet が更新する Node の Condition のみをチェックしていました。そのため、クラスタのモニタリング機能が十分と言えるものではなく、ユーザ自身が Prometheus や Grafana を利用して、Monitoring の仕組みを構築をする必要がありました。

Rancher 2.2 からは、Rancher Server が Child Kubernetes に Prometheus、Grafana をデプロイすることによって、Child Kubernetes に対するモニタリング機能を強化しています

### Cluster Backup and Restoration

Rancher 2.2 から、定期的な Etcd の自動／手動バックアップとリストア機能が提供されています。これは、Management Controller に新しく追加された etcdbackup というコントローラが EtcdBackup リソース（こちらも新たに追加されました）を監視し、該当のリソースの追加をトリガーに kontainer-engine を通して、Etcd のバックアップを実施しています。

### Support for Certificate Rotation for Kubernetes Components

この機能は、Child Kubernetes の Certification の Rotation を実現するものです。これは、Management Controller の 1 つである clusterprovisioner コントローラを拡張し、新しく追加された Cluster リソースの RotateCertificates フィールドを監視します。該当のフィールドが指定されたことをトリガーに、kontainer-engine を通して、Certification の Rotation を実施しています。

### Support for accessing clusters without proxying through Rancher

以前まで、ユーザが Child Kubernetes の Kubernetes API を呼び出す際には必ず Rancher Server、Rancher Cluster Agent を通して API アクセスをする必要がありました。この実装は、Rancher Server の更新時に Kubernetes API を呼び出せない、また、Rancher Server の障害の影響が Child Kubernetes の可用性に影響を与えるといったデメリットがありました。

そのような状況を改善するために、この機能が実装されました。この機能を利用すると、ユーザは GUI より kubeconfig を取得する際に、Rancher Server を通してアクセスするか、直接 Child Kubernetes にアクセスするか選ぶことができます。

Child Kubernetes の場合でも、Rancher が発行している Token の認証、User 情報の伝播を実施しなくてはなりません。そのため、Rancher 2.2 では、Rancher Node Agent、Rancher Cluster Agent に加え、kube-api-auth（https://github.com/rancher/kube-api-auth）という Kubernetes の Authentication Webhook 用の Endpoint となる Software を、Child Kubernetes 上にデプロイします。そして、kube-apiserver に追加で、--authentication-token-webhook-config-file オプションを指定し、Authentication 用の Webhook の設定しています。

この kube-api-auth は、Child Kubernetes 上に追加される「clusterauthtoken.cluster.cattle.io」リソースを確認し、Token の認証を行い、「clusteruserattribute.cluster.cattle.io」から該当 User のグループ情報を取得します。

これらの CRD は Rancher 2.2 から追加されており、Child Kubernetes 上に作成され、User Controllers として新しく追加された clusterauthtoken コントローラによって Rancher Server

上の情報と Sync されます。

## サポート周辺ツール、Cloud Provider の強化

下記の 5 つについては、新しく設定できる Plugin や利用できる Provider が増えただけなので、詳しくは説明しませんが、Expanded support for hosted Kubernetes offerings については追加で解説をします。

- Support for Linode and Cloud.ca as optional node providers
- Support for Bitbucket in pipelines
- Support for selecting Weave as a networking provider
- Support for Okta authentication
- Enhanced support for GKE, EKS, and AKS cluster provisioning

### Expanded support for hosted Kubernetes offerings

Rancher 2.2 以前は、kontainer-engine で利用できる Driver は、コード内でハードコードされていました。しかしそれでは、新しい Managed Kubernetes Cloud Provider を利用する際、常にコードの変更が必要になってしまいます。

そのため Rancher 2.2 では、Node Driver（docker-machine で利用できる Driver）と同じアプローチで kontainer-engine の Driver も CRD のリソース（kontainerdrivers.management.cattle.io、dynamicschemas.management.cattle.io）で管理できるような実装に変更されました。

こうすることで、kontainer-engine で新しくサポートされた Driver について、Rancher 側のコードを変更せずに対応させられるようになりました。

## クラスタの活用機能の強化

### Multi-Cluster Apps

Rancher 2.2 から、複数のクラスタにまたがったアプリケーションのデプロイをサポートするような Multi-Cluster Apps 機能がサポートされました。この機能を使うと、1 つのアプリケーションを複数のクラスタに同時にデプロイがすることができ、今回新しく追加された Global DNS 機能との連携も自動的に実施されます。

### Global DNS

Rancher 2.2 から、複数のクラスタ上にデプロイされているアプリケーションに対する DNS レコードを、Cloud Provider の機能（Route53、AliDNS など）を通じて提供しています。この機能を利用すると、ユーザは複数の Cloud Provider 上に作成される Kubernetes クラスタ上で動いているアプリケーションに対して 1 つの DNS レコードを作成し、クラスタをまたいだ負荷分散、可用性が実現できます。

この機能は、Management Controllers、User Controllers に 1 つずつ globaldns コントローラを用意し、計 2 種類のコントローラを実装するすることで実現しています。

DNS レコードごとに GlobalDNS リソースが作成され、GlobalDNS リソースが Management Controller の globaldns コントローラに検知されると、Catalog から external-dns（https://github.com/kubernetes-incubator/external-dns）を Parent Kubernete にデプロイします。また、Management Controller の globaldns コントローラは、GlobalDNS リソース 1 つに対して、ダミー Ingress リソースを 1 つ作成し、この Ingress リソースが external-dns に監視されます。この Ingress リソースの Endpoint が更新されると、external-dns が設定されている Cloud Provider に対して、該当の DNS レコードを作成します。

この Ingress リソースの Endpoint の更新は、User Controller の globaldns コントローラが責任を持って実施しています。このコントローラは、Child Kubernetes 上に対象となる Ingress リソース、Service リソースを発見すると、該当の IP を Parent Kubernetes 上の GlobalDNS リソースの Endpoint に反映し、それがダミー Ingress リソースの Endpoint に最終的に反映され、external-dns によってレコードが更新されます。

### Multi-Tenant Catalogs

Rancher 2.1 以前は、Cataglog は Global-Level Resource でした。そのため、Catalog の追加はすべての Cluster、Project に影響がありました。しかし、Rancher 2.2 からは、Cluster、Project 単位で Catalog の追加、削除が実施できるようになりました。

### Support for managing node template credentials

Rancher 2.1 以前は、NodeTemplate で Cloud Provider の認証情報を管理していました。そのため複数の NodeTemplate で同じ認証情報がコピーペーストで利用されていました。この方式には、認証情報を変更する場合に多くの NodeTemplate に影響が出るなどの課題が残っていました。

そのため Rancher 2.2 から、Cloud Credentials（実際のデータは Parent Kubernetes の Secret

リソースに保存される）という新しい概念が作成され、NodeTemplate からは Cloud Credentials を指定するように変更されました。

ただ、現在すべての Kontainer Driver、Node Driver に対応しているわけではなく、主要な Cloud Provider にのみ、この方式が採用されています。

その他の Provider は、今まで通り NodeTemplate 内に認証情報を指定します。

## 17.3　実装の観点からの変更

### CRD に関する変更

今回下記の CRD に変更がありました。ここでは、それぞれの CRD に踏み込んだ解説はしませんが、これらは先ほど紹介した新機能の実現のために追加されています。

また、Rancher 2.2 から clusterevents CRD リソースが削除されました。これは、clustervent sync 機能の廃止に伴う削除になります。この機能は、パフォーマンスへの影響が大きく、長い間 Disable されていましたが、今回正式にコードレベルで削除されました。

- 追加された CRD
  - alertmanagers.monitoring.coreos.com
  - catalogtemplates.management.cattle.io
  - catalogtemplateversions.management.cattle.io
  - clusteralertgroups.management.cattle.io
  - clusteralertrules.management.cattle.io
  - clustercatalogs.management.cattle.io
  - clustermonitorgraphs.management.cattle.io
  - etcdbackups.management.cattle.io
  - globaldnses.management.cattle.io
  - globaldnsproviders.management.cattle.io
  - kontainerdrivers.management.cattle.io
  - monitormetrics.management.cattle.io
  - multiclusterapprevisions.management.cattle.io
  - multiclusterapps.management.cattle.io
  - projectalertgroups.management.cattle.io
  - projectalertrules.management.cattle.io

- projectcatalogs.management.cattle.io
- projectmonitorgraphs.management.cattle.io
- prometheuses.monitoring.coreos.com
- prometheusrules.monitoring.coreos.com
- servicemonitors.monitoring.coreos.com
- clusteruserattribute.cluster.cattle.io
- clusterauthtoken.cluster.cattle.io

- 削除された CRD
  - clusterevents.management.cattle.io

## コントローラに関する変更

コントローラについては、次のようなコントローラが追加、削除されました。CRD の変更に伴ってコントーラも追加／削除されています。

- 追加されたコントローラ
  - Management Controllers
    - cloudcredential
      - Support for managing node template credentials 機能の実現に関するコントローラ
    - clusterconfigcopier
      - Expanded support for hosted Kubernetes offerings 機能の実現に関するコントローラ
    - kontainerdriver
      - Expanded support for hosted Kubernetes offerings 機能の実現に関するコントローラ
    - etcdbackup
      - Cluster Backup and Restoration 機能の実現に関するコントローラ
    - globaldns
      - Global DNS 機能の実現に関するコントローラ
    - multiclusterapp
      - Multi-Cluster Apps 機能の実現に関するコントローラ
  - User Controllers

        * clusterauthtoken
            - Support for accessing clusters without proxying through Rancher の実現に関するコントローラ
        * globaldns
            - Global DNS 機能の実現に関するコントローラ
        * monitoring
            - Rancher Advance Monitoring 機能の実現に関するコントローラ
        * servicemonitor
            - Rancher Advance Monitoring 機能の実現に関するコントローラ
- 削除されたコントローラ
    - Management Controllers
        * clusterevents
            - clustervent sync 機能の実現に関するコントローラ
    - User Controllers
        * eventssyncer
            - clustervent sync 機能の実現に関するコントローラ

## Rancher Cluster Agent を用いたスケーラビリティに関する改善

リリースノートでは、述べられていませんが、Rancher 2.2 でアーキテクチャ観点での大きな変更もされています。本書でも紹介した通り、Rancher 2.1 では Rancher Server がすべてのコントローラを起動し、Rancher Server が起動する Parent Kubernetes 上にのみ Rancher に関する CRD リソースが作成されていました。

しかし、このモデルではこれからより多くの機能をサポートするために多くのコントローラを実装すると、管理するクラスタ数によっては、Rancher Server に多大の負荷をかけてしまいます。

そのため Rancher 2.2 では、クラスタ数の増加に伴ってかかる Rancher Server への負荷を軽減するために、Parent Kubernetes 上のリソースを監視する必要のない User Controller が、Rancher Cluster Agent によって起動されるように変更されました。

具体的には、下記の User Controller が Rancher Cluster Agent によって起動されます

- dnsrecord
- externalservice

- ingress
- ingresshostgen
- nslabels
- targetworkloadservice
- workload
- servicemonitor（新しいコントローラ）
- monitoring（新しいコントローラ）

この変更により、Rancher Server のクラスタ 1 つあたりの管理コスト（メモリ、CPU 消費量）が改善され、より多くのクラスタを収容できるようになりました。

●著者紹介

## 市川 豊 (Yutaka Ichikawa)　第1部担当

株式会社エーピーコミュニケーションズ

技術開発部 コンテナグループ
Educational Solution Architect/Developer Advocate/Technical Evangelist

インフラエンジニア、フロントエンドエンジニアとして官公庁のインフラ基盤を中心としたサーバの設計構築、運用保守、Web システム開発を担当。専門学校で非常勤講師として OSS（Linux、Docker、k8s、Rancher 等）を教えたり、アドボケート／エバンジェリストとして、RancherJP コミュニティを始めとするミートアップや勉強会で登壇、ハンズオン講師としても活動中。CKA(Certified Kubernetes Administrator)、Mirantis KCM100 取得。

Twitter: @cyberblack28
Community: RancherJP（#rancherjp）、くじらや（#kujiraya）、Cloud Native Deep Dive（#deepcn）
Book: 「コンテナ・ベース・オーケストレーション」共著

## 藤原 涼馬 (Ryoma Fujiwara)　第2部担当

株式会社リクルートテクノロジーズ

ITエンジニアリング本部プロダクティビティエンジニアリング部
クラウドアーキテクトグループ

Rancher JP コミュニティコアメンバー

ユーザ系SIerにてR&Dを経験したのち、2016年より現職。業務ではパブリッククラウド、コンテナ関連技術を活用した 先進テクノロジーアーキテクチャの事業装着を担当。Japan Container Days v18.12や、RancherJPのイベント等登壇等複数。

### 西脇 雄基 (Yuki Nishiwaki)　第3部担当

LINE株式会社

Verda室 Verdaプラットフォーム開発チーム マネージャ兼Senior Software Engineer

LINE株式会社にてOpenStackとManaged Kubernetes Clusterの開発/運営を担当しているVerdaプラットフォーム開発チームリード。大規模なクラスターの開発者およびオペレーターとして3年以上OpenStackに取り組んでいる。2018年からはRancherを利用したManaged Kubernetes Serviceの開発/運用も開始。現在は両プロジェクトを担当し、安定したプライベートクラウドプラットフォームの提供に務める。

●Special Thanks

- 株式会社リクルートテクノロジーズITエンジニアリング本部の皆様
- 株式会社エーピーコミュニケーションズ技術開発部コンテナグループの皆様

●スタッフ

- 飯岡 真志（編集）
- 鈴木 教之（紙面レイアウト）

■ 商品に関する問い合わせ先
インプレスブックスのお問い合わせフォームより入力してください。
https://book.impress.co.jp/info/
上記フォームがご利用頂けない場合のメールでの問い合わせ先
info@impress.co.jp

●本書の内容に関するご質問は、お問い合わせフォーム、メールまたは封書にて書名・ISBN・お名前・電話番号と該当するページや具体的な質問内容、お使いの動作環境などを明記のうえ、お問い合わせください。
●電話やFAX等でのご質問には対応しておりません。なお、本書の範囲を超える質問に関しましてはお答えできませんのでご了承ください。
●インプレスブックス（https://book.impress.co.jp/）では、本書を含めインプレスの出版物に関するサポート情報などを提供しておりますのでそちらもご覧ください。
●該当書籍の奥付に記載されている初版発行日から3年が経過した場合、もしくは該当書籍で紹介している製品やサービスについて提供会社によるサポートが終了した場合は、ご質問にお答えしかねる場合があります。

■ 落丁・乱丁本などの問い合わせ先
TEL　03-6837-5016　FAX　03-6837-5023
service@impress.co.jp
（受付時間／10:00-12:00、13:00-17:30 土日、祝祭日を除く）
●古書店で購入されたものについてはお取り替えできません。

■書店／販売店の窓口
株式会社インプレス 受注センター
TEL　048-449-8040
FAX　048-449-8041
株式会社インプレス 出版営業部
TEL　03-6837-4635

# Rancher（ランチャー）によるKubernetes（クーバネティス）活用完全（かつようかんぜん）ガイド（Think IT Books）

2019年8月21日　初版第2刷発行

著　者　市川 豊、藤原 涼馬、西脇 雄基
発行人　小川 亨
編集人　高橋 隆志
発行所　株式会社インプレス
　　　　〒101-0051　東京都千代田区神田神保町一丁目105番地
　　　　ホームページ　https://book.impress.co.jp/


印刷所　京葉流通倉庫株式会社
ISBN978-4-295-00725-8　C3055
Printed in Japan